中国页岩气勘探开发技术丛书

页岩气地面工程技术

汤 林 宋 彬 唐 馨 汤晓勇 等编著

石油工业出版社

内容提要

本书在简要介绍国内外页岩气勘探开发现状、页岩气物性、开发生产特征、地面工程技术现状、页岩气地面工程建设特点及未来技术发展趋势的基础上，重点阐述了页岩气集输工艺技术、集输站场技术、增压技术、供转水系统地面工程技术、地面工程辅助系统、地面建设标准化设计技术和智能化页岩气田技术，并对国内页岩气示范区地面工程建设实例做了介绍。

本书综合了理论知识、工程实践和应用案例，可为从事页岩气地面工程技术研究、页岩气地面区域规划及设计、地面工程建设管理的广大科研人员、工程设计人员、管理人员，以及大专院校相关专业师生提供参考和借鉴。

图书在版编目（CIP）数据

页岩气地面工程技术 / 汤林等编著. —北京：石油工业出版社，2020.12

（中国页岩气勘探开发技术丛书）

ISBN 978-7-5183-4464-2

Ⅰ.①页… Ⅱ.①汤… Ⅲ.①油页岩–油田开发–地面工程–研究 Ⅳ.①P618.130.8

中国版本图书馆 CIP 数据核字（2020）第 267330 号

出版发行：石油工业出版社

（北京安定门外安华里 2 区 1 号 100011）

网　址：www.petropub.com

编辑部：(010)64523535　图书营销中心：(010)64523633

经　销：全国新华书店

印　刷：北京中石油彩色印刷有限责任公司

2020 年 12 月第 1 版　2020 年 12 月第 1 次印刷
787×1092 毫米　开本：1/16　印张：23.25
字数：460 千字

定价：188.00 元
（如出现印装质量问题，我社图书营销中心负责调换）
版权所有，翻印必究

《中国页岩气勘探开发技术丛书》

编委会

顾　问：胡文瑞　贾承造　刘振武

主　任：马新华

副主任：谢　军　张道伟　陈更生　张卫国

委　员：（按姓氏笔画排序）

王红岩　王红磊　乐　宏　朱　进　汤　林

杨　雨　杨洪志　李　杰　何　骁　宋　彬

陈力力　郑新权　钟　兵　党录瑞　桑　宇

章卫兵　雍　锐

专家组

（按姓氏笔画排序）

朱维耀　刘同斌　许可方　李　勇　李长俊　李仁科

李海平　张烈辉　张效羽　陈彰兵　赵金洲　原青民

梁　兴　梁狄刚

《页岩气地面工程技术》

编写组

组　长：汤　林

副组长：宋　彬　唐　馨　汤晓勇

成　员：（按姓氏笔画排序）

万传华	马　宁	王　勇	王　锐	王文莉
王明春	王鸿捷	计维安	邓　勇	龙　东
史建华	闪从新	朱　麟	伍坤一	刘　静
刘书文	刘达树	汤　棠	祁亚玲	祁晓莉
杜　行	杨　静	杨成贵	杨昌平	杨明华
李　波	李良均	李俊颖	连　伟	肖秋涛
吴　华	宋光红	张　炜	张　强	张发奎
张雪辉	张鹏涛	陈　利	陈　科	陈自力
陈恺瑞	罗　山	罗光文	周发钊	周虹伶
胡耀义	昝林峰	洪进门	贾和香	殷武松
唐　华	唐　超	唐涵峰	曹旭原	梁晓桃
彭　伟	彭国宁	鲜江涛	熊　颖	黎　翔

序

FOREWORD

美国前国务卿基辛格曾说："谁控制了石油，谁就控制了所有国家。"这从侧面反映了抓住能源命脉的重要性。始于 20 世纪 90 年代末的美国页岩气革命，经过多年的发展，使美国一跃成为世界油气出口国，在很大程度上改写了世界能源的格局。

中国的页岩气储量极其丰富。根据自然资源部 2019 年底全国"十三五"油气资源评价成果，中国页岩气地质资源量超过 100 万亿立方米，潜力超过常规天然气，具备形成千亿立方米的资源基础。

中国页岩气地质条件和北美存在较大差异，在地质条件方面，经历多期构造运动，断层发育，保存条件和含气性总体较差，储层地质年代老，成熟度高，不产油，有机碳、孔隙度、含气量等储层关键评价参数较北美差；在工程条件方面，中国页岩气埋藏深、构造复杂，地层可钻性差、纵向压力系统多、地应力复杂，钻井和压裂难度大；在地面条件方面，山高坡陡，人口稠密，人均耕地少，环境容量有限。因此，综合地质条件、技术需求和社会环境等因素来看，照搬美国页岩气勘探开发技术和发展的路子行不通。为此，中国页岩气必须坚定地走自己的路，走引进消化再创新和协同创新之路。

中国实施"四个革命，一个合作"能源安全新战略以来，大力提升油气勘探开发力度和加快天然气产供销体系建设取得明显成效，与此同时，中国页岩气革命也悄然兴起。2009 年，中美签署《中美关于在页岩气领域开展合作的谅解备忘录》；2011 年，国务院批准页岩气为新的独立矿种；2012—2013 年，陆续设立四个国家级页岩气示范区等。国家层面加大页岩气领域科技投入，在"大型油气田及煤层气开发"国家科技重大专项中设立"页岩气勘探开发关键技术"研究项目，在"973"计划中设立"南方古生界页岩气赋存富集机理和资源潜力评价"和"南方海相页岩气高效开发的基础研究"等项目，设立了国家能源页岩气研发（实验）中心。以中国石油、中国石化为核心的国有骨干企业也加强各层次联合攻关和技术创新。国家"能源革命"的战略驱动和政策的推动扶持，推动了页岩气勘探开发关键理论技术的突破和重大工程项目的实施，加快了海相、海陆过渡相、陆相页岩气资源的评价，加速了页岩气对常规天然气主动接替的进程。

中国页岩气革命率先在四川盆地海相页岩气中取得了突破，实现了规模有效开发。纵观中国石油、中国石化等企业的页岩气勘探开发历程，大致可划分为四个阶段。2006—2009年为评层选区阶段，从无到有建立了本土化的页岩气资源评价方法和评层选区技术体系，优选了有利区层，奠定了页岩气发展的基础；2009—2013年为先导试验阶段，掌握了平台水平井钻完井及压裂主体工艺技术，建立了"工厂化"作业模式，突破了单井出气关、技术关和商业开发关，填补了国内空白，坚定了开发页岩气的信心；2014—2016年为示范区建设阶段，在涪陵、长宁—威远、昭通建成了三个国家级页岩气示范区，初步实现了规模效益开发，完善了主体技术，进一步落实了资源，初步完成了体系建设，奠定了加快发展的基础；2017年至今为工业化开采阶段，中国石油和中国石化持续加大页岩气产能建设工作，2019年中国页岩气产量达到了153亿立方米，居全球页岩气产量第二名，2020年中国页岩气产量将达到200亿立方米。历时十余年的探索与攻关，中国页岩气勘探开发人员勠力同心、锐意进取，创新形成了适应于中国地质条件的页岩气勘探开发理论、技术和方法，实现了中国页岩气产业的跨越式发展。

为了总结和推广这些研究成果，进一步促进我国页岩气事业的发展，中国石油组织相关院士、专家编写出版《中国页岩气勘探开发技术丛书》，包括《页岩气勘探开发概论》《页岩气地质综合评价技术》《页岩气开发优化技术》《页岩气水平井钻井技术》《页岩气水平井压裂技术》《页岩气地面工程技术》《页岩气清洁生产技术》共7个分册。

本套丛书是中国第一套成系列的有关页岩气勘探开发技术与实践的丛书，是中国页岩气革命创新实践的成果总结和凝练，是中国页岩气勘探开发历程的印记和见证，是有关专家和一线科技人员辛勤耕耘的智慧和结晶。本套丛书入选了"十三五"国家重点图书出版规划和国家出版基金项目。

我们很高兴地看到这套丛书的问世！

中国工程院院士 胡文瑞

前言

PREFACE

绿色低碳是中国能源发展的新战略之一,天然气作为清洁的优质能源,在支持国民经济可持续发展、方便城乡人民生活和改善环境质量方面已发挥重要作用,天然气在中国一次性能源消费中所占比例到2020年时将提高到10%以上,页岩气的高效开发是实现这一战略目标的一种重要途径。

中国页岩气层系多,资源分布广。丰富的资源基础和良好的产业起步为页岩气发展提供坚实保障。通过"十二五"以来的持续攻关和探索,中国页岩气开发在一些区域获得突破,实现了规模开发,并在其他很多有利区获得工业测试气流。四川盆地深层海相页岩气及鄂尔多斯盆地陆相页岩气将为页岩气大规模开发提供资源保障。目前页岩气开发关键技术基本突破,中国已掌握3500m以浅海相页岩气高效开发技术,工程装备初步实现国产化,在页岩气钻完井技术、地面建设与管理等方面取得重要经验,为后续中国页岩气产业加快发展提供有力技术支持。

页岩气地面集输及处理是页岩气田开发不可缺少的重要生产过程之一,页岩气地面集输及处理、供转水系统工程建设的技术水平、工程质量和建设投资、生产运行费用等直接影响到页岩气田有效开发目标的实现,甚至影响到页岩气田开发的可行性。由于页岩气开发生产特点显著区别于常规天然气,其特有的滚动开发模式及生产参数变化较大等特点,要求地面系统具有很强的适应性。

本书是《中国页岩气勘探开发技术丛书》之一,在全面总结"十二五"以来中国在页岩气地面工程形成的新技术、新理念、成果及经验基础上,对页岩气地面工程所使用的工艺技术、工艺流程、具体做法及应用效果等做了较为全面的论述。

本书共分十章。第一章绪论,介绍了国内外页岩气勘探开发现状、页岩气物性及开发生产特征、页岩气地面工程建设难点及特点、地面工程技术现状及发展趋势;第二章页岩气集输,介绍页岩气地面集输站场工艺、管网、增压工艺;第三章页岩气集输站场,介绍平台、集气站、脱水站的工艺流程和主要工艺设备,站场截断、泄压和放空工艺技术要求;第四章页岩气增压,介绍了增压方式及时机、增压站站址选择、增压站工艺流程、增压机选型及运行参数要求、噪声防治；第五章页岩气供转水系统，介绍取水、供转水管网、泵站技术；第六章页岩气采出液处理，介绍采出液的回用、回注、达标外排的水指标、处理工艺及设备选型技术；第七章页岩气地面工程辅助系统，介绍了自控、通信、供电、腐蚀与防护技术；第八章页岩气地面建设标准化设计，介绍了平台标准化、集气站标准化、脱水装置标准化和增压装置标准化；第九章智能化页岩气田，介绍了智能化发展历程及展望、智能化平台构建及关键技术、数字化移交、地质工程一体化；第十章页岩气地面工程实例，简述了涪陵、长宁、威远及昭通页岩气国家级示范区的总体地面工程技术，并重点介绍了长宁、威远已建集输站场、平台站、供转水系统以及数字化气田建设等工程实例。

本书由汤林担任编写组组长，宋彬、唐馨、汤晓勇担任副组长。其中第一章由闪从新、伍坤一、昝林峰、杨静、连伟、熊颖、张强编写，汤林、宋彬审核；第二章由刘书文、祁亚玲、刘达树、杨昌平、张鹏涛、唐华、曹旭原编写，汤晓勇、唐馨审核；第三章由李良均、朱麟、汤棠、昝林峰、周发钊、洪进门、梁晓桃编写，汤林、汤晓勇审核；第四章刘书文、刘静、李俊颖、张发奎、贾和香、鲜江涛编写，汤晓勇、宋彬审核；第五章由邓勇、王锐、杨明华、罗山、唐涵峰编写，唐馨、宋彬审核；第六章由熊颖、龙东、李波、陈自力、殷武松编写，唐馨、宋彬审核；第七章由史建华、祁晓莉、张雪辉、吴凯骐、罗光文、吴华编写，宋彬、计维安审核；第八章由马宁、杨静、王文莉、杨成贵、陈科、陈利、肖秋涛、周虹伶、洪进门、唐超、黎翔编写，李仁科、汤晓勇、唐馨审核；第九章由计维安、陈恺瑞、宋光红、张炜、胡耀义编写，汤林、宋彬审核；第十章由万传华、王明春、王鸿捷、闪从新、王勇、杜行、胡耀义、彭伟、彭国宁编写，李仁科、宋彬审核。全书由宋彬统稿，由唐馨、汤晓勇初审，汤林审定。

本书在编写过程中，得到了中国石油天然气集团有限公司勘探与生产分公司、中国石油西南油气田公司天然气研究院、中国石油工程建设有限公司西南分公司、四川科宏石油天然气工程有限公司、西南石油大学等相关单位、专家及技术人员的大力支持和帮助。李勇、许可方、李仁科、陈彰兵、李长俊、张效羽等专家在本书编写及审稿过程中提出了许多宝贵的意见，促进了本书的编写工作，在此一并表示深切的谢意。此外，向本书的所有参编人员以及书中所引用文献与资料的作者表示衷心感谢。

由于编者水平有限，书中难免有不足之处，恳请读者批评指正。

目 录
CONTENTS

第一章　绪论 ··· 1
　第一节　页岩气勘探开发现状 ··· 1
　第二节　页岩气物性及开发生产特征 ····································· 6
　第三节　页岩气地面工程建设难点及特点 ······························ 14
　第四节　页岩气地面工程技术现状 ······································ 17
　第五节　页岩气地面工程技术发展趋势 ································· 26
　参考文献 ·· 29

第二章　页岩气集输 ·· 31
　第一节　页岩气集输系统总工艺流程和总体布局 ···················· 31
　第二节　页岩气集输工艺选择 ··· 33
　第三节　页岩气集输管网 ··· 55
　参考文献 ·· 97

第三章　页岩气集输站场 ·· 98
　第一节　集输站场种类、作用和一般要求 ····························· 98
　第二节　平台站 ··· 100
　第三节　集气站 ··· 105
　第四节　脱水站 ··· 111
　第五节　站场截断、泄压和放空 ·· 119
　参考文献 ·· 132

第四章　页岩气增压 ·· 133
　第一节　概述 ··· 133

第二节	增压站工艺流程	137
第三节	压缩机组工艺参数及辅助设施	140
第四节	压缩机选型	147
第五节	噪声防治	174
第六节	压缩机组安全与运行维护	178
第七节	页岩气增压站管道系统设置要求	190
参考文献		191

第五章　页岩气供转水系统　192

第一节	概述	192
第二节	取水	194
第三节	供转水管网	199
第四节	泵站	220
参考文献		229

第六章　页岩气采出液处理　230

第一节	概述	230
第二节	采出液水质	231
第三节	采出液回用	232
第四节	采出液回注	236
第五节	采出液达标排放	240
参考文献		243

第七章　页岩气地面工程辅助系统　244

第一节	自控	244
第二节	通信	259
第三节	供电	260
第四节	腐蚀与防护	263
参考文献		284

第八章　页岩气地面建设标准化设计　285

| 第一节 | 概述 | 285 |

第二节	页岩气平台标准化	287
第三节	页岩气集气站标准化	300
第四节	页岩气脱水装置标准化	305
第五节	页岩气增压装置标准化	310
参考文献		315

第九章 智能化页岩气田 … 316

第一节	概述	316
第二节	平台架构及关键技术	320
第三节	数字化移交	325
第四节	地质工程一体化	330
参考文献		332

第十章 页岩气地面工程实例 … 333

第一节	典型页岩气田简介	333
第二节	地面工程实例	338
参考文献		359

第一章 绪 论

页岩气特殊的开发生产特征决定了页岩气地面工程技术要求不同于常规气和煤层气等其他非常规气,页岩气地面工程适应性要求高。本章对国内外页岩气勘探开发现状、页岩气物性及开发生产特征、国内外地面工程技术现状进行了介绍,并分析了页岩气地面工程建设特点及难点、地面工程技术未来发展趋势。

第一节 页岩气勘探开发现状

页岩气属于新型的绿色能源资源,是一种典型的非常规天然气资源。近年来,页岩气的勘探开发异军突起,已成为全球油气工业中的亮点,并逐步向全方位的变革演进。中国已将页岩气列为新型能源发展重点,纳入国家能源发展规划。

一、页岩气资源及分布

全球页岩气资源主要分布在北美、中亚、中国、拉美、中东和北非等国家和地区。

据美国能源信息署(EIA)2013年6月10日发布的页岩气资源统计和预测,全球页岩气技术可采资源量约 $206.71 \times 10^{12} m^3$,共42个国家或地区具有页岩气开发的可能[1,2]。EIA预测页岩气资源主要集中在中国、阿根廷、阿尔及利亚和美国等国家,其中中国最多,共 $31.58 \times 10^{12} m^3$,表1-1为全球页岩气可采资源量排名情况。

表1-1 全球页岩气可采资源量排名情况

排名	国家	页岩气技术可采资源量,$10^{12} m^3$
1	中国	31.58
2	阿根廷	22.71
3	阿尔及利亚	20.02
4	美国	18.83

续表

排名	国家	页岩气技术可采资源量，$10^{12}m^3$
5	加拿大	16.23
6	墨西哥	15.43
7	澳大利亚	12.38
8	南非	11.04
9	俄罗斯	8.07
10	巴西	6.94
11	其他国家	43.47
合计		206.71

EIA 2013 年的预测结果表明，全球天然气日产量将会从 2015 年的近 $97×10^8m^3$ 增加到 2040 年的近 $157×10^8m^3$，其中页岩气对天然气产量增长的贡献率最大，从 2015 年到 2040 年全球页岩气产量将增长 3 倍，届时页岩气产量将占全球天然气总产量的 30%，中国也将成为排名美国之后的世界第二大页岩气生产国。由此可见，未来天然气产量的增长主要依靠页岩气，世界页岩气产量的增长主要看美国和中国。

二、国外页岩气勘探开发现状

1. 美国

美国是世界上最早进行页岩气资源勘探开发的国家，开采历史可以追溯到 1821 年。但是，页岩气藏致密、低渗透的特点导致页岩气开采难度大、成本高，在 21 世纪以前，页岩气大规模开发并不具有经济上的可行性[3]。从 1980 年开始，美国天然气研究所开始对东部页岩气进行系统研究，使得页岩气研究全面开展。2000 年以后，随着水平井钻井技术及多级分段压裂、同步压裂、重复压裂等技术快速发展及大规模应用，推动了美国页岩气的快速发展，特别是福特沃斯盆地 Barnett 页岩气的成功开发，使页岩气年产量由 1999 年的 $22×10^8m^3$ 快速增加到 2009 年的 $560×10^8m^3$，10 年间增长了 25 倍。随着页岩气产量的提高，美国天然气产量在 2009 年和 2010 年超过俄罗斯，成为世界上最大的天然气生产国。美国是目前全世界页岩气开发最早、最成功的国家。由于储量丰富、开发技术先进，美国的页岩油气资源开发已实现规模开发，2012 年美国页岩气产量达到 $2653×10^8m^3$，占美国天然气产量的 38.93%。2014 年，美国进行页岩气勘探开发的盆地已经超过 30 个，页岩气产量为 $3808.59×10^8m^3$，占美国天然气年产量近 42.9%。2018 年美国页岩气产量达 $6150×10^8m^3$。

近年来美国页岩气勘探开发的发展速度惊人。2004年美国页岩气井仅有2900口，2007年暴增至41726口，到2009年，页岩气生产井达到98590口，仅2011年新建页岩油气井达到了10173口，而且这种增长势头还在继续保持。

美国页岩气商业开采目前主要集中在5个盆地，即密歇根盆地的Antrim页岩、阿巴拉契亚盆地的Ohio页岩、福特沃斯盆地Barnett页岩、伊利诺伊盆地的New Albany页岩和圣胡安盆地的Lewis页岩。已建成5大页岩气盆地的地面设施：页岩气地面集输管网、处理设施、水力压裂返排液处理及综合利用设施、页岩气增压和外输管网。美国天然气管网系统发达，遍及全国，完善的天然气管网设施支持了页岩气的输配需求，许多页岩气的开发紧邻常规油气田，可以方便借用已建的天然气基础管网设施，将页岩气直接进入管网进行销售与应用。

目前美国页岩气开发已进入快速发展期，页岩气分布广泛。根据EIA的《2014年度能源展望》(*Annual Energy Outlook* 2014)，预计今后美国页岩气的产量还将持续增长，2040年的产量将是2012年产量的2倍左右，是美国天然气增产的主要增长点，届时页岩气产量占全美天然气产量的比例将由2012年的38.93%增加到53%。

2. 加拿大

继美国之后，加拿大成为全球第二个实现页岩气商业化开采的国家[4]。2007年加拿大第一个商业性页岩气藏在不列颠哥伦比亚省东北部投入开发。不列颠哥伦比亚省的霍恩河（Horn River）盆地中泥盆系，不列颠哥伦比亚省和艾伯塔省Deep盆地的三叠系Montney页岩，以及加拿大东部魁北克省的尤蒂卡页岩层是加拿大页岩气主力产区。加拿大页岩气技术可采资源量为$16.2 \times 10^{12} m^3$，2017年页岩气产量为$52 \times 10^{8} m^3$。

3. 其他国家

目前全球已有30多个国家展开页岩气的勘探开发工作，但是北美以外国家的页岩气开发总体上仍处于初级阶段。

欧洲页岩气勘探主要集中在波兰、德国、奥地利和匈牙利等几个国家。2007年，在德国的波茨坦成立了第一个研究页岩气的专门机构[5]。目前，已在波兰、德国北部和北海南部等盆地开展了页岩气的规模性勘探和开发，涉及波兰、德国、瑞典、奥地利、英国和法国等众多国家。在澳大利亚、新西兰、印度和南非等国家和地区，页岩气勘探研究已迅速起步。南美洲的阿根廷和哥伦比亚等国也积极开展页岩气勘探开发。

三、中国页岩气勘探开发现状

中国富有机质页岩分布广泛，南方地区、华北地区和新疆塔里木盆地等发育海相页岩，华北地区、准噶尔盆地、吐哈盆地、鄂尔多斯盆地、渤海湾盆地和松辽盆地等广泛发育陆相页岩，具备页岩气成藏条件，资源潜力较大。四川盆地、松辽盆地、渤海湾盆地、鄂尔多斯盆地和吐哈盆地是页岩气的有利勘探区。

从资源储量来看，中国页岩气储量目前排名全球第一位，根据EIA 2013年的全球调查显示，中国页岩气可采资源储量为$31.58\times10^{12}m^3$，比美国还要多出近$12\times10^{12}m^3$。根据中华人民共和国国土资源部2016年最新资源评价成果，中国页岩气技术可采资源量$21.84\times10^{12}m^3$，其中海相$13.0\times10^{12}m^3$、海陆过渡相$5.1\times10^{12}m^3$、陆相$3.7\times10^{12}m^3$，海相页岩较海陆过渡相、陆相页岩地质条件更为优越。

目前，中国页岩气的产区主要集中在四川盆地周围的四川、重庆和云南区域内，页岩气重点产能区域为涪陵、长宁、威远、昭通、富顺—永川5个页岩气勘探开发区。其中涪陵勘探开发区归为中国石油化工集团有限公司（以下简称中国石化）所有，其他为中国石油天然气集团有限公司（以下简称中国石油）所有。

通过"十二五"以来的攻关和探索，中国页岩气开发在南方海相获得突破，并实现规模开发。自2013年中国页岩气实现商业化开采以来，已位列世界三大页岩气生产国之一，目前仅次于美国，排名世界第二。截至2019年底，页岩气年产量$153.8\times10^8m^3$，中国石化和中国石油2019年分别实现页岩气年产量$73.5\times10^8m^3$和$80.3\times10^8m^3$。

1. 中国石化

涪陵页岩气田是中国首个商业化页岩气田，位于重庆市东部。2010年以来，中国石化在以涪陵区为中心，涵盖梁平、忠县、綦江等周边区县约$200km^2$的大片区域，打造"涪陵页岩油气产能建设示范区"。2013年9月，国家能源局正式批准设立涪陵国家级页岩气示范区，2013年11月，中国石化启动示范区建设。

涪陵国家级页岩气示范区2015年在焦石坝建成一期$50\times10^8m^3/a$产能，并已落实二期5个有利目标。涪陵页岩气焦石坝区块周围天然气管输条件良好，主要天然气管道有川气东输管道、川维支线管道、长南管道及梓白管道。

截至2019年12月底，涪陵页岩气田年产量为$73.5\times10^8m^3$，累计投产页岩气井421口，目前涪陵页岩气田已建成产能$100\times10^8m^3/a$，为我国首个大型页岩气田。

2. 中国石油

根据中国石油页岩气"十二五"勘探开发规划，中国石油主要在蜀南、黔北开展页岩气勘探开发工作。从2009年起，中国石油在四川盆地南部和滇黔北建立了长宁—威远和昭通两个国家级页岩气示范区块。此外，2009年10月，中国石油与壳牌公司在富顺—永川区块启动了页岩气合作探勘开发项目。

1）长宁—威远区块

四川"长宁—威远国家级页岩气示范区"为中国石油最早获得技术突破的区块，2009年按照"落实资源、评价产能、攻克技术、效益开发"的方针，启动长宁—威远页岩气产业化示范区建设。2012年3月21日，中华人民共和国发展和改革委员会（简称国家发改委）、国家能源局批准设立"长宁—威远国家级页岩气示范区"。

长宁勘探开发区位于四川盆地与云贵高原结合部，包括水富—叙永和沐川—宜宾两个区块。已建宁201井区、宁209井区和宁216井区，区块内已建内部集输管网、脱水站、试采干线和外输管道。

威远勘探开发区位于四川省和重庆市境内，包括内江—犍为、安岳—潼南、大足—自贡、璧山—合江和泸县—长宁5个区块。已建威202井区、威204井区，区块内已建成内部集输管网、脱水站和外输干线管道。

长宁—威远国家级页岩气示范区通过钻完井工艺、体积压裂改造等技术进步，初步实现了页岩气的规模效益开发。2019年底，长宁—威远国家级页岩气示范区年生产页岩气共计 $67.17 \times 10^8 m^3$，累计投产页岩气井449口，实现规模有效开发，预计"十三五"末达到 $100 \times 10^8 m^3/a$ 的规模。

2）昭通区块

中国石油"昭通国家级页岩气示范区"位于四川省、云南省和贵州省三省交界处，主体位于云南省昭通市境内，筠连县和珙县、兴文县部分地区也是其重点勘探地区。

昭通国家级页岩气示范区目前主要有黄金坝作业区和紫金坝作业区，开发作业者为中国石油浙江油田公司。2017年4月底，昭通国家级页岩气示范区浙江油田公司首个页岩气风险合作项目取得突破性进展，YS108H2平台测试页岩气日产量突破 $115 \times 10^4 m^3$，其中单井最高产量为 $35 \times 10^4 m^3$，最低产量为 $25 \times 10^4 m^3$，成为浙江油田公司首个日产百万立方米页岩气平台。

截至2019年底，昭通国家级页岩气示范区全年共生产页岩气 $13.1 \times 10^8 m^3$，累计投产页岩气气井117口，开发效果好于预期。目前在建的昭通国家级页岩气示范区已成为仅次于涪陵及长宁—威远的国内第三大页岩气主力产区，"十三五"期间有望建成年产 $20 \times 10^8 m^3$ 的大气田。

3）富顺—永川区块

富顺—永川区块是我国页岩气资源勘探开发的先行先试区域，主体位于四川省境内，总面积近 $4000 km^2$，于2010年开始试钻探。2012年3月，中国石油天然气集团公司与全球最大的能源公司之一荷兰皇家壳牌公司达成页岩气资源开发协议，宣布在四川盆地富顺—永川页岩气区块共同勘探、开采、生产页岩气。2016年壳牌公司暂停勘探开发在泸州区块内的富顺—永川页岩气合作区块。截至2017年完成页岩气评价井22口，由于该区块距离中国石油西南油气田公司蜀南气矿管网较近，因此产出气直接进入管网，就近销售。

目前，中国石油川南页岩气泸州区块和渝西区块还未大规模开发生产，仅有少数几口页岩气井生产，还处于勘探开发起步阶段。

第二节 页岩气物性及开发生产特征

页岩气是指赋存于富有机质泥页岩及其夹层中，以吸附和游离状态为主要存在方式的烃类气体，主要分布在盆地内厚度较大、分布广的页岩烃源岩地层中。页岩气储层渗透率低，开采难度较大，页岩气采收率比常规天然气低，常规天然气采收率在60%以上，而页岩气仅为30%～40%，其具有生产持续时间长，单井产量低等特点。

一、物性

一般而言，常规天然气中以甲烷为主，丙烷、戊烷及其以上的烷烃含量极少，此外，还含有少量非烃气体，如硫化氢、二氧化碳、一氧化碳、氮气、氢气和水蒸气等，具体含量变化较大。与常规天然气相比，页岩气仍然是主要由甲烷（CH_4）组成，但是其乙烷、丙烷及以上成分和其他非烃气体随地区的不同，体现出较大程度的差异。

目前，页岩气商业性开发主要是在美国和加拿大，其中以美国为主。根据资料，美国主要的页岩气组成见表1-2，加拿大主要页岩气组成见表1-3。

表1-2 美国页岩气组成表　　　　　　　　　　　　单位：%（体积分数）

气田	样品号	CH_4	C_2H_6	C_{3+}	CO_2	N_2
巴纳特 （Barnett）	1	80.3	8.1	2.3	1.4	7.9
	2	81.2	11.8	5.2	0.3	1.5
	3	91.8	4.4	0.4	2.3	1.1
	4	93.7	2.6	0	2.7	1
马塞勒斯 （Marcellus）	1	79.4	16.1	4	0.1	0.4
	2	82.1	14	3.5	0.1	0.3
	3	83.8	12	3	0.9	0.3
	4	95.5	3	1	0.3	0.2

续表

气田	样品号	CH_4	C_2H_6	C_{3+}	CO_2	N_2
新奥尔巴尼（New Albany）	1	92.7	0.97	0.65	5.55	
	2	90.22	0.96	0.65	7.35	
	3	92.8	1	0.6	5.6	
	4	87.7	1.7	2.5	8.1	
安特里姆（Antrim）	1	77.5	4	0.9	3.3	14.3
	2	85.6	4.3	0.4	9	0.7

美国页岩气组成主要以 C_1—C_3 为主，其中：C_1 占 77%～95%；大部分 C_2 含量小于 15%；C_{3+} 含量小于 5%。此外，部分页岩气井还含有 CO_2 和 N_2，H_2S 含量甚微或根本不含。总体上看，美国页岩气气质组分较为复杂，主要是由于其页岩地层发育成熟度不高。

表 1-3 加拿大页岩气组成表

气体组分	平均值（最小～最大），%（体积分数）	
	霍恩河马斯夸—奥特帕克（Muskwa–Otter Park）区块	霍恩河埃维（Evie）区块
CH_4	89（71～95）	87（75～98）
C_2H_6	0.2（0.01～3）	0.2（0.01～7）
C_{3+}	0.05（0～4）	0.07（0～4）
CO_2	10（4～22）	12（0～19）
H_2S	0（0～0.1）	0.07（0～0.1）

加拿大霍恩河（Horn River）页岩气盆地的页岩气组成与美国新奥尔巴尼（New Albany）气田页岩气较为类似，C_1 占 70%～98%，平均 87%～89%；C_2 含量小于 7%，平均 0.2%；C_{3+} 含量小于 5%，平均 0.05%～0.07%，H_2S 含量小，但是 CO_2 含量较高，最大达 22%。

截至目前，中国有长宁—威远、昭通、富顺—永川、延长、渝东南、涪陵等页岩气开发示范区，长宁—威远和涪陵焦石坝区块均为南方海相页岩气，主要为五峰组—龙马溪组气体，其页岩气组成见表 1-4。

上述区块气体组成均以甲烷为主，含量为 95.71%～99.19%，重烃含量低，其中乙烷含量为 0.24%～0.75%，二氧化碳含量为 0～3%，含有少量的氦和氮，基本不含氢，不含硫化氢。与美国和加拿大页岩气组成相比，中国页岩气甲烷含量更高，重烃更低，干燥系数（C_1/C_{2+}）为 189.13～220.24，成熟度明显更高。

表 1-4 中国页岩气组成表

区块	井号	井段 m	组分含量，%（体积分数）								相对密度
			CH₄	C₂H₆	C₃₊	CO₂	He	H₂	N₂	H₂S	
长宁	宁 201	2495~2516	99.09	0.44	0.02	0.27	0.02	0	0.16	0	0.5603
	宁 203	2379~2391	98.78	0.47	0.03	0.32	0.02	0	0.38	0	0.5619
	宁 209	359~3170	98.89	0.35	0.02	0.35	0.07	0	0.32	0	0.5611
	宁 211	2313~2341	98.9	0.32	0	0.32	0.05	0	0.41	0	0.5609
	宁 212	2077~2106	98.6	0.24	0	0.23	0.06	0	0.87	0	0.5615
	宁 201-H1	2705~3750	98.84	0.51	0.04	0.29	0.03	0	0.29	0	0.5615
焦石坝	焦页 1HF	2660~3653	97.22	0.55	0.007	0	0.031	0	2.192	0	0.567
	焦页 1-2HF	2634~4139	98	0.66	0.059	0.336	0.035	0.004	0.906	0	0.565
	焦页 1-3HF	2769~3722	98.26	0.73	0.037	0.13	0.037	0	0.806	0	0.563
	焦页 6-2HF	2814~4350	98.01	0.74	0.027	0.349	0.035	0	0.839	0	0.566
	焦页 7-2HF	3158~4065	98.05	0.71	0.026	0.289	0.046	0	0.879	0	0.565
	焦页 9-2HF	3882~4017	98	0.75	0.028	0.257	0.046	0.078	0.841	0	0.564
威远	威 201	—	98.48	0.47	0.02	0.32	0.05	0.01	0.66	0	0.5629
	威 202	—	97.59	0.6	0.02	1.28	0.03	0	0.46	0	0.5721
	威 203	—	97.93	0.54	0.04	0.89	0.03	0	0.56	0	0.5686
	威 204	—	95.71	0.39	0.02	3.03	0.05	0	0.73	0	0.5887
	威 205	—	96.98	0.41	0.03	1.36	0.05	0	1.16	0	0.5747
	威 201-H1	—	96.82	0.42	0.02	0.68	0.06	0	1.99	0	0.5716

根据 2018 年 11 月发布的 GB 17820—2018《天然气》，规定管道输送的商品天然气技术指标见表 1-5，标准还规定了在天然气交接点的压力和温度条件下，天然气中应不存在液态水和烃。天然气中固体颗粒含量应不影响天然气的输送和利用。

表 1-5 管道输送的商品天然气技术指标

项目		一类气	二类气
高位发热量[①][②]，MJ/m³	≥	34.0	31.4
总硫（以硫计）[①]，mg/m³	≤	20	100
硫化氢[①]，mg/m³	≤	6	20
二氧化碳（摩尔分数），%	≤	3.0	4.0

① GB 17820—2018 中气体体积的标准参比条件是 101.325kPa，20℃。
② 高位发热量以干基计。

截至目前，国内南方海相页岩气主要区块产气甲烷含量高，重烃含量很低；二氧化碳含量低于一类气标准，不含硫化氢。为达到 GB 17820—2018 中规定的管道输送商品天然气标准，只需要对页岩气原料气进行脱水和脱除固体颗粒物处理，而无须进行脱重烃和脱硫处理。

二、页岩气开发生产特征

1. 开发特征

1）水力压裂开发

页岩气以吸附和游离状态存在于低孔隙度、低渗透率、富有机质的暗色泥页岩或高碳泥页岩层系中。页岩不仅是烃源岩，而且还是页岩气藏的储集层和封盖层，导致了页岩气是典型的"自生自储"气藏。有别于常规气藏，页岩储层致密，渗透率极低，只有采取大规模的水力压裂，才具有开发价值。水平井分段压裂技术是目前页岩气开发最有效的手段，大液量、大排量、低砂比是页岩气缝网压裂的工艺要求，其工艺特点要求在地面具备转供水、压裂返排液转输、处理和再利用等配套系统，由此带来水源保障、地面供水转水管网建设保障、大量返排液处理及回用，以及防治环境污染等急需研究和解决的问题。

美国页岩气藏构造简单，多为一次抬升，断裂较少，页岩单层厚度大（19～610m），热成熟度适中（1.1%～2.0%），普遍为产气高峰阶段；中国页岩气藏构造复杂，活动性较强，断裂发育，多经过了多次抬升，页岩厚度为30～300m，热成熟度变化大，南方海相页岩偏高（大于2%）、陆相页岩偏低（小于1.3%），中国页岩气储层杨氏模量较低，泊松比高，岩石脆性指数低于美国页岩，可压性差。美国页岩气开发地表条件较好，多为平原和丘陵，土地平整，水源充足；而中国地表条件复杂，南方多高山，地势起伏，北方少水，很难保证水力压裂所需水源。这些差异造成了中国页岩气水力压裂开发面临着更加严峻的挑战。图 1-1 和图 1-2 所示分别为中国和美国水力压裂作业现场。

图 1-1　中国水力压裂作业现场 　　　　图 1-2　美国水力压裂作业现场

2）开发风险高

页岩气由地层中有机质热演化形成，具有自生、自储、自保的成藏特征，相对于常规天然气，页岩气通常埋藏较深，开采难度较高，采收率也更低，一般为 30%～40%。美国的页岩气气藏埋深以 1500～3500m 为主，利用成熟的水平井+分段压裂技术，常规水平井钻井及完井投资仍然达到 700 万美元。而中国页岩气藏埋深偏大，多数超过 3500m，埋深的增加大大提升了开采技术上的难度，同时较为不利的地区地形条件也导致了中国水平井平均完钻时间需要 3 个月，远大于美国的 1 个月，也就导致了国内页岩气开发初期需要更大的资金、技术投入，进一步增加了页岩气开发投资的风险。因此，国内页岩气开发一方面加快 3500m 以深开发技术的完善，如旋转地质导向技术、固井完井及储层改造技术、中后期稳产技术，以降低开发初期投资，提高采收率；另一方面，利用丛式水平井组开发技术，减少站场投资，如采用气田、井区滚动开发理念，成熟一块，开发一块，尽可能降低开发风险。典型页岩气水平井组布井示意如图 1-3 所示。

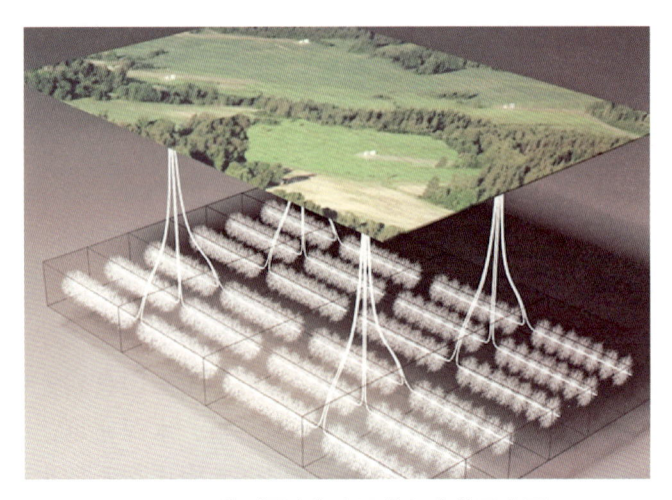

图 1-3　典型页岩气水平井组布井示意图

页岩气作为清洁能源，开发利用将节约和替代大量煤炭和石油资源，减少二氧化碳排放量，改善生态环境。但同时，页岩气开发也会产生一定的环境影响，如页岩气井场建设会对地表植被产生破坏，开发和集输过程中可能产生甲烷逸散或异常泄漏，页岩气增产改造用水量大，影响地区水资源，页岩气开采过程产生的钻井液、采出液、油基岩屑若处理不当，就会对地方造成环境影响。因此应严格遵守环境保护有关法律法规，大范围推广水平井工厂化作业，减少井场数量，降低占地面积；对废弃井场进行植被恢复；生产过程中严格回收甲烷气体，不具备回收利用条件的须进行污染防治处理；将采出液达标处理、回收再利用，油基岩屑等废固物进行无害化处理，降低污染物在环境中的排放，加大安全环保投入，加强环境影响规划、评价及管理，推广先进技术，改善内部管理，从而尽可能降低页岩气开发的环境风险。

2. 生产特征

1）生产变化规律

与常规天然气的开发生产相比，页岩气藏具有压力和产能衰减速率快、开采寿命长、进入增压开采周期短、气井初期产出水量大等显著特征。以中国石油长宁、威远和昭通页岩气示范区块为例，气井投产初期单井产量大，递减快，随着生产时间的延长，递减率也随之降低，采用控压生产及合理的配产，单井产量下降趋势都低于预期，单井首年产量递减率低于65%；井口压力高（20MPa以上），递减快，随着生产时间的延长，递减率也随之降低，但下降趋势都超过预期，实际生产过程中最好的生产井在生产1.5年后，井口压力已经下降到集输压力以下；单井初期水量大（部分井达到了300m³/d），下降幅度快于压力下降幅度，首年下降幅度在85%以上。中国页岩气生产变化规律如图1-4至图1-7所示。

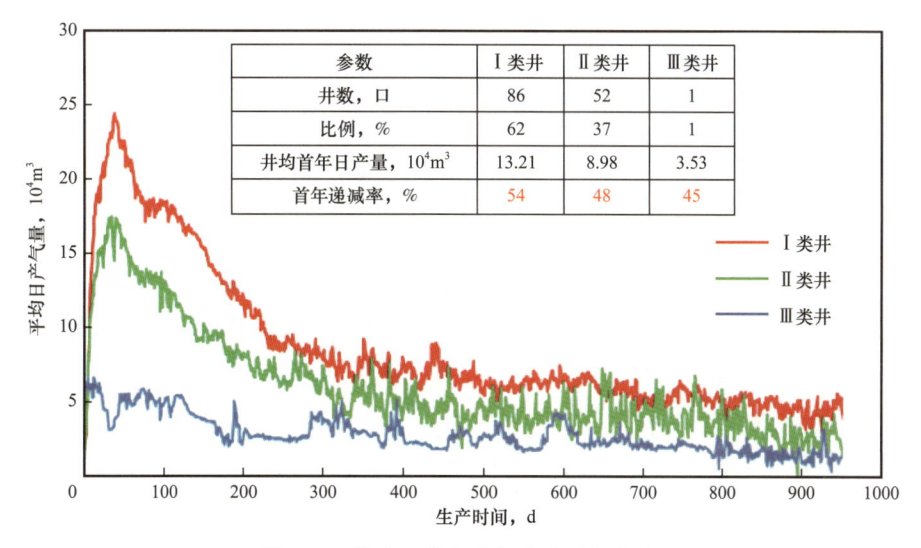

图1-4 长宁区块部分投产井采气曲线

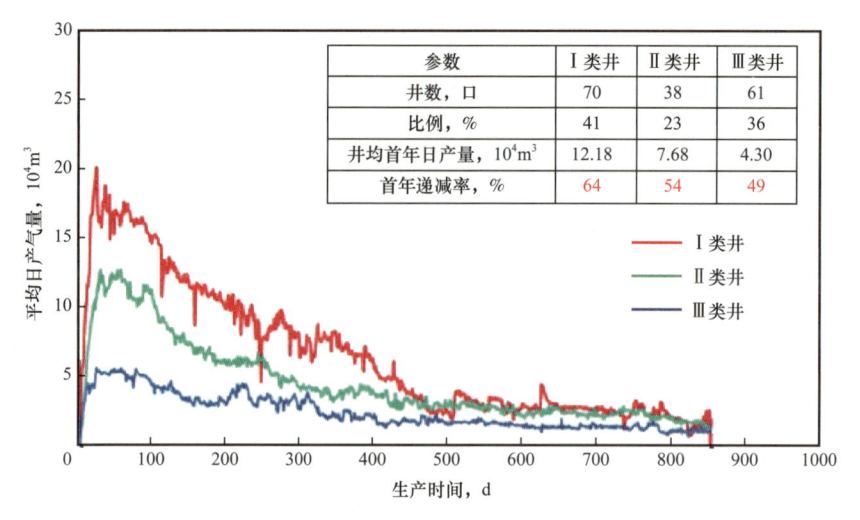

图 1-5 威远区块部分投产井采气曲线

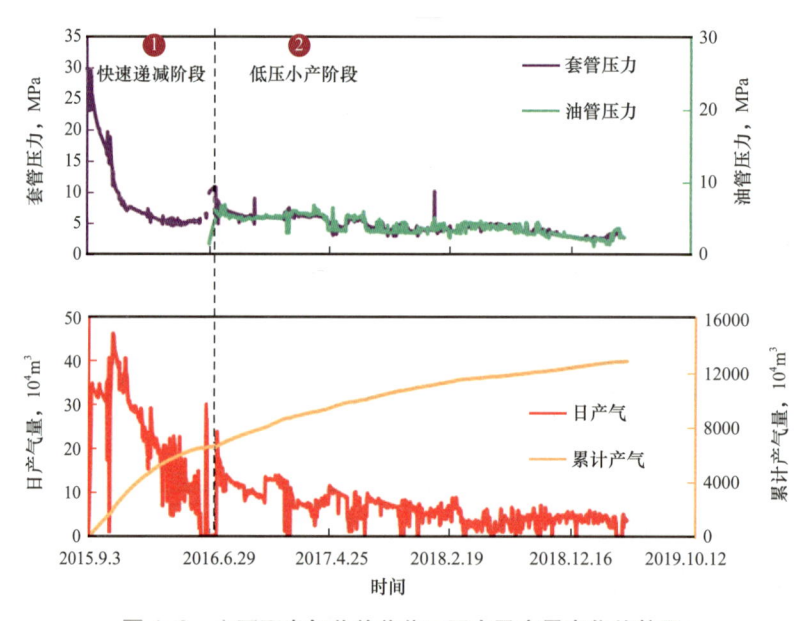

图 1-6 中国页岩气井单井井口压力及产量变化趋势图

页岩气井生产表现为初期产量快速递减，中后期低压小产、生产周期长的动态特征。页岩气地面工程应根据页岩气井生产变化规律，合理划分生产阶段，在不同生产阶段采用合适的地面集输工艺，适应页岩气井初期压力高、气液量大、递减快的生产特征，满足页岩气开发生产需求。

2）助产措施

初期主要采用套管生产，后期在气井产量低于临界携液流量时下入油管生产。油管生产出现波动时，根据具体井况和工艺措施适用条件，优选气举、泡排、柱塞气举等措施助排（图 1-8）。

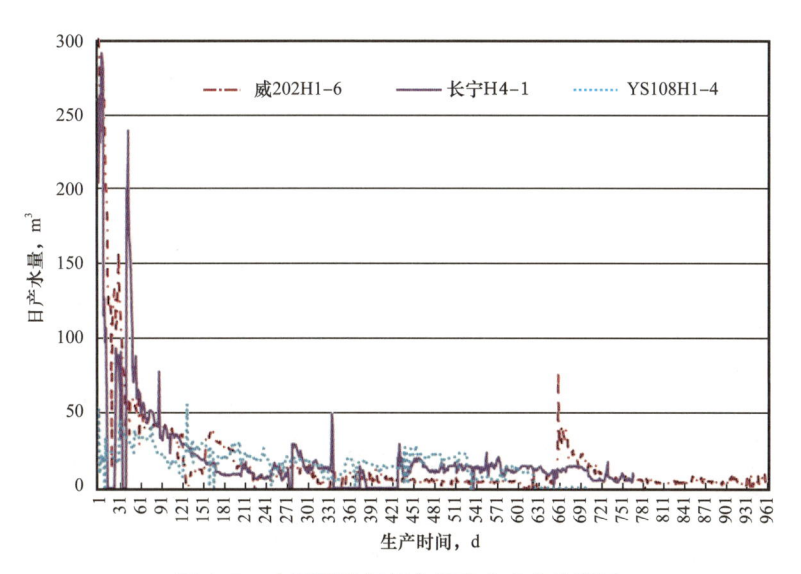

图 1-7 中国页岩气部分投产井产水曲线图

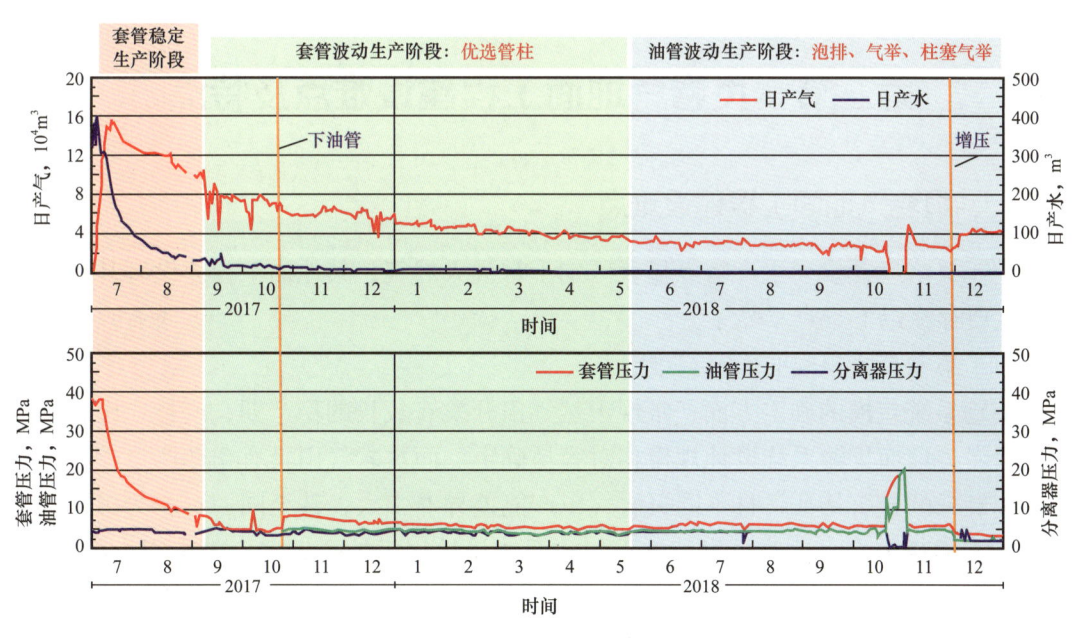

图 1-8 页岩气井各阶段生产特征及采取的采气工艺措施

后期井口压力平输压或者气井通过其他工艺措施不能连续稳定带液生产时，应实施增压措施，通过降低井口压力，增大生产压差来维持气井稳定生产。增压措施是页岩气井低压生产阶段一项直接、有效的增产手段，对于充分发挥气井产能、提高气井排采效果具有显著的效果。图 1-9 所示为泡排平台整体加注装置。

此外，页岩气井还可采用放压生产或控压生产方式助产。北美早期开发的页岩气田一般多采用放压的方式进行生产，后来认识到压降过快会导致人工裂缝产生应力敏感，从而使得气井产量递减过快，对单井累计产量有一定影响。采用控压生产方式能有效保持地层能量，延长气井稳产期，提升开采效果。

图 1-9 泡排平台整体加注装置

第三节　页岩气地面工程建设难点及特点

一、页岩气地面工程建设难点

由于页岩气开发、生产特点显著区别于常规天然气，其地面工程建设有其自身特点，主要存在以下难点[6-10]：

（1）集输系统规模的确定有难度。

集输系统规模的确定方面，常规天然气田开发有较长的稳产期，产量、压力递减较为缓慢，地面集输系统设计规模相对容易确定。而页岩气田具有初期产量较高，此后快速衰减的显著特征，且不同页岩气田产能差异非常大，甚至同一页岩气田不同区块产能差异都较大，这给页岩气地面集输系统设计规模的合理确定带来很大的困难。此外，由于采用滚动开发模式，后期新增产能的上产或接替规模，在前期也较难准确评估，进一步增加了地面集输系统设计规模和整体布局确定的难度。

（2）传统开发模式不能适应页岩气开发特点。

在页岩气田勘探阶段，部分区域气井需要试采评估，如周边没有可依托的集输管网，考虑试采的经济性和可行性，建设试采管道的决策会比较困难。

此外，页岩气具有压力和产能衰减速率快、开采寿命长、进入增压开采周期短、气井初期产水量大等开发特征，需要不断钻井以实现气田产能总体稳定，导致页岩气地面工程建设存在一定困难，采用传统开发模式不能满足页岩气高效低成本开发需求。

（3）地面集输管网设计压力确定困难。

常规天然气田气井压力、产量等参数的变化规律性较强，且不同气井井口流动压力差别不大，地面集输管网设计压力可根据气田压力和商品气外输首站的压力要求综合平衡确定，到气田开发后期才会考虑增压开采。然而，页岩气田开采初期井口压力很高，且压力在短时间内迅速衰减，此后大部分时间处于低压生产状态，因此，既要考虑如何充分利用页岩气新井较高的初期压力，又要应对老井长期低压生产的问题，导致地面集输管网设计压力确定困难，且在页岩气田生产初期就需要考虑增压开采。

（4）标准化、模块化及一体化橇装复用要求极高。

要实现页岩气经济高效开发，页岩气田地面工程建设必须严格成本控制，实现快建快投；页岩气田地面集输宜采用标准化、模块化、橇装化，通过对相关橇块的快速组装或拆减来调整相关集输设备的生产能力，使得其处理能力可快速增加或减小，并可重复利用，进而减小页岩气开发投资成本，并能适应页岩气产能波动变化带来的工艺流程调整。根据页岩气同区块地质均衡性好，生产周期、流程一致性好的特点，采用不同生产阶段的标准化和橇装化，为快建快投、异地搬迁和重复利用奠定了基础。因此，一体化橇装设备复用程度高，对标准化设计和模块化建设的要求也有所提高。

（5）供水、转水及返排液处理回用过程存在挑战。

由于页岩气的开发采用水力压裂技术，需要较多的水资源，而在开采过程中还会产生压裂返排液，地面工程需要结合钻前工程，合理设置供水、转水及返排液处理回用或外排系统，以适应压裂用水和压裂液的水处理需求，并应考虑配套除砂装置，以应对随返排液进入地面系统的砂砾带来的对管线、设备冲蚀和堵塞风险。

二、页岩气地面工程建设特点

页岩气的非常规特性决定了页岩气开发模式的特殊性。国外页岩气田大多采用滚动开发模式，即针对页岩气藏地质、开发及井口物性特征，并结合地下资源量不明朗带来的不确定性因素，对页岩气区块进行边勘探、边评价、边开发。首先，优先选择"甜点区域"，以认识比较深刻且具有最佳可用数据的小型区域为中心，通过对地下资源情况的不断认识，逐渐扩大页岩气田生产区块；其次，分阶段开发，并逐步增加气田投资，一般根据前一年的生产数据以及各项关键决策因素，实现投资决策指标优化；再次，将勘探和开发有机地紧密结合起来，要求多系统、多专业人才协同工作，达到风险和开发速度综合平衡，最终实现规模化商业性开采。页岩气地面工程建设具有以下特点：

（1）气田地面与地下结合更为紧密。

页岩气单井开采初期产量高，此后快速衰减。美国多个页岩气田数据显示，页岩气单井约80%的产量可在10年内开采完,剩余的年限产能稳定而总产量小,这意味着为保证页岩气的生产,一方面需要总体规划,分步实施,先期确定气田总规模,在此基础上优选富集区布井;另一方面需要持续钻井以保证新开采的产量能够弥补老井产量递减留下的空缺,这便需要进行大面积、规模化开发并实施"地毯式"连续钻井,导致页岩气田上产时间较长,页岩气地面工程建设同地下勘探开发之间相互影响、相互制约。因此,页岩气地面工程建设需同气田整体开发方案协调一致,以达到整体优化。同时页岩气地面工程建设应当考虑开发阶段的影响,应分阶段投资且一次性投资不宜过大。

(2)地面集输系统布局应适应页岩气滚动开发模式的特点。

常规气田一般在气田开发方案和井网布置的基础上,对地面集输管网和站场进行综合规划并分步实施,其地面集输系统布局相对容易确定。然而,页岩气田开发具有单井产量低、采收率低、产量递减速率快、生产周期长等特点,在开发周期内产能变化很大,地面集输系统为了适应产能变化需要不断进行动态调整,导致页岩气地面集输系统布局不易确定。因此,页岩气开发要针对气田面积、产能分布、钻完井顺序安排,优化确定好集输系统总体布局,以适应滚动开发的需要。

(3)建设初期需同步考虑增压工艺布局。

常规气田气井压力、产量等参数的变化规律性相对较强,且不同气井井口流动压力差别不大,地面集输管网的压力级制可根据气田压力能和商品气外输首站的压力要求综合平衡确定,到气田开发后期才会考虑地面管网增压。然而,页岩气开采初期井口压力很高,但压力在短时间内迅速衰减,此后大部分时间处于低压生产状态。且同一区块内,由于新、老开发井生产压力不同,集输管线是采用高低压分输工艺,还是采用统一压力输送工艺,也关系着增压站的布局。因此,页岩气田地面工程建设在规划初期就要确定好增压位置、增压时机、压比分配等相关问题,以统一优化集输管网的设计。

(4)集输设备宜标准化、模块化设计。

页岩气田特有的滚动开发模式及生产参数变化较大等特点,要求地面系统具有很强的适应性,地面集输设备宜分生产阶段采用标准化、模块化、一体化设计,具体内容包括:① 设计标准化、模块化;② 设备标准化;③ 装置橇装化;④ 地面集输主体工艺、设备、管线兼容性好,既要适应高压高产,又要兼顾低压低产。

(5)地面集气装置应考虑复用,以降低地面工程总体投资。

针对页岩气特有的生产参数变化大的特点,可通过对相关橇块装置的快速组装或拆减,来调整地面装置的处理能力,使其具有较强的操作弹性与适应能力。同时,也可根据开发方案调整需要,将相关装置橇块由一个地方快速移动到另一个地方,以适应不同规模和不同生产阶段调整的需要并提高地面集输装置的施工效率,降低地面工程总体投资。

（6）水资源的综合利用应纳入地面工程总体规划。

页岩气的开发大多采用水力压裂技术，需要较多的水资源，在开采过程中会产生大量压裂返排液和气田产出水，在地面集输工程设计时需要考虑压裂返排液、产出水在哪里处理、如何处理与输送、对处理合格后的污水如何回用、污水达标排放等关键问题。这些问题均会对页岩气田地面工程规划带来重大影响，在前期阶段应充分重视并加以系统考虑。

第四节　页岩气地面工程技术现状

一、页岩气地面集输及处理技术现状

美国和加拿大是世界上最早实现页岩气商业化开采的国家，页岩气勘探开发相关的地质分析、地质评价、钻完井工艺、储层改造、气藏开发以及地面集输工程等工艺技术已相对成熟，相关工艺技术正被世界其他正在进行页岩气勘探开发的国家借鉴和采用。近些年来，中国也已在长宁、威远、涪陵和富顺等地开展了页岩气非常规天然气资源的先导性试验和规模开采，并取得了一定的开发经验。

1. 国外页岩气地面集输及处理技术现状

美国是规模化勘探和开发利用页岩气资源最早的国家，其地面工艺技术也已相对成熟。下面介绍其典型的地面集输及处理技术[6, 11]。

1）地面集输技术

北美页岩气井的压力、产量变化规律与中国页岩气基本类似，其总体工艺流程与中国基本类似。气田地面工程总体组成单元包括：单井（井组）—井场—集气站（增压站）—中心处理站/水处理中心。图1-10所示为Barnett页岩气田地面总体工艺流程图。

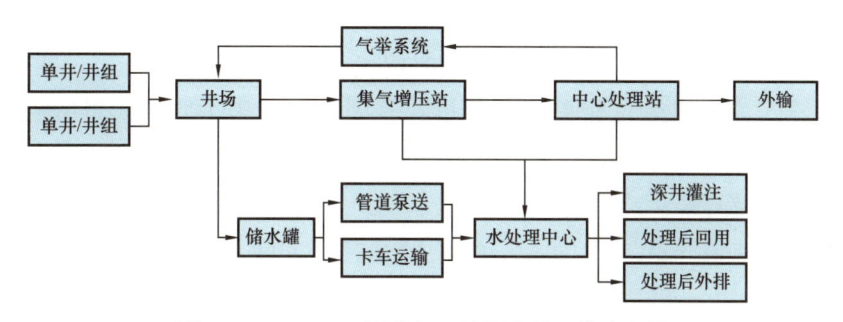

图1-10　Barnett页岩气田地面总体工艺流程图

井场工艺技术多采用"节流+除砂+加热/注醇+气液分离+轮换计量",井场工艺设施采用标准化、橇装化设计,在生产初期利用多套标准化橇装设施并联运行,在中后期调减套数,以解决产量下降快的问题,但不调整标准化橇装设施内的设备;集气站内首先进行油、气、水三相分离,分离出的湿气(如需增压,则在湿气增压后)输送至中心处理站;分离出的凝析油在集气站稳定后储存,凝析油产量较小时通过卡车拉运外售,待规模开发产量较大时则通过管道外输销售;分离出的气田水通过卡车拉运或管输至水处理中心;中心处理站内进行气体增压、计量、脱硫脱碳、脱水、深冷回收乙烷及轻烃、气田水处理等。

北美页岩气可借鉴的地面工艺技术和经验:

(1)地面设施尽可能简化,采用标准化、橇装化设备,以降低地面工程投资,满足安全生产和环保的需要。

(2)针对不同生产阶段,通过增减标准化橇装设施来适应生产需求,主要在中后期调减套数,以解决产量下降快的问题,但不调整标准化橇装设施内的设备。

(3)简化相关配套公用工程,如采用第三方集输管网、仪表风采用天然气、自发电等。

(4)根据不同用户需求来进行页岩气处理,降低运行成本等。

2)处理技术

美国页岩气组成主要以 C_1—C_3 为主,其中:甲烷占77%~95%,乙烷和丙烷含量高。但不同页岩气田产气组分差异很大,甚至是同一页岩气田不同页岩气区块产气组分也存在较大差异,部分页岩气田或页岩气区块产气组分中含有 H_2S 和 CO_2 等杂质,需要对其进行净化处理,主要包括脱硫、脱碳、凝析油回收等。

(1)脱硫、脱碳工艺。

常用的脱硫、脱碳净化技术主要包括溶剂脱除工艺和固体吸附脱除工艺等,选取哪种方式取决于页岩气中 H_2O 和 CO_2 含量以及气田总体规模等因素。美国页岩气净化一般在中心处理站进行集中处理,脱硫技术主要以胺法脱硫技术为主。

(2)脱水工艺。

美国页岩气田可选取的脱水工艺主要有低温分离工艺、三甘醇(TEG)脱水、分子筛脱水、乙二醇脱水等。脱水工艺的选取取决于页岩气的组分,是否回收乙烷及轻烃以及管道输送的要求等。相关资料显示,美国页岩气为了回收大量的乙烷和轻烃,采用了分子筛脱水的工艺流程。

(3)脱乙烷及轻烃深冷分离工艺。

早在20世纪60年代,美国最早的乙烷及轻烃回收工艺——单级膨胀制冷工艺(ISS)技术便已问世,经过近60年的发展,先后经历了气相过冷工艺(GSP)和液体过冷工艺(LSP)、干气回流工艺(RSV)、压缩气补充精馏工艺(SCR)的进步,目前已经发展到以气处理集成塔工艺（GPB）和高效集成塔（OFX 工艺和 OFX$^+$ 工艺）工艺为代表的乙烷回收技术，见表 1-6。

表 1-6 美国乙烷及轻烃回收工艺发展的历程

序号	时间	典型代表工艺	名称
1	20 世纪 60 年代	ISS	单级膨胀制冷工艺
2	20 世纪 70 年代	GSP，LSP	气体过冷工艺、液体过冷工艺
3	20 世纪 90 年代	RSV	干气回流工艺
4	2010 年	SCR	压缩气补充精馏工艺
5	2017 年	GPB	气处理集成塔工艺
		OFX 和 OFX$^+$ 工艺	Opti-Flex 或 Opti-Flex PLUS 工艺，高效集成塔工艺

（4）凝析油处理工艺。

开采出的页岩气中若含有凝析油，可在井场设置气液分离器，分离出的液相（凝析油和水）一起输送至集气站或中心处理站进行集中脱水和稳定，凝析油稳定采用多级闪蒸或负压闪蒸、分馏等方式，稳定后就地储存或外输，当气田开发规模较小时，可通过卡车拉运外售，待气田规模开发时，稳定后的凝析油可通过管道输送外售。

2. 中国页岩气集输及处理技术现状

1）地面集输技术

目前，中国页岩气田普遍采用气液分输流程，并采用模块化和橇块化的集输装置，以适应不同生产阶段工况多变的情况[12-15]。

以长宁—威远区块为例，各平台收集丛式井口来气，经过除砂、分离、计量后输往增压站或集气站。基于页岩气不同生产阶段的产能特点，平台制订了不同阶段的生产流程，将不同功能的模块化橇装设备进行组合使用。

目前，该区块形成了平台、增压站、集气站、中心脱水站到外输干线的全流程、综合性的地面生产系统。集气站、中心站、脱水站区域位置布局合理，主体工艺技术、建设规模、总图布置、工艺流程、配套设施等，均能满足页岩气田开发与生产需要。

通过近年来的不断探索和持续应用，建立了前端"自动采集"、中端"集中控制"、后端"决策分析"的数字化气田管理平台，形成了自动化生产、数字化办公、智能化管理雏形，大部分平台已实现了无人值守。

2）处理技术

目前，就长宁—威远、昭通和涪陵几个主要区块而言，其气井产气组分总体上以甲烷为主，一般体积分数为 95.17%～99.19%。不含 H_2S、凝析油，含有少量 CO_2

（≤3%），对页岩气的净化处理主要是进行脱水。

中国页岩气田脱水一般在脱水站或中心站内进行集中脱水，可选取的脱水方式主要有三甘醇（TEG）脱水、分子筛脱水和乙二醇脱水等。脱水方式的选取主要取决于产品气外输（外运）方式，对于管输而言，主要取决于脱水后的效果能否满足外输管道对页岩气组分中含水量的要求，一般采用三甘醇脱水工艺；对于少数使用CNG槽车外运或边远单井站场，选用了分子筛脱水工艺。表1-7为近年建成投产的页岩气脱水装置。图1-11所示为宁216井区三甘醇脱水装置。

表1-7 近年建成投产的页岩气脱水装置一览表

站场	装置设计处理量 $10^4 m^3/d$	设计压力 MPa	投产年份	工艺方法
宁201井区中心站	300	7.0	2015年	三甘醇
	150	7.0	2017年	三甘醇
宁209井区中心站	300	7.0	2018年	三甘醇
	150	7.0	2018年	三甘醇
宁216井区中心站	300	7.0	2019年	三甘醇
黄金坝集气脱水站	150	7.0	2013年	三甘醇
紫金坝集气总站	150	7.0	2018年	三甘醇
威202井区中心站	280	6.3	2016年	三甘醇
威204井区中心站	300	6.3	2015年	三甘醇
中国石化威页1HF井	约5	27	—	分子筛

图1-11 宁216井区三甘醇脱水装置

早期建成的页岩气三甘醇脱水装置采用常规气脱水理念，脱水工艺流程复杂，装置的橇装集成度低、布置松散、占地面积大。目前，运用各种软件进行模块化设计的理念已被广泛使用，且橇装集成技术不断提高，形成了标准的页岩气脱水模块化设计，并根据页岩气不同生产时期特点进行个性化组合。

3. 页岩气相关标准及科研成果进展情况

为满足中国页岩气快速发展对标准化的需要，国家能源局批准成立了能源行业页岩气标准化技术委员会，主要负责研究建立页岩气全产业链技术标准体系，开展页岩气通用及基础标准研制，共同开展页岩气某一专业领域标准制修订等相关标准化工作。2013年国家能源局下达了页岩气技术标准体系表，页岩气标准体系表是页岩气行业制修订标准的蓝图，体系表是一个开放的体系表，由国家能源局对其进行动态管理，并随着页岩气技术的发展而不断更新和充实。

地面建设专业已发布一系列关于页岩气地面工程标准规范，涉及页岩气地面工程设计、建设和运行管理，如 NB/T 14006—2015《页岩气气田集输工程设计规范》和 Q/SY 1858—2015《页岩气地面工程设计规范》等，适用于页岩气田地面集输工程设计。根据页岩气开发生产的特点，橇装化成为页岩气集输装置的新趋势，今后标准制定中应加强橇装化标准的制定，确保地面建设有序推进。

此外，我国持续加大页岩气科技攻关支持力度，设立了国家能源页岩气研发（实验）中心，在"大型油气田及煤层气开发"国家科技重大专项中设立"页岩气地面工艺技术及高效设备研发"课题。

通过页岩气地面工程建设模式、关键技术研究和核心设备研发，形成与地下相匹配的地面配套工艺；开展页岩气地面集输系统总体工艺、井场工艺、处理站工艺、集输管网布置形式、返排液及气田水处理工艺技术的攻关，形成高效、低成本的页岩气地面集输工程关键技术体系是今后技术发展的重点。

二、页岩气压裂返排液地面处理技术现状

页岩气压裂返排液中含有大量的阴离子、阳离子和悬浮物等，总矿化度高，细菌含量高，化学需氧量（COD）和氨氮含量较高，易因细菌滋生而变黑发臭，不能直接排放。目前，对页岩气压裂返排液的处理方式主要包括回用、回注以及达标外排三种[16,17]。

1. 国内外相关标准

我国出台了一些石油天然气开采业的行业环境保护指导标准，各省、市、自治区也相继出台了相关的环境保护条例，根据石油天然气开采、生态状况、地质条件等分别做出了具体规定。

对于页岩气压裂返排液，回用主要参照 NB/T 14002.3—2015《页岩气 储层改造 第3部分：压裂返排液回收和处理方法》，结合现场压裂液添加剂对配液水质的要求

进行回用。实际上，由于该标准是一个推荐标准，主要从压裂返排液回用时的性能考虑水质指标，因此许多页岩气公司并未完全按照该标准实施，而是从提高压裂液添加剂用量和改善添加剂性能等方面来使压裂返排液回用时的性能满足现场施工要求。在2016年以前，压裂返排液回注主要参照 SY/T 6596—2004《气田水回注方法》中气田水回注水质指标，按照常规天然气气田水的回注水质要求执行。2016年后，按照新发布的 SY/T 6596—2016《气田水注入技术要求》执行。由于新版标准未有规定具体的回注水质指标，只有推荐的一些做法和要求，实际执行存在较大的不确定性。为此，中国石油天然气集团公司发布了一项关于气田水回注的企业标准 Q/SY 01004—2016《气田水回注技术规范》，规定了气田水的回注要求与具体水质指标。页岩气压裂返排液回注过程中按照 SY/T 6596—2016 的指导要求，结合 Q/SY 01004—2016 具体的水质指标开展回注，并采取切实可行的措施，防止地层伤害。压裂返排液处理后达标外排在国内主要参照国家标准 GB 8978—1996《污水综合排放标准》的要求及地方环保要求进行处理和排放。在中国页岩气开发的主要区域——四川省，同时执行四川省地方标准 DB 51/190—93《四川省水污染物排放标准》。

国外由于各大公司处于技术保密以及各个州的法律法规不同等原因，尚未建立统一的页岩气压裂返排液回用、回注及外排的相关标准，但出台了控制页岩气压裂返排液的一些法律法规。针对页岩气的大规模开发利用及其造成的环境污染问题，美国环保署（EPA）2012年4月18日发布了一项针对页岩气开采中因使用水力压裂技术所造成的水污染控制法规，这是美国控制页岩气开采造成环境污染的首个法规。对于水力压裂可能造成的地下水污染，目前主要参照 EPA 颁布的《联邦水污染控制法》（Federal Water Pollution Control）[简称清洁水法案（Clean Water Act，CWA）] 的相关规定，CWA 是美国国会1977年对于1972年《联邦水污染控制法案》的修正案。CWA 制定了控制美国工业污水排放的基本法规，除此之外，针对地表水中的各种污染物亦设置了相应的水质标准。此外，美国各州一般有根据实际情况制定的石油天然气开采污染防治管理办法，但没有统一的污水排放限值，具体的排放标准可查阅各州相关法律。在美国环保法律制度中，《安全饮用水法案》（Safe Drinking Water Act，SDWA）规制废弃物的地下灌注行为，但是根据 SDWA，压裂流程被豁免，因此该规制不适用于页岩气的开发。

2. 国内外相关处理技术

1）处理后回用

将压裂返排液进行处理，去除或降低对压裂效果和压裂液性能影响较大的杂质后再用于接替井压裂作业，充分利用水资源和压裂返排液中的有用成分，实现循环利用，节能减排。

目前，对压裂返排液回用处理主要有两种方式：

一是利用井场的储水池进行自然沉降，去除大颗粒机械杂质，并在回用时利用清水稀释以降低压裂返排液中各种杂质的含量，从而实现重新配液回用。该方式是目前页岩气开发中处理压裂返排液的主要方式，工艺简单，处理成本低，在国内外均有大规模的应用。然而，用该方式处理后的水质较差，部分地区无清水稀释，对重新配液的压裂液添加剂性能要求高，且添加剂用量大，部分水质较差的压裂返排液在回用时还存在压裂液性能不稳定的问题，且压裂返排液在存放过程中易变黑发臭，影响周边环境。

二是将现有的油气田污水处理工艺引入页岩气压裂返排液回用处理作业中，结合页岩气压裂返排液的水质特点和回用要求进行工艺优化，通过水质软化、絮凝沉降、过滤、杀菌等工艺对压裂返排液进行精细处理，去除或降低压裂返排液中影响回用性能的各种杂质含量，杀菌并抑制细菌滋生，大幅提高了压裂返排液回用时的水质和重新配制的压裂液性能，减少了压裂返排液回用时的压裂液添加剂用量，并且避免了压裂返排液在存放过程中存在的变黑发臭问题，目前该方式已逐渐成为主流回用处理技术（图1-12）。

(a) 压裂返排液处理装置　　(b) 压裂返排液处理前　　(c) 压裂返排液处理后

图1-12　压裂返排液回用处理

2）处理后回注地层

回注地层是利用高压泵将压裂返排液回注地层。由于压裂返排液中含有大量的悬浮物等，直接回注容易堵塞地层，通常在回注前通过絮凝沉降、过滤等工艺来降低悬浮物含量，并控制悬浮物的粒径，避免造成回注井快速堵塞。回注地层的处理工艺与常规天然气气田水回注处理工艺类似。由于页岩气压裂返排液通常不含油或含微量油类（主要是钻井过程中油基钻井液以及压裂过程中乳液降阻剂带入），回注前的处理难度更低，但处理量巨大，对于回注层注入量要求高。此外，由于页岩气压裂返排液中含有成垢离子，大量回注过程中存在快速结垢堵塞地层的风险，应注意返排液与回注层的适应性分析。

美国的页岩气开发最初采用回注地层的方式处理压裂返排液。美国环保署对回注井的选址、施工、运行以及法律责任等均有非常系统和明确的规定。将水力压裂液重新注回地面浅层，这种方案在得克萨斯州的Barnett页岩气开采区普遍使用，并用于西弗吉尼亚州的部分Marcellus页岩气井。但是，对于阿巴拉契亚地区地下饮用水层可能受到污染的担忧，限制了Marcellus页岩气液体的重新注入。另一种选择是将废液注入Marcellus页岩更深的不用做地下蓄水层的地层。截至2008年底，美国得克萨斯州共有11000口经过美国环保署批准的回注井，从数量上略多于气井，为Barnett页岩气开发产生的压裂返排液提供了处置方式。但并不是美国各个州都有如此多的回注井，宾夕法尼亚州仅有7口符合要求的回注井，运送到外州进行回注的费用大大提高了Marcellus页岩气压裂返排液的回注成本。

2019年12月，中华人民共和国生态环境部下发了《关于进一步加强石油天然气行业环境影响评价管理的通知》（环办环评函〔2019〕910号），明确了废水回注的相关管理要求。涉及废水回注的，应当论证回注的环境可行性，采取切实可行的地下水污染防治和监控措施，不得回注与油气开采无关的废水，严禁造成地下水污染。在相关行业污染控制标准发布前，回注的开采废水应当经处理并符合SY/T 5329—2012《碎屑岩油藏注水水质指标及分析方法》等相关标准要求后回注，同步采取切实可行的措施防治污染。回注目的层应当为地质构造封闭地层，一般应当回注到现役油气藏或枯竭废弃油气藏。

由于页岩气开发采用体积压裂模式，其压裂返排液量大，回注需要大量的同层回注井，这势必大幅增加钻井费用。同时，由于压裂返排液量巨大，在日趋严厉的环保形势下，许多地方政府已经严格限制回注井的数量，甚至不批准新钻回注井。因此，回注地层的方式处置压裂返排液对于页岩气的开发已逐步显示出不适用性。

3）处理后达标外排

在页岩气大规模开发阶段，压裂返排液处理后回用是压裂返排液无害化处理的发展趋势，但页岩气进入开发中后期，页岩气田附近无大量的接替井对压裂返排液进行回用，此时将压裂返排液处理达到外排水质要求后进行外排是压裂返排液无害化处理的发展趋势。外排处理主要有两种方式：一是直接交由市政污水处理厂，按照市政污水的处理方式进行处理；二是在气田或气田附近建污水处理站（厂），利用反渗透膜工艺和（或）结晶蒸发工艺进行处理。

2008年，在美国Marcellus页岩气田共有超过$20 \times 10^4 m^3$的气田废水（以压裂返排液为主）经市政污水处理厂处理后外排。由于市政污水处理厂工艺流程对水中总溶解固体含量（TDS）几乎没有降低效果，Monongahela流域部分地表水体曾短暂监测出高盐分，宾夕法尼亚州因而采取了更加严格的污水排放标准和管理要求；从2011年开始，Marcellus页岩气田的市政污水处理厂不再接受页岩气压裂返排液处理。目前，国内外对于压裂返排液处理外排均是在气田或气田附近建处理站（厂）的方式，但都处于试验阶段，未有大规模推广应用。在四川长宁等页岩气区块，已经开始考虑建设处理厂对压裂返排液进行达标外排处理。

压裂返排液的反渗透膜处理主要是以回用精细处理工艺为预处理工艺，再利用超滤膜进一步除去压裂返排液中的悬浮物，最后利用渗透压的不同对压裂返排液进行反渗透脱盐处理。必要时，还可在压裂返排液进入反渗透膜前用离子交换树脂再次进行水质软化处理，防止压裂返排液在反渗透膜中结垢。此外，可以根据压裂返排液水质，采用超级反渗透膜（高压膜）串联，扩大压裂返排液达标外排处理的矿化度范围。压裂返排液达标外排处理后，有50%~80%的清水可以达到外排水质要求，剩余的为浓盐水，仍需要回用或回注，因此这是一种减量化的处理方式，实现部分水质达标外排。

压裂返排液的结晶蒸发处理主要是以回用精细处理工艺为预处理工艺，利用各种方式加热压裂返排液，使其蒸发、冷凝得到清水，蒸发后的剩余部分用于工业制盐或其他工业。常用的蒸发工艺有多效蒸发或机械压缩蒸发（MVR）两大类。多效蒸发与气田水零排放处理工艺类似，主要是利用电能或燃气转化为热能后加热第一个蒸发器中的压裂返排液，使其受热沸腾，而产生的二次蒸汽引入另一个蒸发器，只要后者蒸发室压力和溶液沸点均较原来蒸发器低，则引入的二次蒸汽即能起加热热源的作用。同理，第二个蒸发器新产生的新的二次蒸汽又可作为第三蒸发器的加热蒸汽。这样，每一个蒸发器即称为一效，将多个蒸发器连接起来一同操作，即组成一个多效蒸发系统。热能循环利用，显著地降低了能耗，大大降低了成本，提高了效率。MVR也是一种节能的蒸发系统。首先回收蒸发或浓缩过程中损失的热量，再经压缩使压力和温度升高，然后再输送到蒸发器作为加热蒸汽的热源，使压裂返排液沸腾，而压缩蒸汽再次冷凝成蒸馏水，蒸发残留物即为浓缩的盐溶液（含盐和淤泥等），实现固—液分离。该技术将回收的热量循环用于压裂返排液蒸发处理，提高了能源效率，减少了对外部加热及冷却资源的需求。

目前，多效蒸发达标外排处理工艺在油气田污水处理中主要还是用于气田水、化工盐水的达标外排处理，对于压裂返排液的达标外排处理还处于研究和试验阶段。MVR工艺由于浓缩盐水在热交换器上易析出盐，结垢堵塞或冲蚀设备，需要频繁清洗换热器，国内尚未见单独采用MVR进行压裂返排液工业化处理的案例，但将MVR与反渗透膜工艺组合应用，利用MVR处理反渗透膜产生的浓盐水已成为压裂返排液达标外排处理的研究重点。

3. 压裂返排液处理现有技术问题

目前，压裂返排液的主要处置方式是回用以及回注，而达标外排是压裂返排液处置的新方向。现有技术都或多或少地存在一些缺陷，如处理设施复杂、工艺烦琐、处理费用昂贵、无成熟工艺，或者由于技术可实现性要求很高，在现场难以实施等。

（1）回注处理成本高，无大量的可回注井。

（2）简单的自然沉降和清水稀释的处理方式进行回用，其水质较差，对压裂液添加剂要求较高，压裂液性能得不到保障。

（3）复杂的水质软化、絮凝沉降、过滤、杀菌等工艺的组合处理方式进行回用，其处理成本高，处理药剂消耗大。

（4）达标外排处理工艺不成熟，无论是多效蒸发，还是 MVR 都存在结垢问题，且设备一次性投资大，日常维护费用高，实际处理成本远高于生活污水处理成本。

（5）压裂返排液的矿化度高，除部分地方标准外，国家标准没有对处理后的溶解性固体总量（TDS）或氯化物含量作要求，导致部分达标外排处理技术只注重 COD、氨氮、悬浮物以及 pH 值指标要求，而忽视了 TDS 或氯化物含量的要求（我国页岩气开发的主要区域对氯化物指标有要求），现场难以实施。

第五节 页岩气地面工程技术发展趋势

一、页岩气地面集输及处理技术发展趋势

1. 深度优化集输工艺趋势

页岩气生产阶段的合理划分是页岩气地面集输工艺优化的关键，因此应进一步加深页岩气生产规律变化认识，地下与地面结合，做好压力系统匹配、优化简化地面工艺流程，优选适应性高的集输工艺技术，降低地面建设投资成本。

加拿大都沃华地区致密气和页岩气均采用井下节流、低压集气、中后期集中增压的工艺。我国苏里格气田大面积采用"井下节流、井口不加热、不注醇、中低压集气、带液计量、井间串接、常温分离、两级增压、集中处理"的中低压集输工艺模式。致密气井下节流采气技术利用地层能量实现井筒节流降压，取代了传统的集气站或井口加热装置，抑制了水合物的生成，并为形成中低压集输模式、降低地面建设投资创造了条件。因此，未来页岩气开发还需结合自身生产特点，借鉴国内外的页岩气、致密气开采的井下节流工艺，进一步简化地面集输流程。

此外，与常规天然气开采相比，页岩气单井产量递减快，气水关系变化迅速，需要对气井的产能进行动态监测，了解地层动态信息，及时评估气井产能，优化开采方案。现有页岩气对每一口单井都配置了独立的分离计量系统，工艺流程复杂、井场占地面积大、设备投资成本高、运行维护工作繁重。页岩气的开采大都采用平台化的丛式井组工艺流程，一个生产平台上同时负责多口井的生产和管理，在这种工艺条件配

置下，对于页岩气井口产能动态监测的最佳方案是采用精度满足需要的两相流量计量技术对气水两相进行直接测量。页岩气生产表现为气量递减、水量递减、压力递减的特性，具有一定的规律性，对于两相流量计量技术而言，其测量难度亦随着其产水量的递减而逐渐降低，且页岩气生产过程中并没有烃类液体的产出，其气液两相介质组分较为固定和简单，流动情况相对于其他含有凝析油和水的复杂多相流动要简单得多，属于气液两相流中较为简单的特例。因此，相对常规气田开发而言，建立相应的页岩气两相流测量模型实现页岩气的不分离计量具有较大的可行性，是未来页岩气井口计量技术的主要发展方向。

2. 页岩气标准化与模块橇装化发展趋势

结合页岩气试采区域建设及生产运行管理经验，形成从钻前工程、页岩气站场一系列标准化设计成果，以期地面工程标准化设计利用率达到100%，满足页岩气高效低成本开发需要。

通过持续应用和不断优化，形成系列化、一体化集成橇装装置：(1)工厂化预制，提高安装质量，降低作业环境影响，减少交叉作业，实现集中管理；(2)模块化安装，缩短施工周期，减少现场风险作业频次，有效减低现场施工风险；(3)橇装化复用，装置、设备、管阀件均具备重复利用条件。

3. 页岩气井钻前及产能一体化建设趋势

钻前工程场地硬化和设备基础提前考虑地面建设需求：(1)场地硬化一体化，提前硬化地面建设工艺橇装场地，地面建设时无须再做基础；(2)设备基础一体化，钻井设备基础充分考虑平台井增压机组橇的基础需求，地面建设时增压机组橇可直接利用钻井设备基础。

钻前工程污水池兼顾排液生产期和正常生产期排放污水需求。地面建设无须再新建污水池。钻前工程提前实施高压排采和正常生产设施所需的防雷防静电接地网敷设。

地面工程工艺橇装布置，还应从全生命周期统筹考虑，如：排水采气作业、压裂修井作业等场地需要。

4. 页岩气除砂与防腐蚀发展趋势

页岩气采用水力加砂压裂方式开采，在测试排采及正式投产阶段，砂粒会随着气（液）排至井口进入地面系统，对地面装置中的节流设备及弯头等造成冲蚀损坏，影响地面工程安全生产，因此在地面工程中应采用除砂设备去除物流中的砂粒。除砂器从早期卧式筛网式装置，到目前的新一代立式筛网+旋流除砂装置，都是通过砂粒和气液的相间分离,达到去除砂粒的目的。国内页岩气平台现场应用除砂器虽总体上安全平稳运行,但除砂效率还有较大的提升空间,因此,在除砂方面要进一步研发新一代除砂器,提高砂的分离效率;同时,做好砂量的监测工作,如声波在线监测技术的应用,并提高监测手段的准确性,确保地面生产系统的安全。

页岩气地面集输系统的管线和设备处于CO_2、砂砾和微生物等因素共同作用的腐蚀环境中,存在一定的腐蚀失效风险。由于对页岩气腐蚀机理方面的研究刚刚起步,腐蚀过程的主要影响因素及其作用机制尚不明确,可供借鉴的腐蚀控制技术主要包括:选择耐蚀合金或进行表面改性处理;控制腐蚀环境、降低介质腐蚀性,如介质温度、含水量、固相颗粒度和特性离子含量等;通过加注杀菌缓蚀剂,可明显降低地面管线穿孔率。但是,这些常规的腐蚀控制措施必然导致页岩气开发成本的提高,因此,页岩气地面工程腐蚀控制技术的发展方向应集中在:(1)兼顾技术性和经济性的材料研发、选择及评价技术;(2)同时具有缓蚀功能的高效杀菌缓蚀剂或泡排剂的研发,做到一剂多效;(3)利用生物竞争与抑制的原理进行生物防腐的技术,如:某些细菌可以产生类似抗生素类的物质直接杀死腐蚀菌,或与腐蚀菌竞争养分和生活空间导致其消亡。

5. 气田数字化与智能化发展趋势

以人工智能为核心的新一轮科技和产业革命正以前所未有的广度和深度席卷全球,美国率先于2011年提出了"先进制造业伙伴计划",其中将开发创新的、能源高效利用的制造工艺,作为核心创新项目之一进行大力发展[20];德国于2013年正式推出"工业4.0"战略,其目标是通过建立"物联信息系统"实现制造业向智能化的转型;中国也于2015年提出了"中国制造2025",成为中国推行"两化融合"和创新发展的重要抓手之一。纵观全球,油气工业作为全球工业体系中的重要组成部分,其发展也将走智能化转型之路,这既是油气工业实现科学发展的必然趋势,也是全球经济实现可持续发展的规律使然。

页岩气的勘探开发应始终以"规模效益,绿色发展"为目标,适应页岩气开发生产特点的智能化气田应在数字化气田的基础之上持续进行建设,实现智能化气田勘探开发一体化协同、地质工程一体化研究、技术经济一体化优化等多种能力,构建涵盖勘探开发、地面工程、生产运行、经营管理和科学研究全过程业务环节的一体化协同工作生态环境。利用先进理念与最新信息技术来构建智能气田一体化协同工作生态环境是智能化页岩气田建设的关键环节,以此为基础可实现整个气田的生产动态全面感知、生产管理实时优化、生产作业自动操控、变化趋势提前预测、科技研究协同创新、经营管理客观精准以及决策分析智能量化。

二、页岩气压裂返排液地面处理技术发展趋势

随着页岩气的大规模开发,压裂返排液无害化处理已成为亟待解决的重要问题。根据国外的处理经验,采用以机械处理为主、化学处理为辅的方式将成为未来页岩气压裂返排液处理的主要发展方向[18,19]。同时,可根据处理要求,对工艺流程进行模块式组合,满足由于开发区块变化而引起的压裂返排液水质变化,有效解决压裂返排液处理难题,节约处理成本,保护生态环境。

在页岩气开发过程中,为提高压裂的效果,单井措施采用个性化设计,采取相适宜的工艺技术,其压裂液的性质及用量有所不同,压裂返排液水质变化不定,处理药剂种类和用量不易确定,除试油期间外,压裂返排液在页岩气生产过程中的日排放量较低,且多为间歇排放,直接在井口加装连续式处理装置并不适用,可考虑采用橇装处理装置处理或将压裂返排液输送至处理站(厂)进行集中处理。

目前,压裂返排液回用主要是在井场附近的压裂返排液储水池附近进行处理,回注主要是将压裂返排液拉运至回注井站进行集中处理,达标外排处理由于成本高需要考虑集中处理模式来降低成本。由于页岩气压裂返排液的规模较常规气压裂返排液大得多,在开发中后期无大量的回用接替井时,回注或达标外排处理是其最终的处置方式。针对同一页岩气区块的压裂返排液,其压裂返排液水质基本相同,可考虑建立相应规模的压裂返排液处理站(厂),将压裂返排液拉运或管输到处理站(厂)集中处理,在回用基础上实现回注地层或达标排放。

压裂返排液处理可采取化学沉淀、絮凝沉降、氧化、中和、Fe/C微电解、H_2O_2/Fe^{2+}催化氧化、活性炭吸附、过滤、反渗透膜脱盐、结晶蒸发等多种处理工艺,但单一工艺的处理效果有限,如无机絮凝剂、有机絮凝剂去除压裂返排液中悬浮物等效果较好,但去除COD能力有限,且不能脱盐。为提高处理效果,减少化学药剂用量,降低成本,将多种工艺组合进行综合处理是未来发展趋势。

参 考 文 献

[1] 王世谦.页岩气资源开采现状、问题与前景[J].天然气工业,2017,37(6),115-129.

[2] 李杏茹,赵祺彬,兰井志.近期我国页岩气勘探开发进展与存在问题[J].中国矿业,2017,37(6):115-129.

[3] 陈晓勤,李金洋.页岩气开发地面工程[M].上海:华东理工大学出版社,2016

[4] 赵文明,夏明军,张雁辉,等.加拿大页岩气勘探开发现状及进展[J].天然气,2013(7):41-46.

[5] 吴馨,任志勇,王勇,等.世界页岩气勘探开发现状[J].资源与产业,2013,15(5),61-67.

[6] 苓康,江鑫,朱远星,等.美国页岩气地面集输工艺技术现状及启示[J].天然气工业,2014,34(6):102-110.

[7] 罗东坤.非常规天然气资源开发的地面工程问题[J].油气田地面工程,2012,31(11):1-3.

[8] 贺鹏.浅析页岩气地面工程建设［J］.油气田地面工程,2012（4）:151-152.

[9] 梁光川,余雨航,彭星煜.页岩气地面工程标准化设计［J］.天然气工业,2016,36（1）:115-122.

[10] 王健,辛伟,姬文学.页岩气地面工程的标准化［J］.天然气工业,2017（2）:258.

[11] 李丽敏,侯磊,刘金艳.国内外页岩气集输技术研究［J］.油气储运,2014,32（5）:5-9.

[12] 黄静,许言,边文娟,等.页岩气开发地面配套集输工艺技术探讨［J］.天然气与石油,2013,31（5）:9-11.

[13] 李波.探究页岩气开发地面配套集输工艺技术［J］.石化技术,2015（9）:73.

[14] 陈冠举.中国页岩气地面集输工艺技术研究［J］.现代化工,2018,38（8）:185-189.

[15] 马国光,李晓婷,李楚,等.我国页岩气集输系统的设计［J］.石油工程建设,2016,42（3）:69-72.

[16] 熊春平,向启贵,罗小兰,等.页岩气压裂返排液达标排放执行标准及处理技术［J］.天然气工业,2019（8）:137-145.

[17] 钱伯章,李武广.页岩气井水力压裂技术及环境问题探讨［J］.天然气与石油,2013,31（1）:48-53.

[18] 许剑,李文权,高文金.页岩气压裂返排液处理新技术综述［J］.中国石油和化工标准与质量,2014（6）:166-167.

[19] 汪卫东,袁长忠.油气田压裂返排液处理技术现状及发展趋势［J］.油气田地面工程,2016,35（10）:1-4.

[20] 汤晓勇,王鸿捷,胡耀义.油气企业智能化转型的规划与建设方法研究［J］.油气田地面工程,2018,36（1）:96-100.

第二章 页岩气集输

页岩气集输是将起于气井井口的分散的原料气收集后输送至油气处理厂，经过油气处理厂集中处理后输送至气区商品天然气贸易交接点的全过程。集输工艺选择是页岩气田集输工程的关键核心技术。本章主要介绍了页岩气的集输工艺模式，并对集输系统布局、集输工艺、集输管网的工艺计算、线路选择、敷设方式及集输管道施工技术要求等方面提出了详细要求。

第一节 页岩气集输系统总工艺流程和总体布局

一、总工艺流程

气田集输系统总工艺流程是指集输系统中各工艺环节间的关系及其管路特点的工艺组合。每个工艺环节的功能和任务、技术指标、工作条件和生产参数、各工艺环节的相互关系以及连接它们的管路特点均需在总工艺流程中明确规定[1]。

1. 制订气田集输系统总工艺流程的主要技术依据

（1）气藏工程及采气工程方案。其中涉及的基础资料主要包括：气藏储量、气井分布、井流物全组分、油/水性质、逐年开发预测、单井产能、单井最大产水量（返排液量）、单井最大携砂量及砂的物性，井口流量、压力和温度及其变化趋势等。

（2）页岩气处理工艺及外输系统对气质、压力的要求。

2. 制订气田集输系统总工艺流程遵循的主要技术准则

（1）满足国家、行业和地方的有关法律、法规及标准规范要求，保证气田生产安全、环保、节能运行。

（2）合理确定建设规模，近远期结合，适应性强，一次规划，分期实施，避免重复建设。

（3）根据气藏气质、产出水（返排液）和砂的物性确定总工艺流程。

（4）充分利用气藏天然能量，合理确定地面系统的压力级制，进行输送与处理。

（5）尽量简化工艺环节，提高系统的集中度和密闭性，方便管理与维护。

（6）将页岩气集输、处理和外输视为有机整体，达到综合效益最佳。

（7）集输主体工艺与配套系统协调配合。

3. 总工艺流程制订

根据页岩气井生产初期产气（液）量大、井口压力高，生产中、后期产量和压力低的特点，页岩气集输初、中期宜采用气液分输，后期采用气液混输方式进行输送。

页岩气井所产天然气在平台站进行节流、除砂、分离、计量后，经集气支线输送至集气站，在集气站经汇集、分离、计量后，通过集气管道输送至井区中心站（脱水站）经分离、过滤、脱水、计量后外输。根据页岩气井井口压力、产气量下降情况，必要时需在平台站、集气站或脱水站设置增压流程。采出液在站内计量后进入储水池（罐）暂存，经过处理后再通过泵送或拉运至其他平台压裂回用，多余部分通过拉运回注或处理达标外排。

页岩气集输系统总工艺流程如图2-1所示。

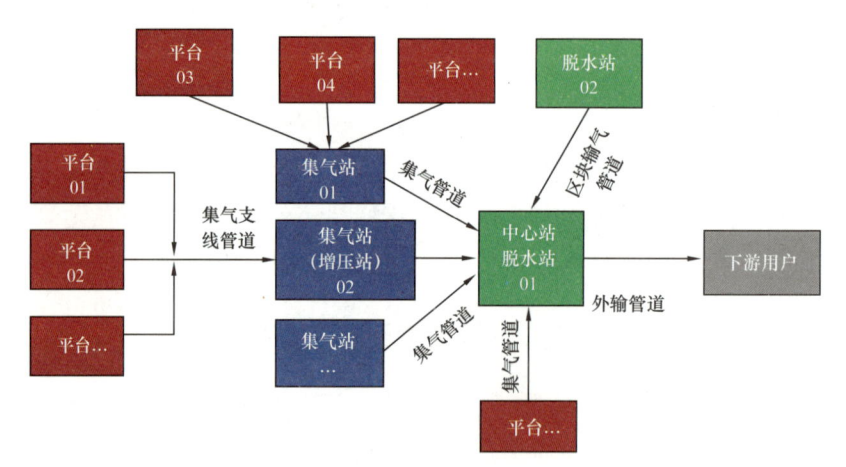

图2-1 页岩气集输系统总工艺流程示意图

二、总体布局

气田集输系统总体布局主要确定以下内容：集输站场布点选址，集输管道宏观走向，水、电、信、路辅助设施分布及走向，气田行政管理、检（维）修、生活依托设施分布情况等。

1. 进行气田总体布局时主要考虑因素

（1）与气田集输系统总工艺流程和功能需求相适应。

（2）在气田开发井网布置的基础上，结合地形条件统一规划布置各类站场，与气井分布和站、线、路相结合，天然气处理及外输站场统筹协调，从系统上优化布局，站场位置应符合集输工程总流程和产品流向的要求，并应方便生产管理与维护抢修。

（3）水、电、信、路配套系统布局与集输主体工艺布局相结合，尽量共用走廊带。

（4）处理好与气田周边重要工矿企业及环境敏感区的关系。

（5）与地形地貌、水文和工程地质、地震烈度、交通运输、人文社会、地方规划等条件相结合。

2.页岩气集输系统总体布局原则

（1）做到总体规划、分步实施、近远结合、动态调整，满足气田滚动开发的要求。

（2）结合区块气藏、钻井、采气工程方案和天然气市场需求，因地制宜，优化地面工程总体布局和集输工艺方案。

（3）多专业融合，集气管网、转供水管网、供配电网、通信网和交通路网五网统筹考虑。

（4）集输管网布局要与增压方式充分结合，做到两者统筹兼顾，避免后期重复建设。

（5）地面建设总体布局应充分与钻前供电布局相结合，钻前供电设计时应统筹兼顾后期地面建设用电负荷，避免重复建设。

第二节　页岩气集输工艺选择

一、集气工艺

1.排采工艺

页岩气生产与常规气田有所不同，根据页岩气的生产特点，可将页岩气井生产分为4个阶段：排液生产期、正常生产早期、正常生产中期和正常生产末期。

1）排液生产期

在排液生产期主要进行排液和产量测试，主要特点是：井口压力高、流体温度高、产气量波动大、返排液（含较多砂粒）量大。正常的地面集输流程不适应此工况，排液生产期使用钻采测试设备进行生产。

主要工艺流程为井口产物经除砂、节流降压后进行分离，气、液分别进行计量。

计量后的天然气进入集气管道外输至下游站场，计量后液体排入污水池（罐），重复利用。

2）正常生产早期

正常生产早期，此阶段前期气井可利用地层压力按照地质配产进行生产，后期气井采用增压生产。此阶段井口压力和流体温度降低，产液量和产气量逐渐减小，砂量逐渐减少。

此阶段测试设备已拆除，采用新建的除砂及分离计量设备进行生产。主要工艺流程为井口产物经井口针阀节流后进行除砂与分离，气液分别进行计量。计量后的天然气进入集气管道外输至下游站场，计量后液体排入污水池（罐）或通过输水管道输送至新建气井重复利用。此阶段采用气液分输工艺。

3）正常生产中期

正常生产中期气井采用增压生产。此阶段的特点是：地层压力较低，井口压力、流动温度及产液量和产气量均较低，出砂量较小，需要采取采气工艺措施进行生产。

此阶段可拆除除砂设备，采用增压生产。主要工艺流程为井口产物经分离计量设备分离、计量，计量后的页岩气进行平台增压后进入集气管道外输，或不增压直接集输至下游集气站集中增压后外输，计量后液体排入污水池（罐）。此阶段采用气液分输工艺。

4）正常生产末期

正常生产末期气井采用增压生产。此阶段的特点是：井口压力、流动温度及产液量、产气量均非常低，且趋于稳定，出砂量小。

主要工艺流程为井口产物可不分离，经计量设备计量后，经集气管道集输至下游集气站集中增压后外输。此阶段采用气液混输工艺。

2. 输送工艺

通常气田地面输送工艺分为气液混输工艺和气液分输工艺。由于气液混输工艺简单、投资少，宜优先选用。当气液混输存在一定困难及安全风险时，可考虑采用气液分输工艺输送。

1）气液混输工艺

气液混输工艺是指采气井口不设置分离装置，气井所产气液混合物通过同一条管道混合输送至下游场站的一种工艺，在气田集输中广为采用。此种工艺较为简单，投资少；对于产气含 H_2S 和 CO_2 的天然气田，气液混输工艺的技术难点是抗硫材料的选择、防腐技术和集输管网泄漏检测等。目前，川渝地区已开发的页岩气井气质分析显示，页岩气中基本不含 H_2S，含少量 CO_2，减少了混输工艺的难题。

2）气液分输工艺

气液分输工艺是指采气井口设置分离装置，对气井所产气液混合物进行分离，分离出的游离水与天然气通过不同的管道输送至下游场站的一种工艺。此种工艺较气液混输工艺复杂，投资较多；优点是天然气输送过程中不含游离水，可有效减少管道腐蚀。

3）页岩气田输送工艺

页岩气井生产初期井口压力高、井口流动温度高，产气量和产液量大，且井流物中返排出的压裂砂和地层砂较多。若采用气液混输方式进行生产，极易发生集气管道冲蚀破坏。因此页岩气开发排液生产期、正常生产早期和正常生产中期不采用气液混输工艺。仅在生产末期，当产液量很少时可以考虑气液混输工艺[2]。

3. 防止水合物形成工艺

天然气水合物是在水的冰点以上和一定的压力下，水和天然气中的某些小分子气体可以形成外形像冰，但晶体结构与冰不同的固体水合物。天然气中形成的水合物会堵塞阀门、分离器、管道、设备及仪器，抑制或中断天然气的流动，所以，预防和抑制天然气水合物的产生，在页岩气开发中具有重要意义。

根据目前已开发区块中的典型页岩气质组分，采用 HYSYS 软件进行模拟计算，得出天然气水合物形成温度，见表 2-1。图 2-2 所示为水合物形成曲线。

表 2-1　水合物形成温度预测表

序号	压力，MPa	水合物形成温度，℃
1	2	−0.305
2	4	6.972
3	6	11.02
4	8	13.74
5	10	15.76
6	12	17.33
7	14	18.61
8	16	19.69
9	18	20.62
10	20	21.44
11	22	22.17
12	24	22.83
13	26	23.44

续表

序号	压力,MPa	水合物形成温度,℃
14	28	24.00
15	30	24.53
16	32	25.02
17	34	25.48
18	36	25.92
19	38	26.34
20	40	26.74

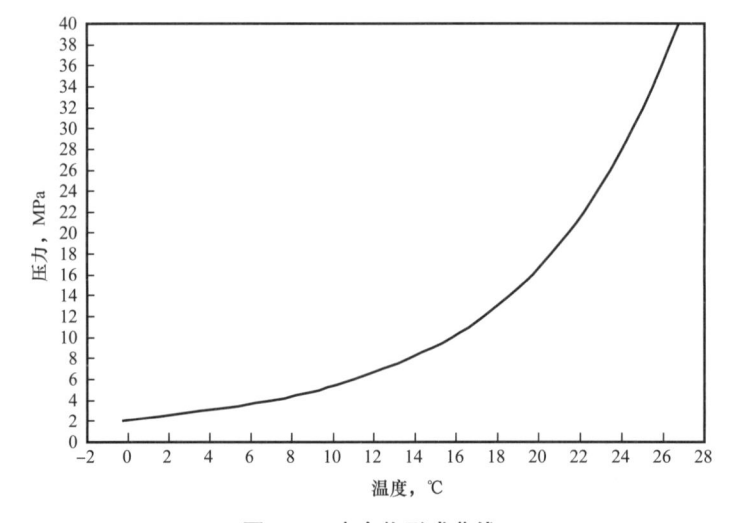

图 2-2 水合物形成曲线

根据页岩气田气井的生产情况,采用 HYSYS 进行模拟,计算出同等条件下,节流后温度及水合物形成温度,结果见表 2-2。

表 2-2 节流后温度及水合物生成温度实例

阶段工况	产液量 m³/d	井口压力 MPa	井口流动温度 ℃	节流后压力 MPa	节流后温度 ℃	水合物形成温度 ℃	是否形成水合物
启停开井	含饱和水	35	20	8	-31	11.5	是
正常生产早期（半年左右）	100	26	35	8	24.6	12	否
正常生产早期（半年以后）	20	10	20	8	14.9	12	否

通过计算结果可以看出：

（1）在启停开井工况下，会形成水合物，此时需考虑防止水合物形成工艺。

（2）在正常生产早期，由于产液量高（20~100m³/d），井口流动温度高（35℃），节流降压过程中不会形成水合物。

（3）随着气井生产到中后期，井口压力降低（8.0MPa以下），接近输压或低于输压，不需要节流。

防止水合物形成的措施通常有加热、注入水合物抑制剂等方法。下面就采用水套加热炉和注入水合物抑制剂两种方法进行介绍。

1）采用水套加热炉加热方式

水套加热炉烟火管内天然气燃烧产生热量，加热壳体内的水，再利用水温加热天然气盘管内的天然气，加热后的天然气经节流阀节流降压后送至分离器（图2-3）。

水套加热炉加热功率大，适应范围广，处理量范围大，管程压力可达70MPa，加热性能稳定。主要用于工况稳定，需要长期使用的场所。在页岩气田使用时可采用井口所产天然气作为燃料，具有使用成本低的优点；但水套加热炉也具有体积大、重量大、费用高、安装工期长、搬迁不方便等缺点。

图2-3 水套加热炉

2）注入水合物抑制剂工艺

在高压含水天然气节流前注入水合物抑制剂，通常为醇类化学物质，使天然气露点降低，从而降低水合物形成温度。通常使用的醇类有乙二醇和甲醇，极少使用二甘醇。

乙二醇是一种无色微黏的液体，沸点是197.4℃，冰点是-11.5℃，能与水任意比例混合。混合后由于改变了水的蒸气压，冰点显著降低。乙二醇属低毒类，但由于其沸点高，不会产生蒸气而被人吸入体内引起中毒。甲醇能较多地降低水合物生成温度，水溶液凝固点低、黏度小。当水合物形成温度降低相同时，甲醇的注入量比乙二醇小，效果较好。甲醇具有中等程度的毒性，可通过呼吸道、食道及皮肤侵入人体。甲醇使人中毒剂量为5～10mL，致死剂量为30mL。当空气中甲醇含量达到39～65mg/m³浓度时，人在30～60min内即会出现中毒现象。我国GBZ 1《工业企业设计卫生标准》规定车间空气中最高甲醇容许浓度为50mg/m³，由于其闪点较低，空气中爆炸极限为5.5%～36.5%。同时可能会污染地下水，对污水处理要求更高。因此，使用甲醇作抑制剂时应注意采取相应安全环保措施。

由于甲醇具有较强毒性，在温度条件满足乙二醇使用条件时抑制剂优先使用乙二醇。

乙二醇注入量计算公式：

$$G_e = 10^{-6} q_v G(W_1 - W_2 + W_f) \qquad (2-1)$$

式中 G_e——甘醇注入量，kg/d；

q_v——天然气流量（p=101.325kPa，t=20℃），m³/d；

W_1，W_2——天然气膨胀前后温度和压力条件下的饱和水含量，mg/m³；

W_f——天然气中游离水，mg/m³；

G——甘醇注入率，kg（醇）/kg（H₂O）。

甘醇注入率由图2-4中的注入甘醇的质量分数查得，注入甘醇质量分数一般为：乙二醇70%～80%，二甘醇80%～90%。

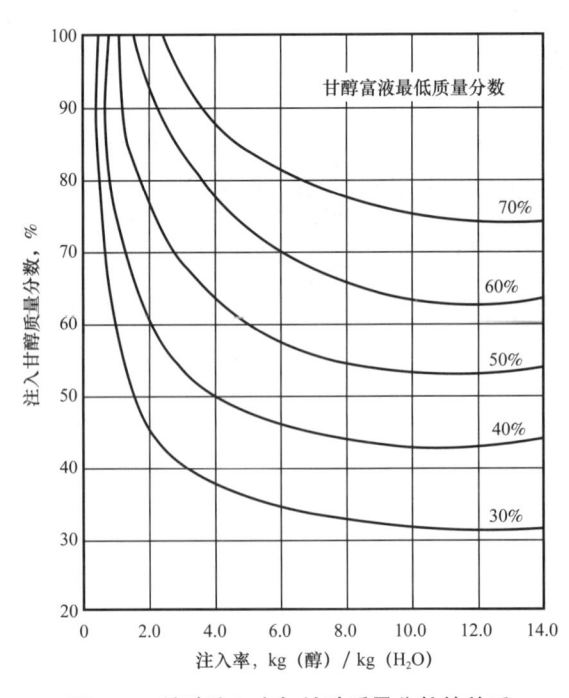

图2-4 甘醇注入率与甘醇质量分数的关系

目前，中国石油浙江油田、长城钻探工程公司和四川长宁页岩气公司主要重复利用前期项目设计的水套加热炉来防止水合物生成，浙江油田昭通区块稳产期设计改用移动式水合物抑制剂加注橇取代水套加热炉。西南油气田蜀南气矿、川庆钻探工程公司主要采取一个采气作业区配置2～3台移动式注醇橇的方式来防止水合物生成，有效降低开发成本。

图 2-5 移动式注入醇橇

4. 除砂工艺

页岩气生产初期，井筒内有大量压裂砂及地层砂带出，砂粒随天然气流进入管路系统中，由于冲刷作用可能会导致地面管道及设备在短时间内被损坏[3]，因此在页岩气开采中，采取"源头除砂"的原则，最大限度地减轻砂粒对采集输系统的损害。

页岩气田除砂工艺通常采用过滤除砂和旋流分离除砂。

1）过滤除砂。过滤是将悬浮液中的粒子截留在一种多孔介质上。井筒排出的携砂液体经过滤网时，气液可以通过滤网的孔隙，固相颗粒粒径因大于滤网的孔径而滞留在滤网内，达到除去砂粒的目的。除砂原理见本书第三章。

2）旋流分离除砂。旋流分离技术作为一项高效的多相分离技术，是在离心力的作用下利用两相或多相间的密度差实现相间分离。井筒排出的携砂流体在一定压力和流速状态下切向进入旋流管，在圆柱腔内产生高速旋转流场。混合物中密度大的组分在旋流场的作用下沿轴向向下运动，同时沿径向向外运动，在到达沉积段沿器壁向下运动，形成了外旋涡流场，砂粒由底部出口排出；密度小的组分向中心轴线方向运动并在轴线中心形成一向上运动的内涡旋然后由溢流口排出。这样就达到了除去流体中砂粒的目的。除砂原理见本书第三章。

浙江油田黄金坝区块、长城钻探工程公司威远区块和四川长宁页岩气公司宁201区块前期均采用过滤除砂器除砂，但是由于滤芯易堵且清砂困难，部分滤芯还存在破损问题，目前已基本排除过滤除砂器，改用旋流分离除砂工艺，在浙江油田、四川长宁页岩气公司后续区块和川庆钻探工程公司使用效果较好（图2-6和图2-7）。

5. 分离工艺

1）分离目的

从页岩气井场开采的天然气含有许多液体（返排液、水）、固体（泥沙、岩石颗粒、压裂砂等），由于以下原因，这些杂质需从天然气中除掉：

图 2-6　卧式除砂器　　　　　　　　图 2-7　立式旋流除砂器

（1）保障集输管网的输送效率和其他工艺设备正常工作。
（2）降低腐蚀和腐蚀产物的影响。
（3）满足下游处理厂对原料天然气质量的需求。
（4）便于气液单独计量，以获取气井气、水产量动态数据。
（5）回收返排液，便于集中处理。
（6）降低集气站自身的能耗（如防止水合物生成时的防冻剂加注量和加热时的热量）。

2）分离工艺分类

分离工艺通常分为常温分离工艺和低温分离工艺，它们的做法和特点见表 2-3。

表 2-3　分离工艺分类

类型	常温分离工艺	低温分离工艺
工艺简述	天然气在水合物形成温度以上进行气液分离的工艺过程	天然气在水合物形成温度以下进行气液分离的工艺过程
做法	在站场内设加热、节流降压和分离计量等工艺，将天然气中的凝析液以及机械杂质进行分离	（1）低温分离回收天然气凝液或控制水、烃露点，需向原料气提供足够的冷量，使其降温至露点以下进行冷凝； （2）当天然气具有可供利用的高压力能，也并不需很低的冷冻温度时，一般采用节流阀（也称焦耳—汤姆逊阀）膨胀制冷低温分离工艺； （3）对于天然气较富、凝析油含量大，而气井压力和外输压力之间没有足够压差可利用的气井，可采用外加冷剂制冷的低温分离工艺
特点	（1）对于压力变化较快，凝析油含量较低的气井，且管输天然气对水露点和烃露点要求不高的场合； （2）站场配套设施少，操作简单	（1）对于压力高、凝析油含量大的气井，采用低温分离可以分离和回收天然气中的水和凝析油，使管输天然气的烃露点达到管输标准要求，防止凝液析出影响管输能力； （2）低温分离应在一定压力下降低操作温度进行

对于页岩气田，压力变化快，通常采用常温分离工艺。

3）工艺计算

（1）重力分离器计算。

① 液滴在分离器中的沉降速度计算：

$$v_0 = \sqrt{\frac{4gd_L(\rho_L - \rho_G)}{3\rho_G f}} \quad (2-2)$$

式中　v_0——液滴在分离器中的沉降速度，m/s；

　　　g——重力加速度，m/s²；

　　　d_L——液滴直径，通常取 $60 \times 10^{-6} \sim 100 \times 10^{-6}$ m；

　　　ρ_L——液滴的密度，kg/m³；

　　　ρ_G——气体在操作条件下的密度，kg/m³；

　　　f——阻力系数，用式（2-3）计算 $f(Re^2)$，再查 GB 50349—2015《气田集输设计规范》中附录 B 得 f 值。

$$f(Re^2) = \frac{4gd_L^3(\rho_L - \rho_G)\rho_G}{3\mu_G^2} \quad (2-3)$$

式中　μ_G——气体在操作条件下的黏度，Pa·s；

　　　Re——流体相对运动的雷诺数。

② 立式重力气液分离器直径计算：

$$D = 0.35 \times 10^{-3}\sqrt{\frac{q_v TZ}{pv_0 K_1}} \quad (2-4)$$

式中　D——分离器内径，m；

　　　q_v——标准状态气体流量，m³/h；

　　　Z——气体压缩因子；

　　　T——操作温度，K；

　　　p——操作压力，MPa（绝）；

　　　v_0——液滴沉降速度，m/s；

　　　K_1——立式分离器修正系数，通常 $K_1 = 0.8$。

③ 立式重力气液分离器高度：立式重力气液分离器高度与直径之比一般为 2～4。

④ 卧式重力气液分离器直径计算：

$$D = 0.350 \times 10^{-3}\left(\frac{K_3 q_v TZ}{K_2 K_4 pv_0}\right)^{0.5} \quad (2-5)$$

式中 K_2——气体空间占有的空间面积分率；

K_3——气体空间占有的高度分率；

K_4——长径比，$K_4=L/D$。

K_4 按表 2-4 取值。

表 2-4 K_4 取值表

操作压力，MPa	K_4
$p \leqslant 1.8$	3.0
$1.8 \leqslant p \leqslant 3.5$	4.0
$p > 3.5$	5.0

（2）过滤分离器计算。

① 过滤元件的流通面积：

$$F = \frac{\pi d^2}{4} n \qquad (2-6)$$

式中 F——过滤元件的流通面积，m^2；

d——过滤元件滤管开孔直径，m；

n——过滤元件滤管开孔数量，个。

② 过滤元件数量 N：

$$N = \frac{q}{Fv} \qquad (2-7)$$

式中 N——过滤元件的数量，根；

q——操作条件下过滤分离器的处理量，m^3/s；

v——气体通过过滤元件的流速，按过滤元件生产厂使用说明中的要求选取，m/s。

6. 计量工艺

页岩气由于产量变化快，气水关系复杂，需要对单井的生产状态进行实时监测，监测每口单井的产气量和产液量的变化情况，以方便气藏管理者掌握各气井生产动态，评估产能，优化开采方案。目前页岩气井单井计量所选用的计量技术有分离计量和不分离计量两种。

1）分离计量

分离计量即采用分离器对页岩气中的气液两相进行分离，再采用单相仪表对分离后的气液两相分别进行计量，通常情况下气相选择高级孔板阀进行计量，液相选择电磁流量计进行计量。分离计量技术较为成熟，也是目前页岩气井口计量采用最为广泛的计量方式。目前在页岩气开采中采用的分离计量主要有单井连续分离计量和多井轮换分离计量两种方式（图2-8和图2-9）。

图2-8　单井连续分离计量　　　　　　　　图2-9　轮换分离计量

2）不分离计量

湿气不分离计量技术是近十多年以来在单相流量计基础上发展而来的新技术，其主要原理是利用大量的实验数据，找到由于天然气中含有液相成分造成的计量虚高与工况参数间的数学关系，建立修正数学模型，从而进行修正。目前已有的或在研的不分离测量技术按照测量方法和技术路线大致可分为两种：一种是通过微波、射线等测量技术对湿天然气中的液相含率进行直接测量，结合差压式流量计的虚高修正关系，实现对气液两相流量计的测量；另一种是采用两个或多个传统单相仪表相组合，利用不同仪表在湿天然气中偏差不同的特性，对湿天然气中气液两相的流量实现测量。湿气流量计的技术核心在于其两相流不分离测量模型的准确度及其在湿天然气测量工况的适用性。图2-10所示为不分离计量设备。

图2-10　不分离计量设备

与传统的分离计量技术相比，不分离计量技术在技术经济性和运行管理上都具有明显的优势，可大规模优化地面工艺流程，而且更易实现单井的无人化值守和远程实时监控，从而极大地降低油气田上游开发成本和运行管理费用。但不分离计量技术的成熟度还有待进一步的验证，目前湿气流量计在页岩气井口还处于试应用阶段。现有的页岩气井口计量方案对比见表2-5。

表2-5 页岩气井口计量方案

方案	分离计量方案		不分离计量方案
	单井连续计量方案	多井轮换计量方案	
适用条件	单井或多井集气	多井集气	单井或多井集气
方案简述	每口井设流量计，连续对单井进行原料气的气液计量。采样分析液量，确定气井产油、产水量	多口井在站内设置流量计，每口井每隔5~10d（凝析气田8~15d）测试，连续测量时间不少于24h，了解油气水波动，并计算24h内瞬时产量和平均产量	无需对页岩气中的气液两相进行分离，直接对气液两相进行测量
优点	可连续记录气井的各种参数，精度高	设备少，占地面积小，投资省，管理维护方便	大大简化工艺设施，减少占地面积
缺点	设施多，投资高	不能连续记录每口井的各种参数	（1）单体设备投资高；（2）国内还未大量应用，国外应用较多；（3）计量的准确性差
适用条件	单井产气量、产液量、压力及井口流动温度差别较大	单井产气量、产液量、压力及井口流动温度差别不大	有待确认
应用实例	威远页岩气田平台正常生产早期，为了达到气藏开发对资料录取要求，对每口单井采取一对一的单井连续计量	长宁页岩气田宁201井区平台都采取用间歇轮换计量的方式，简化了地面设施	在中石化涪陵页岩气、长城钻探公司、川庆钻探公司都有试应用

7. 清管工艺

1）清管的目的

集输管道的输送效率和使用寿命很大程度上取决于管道内壁和内部的清洁状况。

影响气质并对管道有害的物质：如砂（压裂砂和地层砂）、返排液、油（来自油基钻井液）、水、硫分、机械杂质等，进入输气管道后可能会引起管道内壁腐蚀，增大管壁粗糙度，大量水和腐蚀产物的聚积还会局部堵塞和缩小管道的流通截面。在施工过程中大气环境也会使无涂层的管道生锈，并难免有一些焊渣、泥土、石块等有害物品遗落在管道内。管线水试压后，单纯利用管线高差开口排水很难排尽。

为解决以上问题，进行管道内部的清扫是十分必要的，因此清管工艺一直是管道施工和生产管理的重要工艺措施。清管的目的概括起来有以下几方面：

（1）改善管线内部的表面粗糙度，减小摩阻损失，增加通过量，从而提高管道的输送效率；

（2）避免低洼处积水，降低管内壁电解质的腐蚀，降低 H_2S 和 CO_2 对管道的腐蚀，避免管内积水冲刷管线，使管线变薄，从而延长管线的使用寿命；

（3）扫除管壁的沉积物、腐蚀产物，减少垢下腐蚀；

（4）进行管内检测。

2）清管器的分类与特性

任何清管器都要求具有可靠的通过性能（通过弯头、三通和管道变形的能力），足够的机械强度和良好的清管效果。

清管器分为：清管球、皮碗清管器、泡沫清管器和其他类型清管设备。

（1）清管球。清管球是最简单可靠的清除积液和分隔介质的一种清管器，效果不如皮碗式的电子清管器。清管球有实心的和空心的两种，$DN \leqslant 100mm$ 管道清管球为实心球；$DN > 100mm$ 管道清管球为空心球。空心球壁厚为输气管内径的1/10，球上有一可以密封的注水孔，孔内有一单向阀。

清管球在清管运行中会有变形和磨损，使用前在0℃以上工作的清管球一般注入水；在0℃以下工作的清管球，球体内通常注入低凝固点的液体（如甘醇类）。

清管球在管道内运行时要求具有一定的密封性，保持一定内压，以调节清管球的直径，其过盈量在球未充水时为管内径的2%，冲水时为3%～8%，最佳一般不超过5%，使球能紧贴管壁不致漏气和漏液，保证清管效果。未充满液体的清管球不允许使用，以免清管球在管内介质的高压下将球压扁或不能密封而漏气，造成卡球事故。

清管球在管内运行时变形大、通过性好，不易被卡。表面磨损均匀，磨损量小，只要注入口密封良好，可多次重复使用。

清管球的主要用途是清除管内积液和分隔介质，清除块状物体的效果较差。它不能定向携带检测仪器，不能作为它们的牵引工具。

结构上一般分为4种：

① 球形，$DN \leqslant 100mm$ 为实心，$DN > 100mm$ 以上为空心；

② 炮弹形（内层为泡沫，外层为聚氨酯包覆）；

③ 盘形或碟形；

④ 炮弹形（带铁刷）。

（2）皮碗清管器。皮碗清管器（直板清管器）由一个刚性骨架和前后两节或多节皮碗构成。它在管内运行时，保持固定的方向，所以能够携带各种检测仪器和装置。清管器的皮碗形状是决定清管器性能的一个重要因素，皮碗的形状必须与各类清管器的用途相适应。

皮碗清管器由橡胶皮碗、压板法兰、导向器及发讯器护罩组成。它是利用皮碗边裙对管道的1%~4%过盈量与管壁紧贴而达到密封，清管器由其前、后天然气的压差推动前进。

皮碗清管器密封性能良好，它不仅能推出管道内积液，而且推出固体杂质效果远比清管球好。

（3）泡沫塑料清管器。泡沫塑料清管器外貌呈炮弹形，头部为半球形或抛物线形，外径比管道内径大2%~4%，尾部呈蝶形的凸面，内部芯体为高密度泡沫，表面涂有聚氨酯材料。

泡沫塑料清管器的密封性能较好，使清管器前后形成压差，推动清管器向前运行。沿清管器周围有螺旋沟槽或圆孔，可保证体内充满液体，而不致被压瘪。带有螺旋沟槽的清管器，在运行时螺旋沟槽产生分力，使其旋转前进，故清管器磨损均匀。

泡沫塑料清管器具有回弹能力强、导向性能好、变形能力高等特点，能顺利通过变形弯头、三通及变径管。泡沫塑料清管器特别适合清扫带有内涂层的长输大口径输气管道。

（4）其他类型清管设备。其他类型清管设备大致有钢刷清管器、直板清管器、测径清管器、磁力清管器、磁通检测清管器、超声波检测清管器等。

3）清管系统

清管系统由清管器（球）发射与接收装置、电子探测定位仪器等部分组成：

（1）清管器（球）。清管器（球）是管道清洗工具，用于刮削管壁污垢。

（2）发射与接收装置（阀）。发射与接收装装置分别安装在需清管管道的始端和末端，用来发射和接收清管器（球）。

（3）电子探测定位仪器。电子探测定位仪器包括定位发射机、定位接收机、过球指示仪等，用于跟踪在管道中运行的清管器（球），一旦卡住可精确定位。

（4）清管器（球）接收、发送筒（阀）。清管器（球）接收、发送筒作为非定型设备，在设计和制造上应能满足操作压力和环境条件变化的需要。设备应能承受管道清管作业时清管器所产生的冲击载荷。所配套的快开盲板，应开闭灵活、方便，密封可靠无泄漏，且具有确保安全的自动连锁装置。

清管器收发筒的筒体内直径应大于与相连接的工艺管道内径100~150mm，以便清管器的放入和取出；发送筒长度不小于筒径的3~4倍，以满足发送最长清管器或检测器需要。

接收筒需要容纳清管污物，同时接收连续发送的 2 个或更多清管器，其长度一般不小于筒径的 4~6 倍。接收筒上设 2 个排污口，排污口焊接挡条以阻止大块物体进入。

4）清管工艺计算

（1）清管球的过盈量的计算：

$$h = \frac{D_1 - D_2}{D_2} \quad (2-8)$$

式中　h——清管球的过盈量；
　　　D_1——清管球的外径，m；
　　　D_2——管线的内径，m。

（2）清管最大推球压差估算公式：

$$p = p_1 + p_2 + p_3 \quad (2-9)$$

式中　p——最大压差，MPa；
　　　p_1——清管器的启动压差，MPa；
　　　p_2——最大压差当前收、发站之间输气压差，MPa；
　　　p_3——估算管内最大的积液高程压力（绝压），MPa。

（3）清管所需推球输气流量的估算：

根据清管器运行速度、推球平均压力、管道内径横截面积近似估算。一般近似计算公式为：

$$Q = 240000 F \bar{p} \bar{v} \quad (2-10)$$

式中　Q——瞬时输气流量，m³/d；
　　　F——管道内径横截面积，m²；
　　　$\bar{p}$——清管器后平均压力，MPa；
　　　$\bar{v}$——清管器运行平均速度，km/h。

（4）清管器运行距离的计算：

$$L = \frac{4 p_n T Z Q_n}{\pi D^2 T_n p} \quad (2-11)$$

式中　L——清管器运行距离，m；
　　　p_n——基准条件下压力，0.1MPa；
　　　T——球后管段天然气平均温度，取发球站气体的温度，K；
　　　Z——p、T 条件下天然气压缩系数；

Q_n——清管器发后的累计进气量，m³；

D——输气管内径，m；

T_n——基准条件下温度，293K；

p——推球压力，即某时刻后（上游）段起点和终点的平均压力（通球距离短，可用发球站压力代替），MPa。

在清管过程中，每过15~30min计算一次进气量及压力，将各次气量累计，应用式（2-11）即可求得此时清管器的位置。

（5）清管器在管内平均球速计算：

$$v = \frac{L}{t} \quad (2-12)$$

式中 v——清管器运行速度，m/h；

L——清管器运行距离，m；

t——运行L距离的实际时间，h。

当输气管线内的污物不多，清管器严密性较好时，推球压力和气量也比较稳定，这时清管器运行平均速度与管内天然气平均速度基本一致，而与线路走向和地形无关，因此在发球时可按照当时的输气量与清管段终点平均压力，预算出清管器运行至各个观察监听点的时间。

（6）运行时间计算：

$$t = 32.079 \times 10^3 \times \frac{LD^2 p}{TZQ} \quad (2-13)$$

式中 t——清管器出站到相应监听点时间，min；

L——清管器出站到相应监听点距离，km；

D——输气管内径，m；

p——清管管线平均压力，MPa；

T——球后管段天然气平均温度，取发球站气体的温度，K；

Z——p、T条件下天然气压缩系数；

Q——输气量（出发前稳定的气量，标准状态下），10^3m³/d。

5）多球清管技术

为避免因清管器（球）密封不严引起清管器（球）停，可采用2~3清管器（球）组成"串接清管器（球）塞"以提高密封性，这样既提高了清管效果，又节约人力、物力和缩短清管时间。根据目前收发球设备工艺技术现状，以同时发2个清管器（球）为宜。但多球清管存在较高的安全风险，清管时应特别慎重采用多球清管技术。

二、脱水工艺

1. 脱水的目的和作用

1）脱水的目的

水是天然气从采出至消费的各个处理或加工步骤中最常见的杂质组分，而且其含量经常达到饱和。

一般认为天然气中的水分只有当其以液态存在时才是有害的，因而工程上常以露点温度来表示天然气中的水含量。露点温度是指在一定压力下，天然气中水蒸气开始冷凝而出现液相的温度。图2-11所示为不同压力下天然气中水分含量与其露点温度的关系。该图的数据都是以相对密度为0.6的天然气为基础的，对不同相对摩尔质量的天然气和不同盐分含量的水则需用该图中的两个辅助图加以校正。

从图2-11可以看出，水在天然气中的溶解度随压力升高或温度降低而减小，因而对天然气进行压缩或冷却处理时要特别注意估计其中的水分含量，因为液相水的出现至少在以下3个方面对处理装置及输气管线是十分有害的：

（1）冷凝水的局部积累将限制管线中天然气的流率，降低输气量，而且水的存在（不论液相或气相）使输气过程增加了不必要的动力消耗，也给处理装置（如轻烃回收装置）上的机泵和换热设备带来一系列问题。

（2）液相水与CO_2和（或）H_2S相混合即生成具有腐蚀性的酸，天然气中酸性气体含量越高，腐蚀性也越强。CO_2腐蚀主要表现形式为电化学腐蚀，有研究结果表明，在常温无氧CO_2溶液中，金属的腐蚀速率是受析氢动力学控制的。CO_2在水中的溶解度很高，一旦溶于水便形成碳酸，释放出氢离子。氢离子是强去极化剂，极易夺取电子，促进阳极铁溶解而导致腐蚀。

（3）含水天然气中所含的水分子和小分子气体及其混合物可能在较高的压力和温度高于0℃的条件下，生成一种外观类似冰的固体水合物。固体水合物可能导致输气管线或其他处理设备堵塞，给天然气储运和加工造成很大困难。

有一系列方法可用于天然气脱水，并使之达到管输要求。按其原理可分为冷冻分离、固体干燥剂吸附和溶剂吸收3大类。近年来国外正在发展用膜分离技术进行天然气脱水，但目前尚在工业上应用不多，而应用最为广泛的则是以各种甘醇为脱水剂的溶剂吸收法。

2）天然气脱水的作用

天然气脱水实质就是使天然气从饱和状态变为不被水饱和状态，达到天然气净化或管输标准。其主要作用有：

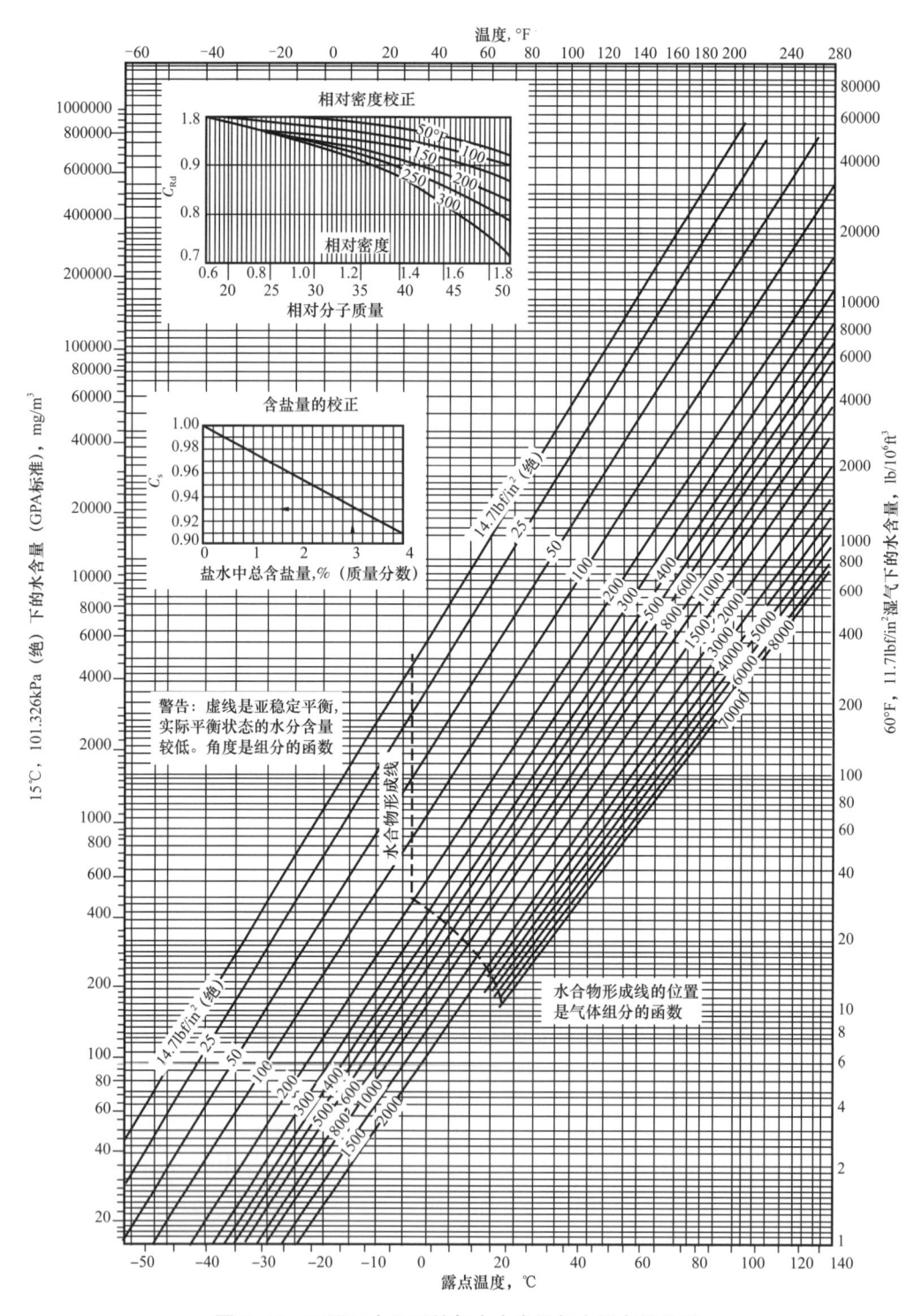

图 2-11 不同压力下天然气中水含量与水露点的关系

$$℃ = \frac{5}{9}(℉-32);$$

C_{Rd}—相对密度校正系数;C_s—盐水中盐含量校正系数

（1）降低天然气的露点，防止液相水析出。

（2）保证输气管道的管输效率。

（3）防止 H_2S 和 CO_2 对管道造成腐蚀损失。

（4）防止水合物的生成。

2. 天然气脱水的方法

1）低温法

这类方法可采用节流膨胀冷却或加压冷源冷却，它们一般和轻烃回收过程相结合。节流膨胀的方法适用于高压气田，它是使高压天然气经过焦耳—汤姆逊效应制冷而使气体中的部分水蒸气冷凝下来。为了防止在冷冻过程中生成水合物，可在过程气流中注入乙二醇作为水合物抑制剂（在高于 -40℃ 范围内有效）。如需进一步冷却，可使用膨胀机制冷。

用冷冻分离法进行天然气脱水时，当天然气田的压力不能满足制冷要求，增压或由外部供给冷源又不经济时，就应采用其他类型的脱水方法。

2）溶剂吸收法脱水

溶剂吸收法脱水是目前天然气工业中应用最普遍的方法之一，利用吸收原理，采用亲水的溶剂与天然气充分接触，使水传递到溶剂中从而达到脱水的目的。

溶剂脱水法中采用甘醇类物质作为吸收剂，在甘醇的分子结构中含有羟基和醚键，能与水形成氢键，对水有极强的亲和力，具有较高的脱水深度。常用甘醇脱水剂的物理性质见表2-6。

表2-6 常用甘醇脱水剂的物理性质

常见甘醇脱水剂		一甘醇	二甘醇	三甘醇	四甘醇
分子式		$CH_2CH_2(OH)_2$	$\begin{matrix} CH_2CH_2OH \\ O \\ CH_2CH_2OH \end{matrix}$	$\begin{matrix} CH_2OCH_2CH_2OH \\ \vert \\ CH_2OCH_2CH_2OH \end{matrix}$	$\begin{matrix} C_2H_4OC_2H_4OH \\ \vert \\ O \\ \vert \\ C_2H_4OC_2H_4OH \end{matrix}$
相对分子质量		62.1	106.1	150.2	194.2
冰点，℃		-11.5	-8.3	-7.2	-5.6
蒸气压（25℃），Pa		16	<1.33	<1.33	<1.33
沸点，℃		197.3	244.8	285.5	314
相对密度	60℃	1.085	1.088	1.092	1.092
	101.3kPa，24℃	1.088	1.1184	1.1254	1.128

续表

常见甘醇脱水剂		一甘醇	二甘醇	三甘醇	四甘醇
溶解度（20℃）		全溶	全溶	全溶	全溶
理论热分解温度，℃		165	164.4	206.7	273.8
实际使用再生温度，℃		129	148.9～162.8	176.7～196.1	204.4～233.9
闪点，℃		115.6	143.3	165.6	
黏度，Pa·s	20℃		25.7×10^{-3}	47.8×10^{-3}	
	60℃	5.08×10^{-3}	7.6×10^{-3}	9.6×10^{-3}	10.2×10^{-3}
比热容，kJ/（kg·K）		2.43	2.31	2.2	2.18
表面张力（25℃），mN/m		47	44	45	45
折光指数（25℃）		1.43	1.446	1.454	1.457

由于甘醇类化合物具有很强的吸水性，其溶液冰点较低，故广泛应用于天然气脱水装置最早用于天然气脱水的甘醇是二甘醇，由于受再生温度的限制，贫液质量分数一般为95%左右，露点降较低；而三甘醇再生容易，贫液质量分数可达98%～99%，具有更大的露点降，且运行成本较低，因此得到广泛的应用。

甘醇类化合物毒性很轻微，且它们的沸点均较高，常温下基本不挥发，使用不会引起呼吸性中毒，与皮肤接触也不会引起伤害。

3）固体吸附法脱水

吸附是用多孔性的固体吸附剂处理气体混合物，使其中所含的一种或数种组分吸附于固体表面上以达到分离的操作。

吸附作用有两种情况：一是固体和气体间的相互作用并不是很强，类似于凝缩，引起这种吸附所涉及的力同引起凝缩作用的范德华分子凝聚力相同，称之为物理吸附；另一种是化学吸附，这一类吸附需要活化能。物理吸附是一可逆过程。而在化学吸附是不可逆的，被吸附的气体往往需要在很高的温度下才能释放，且所释出的气体往往已发生化学变化。

目前用于天然气脱水的多为固定床物理吸附。用吸附剂除去气体混合物的杂质，一般都使吸附剂再生循环使用。升温脱吸是工业上常用的再生方法。这是基于所有干燥剂的湿容量都随温度上升而降低这一特点来实现的。通常采用一种经过预热的解吸气体来加热床层，使被吸附物质的分子脱吸，然后再用载气将它们带出吸附器，这样就可达到吸附剂再生。吸附剂再生所需的热量由载气带入吸附床，一般吸附剂的再生温度为175～260℃。

天然气脱水过程使用的吸附剂主要有硅胶和分子筛等。

3. 页岩气脱水方法的选择

低温分离法大多用于有压力能（压力降）可利用的高压气田或需同时脱除水和轻烃的场合，如使用外部供给冷源则操作费用较高，页岩气田由于生产特性不宜采用。

固体吸附法主要用于深度脱水，对于诸如天然气液化等需要原料气深度脱水的工艺过程，则必须采用固体吸附法脱水。用这类方法脱水后的干气，含水量可低于 $1mL/m^3$，露点可低至 $-80℃$，而且装置对原料气的温度、压力和流量变化不甚敏感，也不存在严重的腐蚀和发泡问题。相对溶剂吸收法，固体吸附法设备投资和操作费用较高，吸附剂再生时耗能较高，在低处理量操作时尤为显著。固体吸附法在页岩气田主要用于试采井液化前深度脱水和车用天然气增压前深度脱水。

溶剂吸收法脱水深度有限，露点降一般不超过 $45℃$，其具有设备投资和操作费用较低廉的优点，较适合大流量高压天然气的脱水。三甘醇溶剂吸收法在页岩气脱水工程中被广泛地采用。本书在第三章第四节主要介绍三甘醇溶剂吸收法和固体吸附法的应用。

三、增压工艺

根据页岩气井的生产特点，气井投产后从自喷开采至增压开采的时间跨度较常规气田更短，一般为一年左右。气井维持长期、平稳产气时的井口压力更低，通常低于外输压力。因此，实施增压是维持页岩气井长期生产的必要措施。

1. 增压工艺分类

增压工艺根据气井井口压力递减情况，可分为一级增压工艺和两级增压工艺（表2-7）。采用何种增压工艺则需要结合页岩气井井口压力、外输压力、压缩机组压比范围、增压方式和布站方式综合分析确定。

表2-7 增压工艺分类

序号	增压工艺	特点
1	一级增压工艺	低压气通过气田内设置的增压站一次性增压到外输压力，实现外输
2	两级增压工艺	低压气先通过平台站设置的一级压缩机（一般采用适应进气压力更低的螺杆式压缩机）增压到两级压缩机（一般采用进气压力相对更高的往复式压缩机）进口压力，经过2次增压后实现外输

2. 增压方式分类

页岩气田内部集输管网的布置对增压方式的影响甚大。在初期规划管网布置的时候，为了更好地实现后续的增压开采，就要仔细考虑地面集输管网布局。这就使得页岩气田的内输管网布局与增压方式的关联性较常规气田联系更为紧密。采用什么样的增压方法，应在内部集输管网布局时统筹策划考虑。

在统筹考虑页岩气田内部集输管网布置的需要、路由和站址等因素后，根据气田区域的页岩气产量、井口压力以及下游压力要求来确定增压站的规模和位置。若存在高压平台站和低压平台站，应考虑压力差异的问题。

增压方式分类：（1）分散增压；（2）集中增压；（3）分散与集中增压相结合（表2-8）。其中分散增压和集中增压主要通过单座站场来实现，如平台站增压则属于分散增压，集气站增压、脱水站增压则属于集中增压。而分散与集中增压相结合则通过多座不同类型的站场并列组合增压来实现。

表 2-8 增压方式分类

序号	增压工艺	增压方式分类		布站方式
1	一级增压工艺	单座站场增压（分散增压或集中增压）	单个平台站增压	依托孤立分散的平台站
2			节点平台站增压	依托管网节点位置的平台站
3			集气站增压	依托集气站
4			脱水站增压	依托脱水站
5			气举增压	车载压缩机组移动至平台站
6		多座站场并列组合增压（分散增压与集中增压结合）	平台站增压+集气站增压并列	依托孤立分散的平台站和集气站
7			节点增压+集气站增压并列	依托节点平台站和集气站
8			平台站增压+节点增压+脱水站增压并列	依托孤立平台站、节点平台站和集气站
9	两级增压工艺	多座站场串联组合增压	单个平台站增压+集气站增压两级增压	依托平台站和集气站
10			单个平台站增压+脱水站增压两级增压	依托平台站和脱水站

3. 增压方法

在增压方式确定后，每种增压方式还有不同的增压方法，主要根据井口或平台站压力衰减情况确定增压范围，进而灵活制订增压方法。因两级增压工艺基本出现在页岩气田开采的末期井口压力低于 1MPa 的情况，此时各个井口压力均低，已经没有高压与低压并存的情况，因此增压方法更为明确，这里不再详述。表 2-9 梳理了一级增压工艺下各个增压方式可能采取的增压方法。

表 2-9 增压方法

序号	增压方式分类	增压方法	特点
1	单个平台站增压	上半支或下半支井口来气增压	该方法主要适用于钻井工程先压裂上半支/下半支的井口，使其先投产，井口压力先降低，与后投产的半支井口压力差别较大，需要先增压。站内流程实现高低压输送
		同平台所有井口来气一同增压	该方法主要适用于同一平台站各个井口在增压时压力相近
2	节点平台站增压	对上游低压平台站和本平台低压井口来气增压	该方法适用于上游低压平台与高压平台同时存在的情况，针对上游低压平台站和本平台低压井口进行增压，增压后与上游高压平台站和本平台高压井口产气汇合，一同输往下游。站内流程实现高低压输送
		对上游各平台站来气一同增压	该方法主要适用于上游所有平台站均需要增压，且压力相近
3	集气站增压	对上游平台站来气增压	站内流程实现高低压输送。低压部分实现对上游低压平台站来气进行增压，高压部分实现对上游高压平台站来气的汇集、分离、计量等不增压的常规集气功能
4	脱水站增压	对上游平台站、集气站来气增压	站内流程实现高低压输送。低压部分实现对上游低压平台站、低压集气站来气进行增压，高压部分实现对上游高压平台站、高压集气站来气的汇集、分离、计量等不增压的常规集气功能
5	气举增压	对气井井筒进行气举	

注：（1）上半支、下半支：根据水平钻井布井方式，将同一平台站的气井分为两个相反的方向进行水平钻井，以影响更大的裂隙空间。两个相反的水平钻井方向即为上半支和下半支。
（2）单个平台井：上游无其他平台井来气的接入，即已是上游远端平台或较为独立的平台井。
（3）节点平台井：在本平台有页岩气井的情况下，还接收上游 2 座以上的平台井来气的平台井。

第三节 页岩气集输管网

一、集输管网构成

气田集输管网一般由采气管道、集气支线和集气干线组成。对于大型气田，从气田区域集中处理厂至商品气交接点之间的外输管道也为气田集输管网的一部分。

采气管道指井口一级节流至一级分离器之间的管道。负责将井口未经处理的天然气输送至下游分离器或集气站进行预处理。输送气质条件差，含有气井产出的液相水、烃和固体杂质。具有压力高、腐蚀性强、管径小及距离短的特点。页岩气开发通常采用井口分离流程，采气管道为平台站内管道，长度较短。

集气支线主要是指平台至集气站间的天然气管道，负责将平台所采出的天然气输送至集气站，一般情况下输送介质为湿天然气。

集气干线主要指集气站至集气站及集气站至脱水站间的天然气管道，负责将集气站所汇集的天然气向脱水站输送。气质条件、工作压力与集气支线接近，随进气量的增加可设置为变径管。一般情况下输送的介质为湿天然气。

外输管道指气田区域集中处理厂至商品气交接点之间的天然气管道，负责将处理合格的产品天然气输送至骨干管网或者用户。外输管道输送的介质为达到国家商品气质量要求的天然气。

二、集输管网及增压系统设置

1. 集输管网设置原则

（1）满足气田开发方案对集输管网的要求。以气田开发方案提供的产气数据为依据。产气区的地理位置、储层的层位和可采储量，开发井的井数、井位，井底和井口的压力与温度参数，各气井的天然气组分构成、开采中的平均组分构成和气井凝液或气田水的产出量及组分构成，以上数据是气田开发方案编制的依据，也是集输管网建设所需的基础数据。

（2）按照气田开发方案规定的开发目标和开发计划确定集输管网的建设规模，安排建设进度。开发方案根据气田的可采储量、天然气的市场需求和适宜的采气速度，对气田开发的生产规模、开采期、年度采气计划、各气井的日定产量、最终的总采气量和采收率做了具体规定。集输管网的建设规模应与天然气生产规模相一致。当天然气生产规模要求分阶段实施时，集输管网的分期建设计划可根据开发期内年度采气计划规定的年采气量变化来制订。

（3）集输管网设置与集气工艺的采用和合理设置集输场站的要求相一致。集输管网的设置与集气工艺技术的应用、集气生产流程的安排和集输场站的合理布点要求密切相关。采用不同的集气工艺技术和不同的集输场站设置方案会对集输管网设置提出不同的要求，带来某些有利和不利的因素，影响到集输管网的总体布置和建设投资。通过优化组合集输管网和场站建设方案，将这两项工程建设的总投资额降到最低，是集输管网设置的主要目标之一。

（4）集输管网内的天然气总体流向合理，管网中主要管道的安排和具体走向与当地的自然地理环境条件和地方经济发展规划协调和一致。

集输系统的天然气输送至天然气处理厂，处理后的净化天然气最终要输送到天然气用户区。集输管网内的天然气总体流向不但要与产气区到处理厂的方向相一致，还应与产气区到主要用户区的方向相一致。为此要把集输管网设置和天然气处理厂的选址结合起来，把处理厂选址在产气区与主要用户区之间的连线上或与这个连线尽可能接近的区域，以便使处理厂与产气区的距离最短。

管网中集气干线和主要集气支线的走向与当地的地形、工程地质、公路交通条件相适应。避开不良地质地段，使管道尽可能沿有公路的地区延伸。远离城镇和其他居民密集区，不进入城镇规划区和其他工业规划区。

2. 集输管网类型

常用的集气管网有5种类型。

1）放射式集气管网

布置方式为以集气站或天然气处理厂为中心，管道以放射状的形式与多个平台站相连（图2-12）。适宜在气田面积较小、平台站相对集中、单井产量低、气体处理设于产气区的中心部位时采用，也可作为多井集气流程中的一个基本组成单元。

2）枝状式集气管网

枝状式集气管网形同树枝，集气干线沿构造长轴方向布置，将集气干线两侧各平台站的天然气经集气支线以距离最短的方式纳入集气干线并输至目的地（图2-13）。当平台站在狭长的带状区域内分布且井网距离较大时采用。该集气方式平台站投资相对较大，但管道长度短，投资低且管网便于扩展，可满足气田滚动开发和分期建设的需要。

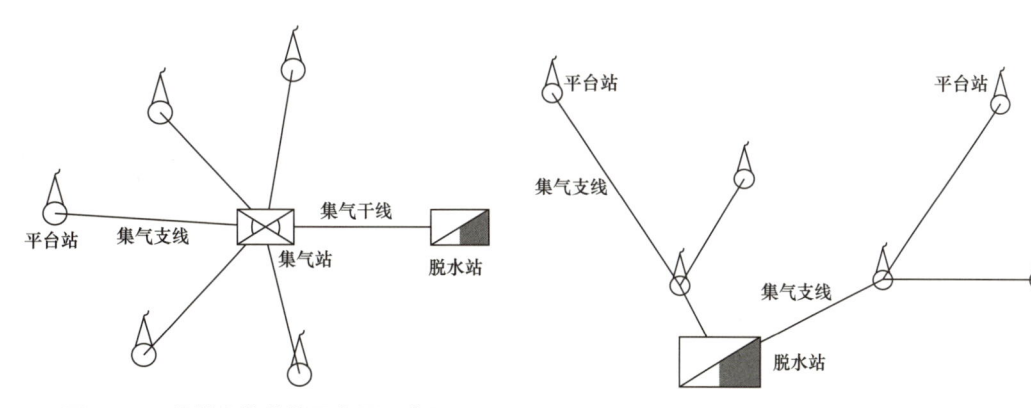

图2-12 放射式集输管网布局示意图

图2-13 枝状式集输管网布局示意图

3）放射枝状组合式集气管网

当气田区域面积较大，平台站数量多，管网布置较复杂时，可采取两条或多条放射枝状组合式集输管网布置（图2-14）。适用于建设2座或2座以上集气站的各类气田，适应性较广。

4）放射环状组合式集气管网

以多井集气站作为天然气预处理的中心，将其周边所辖各平台站的天然气以放射状通过采气管道输至集气站,并在此进行节流、分离、计量等预处理(图 2-15)。集气干线与下游处理厂相连形成环状,若发生事故,不会造成干线全部停输。适用于气田平台站多、面积较大的方形、圆形或椭圆形气田。

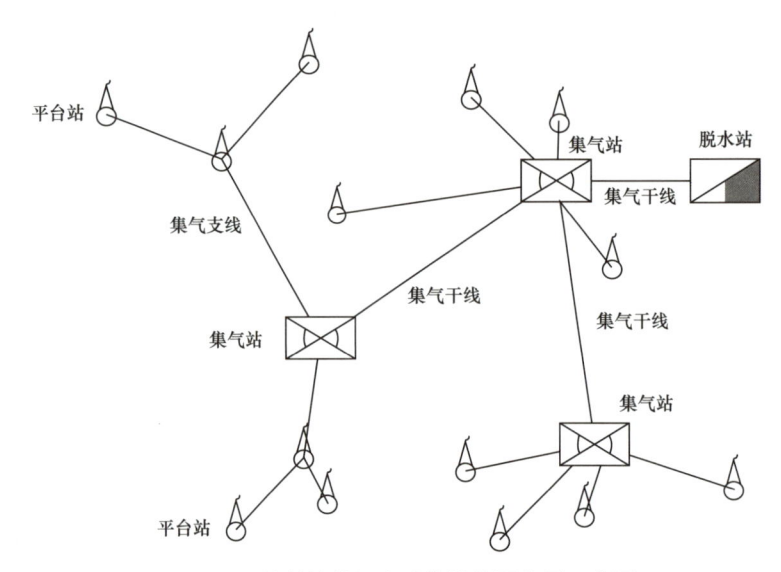

图 2-14　放射枝状组合式集输管网布局示意图

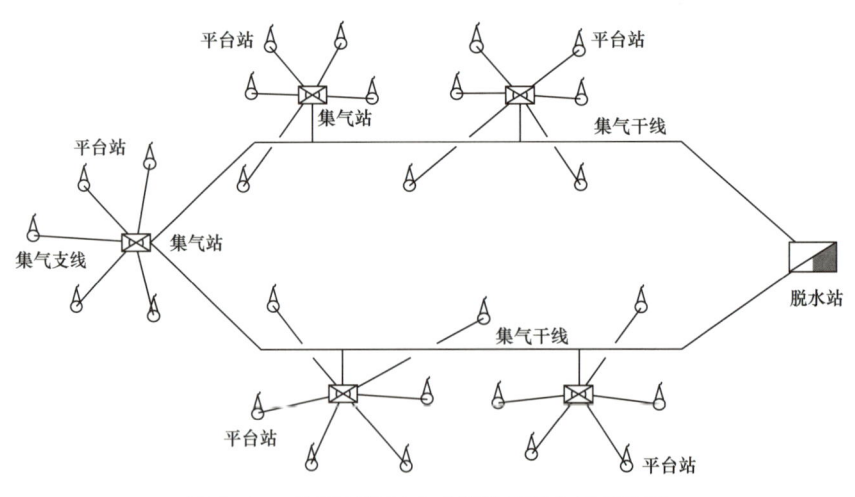

图 2-15　放射环状组合式集输管网布局示意图

5)枝状计量式集气管网

各单井不设就地分离、计量,通过专用计量管在计量站或集气站内实施轮换分离计量(图 2-16)。专用计量管与集气干线同沟敷设,单井支线进干线处或单井出井场处设置阀组,周期性轮换进入干线或计量管。适用于气藏狭长、井网距离较短、井数较多,特别是自然环境恶劣的戈壁、沙漠地区,伴行道路投资高的气田。在页岩气集输系统中此种方式不适用。

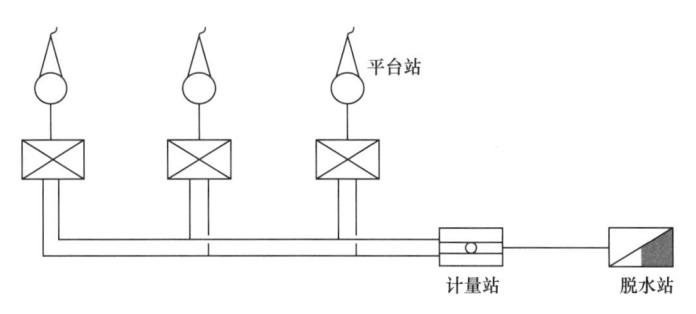

图 2-16　枝状计量式集输管网布局示意图

在页岩气集输系统中，通常采用放射式、枝状式以及环状管网相结合的方式。目前，浙江油田黄金坝页岩气区块和川庆钻探工程公司威远 204 井区采用的是放射式＋支状式组合管网类型，而四川长宁页岩气公司长宁 201 井区和长城钻探工程公司威远 202 井区采用的是放射式＋枝状式＋放射环状组合式管网类型。

3. 集输管网优化

1）影响集输管网优化的主要因素

集输工艺技术的选择、集输场站布局、集输管网管材的选用是影响集输管网优化的主要因素。由于集输管网正常性的生产运行费用不高，工程建设投资成为影响集输生产成本的决定性因素。通过缩短管网管道的总长度和使不同直径管道的管径组合比例优化，以降低管网的钢材用量是实现管网优化的中心环节，因为管网的钢材用量大且各项工程建设费用都随钢材用量的增大而加大。

2）优化管网的网络结构

根据气井分布状况、产气区域与天然气处理厂的相对位置关系、外输流向和管网所在地的自然与地理环境和公路交通条件，对集输管网结构做多方案比选，优选管网集气能力大、压降合理、适应能力强及管材用量小的方案。目前，这种管网优化可以借助计算技术完成。但必须指出的是，受地形条件、居民和其他生产设施的分布、工程地质条件等各种自然障碍的限制，管网布局和结构的优化只能是对理想优化状态的接近。将管网中的管道总长度限定在实际可以达到的最低限度值以内。

3）选择合适的集输压力

选择合适的集输管网压力是集输管网优化的重点，集气工作压力的高低是影响集输管道及设备钢材用量的主要因素之一。集输管网的适宜工作压力主要取决于天然气处理厂对入厂原料气压力的要求、集输管网运行中的合理压降、各种场站预处理工艺对天然气压力值的要求和气井的井口压力等因素。适当提高集输管道的压力有助于缩小各类管道、设备的尺寸和钢材耗量，减少地面生产装置的占地面积，充分利用天然气已有的压力能。应对集气过程中的工作压力做多方案比选。

4）调整管网中不同管径管道在长度上的比例关系，实现管网的最佳管径组合

除管道总长度以外，不同直径管道的长度在管网总长度中的分率是影响管网钢材用量的另一个重要因素。管网的最佳管径组合是指管网中各管段的直径在满足流体输送要求的情况下最小、各管段的直径相互匹配、在管道总长度不变或变化不大的情况下，大直径管道的长度在管道总长度中的分率尽可能小。

在管道总长度已实现优化的情况下，准确规定各管段的直径值。通过适度增加小直径管道的长度来缩短大直径管道。将沿途有进气点、轴向流量变化大的集气干道设置成变流动截面的结构，这是优化管径组合的主要着眼点。

4. 页岩气集输管网布局

1）页岩气开发特点

页岩气开发具有单井产量递减快、井数多、平台化布井及滚动开发的特点。页岩气开发过程中平台部署密集、同区块各平台投产时间不一致、同平台各单井投产时间可能不一致。

平台内采用单列布井时，平台内单井可同时投产；平台内采用双列布井时，有的平台上下两列同时钻井，单井投产时间差较小（约1.5～3个月）；有的平台上下两列分期钻井，单井投产存在时间差（约1年）。由于页岩气单井生产早期产气量大、井口压力高，生产中、后期产量和压力低，因此极易发生新投产高压井与低压老井之间的压力干扰。地面集输工程在进行管网布置时应充分考虑此种情况。通过优化管网布局，可以减小平台与平台之间、平台内单井之间的压力干扰。

2）页岩气集输管网布局原则

通过近年来页岩气勘探开发的经验总结，页岩气田集输管网布局原则如下：

（1）充分利用地层压力。

（2）避免不同压力的平台或气井间相互干扰。

（3）根据井位布置，结合平台井建设时间进行管网设置。

（4）以单个集气站负责少数几个平台站（30～40口单井）布置集气站，以降低集气站处理规模，降低系统运行风险。

（5）集气支线长度短、数量多，线路走向按照长度最短原则进行优化设计。

（6）尽量避免较多的集气支线直接进入脱水站。

根据页岩气开发特点和管网布局原则，对于平台站采用单列布井和平台上下两列投产时间差较小的平台之间，推荐采用放射状布局；对于平台双列布井，上下两列分期钻井的平台之间，推荐采用枝状布局；全气田宜采用放射枝状组合式集气管网。

5. 管网与增压系统的结合

页岩气井井口压力递减快，气井通常生产一年左右即需要进行增压。增压方式与管网布置方式关系密切。气井生产、管网类型及增压方式的关系见表2-10。

表 2-10 平台站生产步调、管网类型与推荐的增压方式

井区范围 平台站生产步调	单一集气区范围 平台站生产步调	管网类型	推荐增压方式
生产同步 压降一致	生产同步 压降一致	放射式集气管网	集气站增压或脱水站增压
		枝状式集气管网	集气站增压或脱水站增压
		放射枝状组合式集气管网	集气站增压或脱水站增压
		放射环状组合式集气管网	集气站增压
	生产不同步 压降不同	放射式集气管网	集气站增压
		枝状式集气管网	平台增压
		放射枝状组合式集气管网	平台增压+集气站增压
		放射环状组合式集气管网	平台增压+集气站增压
生产不同步 压降不同	生产同步 压降一致	放射式集气管网	集气站增压
		枝状式集气管网	集气站增压
		放射枝状组合式集气管网	集气站增压
		放射环状组合式集气管网	集气站增压
	生产不同步 压降不同	放射式集气管网	平台增压或集气站增压
		枝状式集气管网	平台增压
		放射枝状组合式集气管网	平台增压+集气站增压
		放射环状组合式集气管网	平台增压或集气站增压

三、管道工艺计算

1. 集输管道水力计算

集输管道水力计算应从管路沿线的压力损失和气体流速对管道冲刷、腐蚀性流体冲蚀及管内积液量的影响两个方面来进行分析确定[4]。

集气管道的流速越高，管道沿线的压力损失越大。同时，过高的流速也将对管道弯头、三通等管路附件及线路阀门造成严重的冲刷和腐蚀，产生不安全因素。集气管道的流速低则造成集气管道管径偏大，投资增加，而且易形成管道内积液，局部腐蚀

将更加严重。

常规气田开发由于气井稳定生产时间长，在进行管道水力计算时输气量按照气井配产进行，流速按照4~8m/s进行控制。页岩气田由于页岩气井具有初期高产高压，后期低产低压且递减快的特点。若按照常规计算选择管道规格，会出现管径在满足初期高产工况时后期低产工况下流速过慢的情况，不适应页岩气生产要求。在进行页岩气集输管道水力计算时，可合理提高管道设计压力和流速，一是可以尽量利用地层压力，二是可缩小管径，满足后期低产工况下管道内气体流速，保持一定的携液能力，减少管道积液，同时有效降低工程投资。

对于页岩气集输管道，流量采用以下公式计算：

（1）管道高差≤200m时：

$$q_\mathrm{v} = 5033.11 d^{\frac{8}{3}} \left(\frac{p_1^2 - p_2^2}{Z\gamma TL} \right)^{0.5} \quad (2\text{-}14)$$

式中　q_v——气体（p_0=0.101325MPa，T=293.15K）的流量，m³/d；
　　　d——集输管道内直径，cm；
　　　p_1——集输管道计算段起点压力（绝），MPa；
　　　p_2——集输管道计算段终点压力（绝），MPa；
　　　Z——气体的压缩因子；
　　　T——气体的平均绝对温度，K；
　　　γ——气体的相对密度；
　　　L——集输管道计算管段的长度，km。

（2）管道高差＞200m时：

$$q_\mathrm{v} = 5033.11 d^{\frac{8}{3}} \left\{ \frac{p_1^2 - p_2^2(1+\alpha\Delta h)}{Z\gamma TL\left[1 + \frac{\alpha}{2L}\sum_{i=1}^{n}(h_i + h_{i+1})L_i\right]} \right\}^{0.5} \quad (2\text{-}15)$$

$$\alpha = \frac{2\gamma g}{ZR_\mathrm{a}T} \quad (2\text{-}16)$$

式中　α——系数，m⁻¹；
　　　g——重力加速度（g=9.81m/s²）；
　　　R_a——空气气体常数，在基准状况下（p_0=0.101325MPa，T=293.15K），R_a=287.1m²/（s²·K）；
　　　Δh——集输管道计算段的终点对计算段起点的标高差，m；
　　　n——集输管道沿线计算的分段数（计算分管段的划分是沿输气管道走向，从起点开始，当其中相对高差在 200m 以内，同时不考虑高差对计算结果影响时可划作一个计算分管段）；

h_i——各计算分管终点的标高，m；

h_{i-1}——各计算分管起点的标高，m；

L_i——各计算分管段的长度，km。

2. 集输管道热力计算

（1）页岩气集输管道无节流效应时沿线任意点的流体温度计算：

$$t_x = t_0 + (t_1 - t_0)e^{-\alpha x} \qquad (2\text{--}17)$$

其中

$$\alpha = \frac{225.256 \times 10^6 KD}{q_v \gamma c_p} \qquad (2\text{--}18)$$

式中　t_x——管道沿线任意点的流体温度，℃；

t_0——管外环境温度，埋地管道取管中心埋深地温，℃；

t_1——管道计算段起点的流体温度，℃；

α——系数，m^{-1}；

e——自然对数底数，取值为 2.718；

x——管道计算段起点至沿线任意点的长度，km；

K——气体到土壤的总体传热系数，W/（m^2·℃）；

D——管子外径，m；

q_v——气体流量（p=101.325kPa，t=20℃），m^3/d；

γ——气体的相对密度；

c_p——气体的比定压热容，J/（kg·℃）。

（2）页岩气集输管道有节流效应时沿线任意点的流体温度计算：

$$t_x = t_0 + (t_1 - t_0)e^{-\alpha x} - \frac{J\Delta p_x}{\alpha x}(1 - e^{-\alpha x}) \qquad (2\text{--}19)$$

式中　J——焦耳—汤姆逊效应系数，℃/MPa；

Δp_x——x 长度管段的压降，MPa。

在进行页岩气集输管道系统分析计算时，根据规范要求，管道内气体流速应控制在 5～12m/s。并应按照气井投产顺序、气井产气量、产液量、井口压力、井口温度、节流后压力、节流后温度等数据建立水力热力模型，分时间段进行计算。通过优化管网结构，优选管道规格，确保页岩气集输管网在气田开发全周期的适应性。

3. 集输管道强度计算

（1）页岩气集输管道直管段强度计算按 GB 50349—2015《气田集输设计规范》要求进行计算：

$$\delta = \frac{pD}{2\sigma_s F\phi t} + C \tag{2-20}$$

式中　δ——钢管计算壁厚，mm；

　　　p——设计压力，MPa；

　　　D——管道外径，mm；

　　　δ_s——钢管最低屈服强度，MPa；

　　　ϕ——焊缝系数，当选用无缝钢管时取 1.0；当选用钢管符合 GB/T 9711—2017《石油天然气工业管线输送系统用钢管》的规定时应按照该标准取值；

　　　F——强度设计系数，根据 GB 50251《输气管道工程设计规范》中的有关规定取值；

　　　t——温度折减系数，≤120℃，取 t=1.0；

　　　C——管道腐蚀裕量，取 2.0mm。

（2）弯管管壁厚度计算：

$$\delta_b = \delta m \tag{2-21}$$

$$m = \frac{4R - D}{4R - 2D} \tag{2-22}$$

式中　δ_b——弯头或者弯管管壁计算厚度，mm；

　　　δ——弯头或者弯管所连接的同材质的直管段壁厚计算厚度，mm；

　　　m——弯头或者弯管管壁厚度增大系数；

　　　R——弯头或者弯管的曲率半径，mm；

　　　D——弯头或者弯管的外径，mm。

页岩气集输管道强度设计系数取值的应符合表 2-11 的规定。

表 2-11　页岩气集输管道强度设计系数

地区等级	说明	强度设计系数
一级一类地区	不经常有人活动及无永久性人员居住的区段	0.8
一级二类地区	户数在 15 户或以下地段	0.72
二级地区	户数在 15 户以上、100 户以下的区段	0.6

续表

地区等级	说明	强度设计系数
三级地区	户数在100户或以上的区段,包括市郊居住区、商业区、工业区、规划发展区以及不够四级地区条件的人口稠密区	0.5
四级地区	四层及四层以上楼房(不计地下室层数)普遍集中、交通频繁、地下设施多的区段	0.4

注:户数统计数据为沿管道中心线两侧各200m范围内,任意划分为长度为2km范围内包括的最大聚居户数。

四、管道选材

1. 选材原则

(1)页岩气集输管道所用钢材的选择,应根据使用压力、温度、介质特性和使用地区等因素,经技术经济比较后确定。

(2)页岩气集输管道宜选用国产钢管,其规格与材料性能应符合GB/T 9711—2017《石油天然气工业 管线输送系统用钢管》、GB 5310—2017《高压锅炉用无缝钢管》、GB 6479—2013《高压化肥设备用无缝钢管》等有关规定。

(3)采用的钢管和钢材,应具有良好的韧性和焊接性能。

(4)页岩气集输管道所采用钢管应根据强度等级、管径、壁厚、焊接方式及使用环境温度等因素对材料提出韧性要求。

2. 主要用材及适用范围

1)主要用材

天然气输送钢质管道按照钢管生产工艺的不同,主要分为无缝钢管(SMLS)、直缝埋弧焊钢管(LSAW)、直缝高频电阻焊钢管(HFW)、螺旋缝埋弧焊钢管(SSAW)、内覆或衬里耐蚀合金复合钢管等5种。

(1)无缝钢管(SMLS)。目前,无缝钢管(规格为$DN15mm \sim DN500mm$)是石油天然气行业应用最多的钢管,生产工艺也比较成熟。其使用历史悠久,性能良好,但受制管工艺和最小制管壁厚的限制,常用的管径一般不超过$DN450mm$。

① 石油天然气工业输送用无缝钢管。石油天然气用无缝钢管执行标准为GB/T 9711—2017《石油天然气工业 管线输送系统用钢管》。主要用于石油天然气的输送管道。代表材质为L245,L360和L415。

② 输送流体用无缝钢管。输送流体用无缝钢管执行标准为GB/T 8163—2018《输送流体用无缝钢管》。主要用于工程及大型设备上输送流体管道。代表材质为20和Q345等。

③ 高压锅炉用无缝钢管。高压锅炉用无缝钢管执行标准为GB 5310—2017《高

压锅炉用无缝钢管》，主要用于耐高温、高压的输送流体管道。代表材质为20G，12Cr1MoVG和15CrMoG等。

④ 高压化肥设备用无缝钢管。高压化肥设备用无缝钢管执行标准为GB 6479—2013《高压化肥设备用无缝钢管》。主要用于化肥设备上输送高温高压流体管道，Q345E也可用于温度不低于–40℃的天然气放空管道。代表材质为20，Q345E，12CrMo和12Cr2Mo等。

（2）直缝埋弧焊钢管（LSAW）。直缝埋弧焊钢管早期均依赖进口UOE钢管，近年来，国内逐步建立了UOE及JCOE两种直缝埋弧焊钢管生产线，在部分天然气输送管道项目中得到了应用。国内UOE生产线可生产$DN450mm$以上规格的钢管，JCOE生产线可生产$DN400mm$以上规格的钢管。代表材质为L245—L415等。

（3）直缝高频电阻焊钢管（HFW）。直缝高频电阻焊钢管尺寸精度高、价格便宜，在塑性和韧性等方面具有优良的性能，国内HFW焊管生产工艺与国外同类产品有一定差距，近年来投产的HFW作业线在生产工艺上逐步提高，在使用范围上通常用于低压、小口径和净化气管道，在高压原料气输送上使用很少。代表材质为L245—L415等。

（4）螺旋缝埋弧焊钢管（SSAW）。螺旋焊缝钢管近年来发展迅速，管径范围为$DN300mm—DN1400mm$、钢级L245—L555国内均可生产，在天然气输送管道中得到广泛的运用。代表材质为L245—L415等。

（5）内覆或衬里耐蚀合金复合钢管。以普通碳钢管为基材，以不锈钢、钛合金、铜和铝等薄壁耐蚀合金管材为内衬，利用机械结合或冶金结合的形式将基管与内衬紧密贴合，既不改变基管的各项性能，同时又提高了管道的耐腐蚀性。常用内衬耐蚀合金为316，316L和825镍基合金等。

2）适用范围

集输管道可供选择的钢管类型一般有无缝钢管（SMLS）、直缝埋弧焊钢管（LSAW）、螺旋埋弧焊钢管（SSAW）和直缝高频电阻焊钢管（HFW）。钢管类型的选择应从管道安全性、制管水平、使用经验和经济性等多方面综合进行考虑。

（1）无缝钢管与焊接钢管相比，具有更高的可靠性，但成本较高，不能生产大直径和薄壁钢管，受生产工艺的限制，其几何尺寸精度不如焊接钢管。小口径的无缝钢管在湿原料天然气输送领域应用广泛。受制管工艺和制管最小壁厚的限制，无缝钢管管径一般不超过$DN450mm$，否则很不经济。$DN450mm$及以下的集输管道可考虑选用无缝钢管，$DN450mm$以上的集输管道可考虑选用焊接钢管。

（2）与同等材质的钢管相比，直缝埋弧焊钢管具有更高的机械性能、几何精度高等优点，其在湿原料天然气输送领域得到较为广泛的应用。

（3）螺旋埋弧焊钢管内应力较大、尺寸精度差，产生缺陷的概率高。目前国内常规气田尚未有在高压湿原料天然气输送领域应用的实例。

（4）直缝高频电阻焊钢管在焊缝处易出现灰斑等缺陷，其对焊缝性能尤其是塑性和韧性有显著影响，难以满足焊缝冲击韧性的要求。目前国内常规气田尚未有在湿原料天然气输送领域应用的实例，国外包括日本住友钢管公司等已有该类型钢管用于高压湿原料天然气输送的实例。

从各类钢管的实际生产和应用情况来看，无缝钢管壁厚较厚且价格较高，在满足工程实际需要，对工程投资影响不大的情况下，为提高集输管道的安全性和可靠性，$DN400mm$ 以下的集输管道可考虑选用无缝钢管；焊接钢管壁厚可根据需求进行定制且价格便宜，$DN450mm$ 及以上的集输管道应选用直缝埋弧焊钢管；$DN400mm$ 集输管道可根据设计压力和介质腐蚀等工程实际情况择优选用无缝钢管或直缝埋弧焊钢管。

五、管道线路

1. 集输管道线路选择

1）线路选择基本要求

集输管道线路选择应结合气田的地形地貌、工程地质和交通运输等条件，并符合国家、行业和地方规划要求，符合集输工艺总流程和气田地面工程总体布局的要求，需考虑的常见因素见表2-12。

表2-12 管道选线需考虑的因素举例

常见因素	因素举例	常见因素	因素举例
安全	（1）地震区； （2）断裂带； （3）地质不良区； （4）交流与直流干扰区	环境条件	岩土条件： （1）地形起伏、露头和洼地； （2）断层和裂隙类的不稳定性； （3）软土和积水土壤； （4）土壤腐蚀性； （5）岩石和硬地； （6）冲积平原—地震区； （7）沼泽地及永冻土； （8）塌方区、沉陷区和不均匀沉陷区； （9）填充地和疾病或放射性污染物等废物处理场水文条件
环境	环境敏感区： （1）集中居民点； （2）名胜风景区； （3）重要考古区； （4）规划的园林区； （5）自然保护区； （6）集水区、水库和森林等自然资源； （7）水资源保护区		
公用设施	（1）医院、学校、加油站等敏感点； （2）地下管道和地下公共设施； （3）地下通道	施工与操作	（1）准入； （2）作业宽度； （3）公用设施； （4）试验用水的获取与处理； （5）穿跨越； （6）运输条件
第三方活动	（1）规划用地； （2）矿山作业； （3）采石； （4）军事区； （5）公路修建		

2）不同地段线路选择要求

不同地段线路选择主要的特殊要求见表2-13。

表2-13 不同地段线路选择要求

地段类型	选线主要特殊要求
平原地区	（1）应绕避城镇规划区、工矿区、开发区，尽可能避开人口密集区； （2）应绕避古河道、泛区，行洪滞洪区、水利设施及规划、高经济作物区等农牧业区域
水网地区	（1）宜避开湖泊、连片鱼塘等水域； （2）应绕避饱和沙土或粉土的软土地区； （3）大型河流穿越可利用稳定的江心岛
山区河谷地带	（1）选择通过山区短、坡度平缓、山型完整的地段，绕避滑坡、崩塌、泥石流、陡坡、陡坎等易造成管道失稳的地带； （2）选择较宽阔、纵坡较小的沟谷地带通过； （3）选择地形完整、地质情况稳定的山脊通过； （4）优先选择河谷的二阶及以上台地，并沿河谷不易受冲刷的一岸敷设
地震活动断裂带	（1）尽量避开断层带及地震烈度超过8度的地区； （2）必须通过时，选择断层位移和断裂带宽度最小的地区通过，管道不应与断裂带平行，不可避免时，应保持200m以上距离； （3）避开地震时可能发生地基失稳的松软土场地
沼泽地带	选择在范围较窄、厚度较薄、地形较高、地下水位较低、取土条件较好、上覆硬壳较厚的地段通过
季节性冻土地带	（1）选择松软湿土层薄和泥炭土层薄的地区或平缓向阳的坡地通过； （2）宜在卵砾石、碎石土等粒径较大土层中通过，尽量避免黏土、细砂等粒径较小的土层； （3）应从弱冻胀和弱融沉区通过，避开冻胀性和融沉性频繁变化、季节冻结深度较小的土层
沙漠地区	（1）宜从沙笼间、丘间低洼处通过； （2）应尽量沿固定或半固定沙丘敷设，绕避大的流动沙丘
黄土地区	（1）从黄土湿陷等级较低的非自重湿陷区段通过，沿与管道走向相一致的黄土梁敷设，避免在黄土山腰上通过； （2）避开黄土冲沟发育、滑坡、崩塌、泥石流、不易排水、受洪水威胁大等不良地区和地下坑穴（包括煤矿采空区）集中的地段

3）地区等级划分

地区等级划分方法按照GB 50251—2015《输气管道工程设计规范》执行。

2. 管道敷设

1）管道敷设方式

管道经过地形、地质、水文地质及气候条件不同的地区，其采用的敷设方式也不同。可供管道采用的敷设方式如图2-17所示。

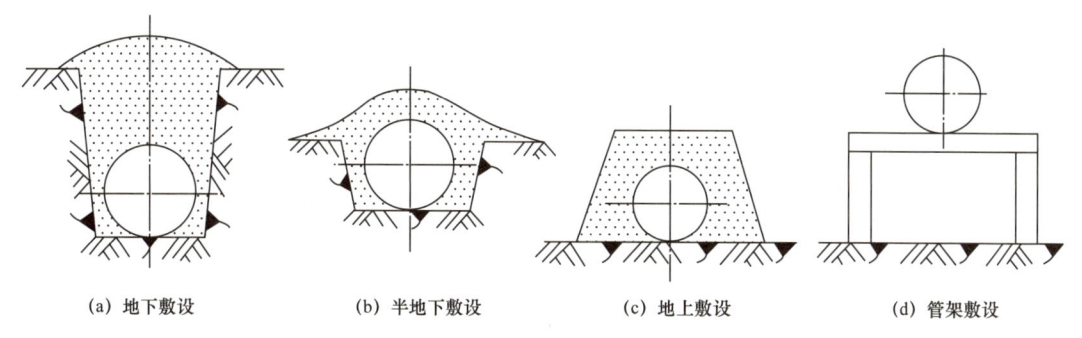

(a) 地下敷设　　(b) 半地下敷设　　(c) 地上敷设　　(d) 管架敷设

图 2-17　管道敷设方式

（1）地下敷设是管道采用的最为广泛的一种敷设方式，管道顶点位于地表以下一定的深度。

地下敷设施工简便，费用低，不影响自然环境和农业生产，管道不易遭受外力损坏，我国天然气管道基本上为地下敷设。但在某些特殊地区地下敷设与其他敷设方式相比却是不经济的，如在活动性滑坡、崩塌、泥石流地区和可能产生较大地层移动的采矿区不宜采用地下敷设。

（2）半地下敷设是管底处于地面之下，而管顶处于地面之上。

（3）地上敷设（土堤敷设）的管道管底完全在地面之上。

地上敷设一般用于非农业区地下水位较高的沼泽地区。它的主要缺点是土堤土壤稳定性差，阻拦自然排水，妨碍地面交通。

（4）管架敷设是把管道架设在构筑于地面的支架上面。一般用于跨越人工或自然障碍物、开采矿区和永冻土地段。这种敷设方式施工复杂，费用较高，地面上造成人为障碍，易受外力损坏，只有用于其他敷设方式不宜采用的地区。

2）埋地敷设

（1）管沟断面形式。常用的管沟断面形式有矩形沟、梯形沟和混合沟（图 2-18）。管沟断面形式根据土壤性质和管沟深度决定。

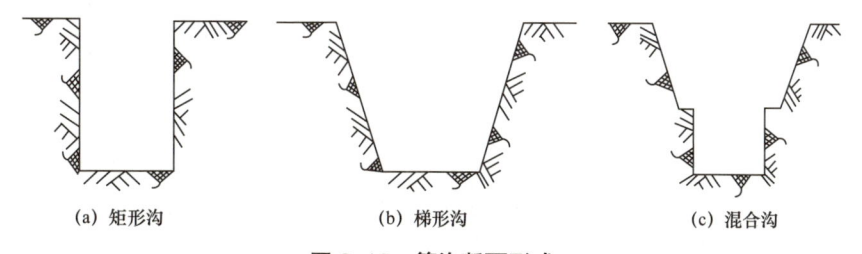

(a) 矩形沟　　(b) 梯形沟　　(c) 混合沟

图 2-18　管沟断面形式

（2）覆土厚度。管道敷设最小覆土厚度应符合表 2-14 的规定。

在不能满足表 2-14 要求的覆土厚度、外载荷过大的地方和外部作业可能危及管道之处，管道均应采取特殊保护措施。

表 2-14　管道敷设最小覆土厚度　　　　　　　　　　　单位：m

地区等级	土壤类		岩石类
	旱地	水田	
一级	0.6	0.8	0.5
二级	0.6	0.8	0.5
三级	0.8	0.8	0.5
四级	0.8	0.8	0.5

注：（1）对需平整的地段应按平整后的标高计算。
　　（2）覆土层厚度应从管顶算起。
　　（3）由于集输管道输送时常携带有水等液体，因此管道在通过冻土地带时，应对冻土的性质分析后确定敷设方案，对季节性冻土地带集输管道应埋设在冻土层以下。

（3）管沟边坡。管沟边坡应根据试挖或土壤的内摩擦角、黏聚力、湿度和密度等物理力学性质确定。当缺少物理力学性质资料时，如地质条件良好、土质均匀且地下水位低于管沟底面标高，挖深在 5m 以内且不加支撑的管沟，其边坡的最陡坡度值可按表 2-15 选定；挖深超过 5m 以上的管沟，应根据实际情况，采取边坡放缓、中间加筑平台或加支撑的措施。

表 2-15　沟深小于 5m 的管沟边坡坡度

土壤类别	最陡边坡坡度		
	坡顶无载荷	坡顶有静载荷	坡顶有动载荷
中密的沙土	1∶1.00	1∶1.25	1∶1.50
中密的碎石类土（填充物为沙土）	1∶0.75	1∶1.00	1∶1.25
硬塑的轻亚黏土	1∶0.67	1∶0.75	1∶1.00
中密的碎石类土（填充物为黏性土）	1∶0.50	1∶0.67	1∶0.75
硬塑的亚黏土、黏土	1∶0.33	1∶0.50	1∶0.67
老黄土	1∶0.10	1∶0.25	1∶0.33
软土（经井点降水）	1∶1.50	—	—
硬质岩	1∶0	1∶0	1∶0

注：静荷载系指堆土或料堆等；动荷载系指有机械挖土、吊管机和推土机作业。

（4）沟底宽度。沟底宽度应符合下列规定：
① 管沟深度小于或等于 5m 时，沟底宽度计算如下：

$$B = D_0 + K \qquad (2\text{-}23)$$

式中　　B——沟底宽度，m；

　　　　D_0——钢管的结构外径，包括防腐及保温层的厚度，两条或两条以上的管道同沟敷设时，D_0 应取各管道结构外径之和加上相邻管道之间的净距之和，m；

　　　　K——沟底加宽裕量，宜按表 2-16 取值，m。

表 2-16　沟底加宽裕量取值　　　　　　　　　　　　　　单位：m

条件因素		沟上焊接			沟下手工电弧焊接			沟下半自动焊接处管沟	沟下焊接弯头、弯管及连头处管沟
^^	^^	土质管沟		岩石爆破管沟	弯头、冷弯弯管处管沟	土质管沟		岩石爆破管沟	^^	^^
^^	^^	沟中有水	沟中无水	^^	^^	沟中有水	沟中无水	^^	^^	^^
K	沟深 3m 以内	0.7	0.5	0.9	1.5	1.0	0.8	0.9	1.6	2.0
^^	沟深 3~5m	0.9	0.7	1.1	1.5	1.2	1.0	1.1	1.6	2.0

注：（1）当采用机械开挖管沟时，计算的沟底宽度小于挖斗宽度时，沟底宽度应按挖斗宽度计算。
　　（2）沟下焊接弯头、弯管、碰口及半自动焊接处的管沟加宽范围宜为工作点两边各 1m。
　　（3）当管沟需要加支撑，在决定底宽时，应计入支撑结构的厚度。

② 当管沟深度大于 5m 时，应根据土壤类别及物理力学性质确定沟底宽度。

（5）管沟回填。管沟回填应在管道施工完成后及时回填，应符合下列要求：

① 管沟回填宜分两次进行，第一次应回填细软土，并应高出管顶部 300mm；第二次可回填其他土表层，应回填耕植土，回填土应高出自然地面 300mm。

② 石方段管沟细土应回填到管顶上方 300mm 后方可回填原土石方，但石头的最大粒径不得超过 250mm，回填后表面可采用素混凝土覆盖；戈壁段管沟细土可回填到管顶上方 100mm；黄土地区管沟回填应按设计要求做好垫层及夯实；陡坡地段管沟回填宜采取袋装土分段回填。回填土应平整密实。

③ 管沟回填土宜高出地面 300mm 以上，覆土应与管沟中心线一致，其宽度应为管沟上开口宽度，并应做成有规则的外形。管道最小覆土层厚度应符合设计要求。

④ 沿线施工时破坏的挡水墙、田埂、排水沟和便道等地面设施应按原貌恢复。

⑤ 回填后可能遭受洪水冲刷或浸泡的管沟应采取压实管沟、引流或压砂袋等防冲刷、防管道漂浮的措施。

3）土堤敷设

当管道采用土堤敷设时，应根据地形、工程地质、水文地质、土壤类别及性质确定，并应符合下列规定：

（1）管道在土堤中的覆土厚度不应小于0.6m，黏性土堤的压实系数为0.94~0.97。土堤顶部宽度应大于2倍管子直径，但不得小于0.5m。

（2）土堤的边坡坡度，应根据自然条件、土壤类别和土堤高度确定。一般堤高2m以下时，边坡坡度采用1:0.75~1:1.1；堤高2~5m时，边坡坡度采用1:1.25~1:1.5；土堤受水浸没部分的边坡，采用1:2的坡度。

（3）位于斜坡上的土堤，应进行稳定性计算，当自然地面坡度大于20%时，应采取防止填土沿坡面滑动的措施。

（4）沿土堤基底表面的植被应清除干净。

4）弹性敷设

（1）弹性敷设管道在相邻的反向弹性弯管之间及弹性弯管和人工弯管之间，应采用直管连接，直管段长度不应小于管道外径，且不得小于500mm。

（2）管道平面和竖面同时发生转角时，不宜采用弹性敷设。

（3）弹性敷设管道的曲率半径应满足管子强度要求，且不应小于钢管外径的1000倍，垂直面上弹性敷设管道的曲率半径还应大于管子在自重作用下产生的挠度曲线的曲率半径，曲率半径应按式（2-24）计算：

$$R \geqslant 3600 \sqrt[3]{\frac{1-\cos\frac{\alpha}{2}}{\alpha^4}D^2} \qquad (2-24)$$

式中　R——管道弹性弯曲曲率半径，m；

　　　α——管道的转角，(°)；

　　　D——钢管外径，cm。

5）特殊地段的管道敷设

（1）软土地区。

①应对软土的稳定性做出判断，特别是对饱和沙土或粉土的软土进行地震液化判断。

②应采用弹性敷设。

③通过软土地区，可采用换土、改良土壤等措施，使管线埋设在稳定的土壤环境中，也可采用稳管措施，如砼连续覆盖、织物法稳管等。

（2）沼泽地带。

当管道在沼泽地带敷设时，为克服管道浮力，应采取稳管措施。常用的稳管形式有钢筋混凝土压重块、加重块，管外壁用水泥灌注连续覆盖层等。通过的沼泽层位较厚时，宜考虑桩基稳管方式。

（3）膨胀土地区。

①应对膨胀土的稳定性做出判断。

②应采用弹性敷设。

③ 通过膨胀土地区，可采用换土、改良土壤等措施。

（4）季节性冻土地区。

① 管道不宜埋设在不连续多年冻土，特别是冻胀性和融沉性强、冻结深度大、热融坍塌、热融沉陷、岛状冻土、冻胀丘等不良冻土区域。

② 季节性冻土地区的管道埋设需在充分调研气象资料的前提下，对冻土深度有准确的把握，并确保管道埋设在冻土线以下。

（5）滑坡地区。

① 线路应避开大型滑坡。

② 对避不开的小型滑坡，可采取坡脚设挡土墙，坡体上打抗滑桩的措施；也可削坡减重，用削坡土压覆坡脚。

③ 对经过处理能保证滑坡体稳定的地段，宜以跨越或浅埋通过。

（6）湿陷性黄土地区。

① 黄土地区选线应优先在梁带上通过，也可在黄土沟谷里通过，应避免在黄土山腰上通过，并避开沟头和冲沟发育区段。

② 应加强对管沟的处理措施。

③ 管道通过湿陷性黄土地区的非耕种地段的荒地（一般为斜坡地段）时，管沟回填后应在管道中线两侧各5~10m或影响范围内播撒草籽或种植浅根植物等方式防止水土流失，保护管道安全。

④ 管道附近两边各30m或对管道有影响范围内的小冲沟、落水洞和陷坑等应采用素土填实，防止危害加大，影响管道安全。

⑤ 管道穿越黄土冲沟时，应结合当地水土保持部门的要求进行防护设计。

（7）沙漠地区。

沙漠地区管道敷设应考虑沙漠地区条件下的风力风向、沙丘类型、沙丘运移速度以及防固沙的自然条件等综合因素和要求，合理地选择管道线路走向。

（8）地震区。

在地震动峰值加速度大于0.2g的地区敷设天然气管道，设计时应考虑地震对管道的危害并按GB 50470—2017《油气输送管道线路工程抗震技术规范》进行抗震验算。

① 当管道通过土壤地震动特性变化很大的地段时，管沟边坡应平缓（坡角≤45°），覆盖层厚度不宜超过1m，并使用粗沙或无黏性材料回填。

② 管道通过活动断裂带时，宜浅埋或地面敷设。地面管道的支架结构在发生地震时应保证管道能自由移动，每一跨度应安装减振器。

③ 管道通过活动断裂带时，应使管道在断层活动时受拉，避免受压。

④ 通过地震区的管道，应选用延伸性好的管材。

⑤ 活动断裂区域的管段，不应变径并避免管壁厚度突然变化。

⑥ 管道宜从活动断层位移较小和较窄的地区通过，若管道与断裂带平行，管道距断裂破碎带应不小于 200m。

3. 线路阀室

为方便管道的检修，减小放空损失，限制管道发生事故后的危害，在集气管道上，每隔一定的距离要设置线路截断阀室。在集气管道所经地区，可能有用户或可能有纳入该集气管道的气源，则在该集气管道上选择适当的位置，设置预留阀室或阀井，以利于干线在运行条件下与支线沟通。

根据控制功能的不同，阀室分为一般线路截断阀室、监视阀室和监控阀室 3 类。

1）阀室设置原则

（1）阀室设置间距应符合 GB 50251—2015《输气管道工程设计规范》的要求。

（2）当管道通过自然保护区、风景名胜区以及湿地保护区等环境敏感区和全新世活动地震断裂带两端宜设置截断阀室。

（3）在河流、湖泊和水库等大型穿跨越和人口密集地区的管道两端宜设置截断阀室。

（4）在确定阀室位置时，应同时兼顾考虑线路阴极保护站、泄漏检测要求和通信系统要求等，合理确定。

（5）在交通条件较差，人员难以到达的地段，宜根据管道维抢修能力和设备情况设置阀室。

（6）在高差变化大及山区地形复杂的地段，应根据实际情况酌情增加阀室数量，以方便试压和维护。

（7）线路截断阀室与爆破器材库和爆破个别飞散物等的安全距离应符合 GB 6722—2014《爆破安全规程》的规定。

2）阀室间距

页岩气集输管道线路截断阀最大间距应符合 GB 50251—2015《输气管道工程设计规范》的规定，见表 2-17。

表 2-17 集输管道线路截断阀间距

地区等级	线路截断阀室最大间距，km
一级	不宜大于 32
二级	不宜大于 24
三级	不宜大于 16
四级	不宜大于 8

上述规定的线路截断阀间距，如因地物、土地征用、工程地质或水文地质等造成选址困难的可作调增，一级、二级、三级和四级地区调增距离分别不应超过4km，3km，2km和1km。

线路截断阀（室）应选择在交通方便、地形开阔、地势相对较高的地方，防洪设防标准不应低于重现期25年一遇。线路截断阀（室）选址受限时，应符合下列规定：

（1）与电力、通信线路杆（塔）的间距不应小于杆（塔）的高度再加3m。

（2）距公路、铁路用地界外不应小于3m。

（3）与建筑物的水平距离不应小于12m。

3）选址的要求

阀室选址应符合下列规定：

（1）选址应符合线路走向，阀室间距满足规范要求。

（2）阀室宜位于交通方便、便于接引道路、地势平坦且较高、天然气扩散条件良好的地区。

（3）阀室选址时要贯彻环保和节约土地的原则，在条件允许时应避开林地、耕地，尽量避免占用基本农田。

（4）阀室不应位于城乡已有规划区内，当为分输阀室时，阀室位置在满足该段地区等级要求间距的情况下宜靠近用户，且场地应便于扩建为分输站场、满足项目建设和远期发展的需求。

（5）阀室不宜紧邻容易导致线路埋深变化的地形、构筑物，如沟渠、公路、河堤等；阀室不宜位于地势频繁变化的地带，如坡地、梯田等。

（6）阀室应避开高烈度地震区域、煤矿采空区、文物保护区、水源地、存在不良地质条件及洪涝灾害等敏感区域。

（7）阀室选址还应遵循地方政府以及公路、铁路和风景区管理部门颁布的相关法律法规。

（8）年平均雷暴日数量较大地区的阀室选址应远离金属矿藏、突出的台地以及其他容易发生雷击的区域。

（9）湿陷性黄土地区的风蚀与水蚀严重地区，阀室选址应远离冲沟、季节性河流、陡坎等容易发生地形改变的区域。

（10）监控阀室宜设置在外电接入方便的区域。

（11）放空竖管宜位于阀室及周边居住区的最小风频上风侧。

4）工艺设计

（1）一般要求。

① 阀室应按照无人值守要求进行设计，高后果区可考虑安全防范措施，安全防范方案是否采用和采用何种形式应根据阀室的具体地点、周边治安状态等综合考虑确定。

②阀室应具有截断、压力平衡功能，需要时可增加分输或进气功能。

③宜设置阀室间集输气线路氮气置换的吹扫口。

④有可能扩建为站场的阀室两侧干线壁厚应与站场要求一致。

⑤凸台（支管座）与工艺管道焊接角接接头宜用氩弧焊打底，手工焊填充盖面，采用圆滑过渡。

⑥阀室内所有对接焊接接头应进行100%的射线检测和渗透检测。射线检测结果应符合SY/T 4109—2013《石油天然气钢质管道无损检测》中Ⅱ级要求，且不得有根部未熔合和根部未焊透。不能进行射线检测的角焊缝应进行渗透检测，渗透检测的结果应符合SY/T 4109—2013《石油天然气钢质管道无损检测》的合格要求。

⑦阀室工艺管道焊接及无损检测合格后应进行整体试压。试压介质应采用洁净水，对不宜采用水压试验的地段，经充分论证后可采用气压试验。当采用空气作为试验介质时，应符合GB 50251—2015《输气管道工程设计规范》的要求。试压合格后方可与集输管道连接。

（2）工艺流程设计。

线路截断阀室内除有与管道等径的截断阀外，在阀的两侧分设有线路放空阀。线路放空一般采用双阀。靠近干线的放空阀取常开状态，另一个阀用来开启放空。在阀室附近，若有进出气可能，应设置预留阀。为了减少阀室用地，在满足线路放空时间要求的前提下，结合线路两端的站场的放空系统，线路阀室也可间隔设置放空系统。

①一般线路截断阀室工艺流程。一般线路截断阀室典型工艺流程如图2-19所示。

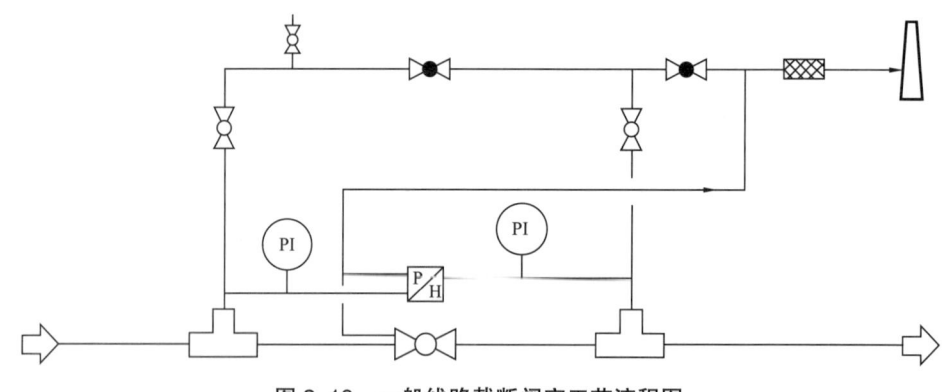

图2-19 一般线路截断阀室工艺流程图

②监视阀室工艺流程。监视阀室典型工艺流程如图2-20所示。线路截断阀阀前压力、阀后压力及阀位等主要信号可就地显示与远传。

③监控阀室工艺流程。监控阀室典型工艺流程如图2-21所示。线路截断阀阀前压力、阀后压力及阀位等主要信号可就地显示与远传，并能实现远程控制。监控阀室采用燃气发电设备时，应设置燃料气管线；采取外接电源时，应设置外供电系统。

图 2-20 监视阀室典型工艺流程图

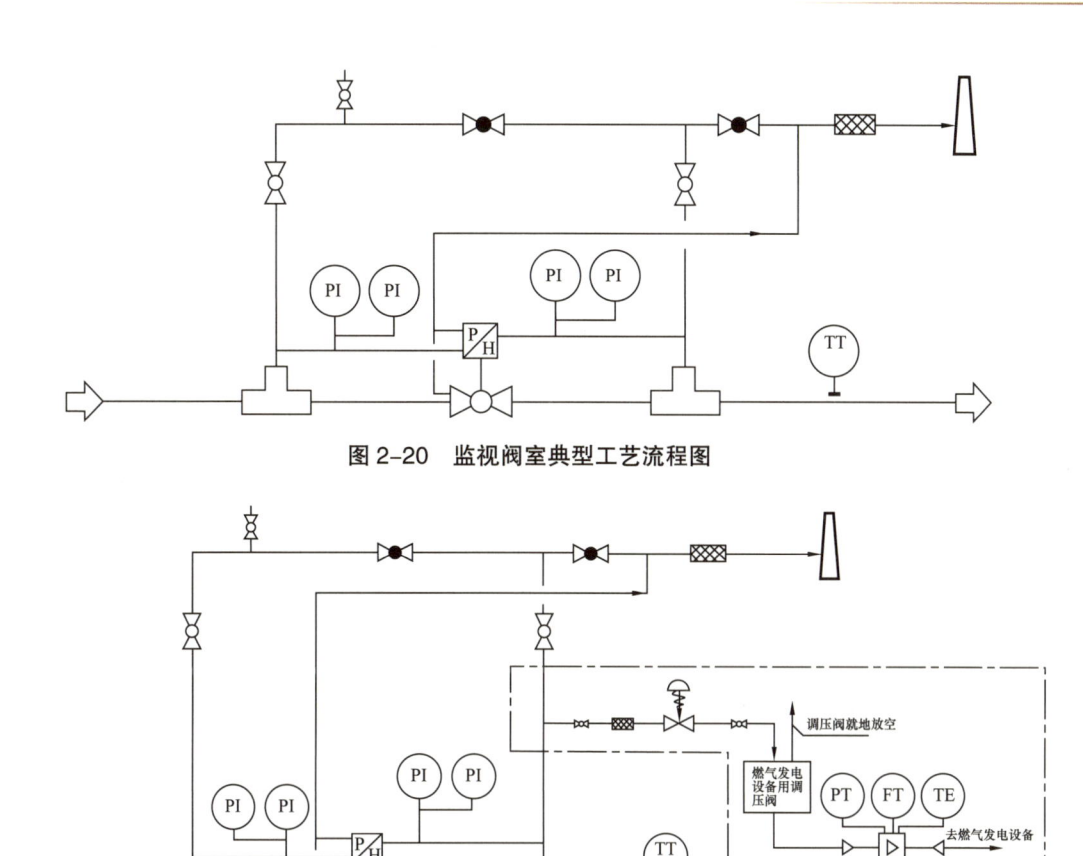

图 2-21 监控阀室典型工艺流程图

④ 带分输（进气）功能的阀室工艺流程。带分输（进气）功能的阀室典型工艺流程如图 2-22 所示。分输（进气）口宜设在线路截断阀两侧。线路截断阀阀前压力、阀后压力及阀位等主要信号可就地显示与远传，带监控功能的阀室还能实现远程控制。

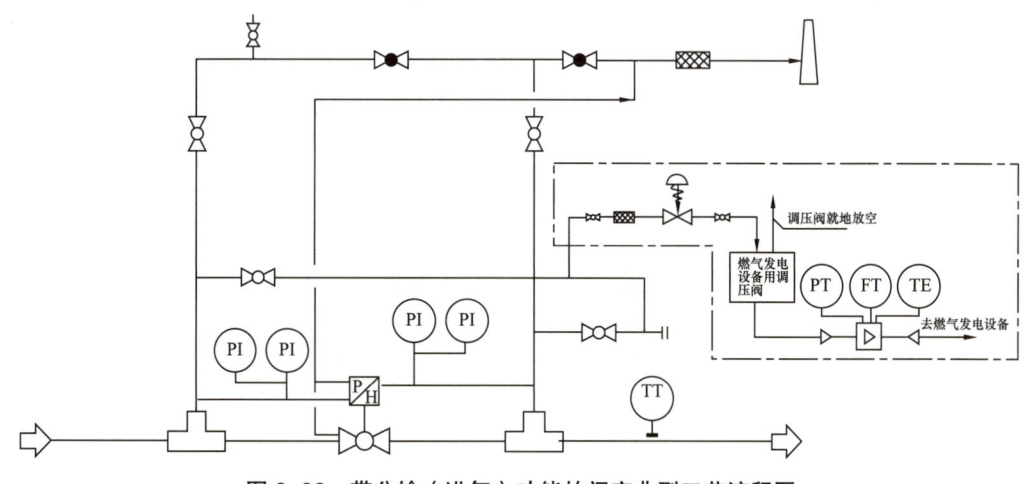

图 2-22 带分输（进气）功能的阀室典型工艺流程图

4. 线路附属物

1) 线路水工保护

集输管道线路水工保护施工应按 SY/T 4126—2013《油气输送管道线路工程水工保护施工规范》执行。

水工保护工程是集输管道设计的重要组成部分，它是管道保护和水工保持的重要措施。水工保护工程主要是指为防止或减轻因水害或管道施工对管道和周边环境的有害影响所采取的各种防护措施。

集输管道水工保护工程设计应执行国家现行的相关方针政策，满足 SY/T 4126—2013《油气输送管道线路工程水工保护施工规范》的各项规程，使油气输送管道水工设计符合安全适用、技术先进、经济合理的要求。

（1）支挡防护（挡土墙）。

挡土墙是用来支承填土或山坡土体，防止填土或土体变形失稳的一种构筑物。在线路工程中，挡土墙可用以稳定管道和沟堑边坡，减少土石方工程量和占地面积以及塌方、滑坡等线路工程中可能遇到的地质危害，挡土墙结构示意图如图 2-23 所示。

挡土墙的形式多种多样，按其结构特点可分为重力式、悬臂式、扶壁式和锚杆式等类型。

① 重力式挡土墙。重力式挡土墙是靠自身的重力来抵抗土压力的结构体系，一般多以浆砌石为常见，在石料缺乏地区有时用混凝土修建，也可采用草袋或土工袋装土的结构形式进行支挡防护，但重要地段的水工保护工程不应采用干砌石和草袋土挡土墙。

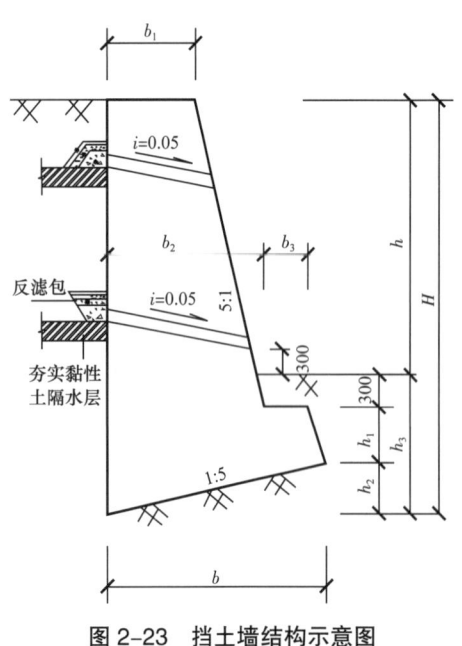

② 悬臂式挡土墙。悬臂式挡土墙一般用钢筋混凝土建造，它的竖壁和底板的悬臂拉应力由钢筋来承受，并利用填土来增加抗倾覆力矩。

③ 扶壁式挡土墙。扶壁式挡土墙与悬臂式挡土墙一样，也采用钢筋混凝土建造，其区别在当悬臂式挡土墙的高度大于 10m 时，立壁受到的弯矩和产生的位移都较大，必须沿墙长纵向每隔 0.8~1.0m 设置一道扶壁，把悬臂板改为双向板从而形成扶壁式挡土墙。

④ 锚杆式挡土墙。锚杆式挡土墙由钢筋混凝土墙板及锚固于稳定土（岩）层中的地锚（锚杆）组成。锚杆可通过钻孔灌浆、开挖预埋或拧入等方法设置。其作用是将墙体所承受的

图 2-23 挡土墙结构示意图

土压力传递到土（岩）层内部，从而维持挡土墙的稳定。

（2）冲刷防护。

① 冲刷侵蚀的成因分析。在线路工程中，管道经过低洼地带、冲沟或河流时，由于雨、雪等降水所形成的地表水流，造成管道上的覆土流失，危及管道的安全。特别是在管道穿越河流时，由于管道敷设时破坏了原有河岸土体的稳定，水流的冲刷和侵蚀容易造成河岸坍塌。

② 冲刷防护措施的类型及设防原则。根据地形、地貌和水流量等综合因素，合理选取防护措施。常采用排水沟、挡土墙、护岸等措施避免管沟受到冲刷。

a. 排水沟适用于水流集中并在长期的冲刷下容易形成冲沟并发育，造成管道外露的地段，为防止出现危及管道的冲沟发育，采用排水沟可以将水流引至远离管道的安全区。

b. 挡土墙适用于有土壤渗流、但水流不会形成明显冲刷，仅使土中含水量增大或填土下沉，造成土体不稳定，进而危及管道安全的地段。挡土墙可以有效地防止土体失稳，但应特别注意泄水孔的设置。

c. 护岸一般用于管道穿越河流时，在管道和河岸相交处对河岸进行加固，一般采用毛（条）石砌筑。护岸的设置应根据实际地形，沿原河岸设置，并根据水深的不同选择不同的截面。

（3）坡面防护。

① 边坡侵蚀的发育机理及侵蚀破坏。土壤侵蚀定义为土壤及其母质在水力、风力、冻融和重力等外力作用下，被破坏、剥蚀、搬运和沉积的过程。

土壤侵蚀的发生除自然因素影响外，另一重要原因就是人类不合理的活动。而自然因素影响中分内应力和外应力，内应力作用的主要表现是地壳运动、岩浆活动和地震等；在我国引起土壤侵蚀的外应力种类主要有水力、风力、重力、水力和重力的综合作用力、温度作用力、冰川作用力和化学作用力等。因此土壤侵蚀类就有水力侵蚀类型、风力侵蚀类型、重力侵蚀类型、冻融侵蚀类型、冰川侵蚀类型、混合侵蚀类型和化学侵蚀类型等。

管道设计施工中主要涉及的边坡土壤侵蚀是：水力侵蚀、风力侵蚀和重力侵蚀。在以上侵蚀类型中涉及最多和最广的是崩塌、陷穴、溅蚀、细沟状面蚀和沟蚀等，应针对此类情况采取护面措施保护管道。

② 管道坡面敷设的防护原则。管道坡面敷设的类型主要为砌石护坡、草袋护坡、土工格室及植物护坡，或是由植物护坡和工程防护相结合的混合防护模式，并配合坡面设置引水导流措施：

a. "综合设计、就地取材、以防为主、确保安全"是边坡综合防护设计的基本原则。

b. 工程防护应按照设计、施工与养护相结合的原则，深入调查研究，根据当地气候环境、工程地质和材料等情况，因地制宜，就地取材，选用适当的工程类型或采取综合措施，以保证管道的安全运行。

c. 工程及植物防护措施是根据沿线不同土质岩性、水文地质条件、坡度、高度和当地材料、气候等因地制宜选择，并密切结合坡面排水作综合考虑。

d. 护坡方法应优先考虑采用植物防护，当土质不适宜植物生长及难以保证边坡稳定时，要考虑经济性、施工及效果，采用工程防护或相应的辅助设施。

e. 在防护方案设计时，应参照上述设计原则，初步选出护坡方法。在施工阶段，要对每个边坡的排水和土质等情况进行调查，根据调查结果调整原设计。

f. 对于水流、波浪、风力、降水以及其他因素可能引起边坡根部破坏的，均应设置工程防护措施。

③ 护坡设置。管道顺坡敷设时，护坡可起到防止表层土被水流冲刷的作用。

护坡分为单坡护坡及连续护坡两种形式。单坡护坡坡面长度 L 不大于 10m；连续护坡是指坡面长度较长，需要分级进行护坡处理。

管道护坡示意图如图 2-24 所示。

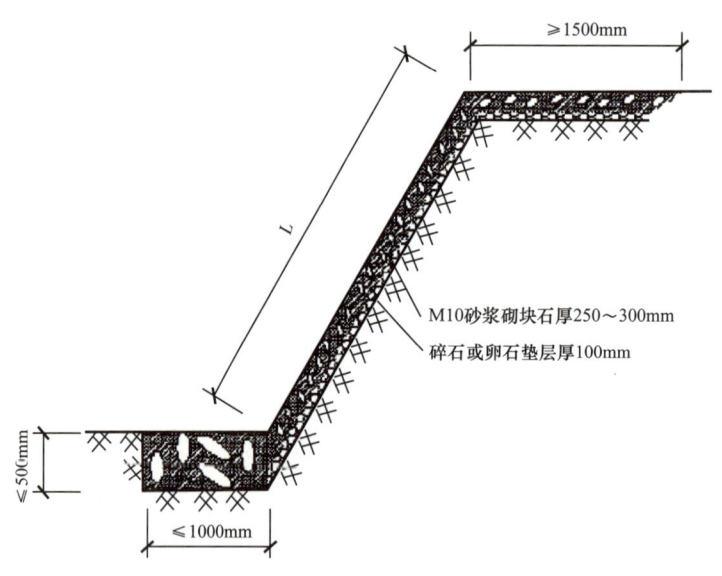

图 2-24 管道护坡示意图

④ 护岸。护岸与护坡的结构形式基本相同，不同之处是护岸设置于河岸的两侧，承受河流的冲刷，防止水流直接冲刷因管道施工而破坏的河岸。按采用材料的不同，护岸分为砌石护岸、石笼护岸、植被护岸、木结构护岸和抛石护岸等。

⑤ 排水沟。排水沟断面一般为梯形，底宽 400~800mm，根据地基土的不同，采用厚度为 200~300mm 的浆砌石或素砼，排水沟示意图如图 2-25 所示。

图 2-25 排水沟示意图

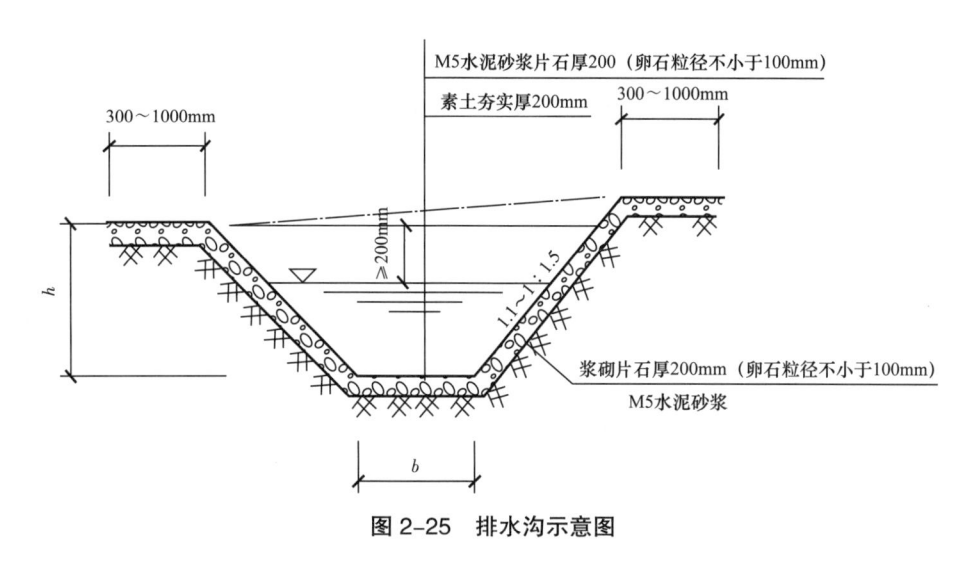

（4）管道锚固墩。

为防止管道热位移或陡坡处下滑位移产生的应力超过管道允许值，可设置锚固墩将管道锚固，以满足管道安全运行的要求。

锚固墩一般由混凝土墩、锚固法兰、锚杆等组成，如图 2-26 所示。

（5）大型冲沟水工设计。

① 大型冲沟的发育机理。大型冲沟常常置于两个或多个高边坡之间，地形地貌复杂多变，汇水量大，沟内泥石流及高含砂洪水冲蚀灾点密度大，是两侧或多侧边坡汇集、侵蚀的结果，以沟谷下切、沟头溯源侵蚀破坏为主，易造成管道悬空、暴露破坏，并侵蚀坡脚使已有崩滑复活或产生新的崩滑灾害，加剧边坡侵蚀程度，造成更大的破坏。

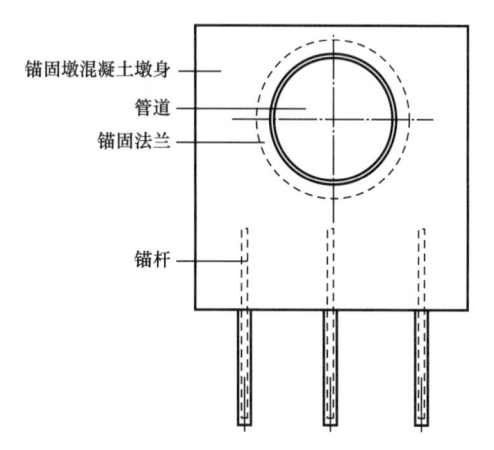

② 管道通过冲沟的主要方式。

图 2-26 锚固墩示意图

a. 管道横穿冲沟。利用两侧坡面削方后的土体，在冲沟内砌筑一道管堤，让管道从管堤上经过，沟内汇水差，冲沟从管道下的涵洞通过。该形式适用于 U 形冲沟，且洪水流量相对较小的冲沟。

直接跨越：由于冲沟边坡的不稳定性，跨越桥墩应远离沟边，跨度一般均大于100m，且冲沟两侧应具备大中型跨越的施工与安装条件，并能满足施工的交通运输条件。

穿越与跨越结合方案：跨越桥墩设于沟底附近，为了保证桥墩基础的稳定性，须对其边坡和仰坡进行处理。

b. 管道顺冲沟敷设。在管道上采取稳管措施，并在管道下游位置设置淤土坝，抬高冲沟底部侵蚀基准面，淤土坝的设计应根据冲沟内洪水流量大小确定，以确保能保证管道的安全。

③ 大型冲沟的水工治理措施。

a. 大型冲沟的水工治理，首先应对两侧边坡坡面进行治理，对高陡边坡进行分阶削方处理，尽可能使管道通过的坡度不大于30°；在有可能产生积水或高跌水的位置，考虑设置截水沟和排水沟，将水疏导至远离管道的地方；坡面交错布置鱼鳞坑，坑内套种当地适宜植物。

b. 冲沟内设置排洪渠及多道淤土坝，淤土坝的形式有浆砌石、灰土和柳枝条等多种。

c. 生物措施与工程措施的共同防护。冲沟内地形地貌复杂，地质水文情况多变，有多种威胁管道安全的不确定因素存在，冲沟内泥石流的治理是管道穿越冲沟的关键，宜采取生物措施和工程措施相结合的综合治理方法，在穿越沟段非耕地处遍栽柳树等，形成柳谷坊，同时建立拦渣坝、拦泥坝等沟内拦截设施，及时清理沟内崩塌堆积物及风化泄溜物，避免其转化为泥石流固体物源。

2）管道标志

（1）管道标志桩。

管道标志桩是用于标记管道方向变化、管道与地面工程（地下隐蔽物）交叉、管理单位交界、管道结构变化（管径、壁厚、防护层）和管道附属设施的地面标记。包括转角桩、穿（跨）越桩（河流、公路、铁路、隧道）、交叉桩（管道交叉、光缆交叉、电力电缆交叉）、分界桩和设施桩等。

① 集输管道沿线应设置里程桩、转角桩、阴极保护测试桩、交叉和警示牌等永久性标志。沿气流前进方向左侧从管道起点至终点，离管道中心约1m处埋设，目的是起警示作用，利于生产管理。

② 为了方便桩的制作，线路标志柱、里程柱、转角柱、测试柱、结构柱和交叉柱等的外形尺寸应相同，除测试柱外，其他柱的制作材料应相同。桩的属性用喷涂的图案和文字进行区分。

③ 里程桩和测试桩宜合并，桩上应标识里程桩和测试桩。

④ 当同一地点需设里程桩、测试桩和转角桩时，宜三桩合一，三桩合一的属性用喷涂的图案和文字进行标识。

⑤ 线路桩和警示牌的尺寸、材料、外形和标识等内容及埋设方法等，同一项目应一致。

⑥ 线路桩和警示牌喷涂材料和颜色应醒目且耐候性好。

⑦ 除转角桩外，其他标志柱应埋设在空地、荒地或耕地边，原则是不影响耕作和通行。管道里程（测试）桩如图2-27所示。

（2）警示牌。

警示牌用于标记高风险地区管道安全防范事项的地面警示标识。

管道穿越大中型河流、山谷、冲沟、隧道、邻近水库及其泄洪区、水渠、人口密集区、自然与地质灾害点、断裂带、矿山采空区、爆破采石区域、工业建设地段、危险点（源）和第三方施工活动频繁区等地段时，应设置警示牌。警示牌正面应面向人员活动频繁区域，其设置应满足可视性的要求。管道警示牌如图2-28所示。

（3）管道警示带。

连续敷设于埋地管道上方，用于防止第三方施工意外损坏管道设置的管道标识。

① 管道上方宜设置标识带，对环境和水土保持可能产生影响的地段不宜设置；标识带宽度不应小于管道直径。

② 标识带应设置在管顶正上方0.5m，标识带字体向上。

③ 同沟敷设管道标识带应分别设置，在颜色上应有明显区别。

管道警示带如图2-29所示。

图2-27 管道里程（测试）桩（单位：mm）

5. 管道穿越

1）公路、铁路穿越

（1）穿越位置选择。

① 穿越位置尽量避开石方区、高填方区、路堑、道路两侧为同坡向的陡坡地段。

② 管道严禁在铁路站场、有值守道口、变电所、隧道和设备下面穿越。在铁路站场附近穿越时，穿越点应设置在进出站信号牌以外；穿越电气化铁路时，应避开回流电缆与钢轨连接处。

③ 穿越位置应选择在道路区间路堤的直线段。在穿越公路和铁路的套管或涵洞内，输送管道不应设置水平或竖向弯管。

④ 集输管道与公路、铁路宜垂直交叉，在特殊情况下，交角不宜小于30°。集输管道与公路和铁路桥梁交叉时，在对管道采取防护措施后，交叉角可小于30°，防护长度应满足公路和铁路用地范围以外3m的要求。

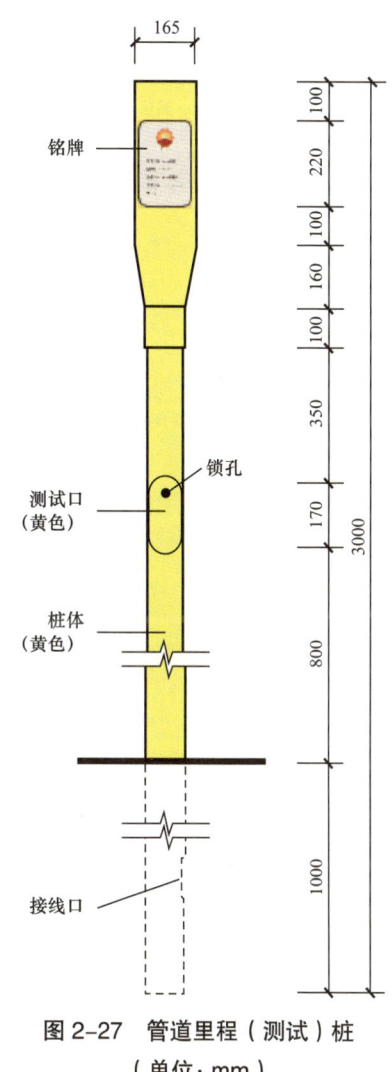

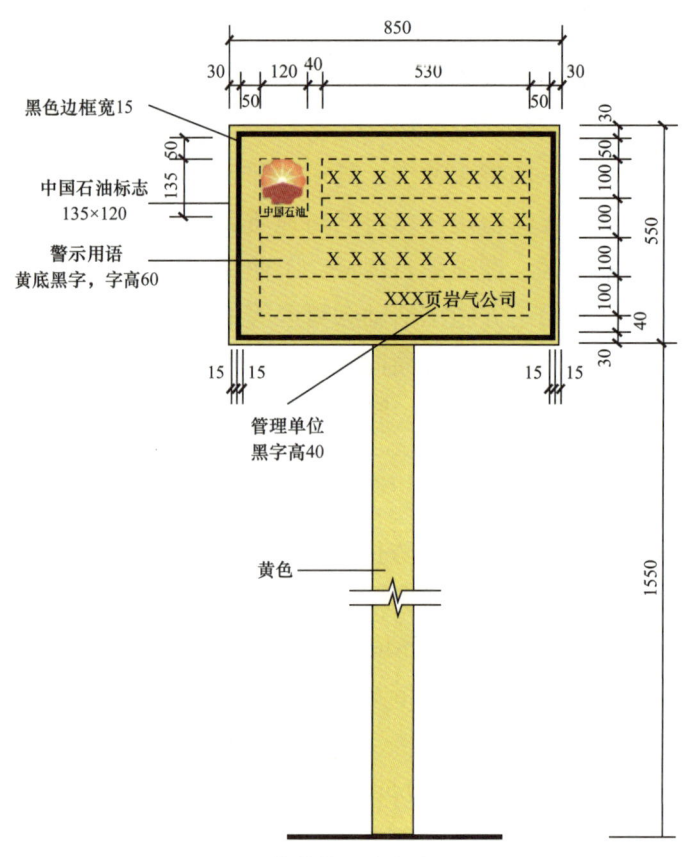

图 2-28　管道警示牌（单位：mm）

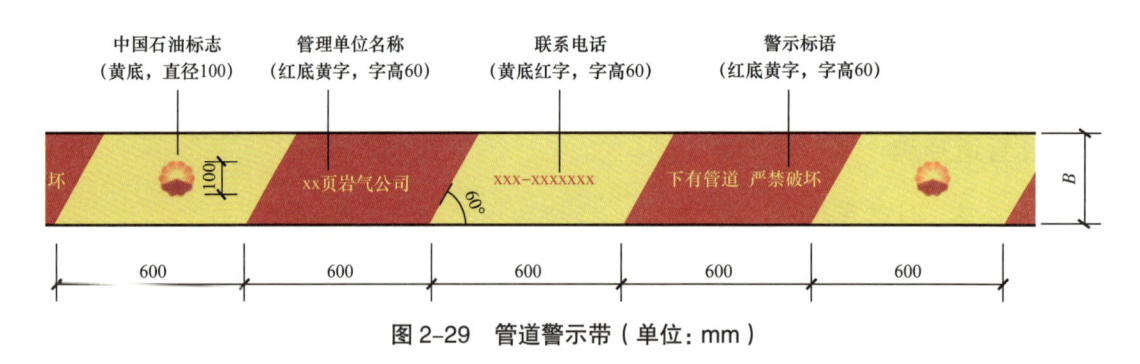

图 2-29　管道警示带（单位：mm）

⑤集输管道穿越公路和铁路时，其穿越点四周应有足够的空间，满足管道穿越施工、维护及临近建（构）筑物和设施安全距离的要求。

（2）公路穿越设计要求。

①管道穿越公路应符合交通运输部、国家能源局和国家安全监管总局《关于规范公路桥梁与石油天然气管道交叉工程管理的通知》（交公路发〔2015〕36号）。

②页岩气埋地集输管道与公路并行敷设时，宜敷设在公路用地范围外。对于油气田公路，集输管道可敷设在其路肩下。

③ 当采用套管穿越公路时，套管内径应大于输送管道外径300mm以上。套管采用人工顶管施工方法时，套管内直径不宜小于1m。

④ 集输管道穿越公路时，输送管道或套管顶部最小覆盖层厚度应符合表2-18的要求，覆盖层厚度不能满足要求时，应采取保护措施。

表2-18 穿越公路管顶最小覆盖层厚度

位置	最小覆盖层，m
公路路面以下	1.2
公路边沟底面以下	1.0

⑤ 采用套管穿越公路时，套管长度宜伸出路堤坡脚、排水沟外边缘不小于2m；当穿过路堑时，应长出路堑顶不小于5m。被穿越的公路规划要扩建时，应按照扩建后的情况确定套管长度。

⑥ 穿越标志桩设置在公路坡脚或路边沟外1.0m处。无边沟时，设置在距路边缘2.0m处。标志桩设置在背向公路一侧。

⑦ 采用无套管的开挖穿越管段，距管顶以上500mm处应埋设钢筋混凝土板；混凝土板上方应埋设警示带。

（3）铁路穿越设计要求。

① 管道穿越铁路应符合《油气输送管道与铁路交会工程技术及管理规定》（国能油气〔2015〕392号）。

② 页岩气埋地集输管道与铁路并行敷设时，应敷设在铁路线路安全保护区外。当条件受限必须通过铁路线路安全保护区时，应征得相关铁路部门的同意，并应采取加强措施。管道与电气化铁路相邻时，还应符合GB/T 50698《埋地钢质管道交流干扰防护技术标准》中的有关规定，并应采取相应的交流电干扰防护措施。

③ 铁路穿越应采用有套管穿越，其套管宜采用钢筋混凝土套管或钢质套管。

④ 新建铁路与已建管道交叉时，应设置涵洞保护管道。

⑤ 当采用套管穿越铁路时，套管内径应大于输送管道外径300mm以上。套管采用人工顶管施工方法时，套管内直径不宜小于1m。

⑥ 集输管道穿越铁路时，套管顶部最小覆盖层厚度应符合表2-19的要求，覆盖层厚度不能满足要求时，应采取保护措施。

表2-19 穿越铁路管顶最小覆盖层厚度

位置	最小覆盖层厚度，m
铁路路肩以下	1.7
自然地面或边沟以下	1.0

⑦ 采用套管穿越铁路时，套管长度宜伸出路堤坡脚、排水沟外边缘不小于2m；当穿过路堑时，应长出路堑顶不小于5m。被穿越的铁路规划要扩建时，应按照扩建后的情况确定套管长度。

⑧ 铁路穿越宜采用顶管（混凝土套管）、横孔钻机（钢套管）、涵洞，也可采用定向钻方式穿越。

⑨ 穿越段集输管道宜采用无缝钢管或直缝埋弧焊钢管（LSAW）。

⑩ 铁路穿越应独立进行强度及严密性试验。

2）水域穿越

（1）工程等级。

水域穿越工程应按表2-20划分工程等级，并应采用与工程等级相应的设计洪水频率。

表 2-20 水域穿越工程等级与设计洪水频率

工程等级	穿越水域的水文特征		设计洪水频率，%
	多年平均水位的水面宽度，m	相应水深，m	
大型	≥200	不计水深	1（100年一遇）
	100～<200	≥5	
中型	100～<200	<5	2（50年一遇）
	40～<100	不计水深	
小型	<40	不计水深	2（50年一遇）

注：（1）对于季节性河流或无水文资料的河流，水面宽度可按不含滩地的主河槽宽度选取。
（2）对于游荡性河流，水面宽度应按深泓线摆动范围选取；若无水文资料，宜按两岸大堤间宽度选取。
（3）若采用挖沟法穿越，当施工期水流流速大于2m/s时，中小型工程等级可提高一级。
（4）有特殊要求的工程，可提高工程等级。
（5）桥梁上游300m范围内的穿越工程，设计洪水频率不应低于该桥梁的设计洪水频率。

（2）穿越位置选择要求。

选择的穿越位置应符合线路总体走向，应避开一级水源保护区。对于大型和中型穿越工程，线路局部走向应按所选穿越位置进行调整，并应符合下列要求：

① 穿越位置宜选在岸坡稳定地段。若需在岸坡不稳定地段穿越，则应对岸坡做护岸、护坡整治加固工程。

② 穿越位置不宜选择在全新世活动断裂带及影响范围内。

③ 穿越宜与水域轴线正交通过。若需斜交时，交角不宜小于60°，采用定向钻穿越时，不宜小于30°。

（3）常用穿越方式。

集输管道穿越水域的常用穿越方式有水下沟埋敷设、定向钻穿越、顶管穿越和基岩隧道穿越等4种。

① 水下沟埋敷设。水下沟埋敷设是中小型宽浅、流速和冲淤变化小、不通航的水域和稳管费用低的河流中应用最广泛的穿越形式，它主要利用挖泥船、长臂挖掘机、拉铲、气举或围堰方式开挖水下管沟，将管道置于河床冲淤变化稳定层下一定深度。施工技术成熟。

② 定向钻穿越。定向钻穿越在近几年中，越来越多地在大中型河流穿越中被使用。它主要是在水域一侧组装钻机，钻杆一般以6°~20°入土，钻导向孔，从对岸侧以4°~12°出土；同时，管道在钻杆出土端一侧进行组装、试压、防腐。最后利用钻机拉动扩孔器和穿越管段回拖，直至使穿越管道完全敷设于扩大的导向孔内到钻机入土处露出端头，最后与线路管道连接。

③ 顶管穿越。在穿越航运繁忙、水域较窄、水深较大、流量流速较大、冲刷较小、地层条件单一、两岸地形条件平坦开阔的水域时，一般采用顶管穿越；同时，对砂卵石地层、软硬岩也能采用。它主要利用切削刀盘切割、破碎土体，同时通过钻井液循环平衡、润滑工作面以及排除土体，再利用工作井内的液压千斤顶将钢筋混凝土套管在切削刀盘后部逐步顶入，使之在江底形成稳定的洞室，最后管道在其稳定的洞室内穿过。

④ 隧道穿越。21世纪初以来，管道在通过河流时，广泛采用隧道敷设的方式。采用矿山法施工的水下隧道以忠武输气管道忠县长江隧道穿越工程、君山长江隧道穿越工程和西气东输延水关黄河隧道穿越工程为代表。水下隧道大致可分为两种形式，两岸为山岭时由洞口部分、斜井和水平洞身（隧道）组成，而两岸为平原则由井口、竖井和水平洞身（隧道）组成，特殊情况时，斜井和竖井可同时采用。

6. 跨越工程

1）等级划分与设防标准

（1）等级划分。

管道跨越工程按表2-21中条件之一划分等级。

表2-21 管道跨越工程等级

工程等级	总跨长度，m	主跨长度，m
大型	≥300	≥150
中型	100~<300	50~<150
小型	<100	<50

（2）跨越管道强度设计系数。

管道跨越工程应划分为甲类和乙类。甲类应为通航河流、电气化铁路和高速公路跨越；乙类应为非通航河流及其他障碍跨越。

跨越管道强度设计系数应符合表 2-22 的规定。

表 2-22　跨越管道强度设计系数

管道跨越工程分类	大型	中型	小型
甲类	0.4	0.45	0.5
乙类	0.5	0.55	0.6

（3）设防标准。

管道跨越工程的设计洪水频率应根据不同工程等级按表 2-23 选用，并结合当地水文资料确定对应于设计洪水频率的设计洪水位。

表 2-23　设计洪水频率

跨越工程等级	大型	中型	小型
设计洪水频率，%	1（100 年一遇）	2（50 年一遇）	2（50 年一遇）

2）跨越位置选择的原则

跨越位置的选择应根据河流形态、岸坡及河床的水文、地形和地质并结合水利、航运、交通和施工条件等情况进行综合分析和技术经济比较确定。在通常情况下，管桥位置应尽量服从管道的走向，尤其是大口径管道，要尽量不增加或少增加管道的长度。对于大型和中型跨越工程，管道的局部走向应服从于跨越位置。跨越位置一般要选择在河段顺直、流向稳定、洪水时水面较窄、地层地质条件良好、岸坡和河床稳定、交通便利和有足够的施工场地的河段。

地震活动频繁、滑坡和泥石流沉积区，含有大量有机物的淤泥地区，易发生冰塞的地区，以及工矿区和人口密集区均不宜选作管桥位置。

管道跨越铁路与道路净空高度见表 2-24。

表 2-24　管道跨越铁路与道路净空高度

类型	净空高度，m
人行道路	3.5
普通公路、高速公路	5.5
铁路	6.5～7.0
电气化铁路	11.0

管道在无通航和无流筏的河流上跨越时，其架空结构的最下缘，大型跨越应高于设计洪水位 3m，中小型跨越应高于 2m，当没有准确的水文资料时，应适当加大架

空高度；当河流上有漂流或其他水上娱乐项目规划时，还应满足相关部门对净空的要求。管道在通航河流上跨越时，管道架空结构的最下缘净空高度应符合 GB 50139—2014《内河通航标准》的有关规定，当地有特定要求时，可协商确定。

在通航河流上管桥位置的选择，除应满足上述要求外，还应远离险滩、弯道、汇水口、锚地或港口作业区，并应满足航运主管部门的要求。

3）常用跨越方式

集输管道常用的跨越方式有普通梁式管桥、轻型托架式管桥、桁架式管桥、拱式管桥、悬索管桥、悬缆管桥和斜拉索管桥等 7 种。

（1）普通梁式管桥。梁式管桥是最简单的跨越形式，它的主要上部结构由支座和以套管（或管道）作为梁体的两个部分组成。梁式管桥按其结构可分为无补偿式和带悬臂补偿的两种形式。其主要特点是利用套管（或管道）本身作为梁体构件，将套管（或管道）直接安放在支墩或支架上，组成简单的梁式结构。

梁式跨越适合于渠道和溪沟等小型跨越。当河流宽度在管道的允许跨度范围内时，应优先采用直管跨越；当河流宽度较大时，可采用带补偿的多跨连续梁结构。

（2）轻型托架式管桥。托架式管桥充分利用了管道截面刚度大的特点，以管道作为托架结构受压弯的上弦，用受拉性能良好的高强度钢丝绳作为托架的下弦，再以几组组装成三角形的钢托架作中间联结构件，构成空间组合梁体系，用以增大管道的跨距。

托架式管桥适合于中等跨度的管桥。

（3）桁架式管桥。桁架结构主要采用两片桁架斜交组成断面为正三角形的空间体系，下弦两端采用滑动支座，因此结构的整体刚度大，稳定性好，但用钢量较大。

桁架式管桥适合用于中等跨度的管桥。

（4）拱式管桥。拱式管桥有单管拱和组合拱两大类，适合于跨度中等的跨越。拱式管桥是将管道本身做成圆弧形拱或抛物线形拱，将两端放于受推力的基座上，这时管子从梁式跨越的受弯变成拱形的受压，因而使管材能得到较充分的利用，从而有效地增大了管路跨越能力。跨度不大的拱式管桥可不必建复杂的支座，在这种情况下，需精确计算出土点管道的位移。管拱可以采用单管，也可采用组合拱构成一平面桁架，以增加刚度，满足更大的跨度和抵抗风力的要求。

拱式管桥适合于跨度中等的跨越。

（5）悬索管桥。悬索管桥是将作为主要承载结构的主缆索挂于塔架上，呈悬链线形，通过塔架顶在两岸锚固。管道用不等长的吊索（吊杆）挂于主缆索上，使管道基本水平，管道的重量由主索支撑，并通过它传给塔架和基础。这时管道变成了跨度较小的连续梁，受力简单。但由于悬索管桥在水平方向刚度较小，当跨度较大时，需考虑设置抗风减振器等，以减小或防止管桥在风力作用下发生振动。

悬索管桥适合于大口径管道跨越大型或特大型河流、深谷。

（6）悬缆管桥。悬缆管桥的主要特点是管道与主缆索都呈抛物线形，采用等长的吊杆（吊索），使管道与缆索平行。通常选用较小矢高以增大缆索的水平拉力。同时也相应地提高了悬缆管桥结构的自振频率，因此，在结构上可以取消复杂的抗风索，而设置较为简单的防振索等消振装置即可。悬缆管桥能够充分利用管道本身强度，使管道承受拉力、弯曲等综合应力，结构较前两种悬吊管桥简单，施工方便。

悬缆管桥适合于中、小口径的大型跨越工程。

（7）斜拉索管桥。斜拉索管桥的拉索为弹性几何体系，因而刚度大，平面外抗风振性能好，自重小，结构轻巧，外形美观简洁。为防止钢管承压失稳，采用补偿变形办法使钢管受拉。

斜拉索管桥适用于各种管径的大型跨越工程。

7. 管道组装、焊接、焊接检验、吹扫、清管、试压、干燥、置换

1）管道组装

管道组装应按照 GB 50819—2013《油气田集输管道施工规范》执行。

（1）管道对接时，两端接管直焊缝之间应相互错开 100mm 以上。

（2）当采用直缝管煨制弯管时，其弯管中性线附近的焊缝宜在对接弯管的两侧，若不能分开，则对接时两条直焊缝最少应错开不小于 100mm。

（3）弯头不应进行切割，弯头与直管应采用对应方式组对。

（4）现场冷弯弯管的最小曲率半径见表 2–25。

表 2–25　现场冷弯弯管的最小曲率半径

公称直径，mm	最小曲率半径 R，mm
≤300	$18D$
350	$21D$
400	$24D$
450	$27D$
≥500	$30D$

注：D 为钢管的外径。

现场冷弯弯管的两端应留有各为 2m 的直管段，如弯制直缝管时，焊缝应处于中性轴位置。

（5）弯头和弯管的任何部位，不得有裂纹、褶皱和其他机械损伤。弯管和弯头两端的椭圆度不得大于 2.0%，其他部分不应大于 2.5%。

（6）弯头不应采用虾米弯、褶皱弯和斜接弯。用于产生较大疲劳载荷的重要场合的弯管，不得用螺旋焊接钢管制作。

（7）由于干线地区类别的差异导致弯管与直管之间的跳挡连接，应采用过渡管以减小管子与弯管之间对接时的壁厚差。过渡管长度不应小于1倍管径，且不小于0.5m。

2）焊接

（1）管道焊接方式。天然气管道焊接方式主要有手工电弧焊、半自动焊、全自动焊和埋弧自动焊等4种。

① 手工电弧焊。手工电弧焊是利用焊条和工件之间建立起来的稳定电弧，使焊条和工件熔化，从而获得牢固的焊接接头的一种方法。此方法设备简单、移动方便、操作灵活，是野外管道焊接最为常见的一种方法。根据管道焊接的施焊方向，分为上向焊和下向焊两种方式。上向焊是从管道环焊缝的管底起弧，向上运条焊接到管顶的一种自下而上的焊接方式，此方式在我国20世纪80年代中期以前曾是管道焊接的一种主要方法。下向焊焊接方向正好与上向焊相反，是从管顶起弧，向管底焊接的一种方式，此方法在20世纪80年代中期首次引进，并且在以后的管道焊接中，逐渐取代了传统的上向焊方法，占据了输气管道焊接的主导地位。下向焊方法与上向焊相比，具有焊接速度快，薄层多焊的特点，焊接质量也明显优于上向焊。

对于管道环焊缝的全位置焊接特点，现在国内外一般都采用两种具有全位置焊接性能的焊条，即高纤维素焊条和低氢焊条等。根据焊接方向和采用的焊条不同，现在管道手工电弧焊接主要有以下几种方式：高纤维素焊条下向焊、低氢焊条上向焊、低氢焊条下向焊、组合焊接方法。

② 半自动焊。管道半自动焊采用电焊工手持半自动焊枪施焊，由送丝机构连续送丝的一种焊接方式。由于在焊接中送丝连续，节省了更换焊条等辅助工作的时间，熔敷速度高，同时减少了焊接接头，减少了焊接收弧、引弧产生的焊接缺陷，提高了焊接合格率。根据焊丝有无药粉和有无保护气体，国内半自动主要有两种形式：自保护药心焊丝半自动焊和实心焊丝STT二氧化碳气体保护半自动焊。

③ 全自动焊。20世纪60年代，国际上就开始在管道工程中应用自动焊技术，自动焊技术适用于大口径、大壁厚管道，大机组流水作业，其焊接质量稳定，操作简便，焊缝外观成型美观。国内管道应用全自动焊技术起步较晚，在1999—2000年期间开始试用。在国内大规模应用是在西气东输管道工程中。

自动焊技术的优点是：大电流、高焊速施焊，焊接速度快，效率高；机械化程度高，焊接工人劳动强度降低；受人为因素影响较小，焊接质量稳定，焊接返修率低。自动焊技术的缺点体现在：对管道坡口和对口的质量要求高，即要求管子全周对口均匀；对坡口形式要求严格；受外界气候的影响较大。

考虑到全自动焊设备较为复杂，尤其是采用实心焊丝气保护焊时，防风棚必不可少，全自动焊接一般用于大口径、高壁厚管道的平原、微丘等地形较好的地段。

④ 埋弧自动焊。制造和运输设备的进步使生产更长的焊管成为可能。我国的焊管长度一般为12m；为减少现场的焊接工作量，在地形较好的地段，现场可以组建埋弧焊钢管预制厂，把现场的单根钢管在预制厂内通过埋弧焊自动焊进行双联管焊接，然后把焊接成24m一根的钢管运抵施工现场，这样可以大大降低现场焊接的工作量。

采用这种焊接方法时，根部焊接采用手工焊或STT半自动打底焊，然后用埋弧焊机对焊缝进行填充和盖面焊。填充、盖面焊时，管道在操作平台进行旋转，埋弧焊机机头在管顶部保持不动进行焊接，相当于在平焊位置进行焊接。这种焊接特点是在现场预制厂内焊接，焊接条件相对较好；另外只是根焊采用焊工进行根焊，作业条件大大改善，劳动强度大大降低，填充盖面采用埋弧焊自动焊，可以采用大电流、高焊速焊接。生产率较高，焊接质量较好。

不利点是需要在施工点附近找一块焊接预组装场地，面积大约为80m×80m。另外二联管因为较长，所以交通条件必须较好，以满足运输钢管到现场的需要。

这种焊接方法在管道焊接中由于受诸多因素的限制，并不常用，一般适用于地势平坦、开阔，交通运输便利的地段。

（2）管道焊接基本要求。

① 焊接生产开始之前，应制订详细的焊接工艺指导书，并对此进行焊接工艺评定，再依据合格的焊接工艺编制焊接工艺规程。

② 对于需焊前预热的管道应按焊接作业指导书中的要求进行。

③ 根据设计文件提出的钢管和管件的材料等级、焊接材料、焊接方法和焊接工艺等，管道焊接前施工单位应在工程开工前进行焊接工艺试验，提出焊接工艺评定报告。

④ 焊接材料应根据被焊件的工作条件、机械性能、化学成分和接头形式等因素综合考虑，宜选用抗裂纹能力强、脱渣性好的材料。对焊缝有冲击性要求时，应选用低温冲击韧性好的材料。

⑤ 焊接材料应符合现行国家标准的规定。当选用未列入标准的焊接材料时，必须经焊接工艺试验并经评定合格后方可使用。

⑥ 焊接接头设计应符合下列规定：

a. 焊缝坡口形式和尺寸的设计，应能保证焊接接头质量、填充金属少、焊接变形小、能顺利通过清管器和管道内检测仪等。

b. 对接焊缝接头可采用V形或其他合适形状的坡口。

c. 角焊缝尺寸宜用等腰直角三角形的最大腰长表示。

⑦ 焊接的预热应根据材料性能、焊件厚度、焊接条件、气候和使用条件确定。当需要预热时，应符合下列规定：

a. 当焊接两种具有不同预热要求的材料时，应以预热温度要求较高的材料为准。

b. 预热时应使材料受热均匀，在施焊过程中其温度降应符合焊接工艺的规定，并应防止预热温度和层间温度过高。

⑧ 焊缝残余应力的消除应根据结构尺寸、用途、工作条件、材料性能确定。当需要消除焊缝残余应力时，应符合下列规定：

a. 对壁厚超过 32mm 的焊缝，均应消除应力。当焊件为碳钢时，壁厚为 32~38mm，且焊缝所用最低预热温度为 95℃时，可以不消除应力。

b. 当焊接接头所连接的两个部分厚度不同而材质相同时，其焊缝残余应力的消除应根据较厚者取定；对于支管与汇管的连接或平焊法兰与钢管的连接，其应力的消除应分别根据汇管或钢管的壁厚确定。

c. 不同材质之间的焊缝，当其中的一种材料要求消除应力时，该焊缝应进行应力消除。

3）焊接检验

天然气集输管道，每道焊缝完成后应进行焊缝外观质量检验，焊缝外观应符合下列要求：

（1）外观检测。

① 焊缝表面不得有裂纹、气孔、凹陷、夹渣及融合性飞溅。

② 焊缝宽度每侧应超出坡口 1.0~2.0mm。

③ 焊缝表面不应低于母材表面：当采用上向焊时，焊缝余高不得超过 3mm；当采用下向焊时，焊缝余高不得超过 2mm，局部不得超过 3mm，连续长度不得大于 50mm，余高超过 3mm 时，应进行打磨，打磨后应与母材圆滑过渡，但不得伤及母材。

④ 咬边深度不应大于管壁厚的 12.5%，且不应超过 0.5mm。在焊缝任何 300mm 连续长度中，累计咬边长度不得大于 50mm。

（2）无损检测。

焊缝无损检测应在外观质量检验合格后进行。

焊缝无损检测应按 SY/T 4109—2013《石油天然气钢质管道无损检测》标准执行。

不能进行超声波或射线检测的焊缝，应按 SY/T 4109—2013《石油天然气钢质管道无损检测》的有关规定进行渗透或磁粉探伤。

焊缝无损检测的方法、比例及合格等级应按设计规定执行；当设计无明确规定时，无损检测抽查比例及合格等级应符合表 2-26 规定。

表 2-26 焊缝无损检测抽查比例及合格等级

设计压力 p，MPa	超声波检测 抽检比例，%	超声波检测 合格级别	射线检测 抽检比例，%	射线检测 合格级别
$p>16.0$	100	Ⅱ	100	Ⅱ
$10.0<p\leq16.0$	100	Ⅱ	50	Ⅱ
$4.0<p\leq10.0$	100	Ⅱ	20	Ⅱ
$1.6<p\leq4.0$	100	Ⅱ	10	Ⅱ
$p\leq1.6$	100	Ⅱ	5	Ⅱ

（3）热处理和硬度检查。

需进行热处理和硬度检查的焊缝应按相关要求进行。

4）吹扫

管道吹扫应结合管道清管试压工序一并进行，吹扫速度不小于 20m/s，线路吹扫一般以目测无杂质、无粉尘飞扬为合格。对于重要位置如压缩机进口管道，宜进行管内壁酸洗或喷砂除锈后再进行吹扫，并在吹扫口用白布作靶牌进行打靶试验，合格点数应根据下游管路、设备具体要求确定。

5）清管

清管要求应符合现行国家标准 GB 50819—2013《油气田集输管道施工规范》和 SY/T 6597—2018《油气管道内检测技术规范》要求。

（1）基本要求。

① 管道试压前，应用清管器进行清管，清管次数不应少于 2 次，以开口端不再排出杂物为合格。

② 清管扫线应设临时清管收发设施和放空口，不宜使用站内设施。放空口应设置在地势开阔的安全地带，并应锚固且有可靠的接地装置。

③ 清管宜选用清管器，当采用通球清管时，清管球充水后，直径过盈量应为管内径的 5%～8%。清管时应设置收发球装置。

④ 启动压差应控制在 0.1～0.5MPa 为宜。

⑤ 清管的最大压力不应超过管道设计压力。当清管器清扫污物时，其行进速度应控制在 4～5km/h，必要时应加背压。

⑥ 投产前为利于尽早发现施工中出现的管道变形，清管合格后需进行测径，测径宜采用铝质测径板，直径为试压段中最大壁厚钢管或弯头内径的 90%，当测径板通过管段后，无变形、皱褶为合格。

⑦ 管道清管和测径合格后，应封闭管道两端，拆除临时设施，并应填写管道清管

记录和管道测径记录。

（2）投运后清管管理要求。

① 清管周期应根据管道运行情况，结合气质条件、历次清管污物污水量、气温变化、管输效率或压差等因素综合分析确定。

管输效率、输送压差超过规定值时，应及时清管；管道投产初期、气温降低、上游新井投产、泡排制度摸索期或调整期等特殊情况，应加密清管；单次清管污水量不应超过 5m³，若超出则应加密清管；管道检修、停运前应根据实际运行情况进行清管。

② 清管器的选择应综合考虑输送介质、清管装置、历次清管情况及季节变化等因素。

气液混输与湿气输送管道清管可采用清管球或柱状清管器，条件具备时宜选用柱状清管器；管线投运后的第一次清管或管内杂质较多管道清管时，应先采用清管球或泡沫清管器等质地较软的清管器清管，再根据清管情况合理选择清管工具；对上下游系统影响大的集输干线等管道的清管，清管器应装设发射机，并调试好收发讯装置；管道智能检测的清管方案应根据管输介质、管道新旧程度、历次清洁等因素进行优化，以降低清管卡堵风险。

③ 清管作业应制订方案。方案应包括但不限于以下内容：管道概况、清管前的运行状况、管道内液体和杂质情况分析、清管器的选用说明及规格型号、清管期间气量调配组织、清管运行参数计算、清管组织机构及职责、清管时间安排和操作步骤、清管器跟踪安排、风险分析及控制措施。

④ 清管引球及排污操作应缓慢、平稳；清管过程中发生清管器（球）卡、堵时，应根据实际情况采取针对性措施，不得将清管器（球）长期留置在管道中；清管作业后，应对收发球筒及附属设施内进行清理检查；清管残留积液、杂物不允许就地排放，应排放至清管末站的排污池（罐）内。

6）试压

试压要求应符合 GB 50819—2013《油气田集输管道施工规范》。

（1）集输管道必须分段进行强度试验和整体严密性试验，管道沿线的试压段划分由各段的施工单位根据地形、管道沿线的水源等条件而综合确定。

（2）有高差的管道，应考虑静水压的影响；管道试验压力应以高处的压力表为准，各试压段最低点的管道环向应力不应超过其屈服强度的 90%。

（3）当管道进行强度试验时，应缓慢升压，压力分别升至试验压力的 30% 和 60% 时，各稳压 30min，检查管道无问题后，继续升至强度试验压力，稳压 4h，管道无断裂、目测无变形、无渗漏为合格然后降至严密性试验压力，稳压 24h，当管道无渗漏、压降率不大于试验压力值的 1% 且不大于 0.1MPa 时为合格。

（4）管道压力试验参数应符合表 2-27 的规定。

表 2-27 管道压力试验参数

分类	试验介质	强度试验	严密性试验
输气管道一级地区	水或气体	1.1 倍设计压力	设计压力
输气管道二级地区	水或气体	1.25 倍设计压力	设计压力
输气管道三级地区	水	1.4 倍设计压力	设计压力
输气管道四级地区	水	1.5 倍设计压力	设计压力

（5）以洁净水为试压介质的强度试验应符合下列要求：

① 工作介质为气体的架空管道，应核算以洁净水为试压介质的管道及支撑结构的强度，必要时应临时加固；

② 试验时应排出空气，使水充满整个试压系统，并应待水温和管壁的温度大致相同时方可升压；

③ 当环境温度低于 5℃时，应采取防冻措施；

④ 试验合格后，应将管内水清扫干净；

⑤ 管道试压后管内的排水宜采用清管球通球排水。

（6）集气站及河流大中型穿（跨）越、铁路、二级（含二级）以上公路的管段应进行单独试压。

（7）经试压合格的管段间相互连接的焊缝经 100% 射线照相检验合格，全线接通后可不再进行强度试压。

7）干燥

管道干燥应在吹扫、试压合格后进行，使管内空气露点达到规定的要求。采用干气输送工艺的管道在投产运行前应进行干燥。集输管道干燥要求应符合 GB 50251—2015《输气管道工程设计规范》的要求。

管道干燥及验收应符合下列规定：

（1）管道的干燥应在试压、清管扫水结束后进行，宜采用站间干燥。可采用吸水性泡沫清管塞多次吸附后，再用干燥气体（压缩空气或氮气等）吹扫、真空蒸发、注入甘醇类吸湿剂清洗等方法或以上方法的组合进行管内干燥。管道末端应用水露点检测仪进行检测。

（2）管道干燥方法应减少对环境的不利影响。

（3）当采用干燥气体吹扫时，可在管道末端配置水露点分析仪，干燥后排出气体水露点应连续 4h 比管道输送条件下最低环境温度至少低 5℃、变化幅度不大于 3℃为合格。注入管道的干燥气体温度不宜小于 5℃，且不应大于防腐层的耐受温度。

（4）当采用真空法时，选用的真空表精度不应小于 1 级，干燥后管道内气体水露点应连续 4h 低于 –20℃（相当于绝对压力 100Pa）为合格。

（5）当采用甘醇类吸湿剂时，干燥后管道末端排出甘醇含水量的质量百分比应小于 20% 为合格。

8）置换

（1）置换目的。空气—天然气混合物是一种高度易燃、易爆的危险品，因此减少在燃烧极限、爆炸极限之内的空气—天然气混合物数量极为重要，通常在天然气管道投产前，为了清除管道中的空气或空气—天然气混合物需要进行置换。

（2）置换方式。置换方式通常先采用惰性气体置换空气，然后再用天然气置换惰性气体。惰性气体的选择应从制备气体的实施性、经济性上考虑，通常采用制氮车或液氮车。制氮车排量大，但制取的氮气纯度与排量成反比关系。液氮车制取的氮气纯度高，且出口压力高，可以以氮气为介质试压，但气量受液氮的存储量限制。

（3）置换验收。根据 GB 50251—2015《输气管道工程设计规范》，管道气体置换应符合下列规定：

① 管道内的气体置换应在干燥结束后或投产前进行。置换过程中的混合气体应集中放空，置换管道末端应用检测仪对气体进行检测。

② 用天然气推动惰性气体作隔离段置换空气时，隔离气段的长度应保证到达置换管道末端天然气与空气不混合。置换管道末端测得含氧量不应大于 2%。

③ 用天然气置换管道内惰性气体时，置换管道末端天然气含量应不小于 80%。

④ 置换过程中管内气体流速宜不大于 5m/s。

⑤ 输气站可结合线路管道一并置换。当输气站单独置换时，应先用惰性气体置换工艺管道及设备内空气，再用天然气置换惰性气体，置换管道末端天然气含量不应小于 80%。

⑥ 管道干燥结束后，如果不能投入运行，宜用干燥氮气置换管内气体，并应保持内压 0.12～0.15MPa（绝）的干燥状态下的密闭封存。

参考文献

[1] 苏建华，许可方，宋德琦，等. 天然气矿场集输与处理 [M]. 北京：石油工业出版社，2004.

[2] 汤林，汤晓勇，等. 天然气集输工程手册 [M]. 北京：石油工业出版社，2016.

[3] 何恩鹏，潘登，涂敖. 页岩气井地面除砂技术 [J]. 油气井测试，2016，25（6）：55-58.

[4] 郭佳春，等. 油气集输和油气处理工艺设计 [M]. 北京：石油工业出版社，2016.

第三章

页岩气集输站场

页岩气集输站场是集输工程的重要组成部分，集输站场的作用是对原料天然气进行预处理，保障流动性能，取得气井生产动态参数。本章对各类集输站场的主要功能与典型流程进行了介绍，说明了站场各种工艺计算方法、站场安全泄压设施及站场工艺安装的技术要求。

第一节 集输站场种类、作用和一般要求

一、集输站场种类和作用

常见的集输站场包括井场（平台站）、集气站、脱水站、增压站、清管站等[1,2]。根据管理的需要，以上站场可由几种功能组合形成一个中心站，中心站一般是一个区域的管理中心，中心站通常设置为有人值守站。功能单一、操作简单、安全风险低的站场可设置为无人值守站。

1. 平台站

平台站是指处理一口气井或多口气井的场站，页岩气平台站主要具有 4 种功能：
（1）获取气井生产动态参数，调控气井的产量。
（2）调控页岩气的输送压力。
（3）防止页岩气形成水合物。
（4）除去页岩气中的采出液和砂。

2. 集气站

集气站是对页岩气进行收集、分离、计量和调压等功能站场的总称。集气站收集页岩气的方式主要是收集多平台来气，在集气站中对页岩气进行预处理。

3. 脱水站

自地层中采出的页岩气一般都含有饱和水，为了减少页岩气输送过程中析出液态水影响管道的输送效率、降低管道腐蚀，同时为了提高天然气的热值，页岩气必须经过脱水处理后，达到规定的含水量指标，才允许进入输气干线。为页岩气脱水而设置的站场称为脱水站。

页岩气脱水站的脱水方法与常规天然气的脱水方法基本一致。

4. 增压站

为达到下列目的而设置的站场叫增压站：

（1）在气田开采后期，满足气田集输管网输送压力，维持气田产量。
（2）对低压气田，满足天然气处理工艺所需的压力要求。
（3）满足气田外输商品气交接压力的要求。
（4）向气举采气工艺提供高压气源。

5. 清管站

为清除管道内的积液和污物以提高管线的输送能力和通过内检测器检测管道内外壁的腐蚀状况，通常在输气干线和集气干线上设置清管站。

二、页岩气集输站场的一般要求

（1）满足国家、行业和地方的有关法律法规及标准规范要求，保证气田生产安全、环保节能运行。
（2）满足气田开发对集输处理的要求。在气田开发方案和井网布置的基础上，集输管网和站场应统筹协调、综合规划、分步实施，应做到既满足工艺技术要求又符合生产管理集中简化和方便生活。
（3）采用先进的适用技术和设备。
（4）充分利用井场原有的场地和设备，并与当地地形地貌、水文和工程地质、地震烈度、交通运输、人文社会、地方规划、环境敏感区等条件相结合。
（5）集输系统的压力应根据气田压能和商品气外输首站的压力要求综合平衡确定。
（6）集气站的站场布置应首要考虑依托平台站建设，在平台站建设不能满足集气站建设进度要求时，可考虑另选址新建。
（7）水、电、信、路等配套系统应与主体工艺相结合，尽量共用走廊带。

第二节 平台站

一、生产阶段划分与工艺流程

1. 生产阶段划分

由于页岩气开发井数多、平台数量多，为了适应页岩气压力、产量变化快的特点，同时，达到简化工艺、提高设备重复利用率、节省投资的目的，根据川渝地区（参考长宁页岩气井）已投产气井的生产数据和预测数据，将页岩气井的生产划分为4个阶段（表3-1），分别为排液生产期、正常生产早期（以下简称早期）、正常生产中期（以下简称中期）、正常生产末期（以下简称末期），其中正常生产早期、生产中期、生产末期为地面工程设计的3个阶段。对应正常生产的3个阶段（早期、中期、末期）确定了标准化流程，按不同功能设置，划分为8种功能模块（以6井眼为例）。

表3-1 平台站生产阶段划分表（仅供参考）

序号	生产阶段	时间	井口压力 MPa	井口温度 ℃	产气量 $10^4 m^3/d$	产液量 m^3/d	含砂量	备注
1	排液生产期	自排采开始算起 0～45d	40↘26	60～70	25	200～500	大	配套清管截断阀组橇（清管发送、出站截断功能）
2	正常生产早期	46d至8个月	26↘10	30～60	10～15	20～200	较大	（1）期间关井最高井口压力按35MPa考虑；（2）单井一对一除砂、分离计量
		8～10个月	10↘7	20～30	10	10～20	较大	
		11个月至3a	7↘2	20	10↘5	1～10	一般	开始增压开采，增压方式以集中增压为主，平台增压为辅
3	正常生产中期	4～5a	2↘1	20	5↘1.5	0.5～1	较小	可拆除除砂，由连续分离计量调整为轮换分离计量
4	正常生产末期	5a以后	1	20	≤1.5	≤0.5	小	可拆除分离，由轮换分离计量调整为轮换计量

2. 工艺流程

早期和中期通常采用气液分输方式，末期可采用气液混输方式。早期宜设置为单井"一对一"连续分离、计量，中期和末期也可以根据实际需求，采用轮换计量。

井口节流工艺有两种方式：一是在井口节流至平台外输压力（一级节流）；二是在井口和除砂器后分别设置节流（二级节流）。

以 6 井眼为例简述工艺流程。

1）早期工艺流程

井口产物经除砂后进行分离计量，再汇集输送至集气站。

当采用"一对一"连续分离计量时，为每口井设置独立的分离计量装置；当采用轮换计量方式时，可设置 1 套（或多套）总分离计量装置和 1 套单井分离计量装置。如图 3-1 和图 3-2 所示。

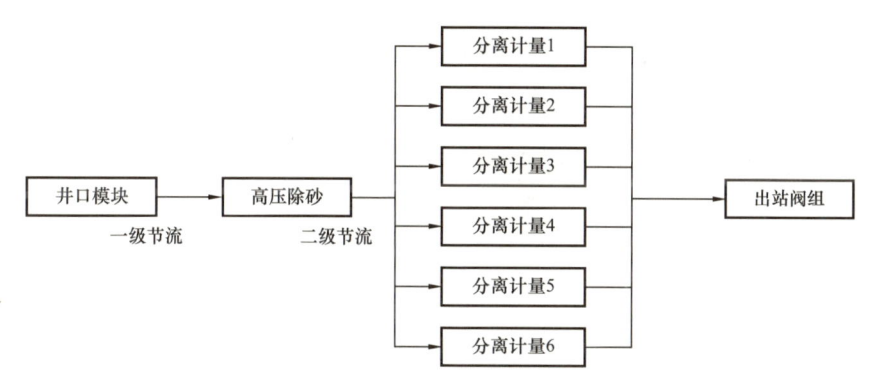

图 3-1 早期两级节流方案"一对一"连续计量流程框图

图 3-2 早期两级节流方案轮换计量工艺流程框图

2）中期工艺流程

此阶段气井产气量、产液量、出砂量减少，井口压力降低。对于采用"一对一"连续分离计量的平台站，可将早期的除砂橇更换为轮换阀组橇，分离计量橇装只保留两套分别作为站场的总计量与单井计量（图 3-3）。拆除设备搬迁至新建平台使用，以减少新购设备，降低工程投资。

对于采用轮换分离计量的平台站，可考虑拆除早期的除砂橇，仅保留分离计量橇。

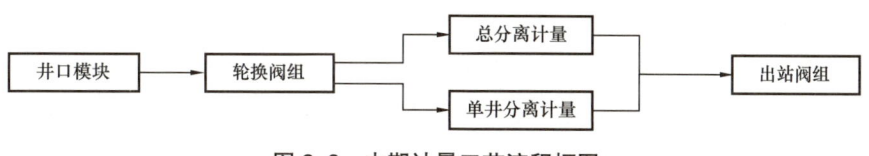

图 3-3 中期计量工艺流程框图

3）末期工艺流程

此阶段为气井开始生产第 6 年至气井废弃。此时气井压力、产气量和产液量趋于稳定且液量极低，进入低压低产阶段。此时可拆除中期的两套除砂分离计量橇装，更换为一套两路计量一体化橇装。拆除的除砂分离计量橇装搬迁至其新建平台使用，以降低新建平台工程投资。图 3-4 所示为末期计量工艺流程框图。

```
井口模块 → 轮换阀组 → 轮换计量橇 → 出站阀组
```

图 3-4　末期计量工艺流程框图

二、主要工艺设备

1. 除砂器

除砂器的主要作用是除去井口流体带出的压裂砂及地层砂。

平台站除砂器可选用过滤除砂器或旋流除砂器。

除砂器性能要求：对粒径不小于 0.1mm 的石英砂、陶粒脱除率不小于 99.9%；固体颗粒物总脱除率不小于 99%。

1）过滤除砂器

过滤除砂器一般为卧式结构，主要由滤网、壳体和快开盲板组成（图 3-5）。

井内流体进入除砂器后，经过滤网时，气液可以通过滤网的孔隙，固相颗粒因小于滤网的孔径滞留在滤网内，根据除砂器滤网前后压差判断砂粒存储情况，储存量到达上限时，通过快开盲板取出滤网进行清理。

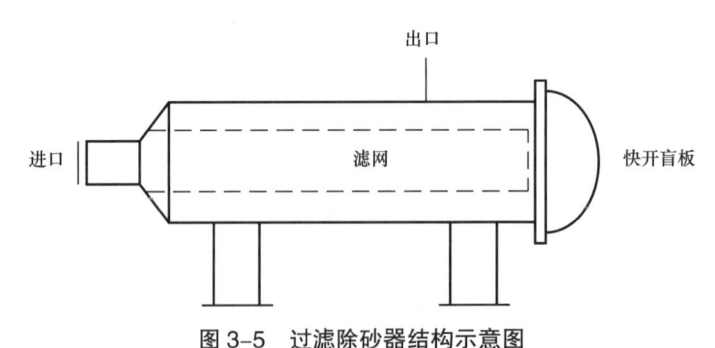

图 3-5　过滤除砂器结构示意图

2）旋流除砂器

旋流除砂器一般为立式结构，主要由筒体、封头和内部旋流分离元件组成（图 3-6）。

井内流体切向进入除砂器后沿内部旋流分离元件流动，并依靠由此产生的离心力和重力，其中的大部分液体及固相颗粒沉淀在除砂器底部漏斗中，通过底部排砂口排出，气体及液体通过螺旋分离元件的中心管向上运动，并从顶部的导流管排出。

2. 重力分离器

重力分离器的主要作用是分离气流中夹带的液体或固体；平台站重力分离器可选用立式或卧式，分离器宜带除砂功能。

重力分离器性能要求：分离精度不大于 10μm，分离效率不小于 97%。

1）立式重力分离器

立式重力分离器主要由筒体、封头、分离元件、捕雾器和腿式支座（或裙座）等部分构成（图 3-7）。筒体中部为气流入口，顶部为气流出口，底部为液体和砂粒出口。

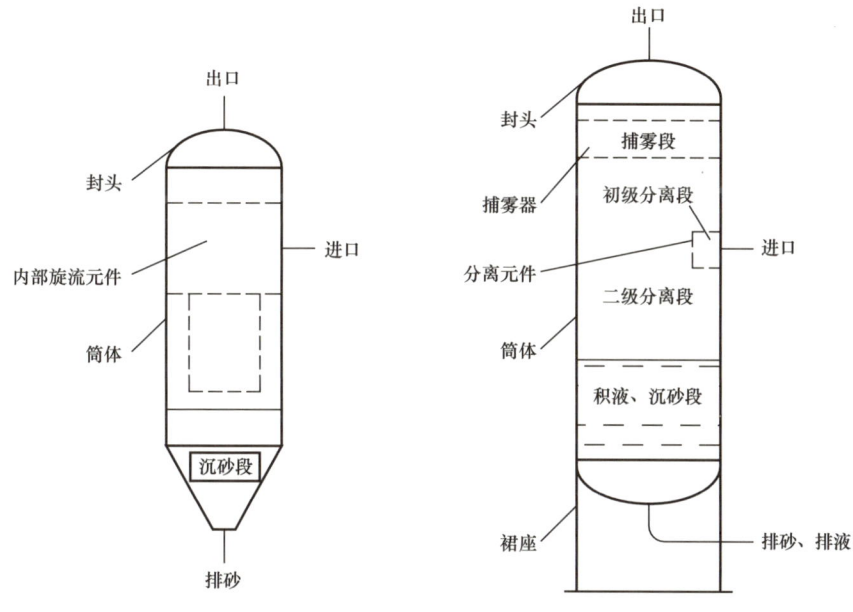

图 3-6 旋流除砂器结构示意图　　图 3-7 立式重力分离器结构示意图

气流从筒体的中段（切线或法线）进入初级分离段，成股状的液体或大的液滴、砂粒由于重力的作用被分离出来直接沉降到积液段；经初级分离后的天然气流携带着较小的液滴、砂粒向气流出口以较低的流速向上流动，在二级分离段中由于重力的作用，液滴和砂粒则向下沉降与气流分离；积液、沉砂段主要收集液体和砂粒；除雾段设在气体出口附近，用于捕集沉降段未能分离出来的较小颗粒（10～100μm）。

2）卧式重力分离器

卧式重力分离器主要由筒体、封头、分离元件、捕雾器和鞍式支座等部分构成（图 3-8）。气流从筒体一端进入，另一端流出，底部设置排液口和排砂口。

气流从入口进入初级分离段，在初级分离段中设置内旋器，对气、液、砂进行一次旋流分离，砂粒由于离心力和重力的作用沉淀在底部沉砂段中，经排砂口排出；二级分离段是沉降段，由于重力的作用，液滴向下沉降与气流分离；积液段主要收集液体；除雾段设在气体出口附近，用于捕集沉降段未能分离出来的较小颗粒（10～100μm）。

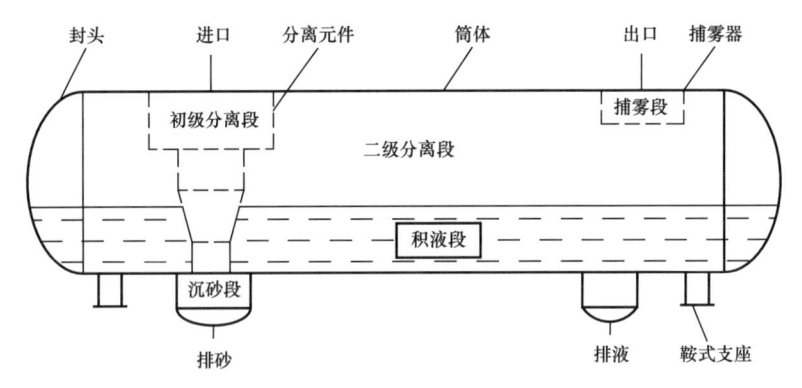

图 3-8　卧式重力分离器结构示意图

3. 过滤分离器

平台站过滤分离器主要用于分离气流中夹带的微小液滴和固体，保证压缩机运行平稳和安全。

平台站过滤分离器宜选用卧式双筒结构，主要由筒体、封头、快开盲板、滤芯、捕雾器和鞍式支座等部分构成。

气流从入口进入过滤段，然后从外向内流过滤芯，分离出气流中夹带的固体杂质及微小液滴，微小液滴再相互结合生成更大的液滴流至排液口；第二段中设置捕雾器，用于捕集气流夹带的细小颗粒；积液段主要收集液体。

过滤分离器性能要求：对于粒径不小于 5μm 的粉尘和液滴，分离效率不小于99.8%，对于粒径 1～3μm 的粉尘和液滴，分离效率不小于 98%。图 3-9 所示为过滤分离器结构示意图。

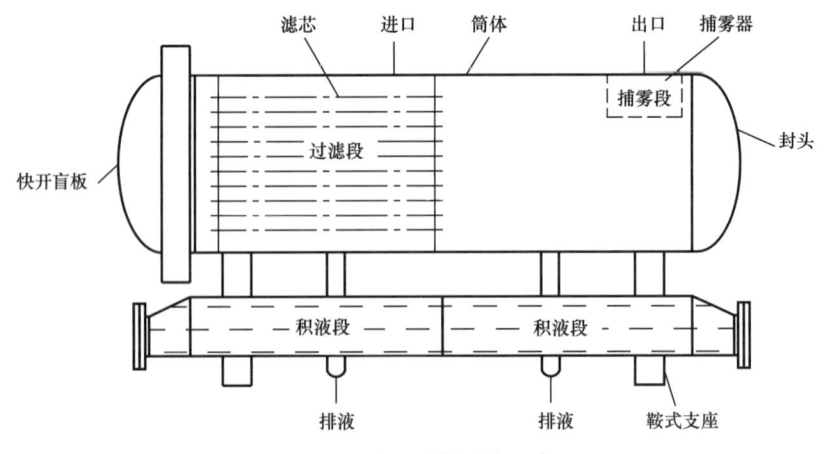

图 3-9　过滤分离器结构示意图

4. 清管器（球）收发装置

清管器（球）收发装置主要用于发射及接收清管器（球），主要由快开盲板、筒体、大小头和鞍式支座等部分构成（图3-10）。

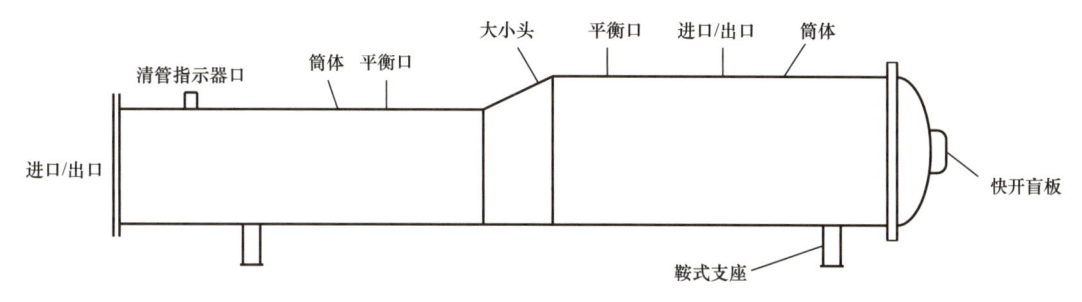

图 3-10　清管器（球）收发装置结构示意图

清管器（球）收发装置的小筒与干管直径相同，大筒直径比干管直径大 100mm 左右，以便清管器（球）的放入和取出；在清管器（球）收发装置的端部设置有开闭灵活、密封性能良好的快开盲板；清管器（球）接收装置由于在接收清管器（球）时，会受到运动的清管器（球）的冲击，因此必须能承受清管器（球）冲击力的作用（包括快开盲板）。

当管道需要智能清管时，清管器（球）收发装置应满足智能清管要求。

5. 放散管

放散管主要作用是在检修或事故状态下，对少量天然气进行放散。放散管根据支撑方式不同可分为自支撑式和拉绳式，平台站用放散管宜选用自支撑式。图 3-11 所示为放散管结构示意图。

图 3-11　放散管结构示意图

第三节　集　气　站

集气站收集天然气的方式主要有两种：一种为单平台集气，在井场上对天然气进行预处理；另一种为多平台集气，集气站收集多口井来气，在集气站集中对天然气进行预处理。本节主要针对多平台集气站（以下简称集气站）进行介绍。

一、集气站功能及功能模块划分

1. 功能

集气站一般具有分离、计量、高低压分输、污水收集和清管器（球）收发等功能。

1）分离

页岩气田集气站分离工艺通常采用常温分离，从井场开采的天然气一般都含有液体（水、凝液）、固体（泥沙等），由于以下原因，这些杂质需从天然气中除掉：

（1）保障集输管网的输送效率和其他工艺设备正常工作；

（2）降低腐蚀和腐蚀产物的影响；

（3）满足处理厂对原料气气质条件的需求；

（4）降低集气站自身的能耗。

2）计量

集气站设置计量装置，各平台站来气经气液分离后进行计量，为生产管理提供参考。

3）高低压分输

由于各平台站投产时间不一致，压力相差较大，当来气压力低于外输压力需要增压时，经低压汇集、分离、计量、过滤、增压后外输；当来气压力高于外输压力不需要增压时，经高压汇集、分离、计量后外输。

高低压分输管路宜在建站初期设置。

4）污水收集

气液分离器分离出的污水排入污水罐收集模块，经转输或拉运到指定地点处理。

5）清管器（球）收发

在生产过程中，管道中的天然气中常常会凝析一些液态水等液体，同时这些液体对管道也会造成腐蚀，产生腐蚀产物，造成管道截面积减小，降低输气量，甚至造成管道的堵塞。因此，在管道运行一段时间后需要清除管内的一些污物，从而提高管道的使用效率。同时，管道内壁的腐蚀状况和金属管道的损伤检测也需要设置清管器（球）收发装置。

2. 功能模块划分

集气站按功能模块分类可以分为：

（1）进（出）站截断模块；

（2）清管接收（发送）模块；

（3）高（低）压汇集模块；

（4）分离计量模块；

（5）污水罐收集模块；

（6）放空分液模块；

（7）过滤分离模块；

（8）放空模块；

（9）过滤分离模块。

集气站功能模块划分如图3-12所示。

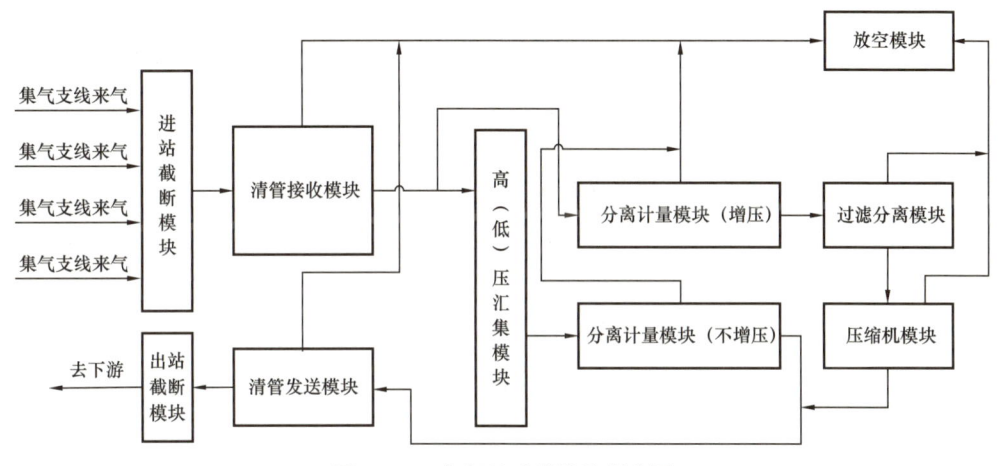

图 3-12 集气站功能模块划分图

二、工艺流程

各平台站或集气支线来气进入集气站汇集模块后，进入气液分离器，分离器后的天然气经计量后外输。集气站来气汇集模块宜设高低压分输，当部分平台站来气压力低于外输压力需要增压时，天然气通过低压管汇进行过滤分离、增压后与高压天然气汇集外输。

典型的集气站工艺流程如图3-13和图3-14所示。

三、主要工艺设备

1. 重力分离器

重力分离器主要用于分离气流中夹带的液体或固体。

集气站重力分离器宜选用卧式，其工作原理和结构与平台站卧式重力分离器相同，在选型时应根据集气站实际工况进行计算选型。

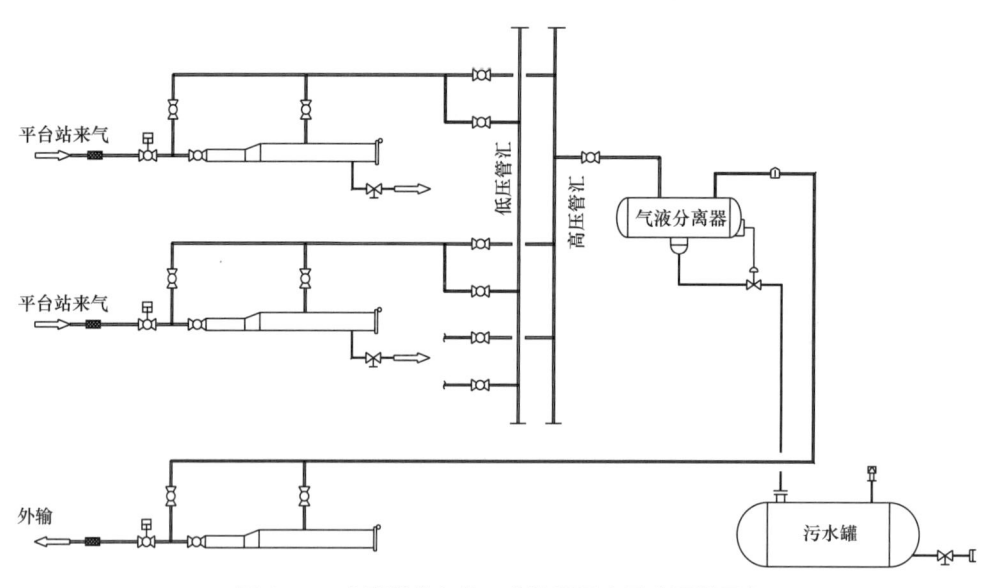

图 3-13　典型的集气站工艺流程示意图（不增压）

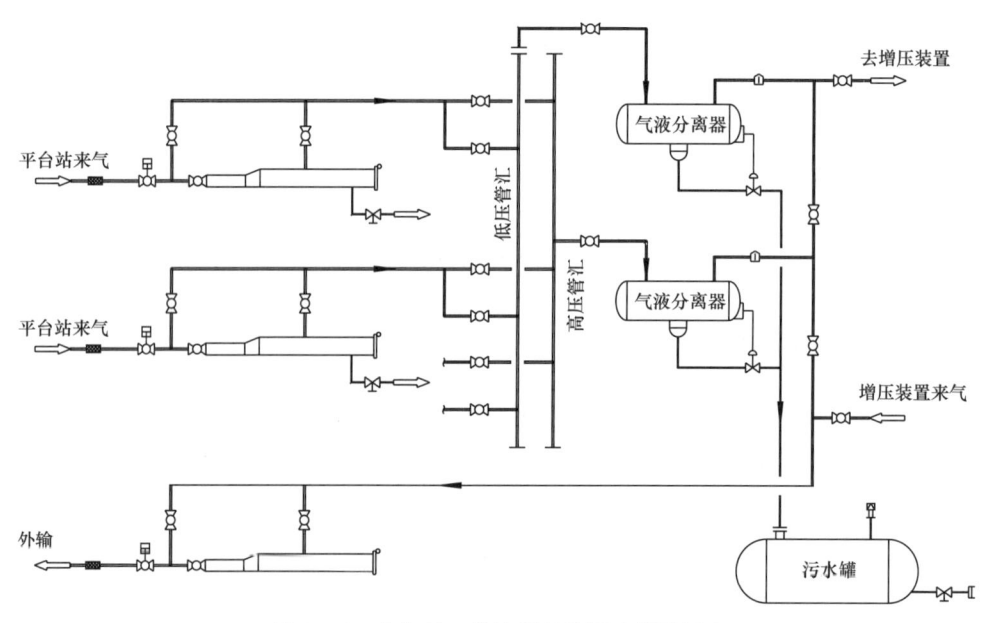

图 3-14　集气站工艺流程示意图（带增压）

2. 过滤分离器

集气站过滤分离器主要用于分离气流中夹带的微小液滴和固体，保证压缩机运行平稳和安全。

集气站过滤分离器宜选用卧式双筒结构，其工作原理和结构与平台站过滤分离器相同，在选型时应根据集气站实际工况进行计算选型。

3. 汇气管

集气站汇气管主要用于站内天然气的汇集或分输。

汇气管是卧式结构，主要由筒体、封头和鞍式支座等部分构成，其筒体上开有多个开孔，汇管端部也可作为开口作用（图3-15）。

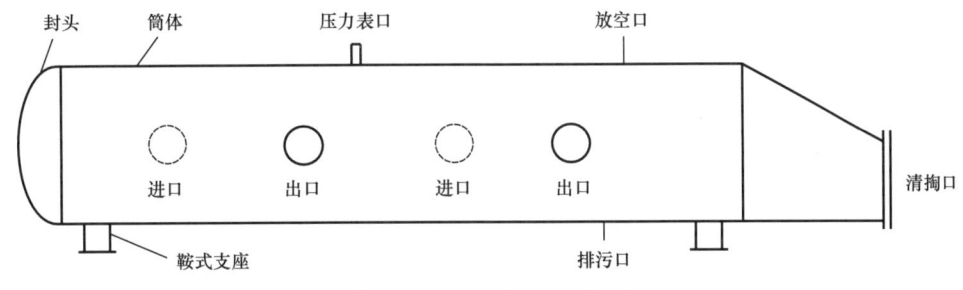

图3-15 汇气管结构示意图

4. 清管器（球）收发装置

清管器（球）收发装置主要用于发射及接收清管器（球）。

集气站清管器（球）收发装置工作原理和结构与平台站清管器（球）收发装置相同。

当管道需要智能清管时，清管器（球）收发装置应满足智能清管要求。

5. 放空分离器

放空分离器的作用是将放空气体中可能夹带的可燃液体分离出来，防止在放空火炬处形成火雨。

放空分离器是卧式结构，主要由筒体、封头、捕雾器和鞍式支座等部分构成。放空气流进入分离器后，通过重力的作用将气流中的液滴沉降分离，沉降段未能分离出来的较小颗粒在出口处被捕雾器捕集。

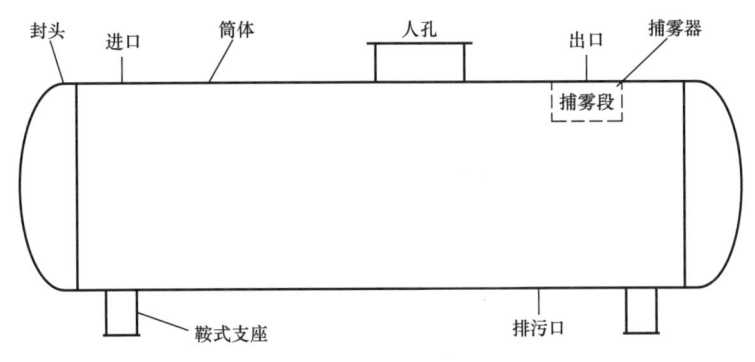

图3-16 放空分离器结构示意图

6. 排污罐

排污罐的主要作用是储存站内污水，便于集中处理。

排污罐是卧式结构，主要由筒体、封头和鞍式支座等部分构成（图3-17）。

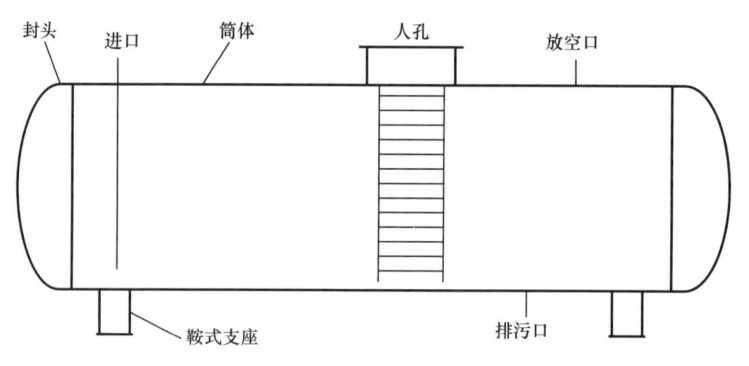

图 3-17　排污罐结构示意图

7. 放空火炬

放空火炬的主要作用是将站场放空的可燃气体进行燃烧处理以降低对环境的污染。

放空火炬根据支撑方式不同可分为自支撑式、拉绳式、塔架式，集气站用放空火炬宜选用自支撑式。图3-18所示为放空火炬结构示意图。

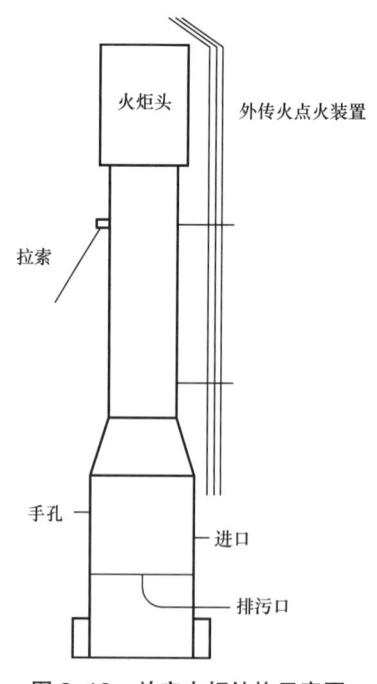

图 3-18　放空火炬结构示意图

第四节 脱 水 站

一、工艺流程

1. 总工艺流程

由平台来的天然气经集气装置分离、计量后进入脱水装置，经脱水合格后的产品气进入外输装置输送至下游管网。

2. 集气装置

集气装置区为脱水站的入口装置，其主要功能是接收上游平台或集气站来的页岩气，上游来的页岩气通过集气支线或集气干线进入集气装置，经过汇合、分离、计量后输至下游脱水装置。

1）分离装置

上游平台设置有气液分离装置，在平台分离后的原料气仍含有饱和水蒸气，且在原料气从平台输送至脱水站时，会有部分水析出，故在原料气进入脱水装置前，需在集气装置进行气液分离。

2）计量装置

在集气装置的气液分离器输出的气相管线设置孔板流量计，对天然气产量进行计量。

3. 脱水装置

1）三甘醇溶剂吸收法工艺流程

（1）工艺流程。

如图 3-19 所示，三甘醇（简称 TEG）溶剂吸收法脱水主要包括两大部分：天然气在压力和常温下脱水；富 TEG 溶液在高温和低压下再生（提浓）。湿天然气经分离器后进入吸收塔底部，与塔顶注入的贫 TEG 溶液逆流接触而脱除水分，脱水后的天然气由塔顶排出。

吸收塔底部排出的富 TEG 溶液经换热后进入闪蒸罐，尽可能闪蒸出其中所溶解的烃类，闪蒸气可作为燃料气。闪蒸后的富液进入再生塔，再生好的贫液经冷却后返回吸收塔。

图 3-19 所示的流程包括了很多优化操作方面的考虑，如以气体—甘醇换热器调节吸收塔塔顶温度，以分流部分（或全部）富液换热的方式控制进闪蒸罐的富液温

度，以干气汽提进一步提高贫液中TEG的浓度，以及设置多种过滤器等，一般工业装置不一定包括图示的所有设备，可根据具体工艺要求进行选择。

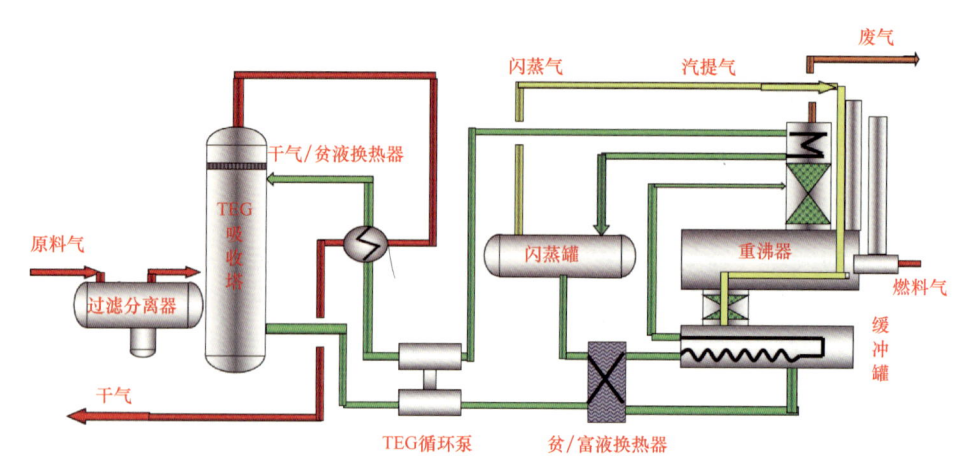

图 3-19 TEG 溶剂吸收法脱水的原理流程

（2）TEG 法的影响因素。

① TEG 溶液浓度与露点降的关系。图 3-20 所示曲线为不同温度下天然气与各种不同浓度 TEG 溶液接触时的水露点平衡曲线，可用于估计 TEG 法脱水能达到的露点降。工业实践证明，吸收塔的操作压力低于 1.7MPa 时，出塔干气露点降和吸收塔操作压力关系不大，操作压力每提高 0.7MPa 时，露点降仅降低 0.5℃。吸收塔操作温度对出塔干气的露点有影响，但入塔气体的质量流量远大于塔内 TEG 溶液的质量流量，因而可以认为吸收塔内的有效吸收温度大致与原料气温度相当，而且一般情况下吸收塔内各点的温度差不超过 2℃。因此，降低出塔干气露点的主要途径是提高贫 TEG 溶液的浓度和降低原料气温度，但后者在工业装置上很难采取措施，而且 TEG 溶液比较黏稠，不宜在低于 10℃ 的温度下操作，故提高 TEG 的浓度是提高露点降的关键因素。

② TEG 循环量与露点降的关系。脱除每 1kg 的水所需的 TEG 循环量大致为 17～30L。同时，确定循环量也要考虑 TEG 浓度及吸收塔板数，这三者之间的关系可以归纳如下：

a. 循环量和塔板数固定时，TEG 浓度越高则露点降越大，这是提高露点降最有效的途径；

b. 循环量和 TEG 溶液浓度固定时，塔板数越多则露点降越大，但一般工业上都不超过 10 块实际塔板。

c. 塔板数和 TEG 溶液浓度固定时，循环量越大则露点降越大，但循环量上升到一定程度后，露点降的增加值明显减少，且循环量过大会导致重沸器超负荷，动力消耗也过大，因此溶液循环量最高不应超 33L/kg（水）。

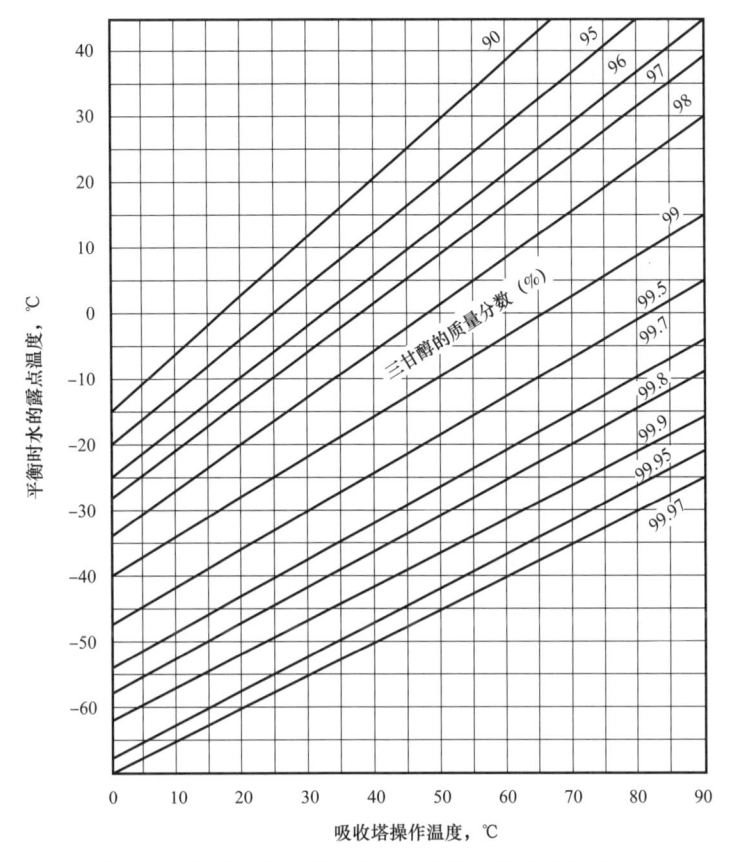

图 3-20　与不同浓度相平衡的气体水露点降低损失量的措施（压力为 100~10000kPa）

③ 提高 TEG 溶液浓度的途径。在常压再生的条件下，贫液中 TEG 浓度就取决于重沸器温度。由于 TEG 的热分解温度为 206℃，故重沸器的操作温度一般在 190℃左右，最高不超过 204℃。此时，相应的贫液中 TEG 浓度（质量分数）约为 98%。若要进一步提高浓度则必须采取其他措施，如真空再生、惰气汽提和共沸蒸馏。

④ 降低 TEG 损失量的措施。TEG 的价格较高，应尽可能降低其损失量。对正常运转的装置，每处理 $100\times10^4 m^3$ 天然气的 TEG 消耗量大致为 8~16kg，超过此范围就应检查 TEG 大量损失的原因。工业经验表明，以下措施对降低 TEG 损失量是有效的：

a. 选择合理的操作参数。在各种操作参数中，温度对 TEG 损失量的影响最大。吸收塔的温度应保持在 20~48℃，超过 48℃后 TEG 蒸发损失量过大；重沸器的温度不应超过 204℃，否则不仅蒸发损失量大，而且会导致 TEG 降解变质。

b. 改善分离效果。原料气分离器是保证装置平稳操作的重要设备，不仅必须设置，而且要设计合理，其要求大致和天然气脱硫装置上的原料气分离器相仿。干气出塔后也应经过分离器回收夹带的 TEG 液滴，这对大型装置尤其重要。

c. 保持溶液清洁。保持 TEG 溶液清洁是平稳操作的重要前提。

d. 安装除沫网。在吸收塔和再生塔顶安装除沫网可以有效地降低因雾沫夹带而造成的 TEG 损失。吸收塔顶一般安装两层除沫网，其间隔至少应为 150~200mm，材质为不锈钢。

e. 加注消泡剂。当 TEG 溶液被污染而发泡时，吸收塔顶产生大量雾沫夹带，单靠除沫网和分离器难以全部回收，此时可以加消泡剂来控制。常用的消泡剂是磷酸三辛酯。

2）固体吸附法脱水工艺流程

（1）工艺流程。

采用不同吸附剂的天然气脱水装置的基本流程是相同的。固体吸附法脱水装置使用固定床吸附塔，为保证连续操作，至少需设置两个塔，即一个塔进行吸附脱水，另一个塔进行再生与冷却，然后切换操作。如采用三塔流程，则一个塔脱水，一个塔再生，另一个塔冷却。

图 3-21 所示为典型的固体吸附法脱水双塔流程。据此流程，湿原料气经入口湿气分离器除去夹带的液滴后自上而下地进入脱水塔 A，进行脱水吸附过程。脱除水后的净化气进入出口干气过滤器滤出分子筛粉尘后，作为产品气输送出去。

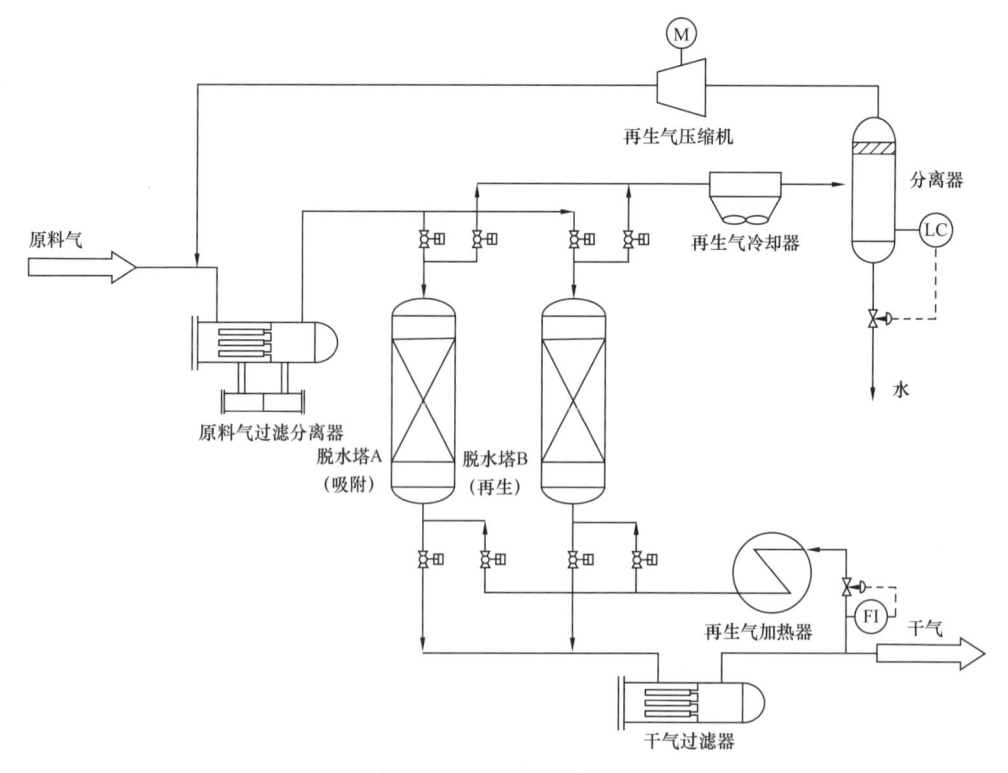

图 3-21 典型的固体吸附法脱水（双塔流程）

再生循环由两部分组成——加热与冷却。在加热期间，再生气由再生气加热器加热后，自下而上地进入脱水塔 B，进行分子筛再生过程。脱水塔 B 顶出来的再生气经过再生气冷却器冷却后，再进入再生气分离器分离出凝液，之后再生气增压返回到湿原料气中，如果允许的话，再生气也可掺入产品气中，还可进入工厂燃料气系统中。当床层和出口气体的温度升至预定温度后，则再生完毕。再生器加热器停止加热，再生气经过旁通阀门进入脱水塔 B，用于冷却被再生的床层。当被再生吸附剂床层的温度冷却到预定的温度时又开始吸附。

（2）操作周期。

操作周期分为长周期和短周期两类。一般管输天然气脱水采用长周期操作，即在达到转效点时才进行吸附塔的再生，操作周期通常为 8h，也有采用 16h 或 24h 的，主要取决于原料天然气的水汽含量。当干气的露点要求十分严格时，应采用较低的操作周期，即在吸附传质段的前边线达到吸附剂床层高度的 50%～60% 就进行切换。

脱水装置的处理量增加或吸附剂使用期限延长时，吸附剂的湿容量都要下降，同时也会使转效点时间变化。因此，工业装置上应按出口干气的露点来控制吸附塔的切换时间，并在干气管线上安装露点测定仪进行调节。

（3）吸附剂的湿容量。

吸附剂的湿容量由饱和段与吸附传质段两个部分吸附剂的湿容量所组成，可用下列经验公式进行计算：

$$Xh_T = X_s h_T - 0.45 h_z X_s \tag{3-1}$$

式中 X——吸附剂的有效湿容量，kg（H_2O）/kg（吸附剂）；

X_s——吸附剂的动态平衡饱和湿容量，kg（H_2O）/kg（吸附剂）；

h_T——吸附传质段前边线距床层进口的距离，m；

h_z——吸附传质段长度，m。

（4）吸附剂的再生温度。

一般吸附剂的再生温度为 175～260℃。以分子筛深度脱水时，再生温度有时高达 370℃，如此高温下再生的分子筛，脱水后干气的露点可降至 –100℃。通常再生时间超过 4h，在吸附剂床层出口温度达到 175～260℃ 的条件下，吸附剂均能得到较完全的再生。有时，为了脱除重烃等残余吸附物，加热至一定的高温是必要的，但在不影响再生质量的前提下，应尽可能采用较低的再生温度，这样既可降低能耗，又可延长吸附剂的使用寿命。

4. 外输装置

外输装置主要功能为接收上游脱水装置来的天然气，进入本装置计量后，孔板及超声波流量计对来干气进行交接计量，计量后的干气通过清管发送模块外输至下游输气干线。

5. 辅助生产设施

1）火炬及放空系统

火炬系统是保障石油天然气工业工艺装置安全生产的辅助生产设施，是一种安全、可控、有效的方式将可燃废气燃烧净化的装置，要求生产装置正常或事故排放时能够及时通过火炬系统排放燃烧，并满足严格的环保要求。脱水站设置火炬及放空系统，供开停车及紧急事故排放时用。为缩短建设周期，火炬及放空系统可采用成套供货的方式，由设备厂家成套提供火炬塔架、火炬头和点火系统等，并负责现场指导安装和调试。

放空气主要为脱水站的原料气/产品气。

装置区内的放空气经放空总管汇集后进入火炬放空区放空分液罐，除去放空气中夹带的液体。经放空分液罐分液后的放空气从火炬底部进入火炬。

2）空压站

空压站为脱水装置提供仪表用净化空气，包括脱水装置、内部集输末站、外输首站的所需净化空气，一般压力为0.5~0.7MPa，水露点要求不大于−15℃（常压下）。为满足仪表用净化空气质量要求，配置相应的过滤及干燥系统。脱水站一般可不配氮气系统，当装置需用氮气进行置换时，氮气来源于站外外部补充。

3）分析化验室

脱水站的原料气、产品气和TEG溶液需要分析化验，分析化验室需配备有化学分析等各种分析化验所需的分析仪器和设备，承担脱水站生产过程中原料气、产品气和甘醇等的常规分析工作和新鲜水与污水等水质分析工作，同时还承担本厂环境监测项目的分析化验工作。

二、主要工艺设备

1. 脱水装置主要工艺设备

1）TEG脱水装置

（1）原料气分离器。

原料气分离器的功能是分离掉原料气中夹带的固体或液滴，如砂子、管线腐蚀产物、液烃以及井下作业使用的化学药剂等。常用卧式或立式的重力分离器，内装金属网除沫器。如原料气中夹带有很多细小的固体粒子或液滴，应考虑采用过滤式分离器或水洗式旋风分离器。脱水后的干气也应通过另一个分离器后再进入下游设备。

（2）吸收塔。

吸收塔是气液传质的场所，使气相中的水分转入甘醇溶液中，可以采用填料塔（图 3-22）或板式塔，塔顶应设置除沫器。在板式塔中虽然泡罩塔（图 3-23）的效率略低于浮阀塔（为 25%～33%），但由于 TEG 溶液比较黏稠，而且塔内的液/气比较低，故采用泡罩塔盘更为适宜。实际塔板数一般为 4～8 块。近年来，规整填料吸收塔也在一些脱水装置中得到应用。

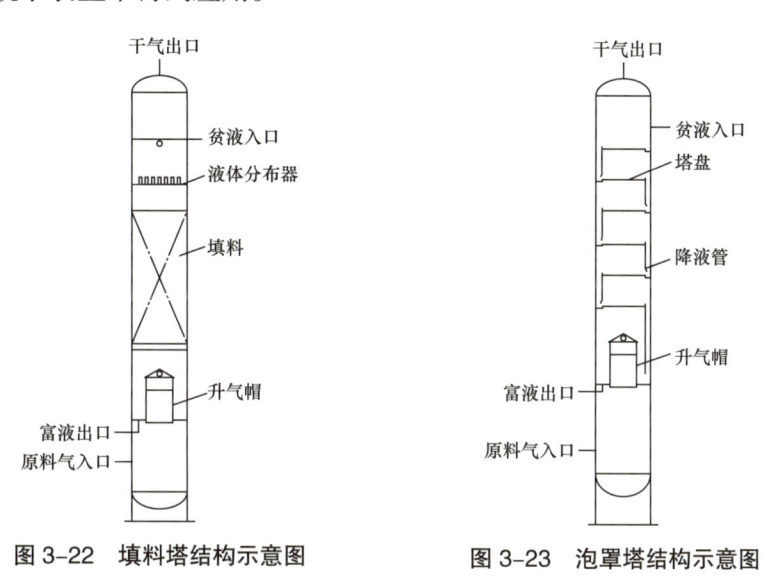

图 3-22　填料塔结构示意图　　图 3-23　泡罩塔结构示意图

（3）闪蒸罐。

闪蒸罐的功能是闪蒸出溶解 TEG 溶液中的烃类，以防止溶液发泡。闪蒸罐的操作压力为 0.35～0.53MPa，溶液在罐内的停留时间为 5～15min，对于重烃含量低的贫天然气，一般停留 10min 就足够了。原料天然气较富时，甘醇吸收了大量的重质烃，气体的相对密度大，应选用三相分离器，其停留时间应为 20～30min，气体—凝液—甘醇分离的最佳温度为 38～65℃。

（4）过滤器。

过滤器的功能是除去 TEG 溶液中的固体粒子和溶解性杂质，减少溶液发泡的可能性，过滤器一般设置在闪蒸罐后，此时溶液温度较高，黏度降低，便于过滤。常用的有固体过滤器和活性炭过滤器两种。前者以纤维制品、纸张或玻璃纤维为滤料，除去 10μm 以上的粒子。活性炭过滤器则主要用于除去溶液中溶解性杂质，如高沸点的烃类、表面活性剂、压缩机润滑油以及 TEG 降解产物等。循环溶液可全部进入活性炭过滤器处理，也可以部分处理，视溶液中杂质含量而定。溶液在过滤器内的停留时间应为 15～20min，以保证处理效果。

(5)贫富液换热器。

用来控制进闪蒸罐和过滤器的富液温度,并回收贫液的热量,使富液升温至148℃左右进再生塔,以减轻重沸器的热负荷。常用管壳式换热器和板式换热器。

(6)TEG再生器。

TEG再生器主要由精馏柱和重沸器和带有换热盘管的缓冲罐构成,其功能是蒸出富TEG溶液中的水分而使之再生。由于TEG与水的沸点相差甚大,且不生成共沸物,故再生塔只需2~3块理论塔板即可。其中1块即为重沸器。重沸器一般采用釜式,在井场上的装置可用火管加热,有条件的场合也可以用蒸汽加热。

2)固体吸附法脱水装置

固体吸附剂脱水装置的设备包括进口气涤器(分离器)、吸附塔、过滤器、再生气冷却器和分离器。

(1)气涤器(分离器)。

吸附系统最常遇到的问题就是原料气的预处理。气涤器用于除去原料气中挟带的烃类、化学剂(如甘醇、胺)、游离水和固体杂质。对于分子筛吸附床层,如果携带的量过大或进料气总是挟带这些物质,就会导致床层的吸附能力过早地降低和(或)分子筛被破坏。

(2)吸附塔。

采用不同吸附剂的天然气脱水工艺流程基本相同,吸附塔一般选用固定床式吸附器,吸附器一般选用内部保温(内衬里)形式,避免再生过程中脱水塔被不断地加热、冷却,节省再生能耗,延长设备使用寿命。

(3)再生气加热器。

再生气加热器用来对再生气进行加热,热的再生气将吸附塔床层加热,使水从吸附剂上面脱附。再生气加热器可以是采用直接燃烧的加热炉,也可以是用导热油、水蒸气或其他热源的间接加热器。再生加热温度与再生气进干燥器的温度有关,而再生气进口温度则应根据脱水深度确定。对于分子筛,其值一般为232~315℃;对于硅胶一般为234~245℃;对于活性氧化铝,介于硅胶与分子筛之间,并接近分子筛之值。

(4)再生气冷却器及再生气分离器。

再生气冷却器可将再生气中大部分的水蒸气冷凝下来,并在再生气分离器中除去。再生气冷却器可一般采用空冷器,也可采用循环水冷却的管壳式换热器。

2. 辅助生产设施

1)火炬及放空系统

(1)火炬直径。根据SH 3009—2013《石油化工可燃性气体排放系统设计规范》

的规定，用以计算事故放空时火炬头全体允许线速度的马赫数为 0.2~0.5，并以此确定出放空火炬头直径。

（2）火炬高度。一般取火炬地面的热辐射强度为 4.73kW/m^2 及热辐射率，以确定火炬高度。

（3）点火方式。火炬点火系统一般采用高空电点火和地面内传火两种点火方式，二者互为备用，高空电点火采用全自动的点火方式。

2）空压站

（1）空气压缩机。

空气压缩机有螺杆压缩、往复压缩和离心压缩三种机型。螺杆式压缩机是一种回转容积式压缩机，它利用螺杆的齿槽容积和位置的变化来完成气体的吸入、压缩和排气过程。往复式压缩机利用活塞在气缸内做上下往复运动，完成压缩、排气、膨胀、吸气过程。离心式压缩机利用涡旋叶片圈成的月牙形容积变化，周而运作完成吸气、压缩、排气过程。脱水站场空压站一般选用微油螺杆式空气压缩机。

（2）空气干燥器。

压缩空气的干燥一般采用分子筛、活性氧化铝、硅胶等吸附剂进行吸附干燥。

（3）净化空气储罐。

净化空气储罐容量设计应满足站场全部投产后紧急停电时全厂 15min 的仪表风需求量。

3）分析化验室分析仪器设备的选型

分析仪器设备选型包括化验室仪器设备选型和家具选型两部分。

（1）仪器设备的选型。

分析仪器设备的选型应本着经济实用的原则。根据各装置分析项目要求和控制指标选择适宜的分析方法和仪器设备，所选仪器设备既要能满足分析精度的要求，又要经济实用，有一定的灵活性。

（2）化验室家具的选型。

化验室家具与一般家具不同，主要是为了满足实验工作的需要。化验室家具是化验室设备的主要组成部分，在外形尺寸、构造和使用功能上均有特殊的要求，因此，所选用的家具除使用方便、实用外，还必须具备抗酸、抗碱以及防雾等功能。

第五节　站场截断、泄压和放空

气田集输系统一般在超压、火灾、检修或事故的情况下启动放空，通过放空系统对工艺介质及时有效地进行排放，达到保护设施、环境及人员财产安全的目的。

一、站场截断及紧急泄放工况

1. 安全截断设置原则

（1）气井井口应设置井口高低压紧急截断阀。

（2）当站场内有两套及两套以上天然气处理装置时，每套装置的天然气进出口管道均应设置截断阀。

（3）进出站场的天然气管道上应设置截断阀。

（4）压力调节系统上游应设置截断阀。

2. ESD 放空系统设置原则

（1）平台站不设置 ESD 放空系统。

（2）集气站和脱水站应设置全站 ESD 放空系统。

（3）压缩机组和脱水装置应设置机组（装置）ESD 放空系统。

二、站场火灾和超压放空工况

1. 火灾和超压放空设置原则

（1）对于火灾情况下的紧急放空设置，参照 SY/T 10043—2002《泄压和减压系统指南》中的规定，通过设置紧急放空设施在规定时间内（一般为 15min）将工艺系统的压力减至系统设计压力的 50% 或 690kPa（表）（取较低值）。

火灾情况下对容器进行超压保护的安全阀，其泄放量可按照 GB 150.1~GB 150.4—2011《压力容器》进行计算。

（2）超压情况，通过设置泄压装置或者自动控制装置避免超压给工艺系统带来危害，一般采取两级保护。

（3）超压保护设置应靠近压力源头，火灾超压保护一般设置于站内设备上（如分离器）。

2. 设置方式

1）火灾工况

（1）单阀装置。针对火灾而设定的保护容器的单阀装置，其设定压力不应超过最大允许工作压力。

（2）多阀装置。第一个阀的设定压力等于容器的最大允许工作压力，附加阀的设定压力为容器的最大允许工作压力的 105%。

（3）辅助泄放阀装置。辅助泄放阀装置可提供由火灾或其他意想不到的外热源产生的危险而需要的泄放能力。对于火灾条件辅助泄放阀的设定压力不应超过最大允许工作压力的110%。

2）超压工况

（1）单阀装置。根据 ASME 规范要求，对于容器由单阀保护且按操作故障（非火灾情况）选定单个压力泄放阀的情况，积聚压力应该限制在由该泄放阀保护的容器的最大允许工作压力。

（2）多阀装置。一套多阀装置要求两个或两个以上的压力泄放阀的组合能力来缓解已产生的超压故障。根据 ASME 规范要求，对于容器由单阀保护且按操作故障（非火灾情况）选定多阀装置的情况，积聚压力应该限制在由该多阀装置保护容器的最大允许工作压力的116%。

第一个阀的设定压力不应超过最大允许工作压力。附加阀或阀组的设定压力不应超过最大允许工作压力的105%。

三、检修及手动放空工况

1. 检修及手动放空设置原则

（1）正常操作过程中，需要打开设备、更换内件或进行内部清洗的设备应设置手动放空设施。

（2）凡停工或检修时需要通过放空降压或吹扫的设施，在系统截断阀之间任何管线或设备上应装设手动放空阀。

（3）宜在进站截断阀之前和出站截断阀之后设置线路管道泄压放空设施，放空系统的设计应符合 GB 50183—2015《石油天然气工程设计防火规范》和 SY/T 10043—2002《泄压和减压系统指南》的有关规定。

（4）站内有多套平行装置时，各套装置应能独立截断和放空。

（5）检修或事故工况，应通过手动放空系统将工艺站场或工艺管道内的介质全部泄压放空，在确保工艺系统完全泄压的情况下开展系统检修或事故排除工作。

2. 设置方式

（1）手动放空宜选用双阀串联设计，上游宜选用球阀，下游选用具有节流功能的阀门。对操作频率较少、且更换阀门对生产影响较小的放空阀门可只采用具有节流功能的单阀。

（2）在操作过程中因维修需要，对需进行隔离的设备及管道，宜设置"8"字盲板。

四、放空系统设置

1. 放空系统设置原则

(1)集输站场放空系统的放空能力应通过对紧急放空、安全泄放及检修放空综合分析确定。

(2)集输站场应设置放空立管,需要时还可设置放散管,放空的气体应安全排入大气。

单台容器可在危险空间(容器和管道上)设置1个或1组泄放装置。在计算泄放装置的泄放量时,应包括容器间的连接管道。下列情况可视为单台容器:

① 与压力源相连接、本身不产生压力的容器,且该容器的设计压力达到压力源的压力;

② 多台压力容器的设计压力相同,且中间无阀门隔断时;

③ 存在超压的管道、设备或容器,应设置安全泄放装置或压力控制设施。

(3)除无法安装安全泄放装置且控制仪表或联锁装置的可靠性不低于安全泄放装置的情形外,自动控制仪表或联锁装置不应代替安全泄放装置作为系统的超压保护措施。

(4)安全泄放装置应靠近压力源,应能够防止系统或其中的任一部分发生超压事故。

(5)压力泄放系统的管道应保持畅通,并应符合下列规定:

① 高压、低压泄放系统宜分别设置,并应直接与火炬或放空总管连接;

② 不同排放压力的可燃气体接入同一泄放系统时,应确保不同压力的放空点能同时安全排放。

(6)泄放装置出口管道应分析介质放空降压产生骤冷对材料低温脆裂的影响。

(7)高压放空(不包括安全阀)应设置单级或多级节流设施。

(8)经常操作的高压天然气及天然气凝液的采样口、放空口和排污口宜设置双阀。

(9)放空气体中有可能出现凝液时,在进入火炬系统之前应先经过凝液分离装置。凝液分离装置应设置在放空管网系统的最低点。

2. 火炬设置

火炬设置应符合下列规定:

(1)高架火炬的高度应经辐射热计算确定,确保高架火炬下部及周围人员和设备安全。

（2）进入高架火炬可能携带可燃液体的气体应分离出直径大于300μm的液滴，分离出的有毒或可燃凝液应密闭回收。

（3）应有防止回火的措施。

（4）火炬应有可靠的点火设施。

（5）距高架火炬筒30m范围内严禁可燃气体放空。

（6）液体、低热值可燃气体、空气和惰性气体不应排入火炬系统。

3. 放空立管和放散管设置

（1）放空立管和放散管的设置应符合下列规定：

① 可能存在点火源的区域内不应形成爆炸性气体混合物。

② 有害物质的浓度及排放量应符合国家现行相关标准的规定。

③ 放空时形成的噪声应符合国家现行相关标准的规定。

④ 可燃气体放空立管管口应保持向上，顶端不应加装向下弯管。

（2）石油天然气站场和非净化天然气输气管道线路截断阀（室）可燃气体放空立管和放散管的布置（图3-24）应符合下列规定：

① 连续排放可燃气体的放空立管或放散管管口应高出所在地面5m，且应高出20m范围内的平台或建筑物顶2m以上。建筑物或平台不应进入放空立管或放散管管口水平20m以外斜上45°的范围之内。

② 间歇排放可燃气体的放空立管或放散管管口应高出所在地面5m并应高出10m范围内的平台或建筑物顶2m以上。建筑物或平台不应进入放空立管或放散管管口水平10m以外斜上45°的范围之内。

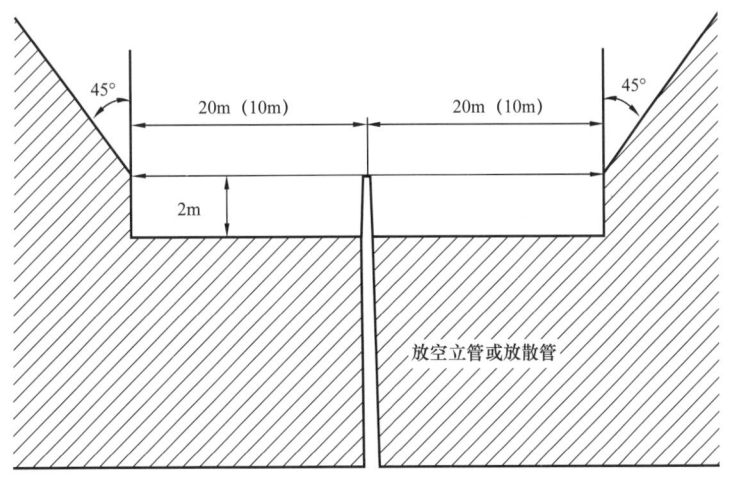

图3-24 可燃气体放空立管和放散管允许最低高度示意图

注：阴影部分为平台或建筑物的设置范围

4. 排放系统设置

页岩气地面工程排放系统设置应符合 GB 50183—2015《石油天然气工程设计防火规范》的要求。

(1) 甲类和乙类液体排放应符合下列规定：

① 排放时可能释放的气体或蒸汽的液体不应直接排入大气，应引入分离设备；分离出的气体应引入可燃气体泄放系统，分离出的液体应引入相关储罐或污油系统。

② 设备或容器内残存的甲类和乙类液体应排入相关储罐或污油系统。

(2) 天然气管道清管作业推出的液态污物若不含甲类和乙类可燃液体，可排入就近设置的排污池；若含有甲类和乙类可燃液体应密闭回收。

(3) 压缩机组各级过滤分离器排出的凝液应减压后排入可回收的系统中。

(4) 高压系统的凝液排放不应影响低压系统凝液的正常排放。

(5) 寒冷地区凝液排放管道宜采用伴热保温措施。

5. 安全阀定压设置

根据 GB 50349—2015《气田集输设计规范》规定：安全阀的定压应小于或等于受压管道、设备和容器的设计压力，定压值 p_0 应根据最大操作压力 p 确定，并符合表 3-2 要求。

表 3-2 安全阀定压

操作压力 p	安全阀定压 p_0
$p \leqslant 1.8\text{MPa}$	$p_0 = p + 0.18\text{MPa}$
$1.8\text{MPa} < p \leqslant 7.5\text{MPa}$	$p_0 = 1.1p$
$p > 7.5\text{MPa}$	$p_0 = (1.05 \sim 1.1)p$

6. 安全阀流通面积及放空管路相关计算

1) 安全阀流通面积计算

(1) 安全阀下游压力小于临界流动压力时，处于临界流动状态，当气体流量为质量流量时安全阀流通面积按式 (3-2) 计算，当气体流量为体积流量时安全阀流通面积按式 (3-3) 计算：

$$A = \frac{131.6G\sqrt{T_1 Z}}{C_1 K_d p_1 K_b K_c \sqrt{M}} \quad (3-2)$$

$$A = \frac{5.875Q_V \sqrt{T_1 M}}{C_1 K_d p_1 K_b K_c \sqrt{Z}} \quad (3-3)$$

其中

$$C_1 = 520\sqrt{k\left(\frac{2}{k+1}\right)^{\frac{k+1}{k-1}}} \tag{3-4}$$

式中　A——安全阀通道截面积，cm^2；
　　　G——安全阀最大泄放量，kg/h；
　　　Q_V——标准状态下（101.325kPa，0℃）的最大泄放量，m^3/h；
　　　p_1——安全阀在最大泄放量时的进口压力，等于安全阀设定压力、超压积聚压力与大气压力之和，kPa（绝）；
　　　K_d——排放系数，由制造厂提供，初步选型时，可取 0.975 试算；
　　　M——气体相对分子质量；
　　　T_1——安全阀进口处绝对温度，K；
　　　Z——流动状态下气体压缩因子；
　　　C_1——气体特征系数，与气体的比热比有关，与阀的结构无关，可由式（3-4）计算；
　　　k——绝热指数，即比热比；
　　　K_b——背压引起的流量修正系数，由制造商提供，无资料时，可根据图 3-25 及图 3-26 初步试算；
　　　K_c——爆破引起的流量修正系数，无爆破片取 1.0，与爆破片串联安装取 0.9。

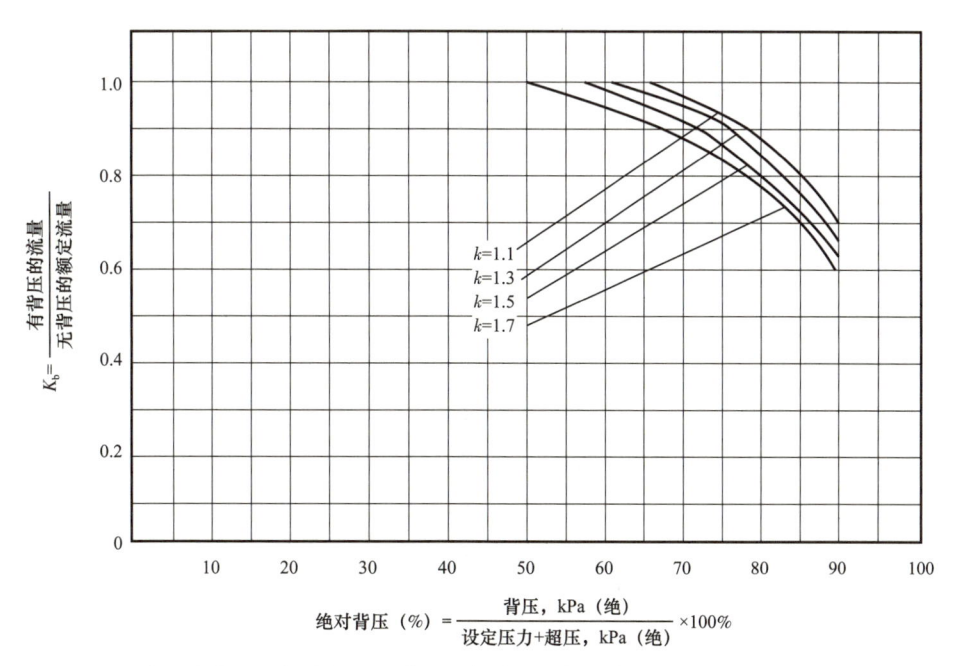

图 3-25　常规安全泄压阀（仅用于蒸气和气体）由恒定背压引起的流量修正系数 K_b

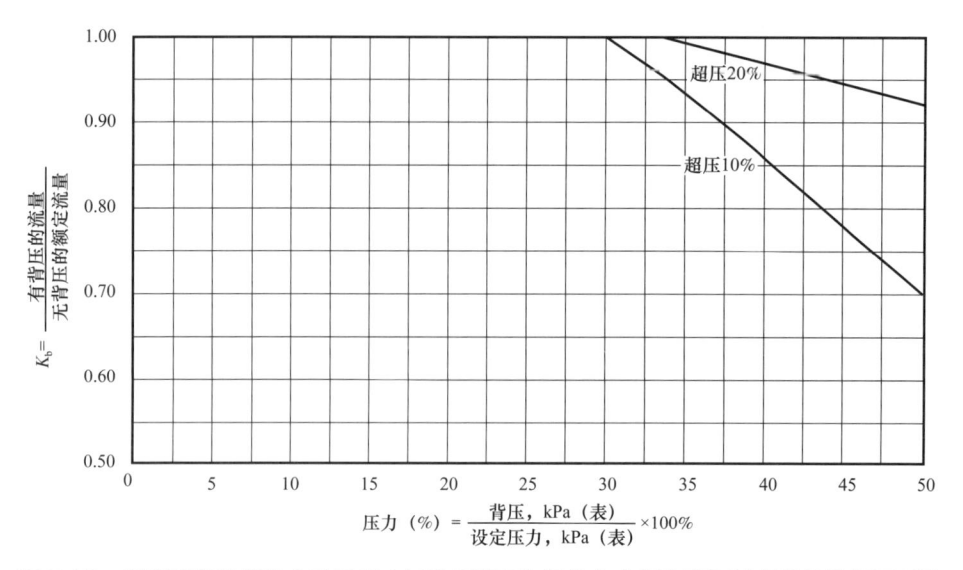

图 3-26 平衡型波纹管安全泄压阀（仅用于蒸气和气体）由恒定背压引起的流量修正系数

注：这两条曲线是用一些泄压阀制造厂推荐的数据综合后绘出的，只有当制造阀或蒸气或气体流动的临界压力点不知道时才适用。情况清楚时，修正系数应询问阀的制造厂。

这两条曲线适用于设定压力为350kPa（表）或更高的条件。对于一个给出的设定压力，它们仅限于比临界流动压力低的背压。对于低于350kPa（表）的次临界流动背压，K_b的大小应询问制造厂。

（2）安全阀下游压力大于临界流动压力时，处于亚临界流动状态，安全阀流通面积按式（3-5）计算：

$$A = \frac{0.179G\sqrt{T_1 Z}}{F_2 K_d K_c \sqrt{Mp_1(p_1 - p_2)}} \quad (3-5)$$

式中 F_2——亚临界流动系数，由式（3-6）计算或从图 3-27 中查取；

p_1——安全阀在最大泄放量时进口压力，kPa（绝）；

p_2——安全阀出口下游压力，kPa（绝）。

$$F_2 = \sqrt{\left(\frac{k}{k-1}\right) r^{\frac{2}{k}} \left(\frac{1 - r^{\frac{k-1}{k}}}{1-r}\right)} \quad (3-6)$$

$$r = \frac{p_2}{p_1} \quad (3-7)$$

$$p_{CF} = p_1 \left(\frac{2}{k-1}\right)^{\frac{k}{k-1}} \quad (3-8)$$

式中 p_{CF}——临界流动压力，kPa；

p_1——安全阀进口压力，kPa；

k——气体比热比。

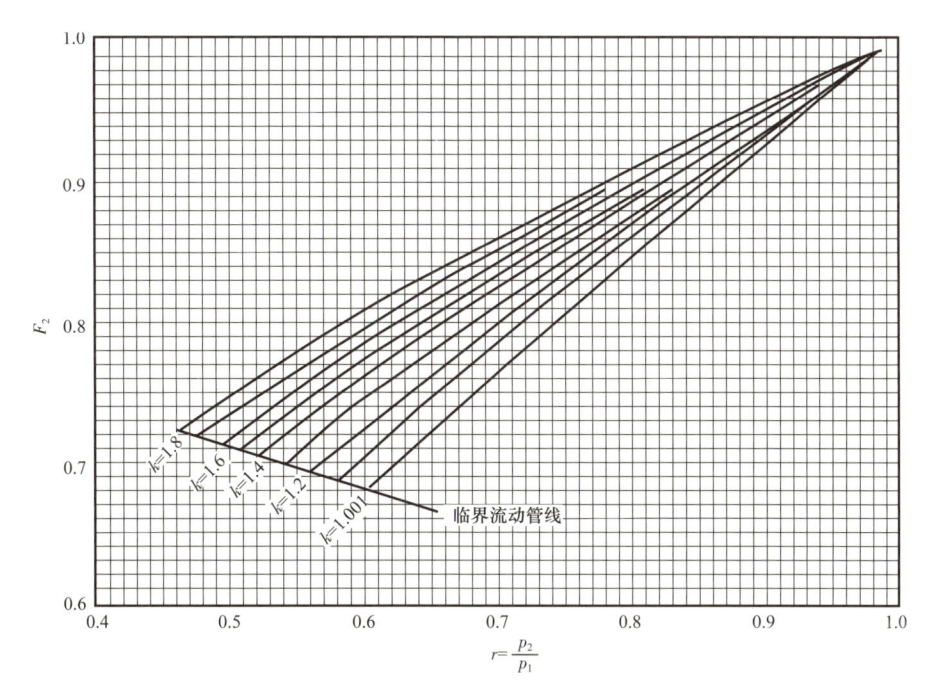

图 3-27 亚临界流动系数 F_2

2）放空管路相关计算

（1）安全阀进口与出口管道直径应按下列要求计算：

① 安全阀与压力管道之间的连接管和管件的通孔，其截面积不应小于安全阀的进口截面积；安全阀入口管道的压降应小于安全阀定压的3%。

② 单个安全阀阀后的泄放管直径，应按背压不大于该阀定压的10%确定，但不应小于安全阀的出口直径。

③ 连接多个安全阀的泄放管直径，应按可能同时动作的安全阀同时泄放时产生的背压不大于其中任何一个安全阀定压的10%确定。

（2）确定排放管路及泄放管汇尺寸的基本准则：在系统的任意点存在或产生的背压，不得使压力泄放装置的释放量低于为防止对应容器超压所要求的释放量。

（3）在采用常规型泄放阀的场合，应根据背压小于同时释放的任何压力泄放阀设定压力的10%来选定泄放管汇系统的尺寸。

（4）放空量的确定：集输系统放空主要包括火灾等情况下紧急泄压放空，超压情况下安全阀起跳泄压放空以及维护检测时的放空，应对不同工况下可能出现的放空量全面评估。使得放空系统能适应其中最大放空量的要求。当容器或系统的所有出口被堵塞时，为了防止容器或系统超压，泄放装置的释放量必须至少等于压力源的来气量。

按照 SY/T 10043—2002《泄压和减压系统指南》，如在火灾情况下，为了保障处理轻烃的压力容器等设施安全，一般要求在 15min 内将压力降至 690kPa 或容器设计压力的 50%（取其中较低的压力）。站场或系统进出口紧急截断阀关闭后，通过紧急放空阀泄压的降压时间可由式（3-9）计算：

$$t = \left(\frac{BV}{C_d A_V}\right)\left(\frac{\gamma}{ZT}\right)^{0.5} \ln\left(\frac{p_1}{p_2}\right) \qquad (3-9)$$

式中　t——放空时间，s；

B——常数，取 0.09；

V——系统实际容积，m³；

C_d——放空阀排放系数；

A_V——放空阀放空时流通面积，m²；

γ——天然气相对密度；

Z——天然气压缩系数；

T——天然气平均温度，K；

p_1——管道系统放空起始压力，kPa（绝）；

p_2——管道系统放空终了压力，kPa（绝）。

（5）背压要求及放空阀后管道内气体流速。在采用常规型泄放阀的场合，应根据背压大约是同时释放的任何压力泄放阀设定压力的 10% 来选定泄放管汇系统的尺寸。并且在整个放空管路中，介质流速不能大于气体声速，气体声速由式（3-10）计算：

$$v_c = 91.2(kT/M)^{0.5} \qquad (3-10)$$

其中

$$k = c_p/c_V$$

式中　v_c——气体声速或临界流速，m/s；

k——气体绝热指数；

c_p，c_V——比定压热容、比定容热容，J/(g·K)；

M——气体相对分子质量；

T——气体温度，K。

（6）放空系统排气管出口端部流动状态：放空系统排气管出口端部的流动状态可能是临界流动，也可能是亚临界流动。

排出管出口端部的临界压力、临界流速计算公式为：

$$p_c = \sqrt{\frac{2}{k(k+1)}\frac{G}{f}\sqrt{p_0 V_0}} \times 10^{-3} \qquad (3-11)$$

$$u_c = \sqrt{\frac{2kp_0V_0}{k+1}} \times 10^3 \qquad (3-12)$$

式中 p_c——临界压力，MPa；

u_c——临界流速，m/s；

k——气体的比热比（绝热指数）；

G——流量，kg/s；

f——排气管出口流通截面，m²；

p_0——安全阀入口滞止压力，MPa；

V_0——安全阀入口滞止比体积，m³/kg。

如果按上述公式求得的临界压力大于或等于排出口处的环境压力，则为临界流动；若小于环境压力，则为亚临界流动。

如果排出管出口为临界流动，则这段排气管道的末端参数即为临界参数；若排出管出口为亚临界流动，为简化计算，排气管出口压力可取环境压力。

（7）排气系统操作压力：根据放空排出管出口端压力参数，返算至各放空阀出口，可计算出放空管路的最高稳态操作压力。但一般放空系统管道较长，放空阀（如安全阀、紧急放空阀等）突然开启后，在达到稳定流动状态之前有一个不稳定瞬态流动过程。从阀门紧急开启所发射的压力波到压力波传播至排气管终端之前可能形成冲击波，为考虑这种影响，排气系统的压力取值建议不小于稳态操作压力的2倍。

7. 放空火炬相关计算

火炬的主要功能是通过燃烧把可燃的、有毒的或带腐蚀性的气体转变为危害性极小的化合物。从保护环境及安全上考虑，可燃气体应尽量通过火炬系统排放，含 H_2S 等有毒气体的可燃气体更应如此。

1）计算条件

（1）视排放气体为理想气体。

（2）火炬出口处的排放气体允许线速度与声波在该气体中的传播速度的比值——马赫数，按下述原则取值：对站场发生事故，原料或产品气体需要全部排放时，按最大排放量计算，马赫数可取 0.5；单个装置开工、停工或事故泄放，按需要的最大气体排放量计算，马赫数可取 0.2。

（3）计算火炬高度时，按照表 3-3 确定允许的辐射热强度。太阳的辐射热强度为 0.79～1.04kW/m²，对允许暴露时间的影响很小。

（4）火焰中心在火焰长度的 1/2 处。

表 3-3　火炬设计允许辐射热强度（未计太阳射热）

允许辐射热强度 q kW/m²	条件
1.58	操作人员需要长期暴露的任何区域
3.16	原油、液化石油气、天然气凝液储罐或其他挥发性物料储罐
4.73	没有遮蔽物，但操作人员穿有合适的工作服，在紧急关头需要停留几分钟的区域
6.31	没有遮蔽物，但操作人员穿有合适的工作服，在紧急关头需要停留 1min 的区域
9.46	有人通行，但暴露时间必须限制在几秒钟之内能安全撤离的任何场所，如火炬下地面或附近塔、设备的操作平台。除挥发性物料储罐以外的装备和设施

注：当 q 值大于 6.3kW/m² 时，操作人员不能迅速撤离塔上或其他高架结构平台，梯子应在背离火炬的一侧。

2）计算方法

（1）火炬筒出口直径。

$$d = \left[\frac{0.1161W}{Ma \cdot p}\left(\frac{T}{KM}\right)^{0.5}\right]^{0.5} \tag{3-13}$$

式中　d——火炬筒出口直径，m；

W——排放气质量流率，kg/s；

Ma——马赫数；

T——排放气体温度，K；

K——排放气体绝热系数；

M——排放气体平均相对分子质量；

p——火炬筒出口内侧压力，kPa（绝）。

火炬筒出口内侧压力比出口处的大气压略高。简化计算时，可近似为等于该处的大气压。必要时可按式（3-14）计算：

$$p = p_0 / \left(1 - 60.15 \times 10^{-6} Mv^2 / T\right) \tag{3-14}$$

式中　p_0——当地大气压，kPa（绝）；

v——气体流速，m/s。

（2）火焰长度及火焰中心位置。

火焰长度随火炬释放的总热量变化而变化。火焰长度 L 可按图 3-28 确定。

火炬释放的总热量按式（3-15）计算：

$$Q = H_L W \tag{3-15}$$

式中　Q——火炬释放的总热量，kW；

H_L——排放气体的低发热值，kJ/kg。

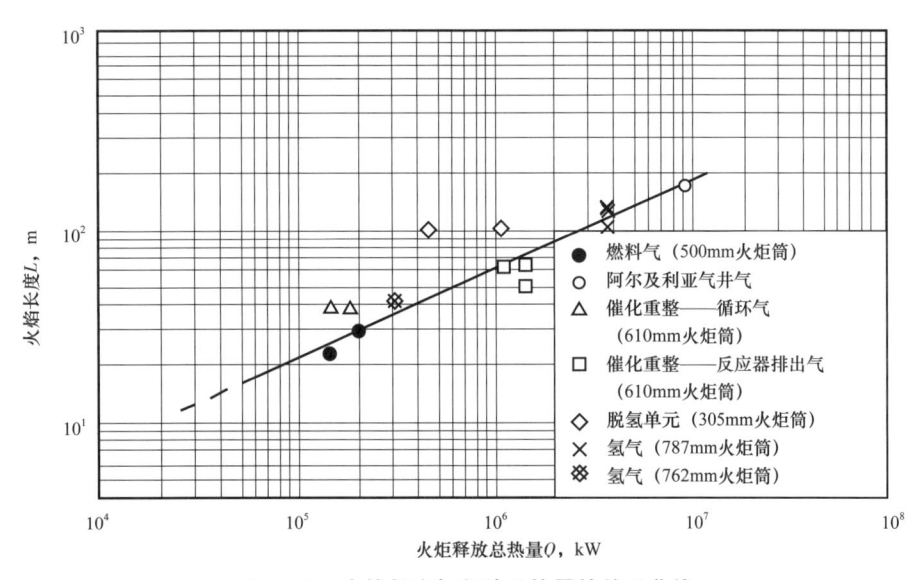

图 3-28 火焰长度与释放总热量的关系曲线

风会使火焰倾斜,并使火焰中心位置改变。风对火焰在水平方向和垂直方向上的偏移影响,可根据火炬筒顶部风速 v_x 与火炬筒出口气速 v 之比,按图 3-29 确定。

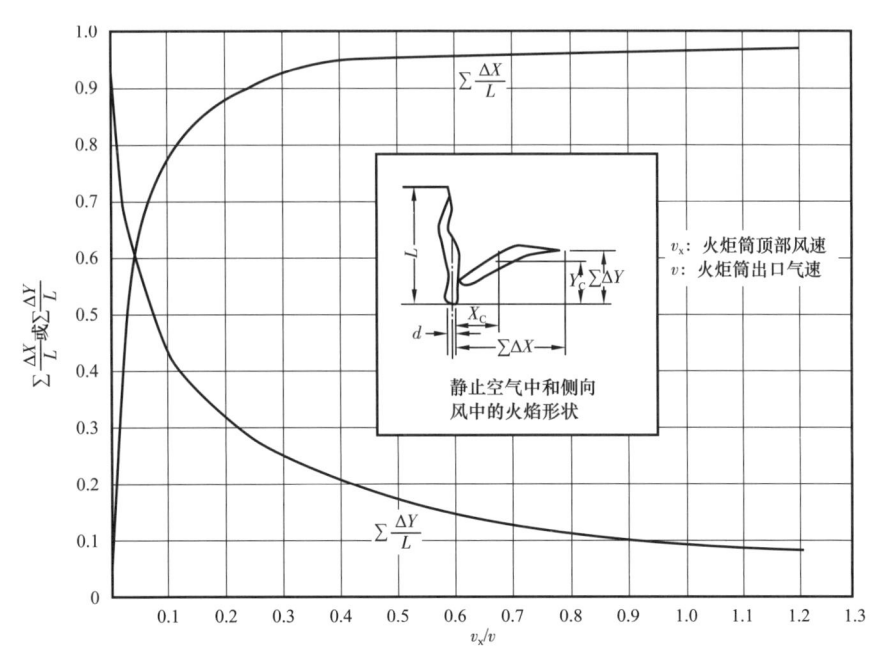

图 3-29 由侧向风引起的火焰大致变形

火焰中心与火炬筒顶的垂直距离 Y_C 及水平距离 X_C 按式(3-16)和式(3-17)计算:

$$Y_C = 0.5\left[\sum(\Delta Y/L)L\right] \quad (3-16)$$

$$X_{\mathrm{C}} = 0.5\left[\sum(\Delta X/L)L\right] \qquad (3\text{-}17)$$

（3）火炬筒高度。火炬筒高度按式（3-18）计算：

$$H = \left[\frac{\tau F Q}{4\pi q} - (R - X_{\mathrm{C}})^2\right]^{0.5} - Y_{\mathrm{C}} + h \qquad (3\text{-}18)$$

式中 H——火炬筒高度，m；

τ——留射系数，该系数与火炬中心至受热点的距离及大气相对湿度和火焰亮度等因素有关，对明亮的烃类火焰，当上述距离为30~150m时，可按式（3-19）计算；

F——辐射率，可根据排放气体的主要成分，按表3-4取值；

Q——火炬释放总热量，kW；

q——允许热辐射强度，按表3-3取值，kW/m^2；

Y_{C}，X_{C}——火焰中心至火炬筒顶的垂直距离及水平距离，m；

R——受热点至火炬筒下的地面水平距离，m；

h——受热点至火炬筒下地面的垂直高差，m。

$$\tau = 0.79\left(\frac{100}{r}\right)^{1/16}\left(\frac{30.5}{D}\right)^{1/16} \qquad (3\text{-}19)$$

式中 r——大气相对湿度，%；

D——火焰中心至受热点的距离，m。

表3-4 气体扩散焰辐射率

燃烧器直径，mm		5.1	9.1	19.0	41.0	84.0	203.0	406.0
辐射率 F（F=辐射热/总热量）	H_2	0.095	0.091	0.097	0.111	0.156	0.154	0.169
	C_4H_{10}	0.215	0.253	0.286	0.285	0.291	0.280	0.299
	CH_4	0.103	0.116	0.160	0.161	0.147		
	天然气（CH_4 95%）						0.192	0.232

参 考 文 献

[1] 苏建华，许可方，宋德琦，等. 天然气矿场集输与处理[M]. 北京：石油工业出版社，2004.

[2] 陈晓勤，等. 页岩气开发地面工程[M]. 上海：华东理工大学出版社，2016.

第四章

页岩气增压

页岩气要实现规模化持续生产，在气井压力降至下游管网输送压力时必须实施增压开采。本章对页岩气增压中涉及的增压方式、站址选择、增压流程、压缩机组选型及噪声防治等进行了介绍，并简述了压缩机组运行维护、增压站管道系统设置建议等方面的内容。

第一节 概 述

一、页岩气增压目的

对于页岩气田而言，增压的目的通常为以下三种[1]：

（1）满足集输管网对输送压力的需求。

一是对低压产气区的天然气增压，由于不同平台之间投产时间不一致或者同一平台之间也存在着投产时间不一致的情况，造成储层压力有很大的差异。提高低压产气区的集输及处理工作压力，常常可以降低生产设施的尺寸和建设费用。尤其是低压产气区与高压产气区共用集输管网时，这种增压更为必要。二是对已开采一段时间的气井进行增压，气井压力随着开发时间的增长而降低，当气井压力不能满足集输系统对压力的要求时，必须通过增压来提高天然气的压力。

（2）提高气田采收率的需要。

页岩气井由于采用水力压裂的开发方式，初期井口压力递减迅速，平输压生产的持续时间也较短，之后很快进入低压生产。低压生产的持续时间较长，且在此阶段气井累计产气量较大，通常占总累计产气量的一半以上，说明页岩气井低压下产气潜力较大。因此，为了能够充分发挥气井的产气能力，需要通过增压的方式进行生产，才能实现气田稳产增产目标。

（3）为气举采气工艺提供高压气源。

某些产气井到生产后期会产出大量地层水，为了能够充分发挥该气井的产气能力，需要通过增压的方式进行气举排水采气工艺。

二、页岩气增压特点

根据第二章第二节增压方式的分类,不同增压方式的增压特点见表 4-1。

表 4-1 页岩气增压特点简述表

序号	增压方式分类		特点
1	单座站 (一级增压工艺)	平台站增压	在上游远端的平台站,或孤立分散的平台站设置压缩机组,对井口所产页岩气进行增压
2		节点增压	将上游低压气集中到下游某一个管网节点处的平台站增压,便于缩减增压站数量,降低对周边环境影响点
3		集气站增压	对集气站周边各平台站的低压气集中到集气站进行增压
4		脱水站增压	对脱水站周边各平台站的低压气集中到脱水站进行增压
5		气举增压	在平台站设置压缩机组向井筒注入高压天然气,以提高单井产量
6	多座站并列组合方式(一级增压工艺)	平台站增压+ 集气站增压	以集气站增压为主,对个别分散平台进行单独增压
7		节点增压+ 集气站增压	以集气站增压为主,部分区域采用节点增压
8		平台站增压+ 节点增压+ 脱水站增压	以脱水站增压为主,部分区域采用节点增压,个别分散平台采用单独增压
9	多座站串联组合方式 (两级增压工艺)	平台站增压+ 集气站增压	在平台站内实现一级增压,下游集气站实现两级增压
10		平台站增压+ 脱水站增压	在平台站内实现一级增压,在下游脱水站实现两级增压

与常规气田增压相比,页岩气田增压的主要特点如下:

(1)气井投产后从自喷开采至增压开采的时间跨度较常规气田更短,一般为一年。

(2)采用增压井采方式维持气井生产能力的持续时间更长。

(3)由于页岩气井井口压力衰减迅速,使得压缩机组进气压力长期在接近压力低限值处运行,因此,机组选型时的关键点选择显得尤为重要。

(4)由于气井井口压力衰减迅速,当井口压力降至 0.5MPa 以下,采用两级增压工艺方式更为经济。

三、增压方式及时机

根据第二章第二节中增压方式的分类,对不同增压方式的适用范围分别阐述如下。

1. 单一增压方式

1）平台站增压

当气井出现以下三种情况之一，且无法进入集气站集中增压时，就需要在单个平台设置压缩机组进行增压：（1）井口压力降低至输压以下；（2）难以进入下游集输系统；（3）下游集输管线因运行压力降低导致不能满足输量需求。

主要适用于远端平台站、孤立分散的平台站，或同一区域内压力下降较快的平台站。

2）节点增压

为了缩减单个平台增压站的数量，降低管理成本，减少对周边环境影响点，需要将两个以上平台站所产页岩气集中至同一节点设置压缩机组进行增压。

主要适用于方位相同、距离较近，且井口压力相近的平台站。

3）集气站增压

将集气站所辖范围内的各低压平台站所产页岩气集中至该集气站，统一设置压缩机组进行增压。

主要适用于各平台站以放射状管网接入集气站的集气区域，或以枝状管网接入集气站但井口压力变化趋于一致的集气区域。

4）脱水站增压

将脱水站所辖范围内的各集气站来气以及直接进入该站的低压平台站所产页岩气集中至该脱水站，统一设置压缩机组进行增压。

主要适用于具备高低压分输管网的集气区域。

5）气举增压

主要适用于地层压力低，井底积液严重的气井。

2. 组合增压方式

1）并列组合方式

这种方式采用的是一级增压工艺，通常以集气站（脱水站）集中增压为主，辅之以平台站增压或节点增压方式。

（1）平台站增压 + 集气站增压。

首先考虑将集气站所辖范围内的各低压平台站所产页岩气集中至该集气站，统一设置压缩机组进行增压。当所辖范围内的个别平台站由于压力相差较大或开始进入增压的时间相隔较远时，可以考虑单独设置增压站。

主要适用于有个别平台站采用串接方式或以枝状管网接入集气站，而且井口压力变化相差较大的集气区域。

（2）节点增压+集气站增压。

首先考虑将集气站所辖范围内的各低压平台站所产页岩气集中至该集气站，统一设置压缩机组进行增压。当所辖范围内有两个以上平台站由于压力相差较大或开始进入增压的时间相隔较远时，可以考虑在压力相近的节点设置增压站。

主要适用于有两个以上平台站采用串接方式或以枝状管网接入集气站，而且井口压力变化相差较大的集气区域。

（3）平台站增压+节点增压+脱水站（集气站）增压。

首先考虑将脱水站所辖范围内的各集气站以及各平台站所产低压气集中至该脱水站，统一设置压缩机组进行增压。当所辖范围内有两个以上平台站由于压力相差较大或开始进入增压的时间相隔较远时，可以考虑在个别平台站或压力相近的节点设置增压站。当平台站位于远端或孤立分散，考虑设置单独的平台站增压。

主要适用于管网布局复杂，平台站之间井口压力不一致，同一平台站内井口压力不一致的集气区域。

2）串联组合方式

这种方式采用的是两级增压工艺，通常在平台站设置小型机组进行一级增压，然后在集气站（脱水站）设置中、大型压缩机组进行两级增压。

（1）平台站增压+集气站增压。

为充分发挥气井自身能量，尽可能降低井口废弃压力，当气井压力降至1.0MPa以下时，可以考虑同时在井口和集气站分别设置压缩机组进行增压。其中，井口实现一级增压，集气站实现两级增压。

主要适用于井口压力接近于废弃压力时的气井和集气区域。

（2）平台站增压+脱水站增压。

为充分发挥气井自身能量，尽可能降低井口废弃压力，当气井压力降至0.5MPa以下时，可以考虑同时在井口和脱水站分别设置压缩机组进行增压。其中，井口实现一级增压，脱水站实现两级增压。

其主要目的是为了缩减增压站数量，便于集中建设、管理两级增压站。主要适用于整个井区内大多数气井已进入正常生产末期的井区。

四、增压站站址选择

1. 站址选择的基本原则

（1）满足增压工艺要求，尽量降低压缩机功率。

（2）立足于已建站场，充分利用已建设施，节约投资。

（3）用地条件好，少占良田。

（4）远离人口稠密区，减少噪声对周边环境的影响。

（5）具有良好的工程地质条件，应避开滑坡、断层、岩溶和泥石流等不良地质地段。

（6）水、电及通信等外部条件好。

（7）拆迁工程量少。

（8）有利于"三废"排放和环境保护。

2. 站址选择的关键控制点

（1）应避开噪声敏感区域，尤其要避开当地居民居住区和学校等区域。

（2）应选择在地势较高或较开阔的地带。不宜选择在地势低洼地带或较小的山区盆地上。

（3）应靠近地质稳定且不利于振动传播的地带。避免选择台地前缘和整体岩石上建设。

3. 不同增压方式下的增压站站址选择

增压站站址的选择通常是根据不同的增压方式，并结合具体建设地点及周边条件来确定[2]。

（1）对于单个平台站增压的增压站，依托已建平台站进行扩建。

（2）对于节点增压的增压站，首先考虑依托已建的平台站进行扩建。当增压规模不超过 $50 \times 10^4 m^3/d$ 时，在平台站内布置即可；当增压规模大于 $50 \times 10^4 m^3/d$ 时，若平台站不具备扩建条件，则可就近设置增压站。

（3）对于在集气站增压的增压站，首先考虑依托已建站场进行扩建。若已建站场不具备扩建条件，则考虑在临近设置增压站。

（4）对于在脱水站增压的增压站，首先考虑依托已建脱水站进行扩建。若站场不具备扩建条件，则考虑临近设置增压站。

第二节　增压站工艺流程

页岩气井生产初期井口压力衰减幅度大，且衰减过程中井口压力低于输压，导致其无法自喷生产，需要通过增压的手段维持气井能够继续往外输送页岩气。在实施增压后，其井口压力仍有较大的衰减范围。井口压力越低，而外输压力几乎稳定不变，致使压比越来越大。这就要求用于气井内部集输增压的机组进机压力适应范围宽，压比适应范围宽。通过对往复式压缩机组和离心式压缩机组的基本认识，上述工况特点正是使用往复式压缩机组的工况。而离心式压缩机组适用于页岩气下游外输干网上，干网压力相对稳定不变动、口径大，压比小、流量大是其主要应用特点。

一、往复式压缩机组成的增压站工艺流程

1. 单个平台站增压流程

页岩气井原料天然气经除屑、除砂、分离、计量和过滤分离后进入压缩机组，压缩后天然气进入集气管道。页岩气的原料气含有采出水及固体杂质，若带入压缩机，将会污染润滑油，加快机械零件的磨损，可能导致严重事故，因此在增压设备前必须设置高效率的过滤分离设备。图4-1所示为4井式平台站增压流程示意图。

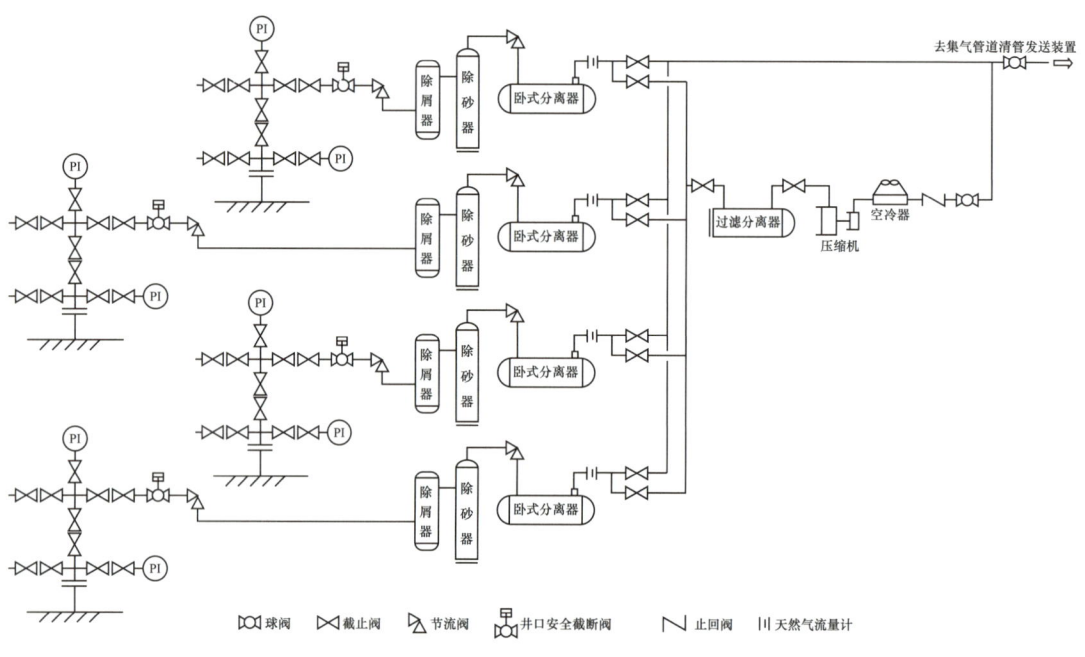

图 4-1 4 井式平台站增压流程示意图

2. 节点增压流程

增压站内气井原料天然气汇同上游平台来的低压天然气经除屑、除砂、分离、计量和过滤分离后进入压缩机组，压缩后天然气汇同未增压的高压天然气进入集气管道。同样在增压设备前必须设置高效率的过滤分离设备。图4-2所示为3井式节点平台站增压流程示意图。

3. 集气站增压流程

集气站增压流程是将多个平台来气汇集在一起进行集中分离、过滤、增压。图4-3所示为集气站增压流程示意图。

图 4-2　3 井式节点平台站增压流程示意图

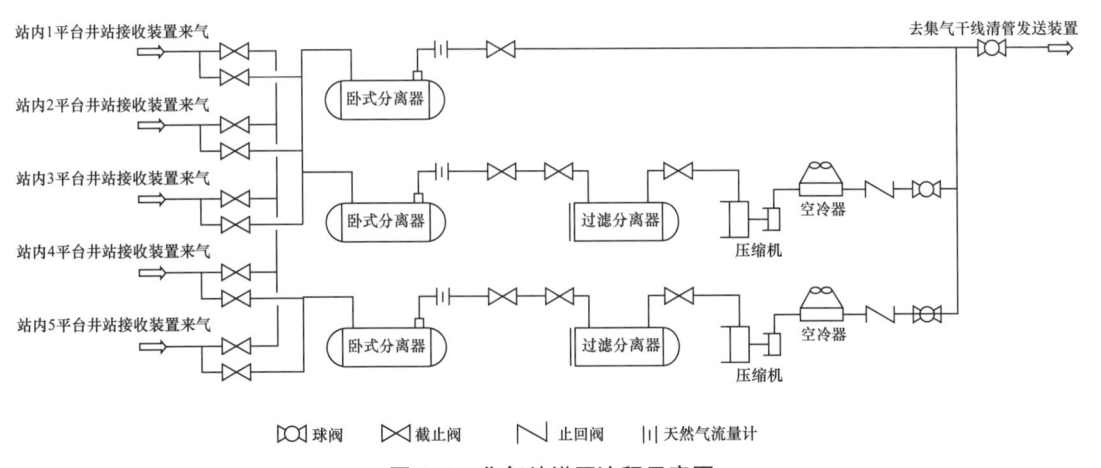

图 4-3　集气站增压流程示意图

4. 脱水站增压流程

脱水站增压流程是将上游多个集气站及周边多个平台站来气汇集在一起进行集中分离、计量、过滤和增压。图 4-4 所示为脱水站增压流程示意图。

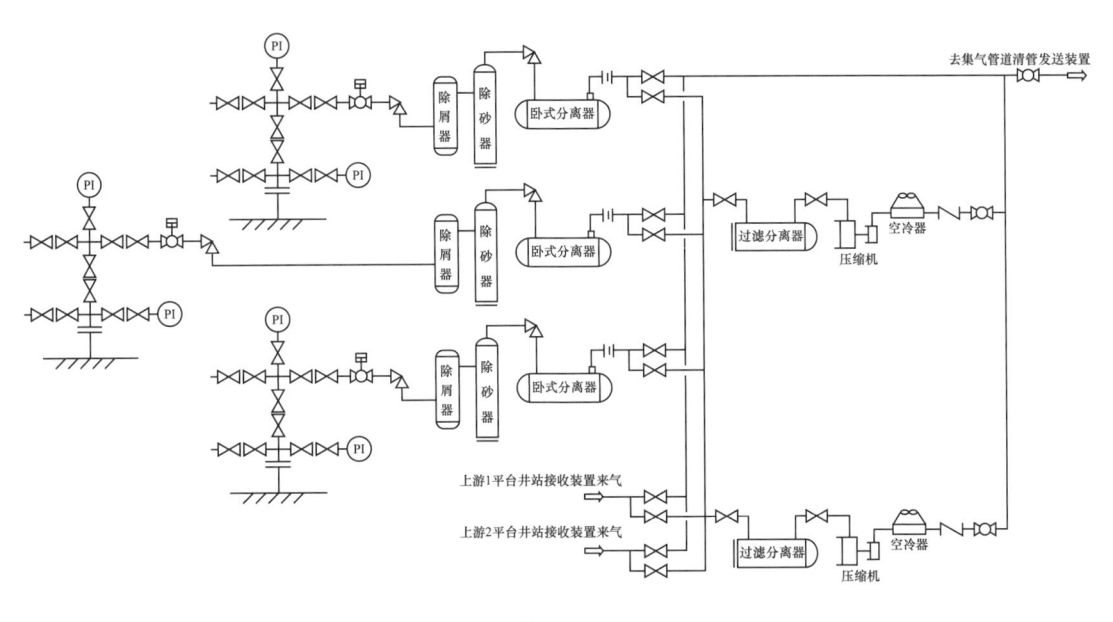

二、离心式压缩机组成的增压站工艺流程

上游来气经分离和过滤后进入离心式压缩机,增压后进入下游。离心式压缩机通常用于外输管道的增压。图 4-5 所示为离心式压气站流程示意图。

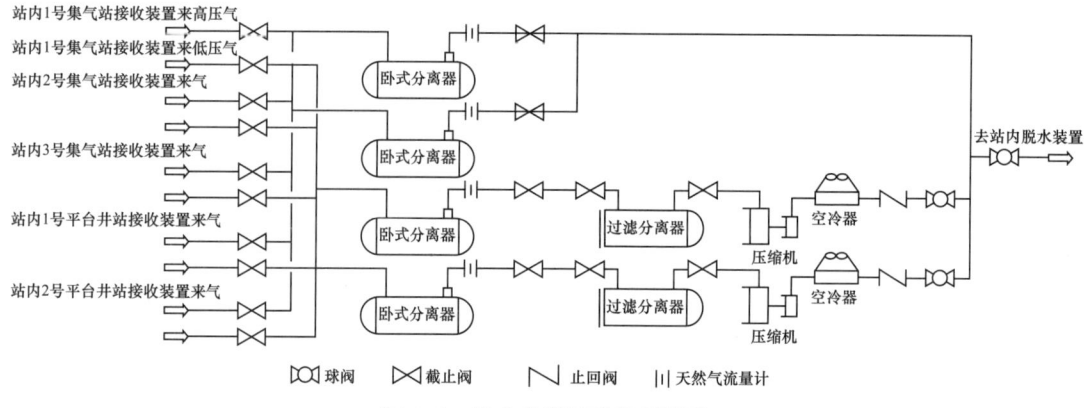

图 4-4 脱水站增压流程示意图

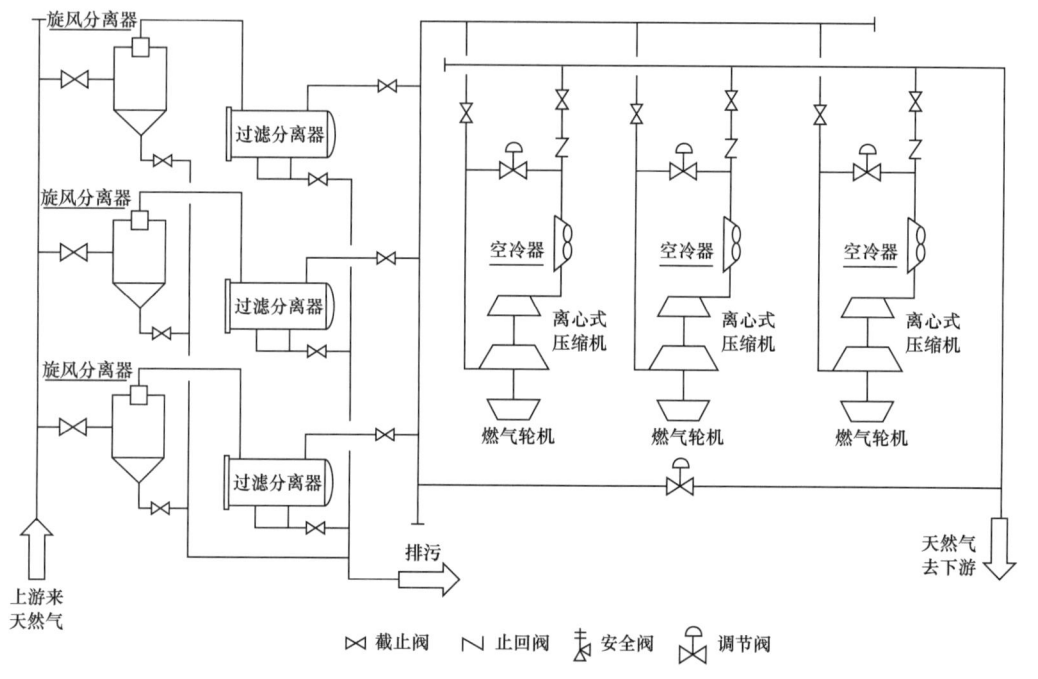

图 4-5 离心式压气站流程示意图

第三节 压缩机组工艺参数及辅助设施

一、压缩机组进气压力范围及最低进气压力

1. 压缩机组进气压力范围

压缩机组的进气压力范围主要由增压的低压气的压力范围决定。压力范围的高限

值即压缩机所处的站点的外输压力值,压力高限值可通过整个集输管网以及下游外输管网的压力边界值返算至压缩机站点的输压予以确定;压力范围的低限值即页岩气井废弃压力(应考虑气井至压缩机之间的管输压损)。

2. 最低进气压力

压力低限值的确定有以下三种情况:

(1)通过所选定的压缩机组增压级数、最大压比,在满足最高排气压力的前提下,返算得出最低进气压力,如该值小于或等于页岩气井废弃压力,则压力低限值即为废弃压力值。

(2)通过所选定的压缩机组增压级数、最大压比,在满足最高排气压力的前提下,返算得出最低进气压力,如该值大于页岩气井废弃压力,压力低限值则为选定后的机组所确定的最低进气压力值。

(3)在第(2)点基础上,如要继续延伸压力低限值直至气井废弃压力,则可能需要采用两级增压工艺,增加设置压比更大、进气压力更低的压缩机组。此时,则压力低限值即为废弃压力值。

二、压缩机组排气压力范围及最高排气压力

1. 压缩机组排气压力范围

压缩机组的排气压力范围主要由下游集输管网和外输管网的边界压力范围和气田内各个页岩气井产量综合决定,同时边界压力范围和气井产量随着时间的变化而变化,因此要确定压缩机组的排气压力范围,首先需要确定时间范围。在确定的时间范围内,选定需要分析的具体时间点,通过管网水力计算,返算获得压缩机站点的外输压力,在此基础上考虑清管作业时的最大压力波动范围,得出合理的排气压力。

增加分析的时间密度,可以获得更为准确的压缩机组排气压力范围。

2. 最高排气压力

在上述所确定压缩机组排气压力范围的基础上,选用最大值作为计算所需功率的参数,通过计算功率,确定机组额定功率。通过额定功率,返算确定最高排气压力。

三、进气温度及排气温度

1. 进气温度

进气温度因压缩机组所处站点的不同而不同。主要有以下几种情况:

（1）压缩机组设置于平台站，对平台产气进行增压，进气温度范围受井口一级节流或高压除砂橇二级节流后的温度范围影响。

（2）压缩机组设置于节点站，对本站及上游平台来气进行增压，则进气温度范围受本站节流后温度范围和上游集气管道管输温度的综合影响。

（3）压缩机组设置于集气站，对上游各平台来气进行增压，则进气温度范围受上游各平台集气管线管输温度的综合影响。

（4）压缩机组设置于脱水站，对上游各平台、各集气站来气进行增压，则进气温度范围受上游各平台集气管线和上游各集气站集气干线管输温度的综合影响。

2. 排气温度

排气温度应根据压缩机组功能要求（增压级数、杆载限制）所确定的许用排气温度、机组冷却方式、机组排气管路及下游处理工艺进气温度综合确定。

通常压缩机组经过冷却系统冷却后的排气温度为55℃，若下游处理工艺对排气温度有更高的要求，则应采取更有效的冷却方式满足要求。若下游为TEG脱水装置，为保证TEG脱水装置的脱水效果，一般要求进入装置前的气流温度控制在40℃以下，这对实施脱水站增压的压缩机组排气温度提出了更高的要求。

四、增压气量范围及最大规模

1. 增压气量范围

增压气量范围根据平台投产时间、单井预测产量确定。在统计增压气量时，应首先确定各增压平台（井口）的增压时间和随着时间变化的产量，然后根据时间对应关系进行统计，确定压缩机上游各个平台（井口）的增压时间—气量数据。该数据即为压缩机的增压气量范围。

2. 最大增压规模

根据确定的压缩机增压气量范围，选取最大值为该压缩机的最大排气量。若增压站内设置有多台压缩机组，则应以该站上游所有增压平台为范围，根据时间—气量数据，获得该站的最大增压规模。

五、压缩机组功率

压缩机组功率分为轴功率和辅助功能功率，轴功率主要表示压缩机对天然气增压输出的直接功率，辅助功能功率主要指机组冷却和加热等系统所需功率。机组选型主要确定其轴功率，辅助功能功率则由压缩机厂家在机组设计中予以考虑。往复式压缩机轴功率按式（4-1）计算：

$$N = 16.745 p_1 q_v \frac{k}{k-1}\left(\varepsilon^{\frac{k-1}{k}} - 1\right)\frac{z_1 + z_2}{2z_1}\frac{1}{\eta}$$ （4-1）

式中　N——压缩机轴功率，kW；

　　　p_1——压缩机进气压力，MPa；

　　　q_v——进气条件下压缩机排量，m³/min；

　　　k——气体绝热系数，以甲烷为主的天然气可取 1.27～1.31；

　　　ε——压缩比；

　　　z_1，z_2——压缩机进气和排气条件下的气体压缩系数；

　　　η——压缩机效率。

六、压缩机组工况点确定

压缩机组工况点，即机组处于相对长期、稳定运行下的工艺参数值。压缩机厂家以满足该参数值为目的开展机组定型设计，并通过确定的机组功率、缸径等核算其他工况的适应性。

工况点的确定，应结合产能需求、井口压力、增压气量波动范围、选用机组额定功率以及今后重复利用需求等因素综合确定。

在页岩气生产中，往复式压缩机组能够适应大的工况变化，主要体现在能够适应较大范围的进气压力变化。根据生产经验，确定压缩机组进气压力相对稳定，且稳定时间较长的值作为主要工况点，对压缩机组进行选型。然后向上兼顾进气压力范围的高限值，一般是增压开始时可能达到的最高进气压力值。该值也是必须要适应的，才能保证从自喷生产顺利过渡到增压生产。最后再向下兼顾进气压力范围的低限值。低限值到高限值的幅度也就体现了整个机组对页岩气的适应范围。

七、压缩机组辅助生产设施

1. 冷却系统

压缩后的天然气温度升高，若超过机组管路材质温度限制、下游处理工艺或集输管道防腐绝缘层的允许温度，需对其冷却。因此天然气增压过程中常设置中间冷却器（如串联压缩机之间）和后冷却器（如压缩机排气口处）。有时增压站进口温度过高，也可设置预冷却器。另外，降低气体温度可提高管道输送能力。

2. 启动系统

发动机的启动系统分为压缩空气或气体和电动机启动，压缩空气或气体启动又分为风动电动机启动和直接将气体引入动力缸启动。

1）电动机启动

直流电动机适用于中型和小型机组的启动；交流电动机必须要求厂站上有交流电源，机组点火转速很高，为了解决逐步升速问题，不但需加大启动机功率，还要配置电阻箱、液力变扭器或电磁滑差离合器。

2）小型发动机启动

可用内燃机或小型燃气轮机启动，能利用厂站上的天然气作为能源，不需外部电源。

3）压缩空气或气体启动

燃气发动机的启动系统，启动气既可用压缩空气，也可用净化天然气。

天然气集输场站上的燃气发动机压缩机机组一般采用高压气启动方式。由于做功后的低压天然气无法利用，故无高压天然气作启动气，采用压缩空气启动的较多。因启动时瞬时流量大，必须设置空气储罐，储罐的体积根据空气的供应压力和发动机厂商提供的启动气量确定，保证足够的空气供应。

（1）风动电动机启动的流程图如图4-6所示，用压缩空气推动风动电动机转动，使风动电动机所带齿轮转动，然后带动发动机的齿轮转动，使发动机动力缸内的活塞运动，吸入天然气和空气混合物，点火启动发动机。

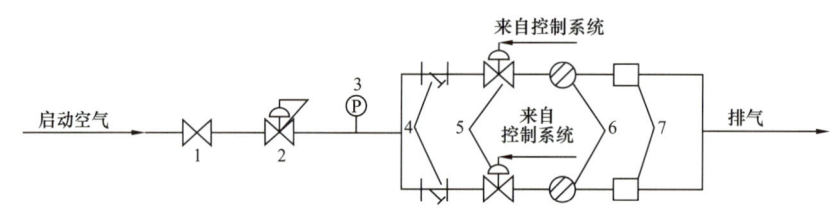

图4-6 风动电动机启动流程示意图

1—阀门；2—调压阀；3—压力表；4—过滤器；5—控制阀；6—过滤器；7—启动电动机

（2）用压缩空气推动动力缸活塞启动是由副轴带动的空气阀将压缩空气直接引入动力缸，使活塞运动带动曲轴传动，按点火顺序使其动力缸吸入天然气和空气混合物，启动机组。

3. 压缩空气系统

增压站压缩空气系统主要为站内正压通风、压缩机组干气密封、燃气轮机空气滤清系统反吹、站内气动仪表等提供符合要求的干燥洁净的压缩空气。压缩空气系统根据机组对空气的用量设计，通常由空气压缩机组、压缩机出口缓冲罐、分离和干燥系统、干燥空气储罐、连接管道、阀门和配套的仪表等组成。空气压缩机组多采用电动机驱动的螺杆压缩机组，干燥系统多采用无热再生或膜分离技术。

经过处理后的干燥压缩空气应该达到如下要求：

（1）常规颗粒粒径不大于3μm，绝对过滤精度不小于99%。

（2）最大颗粒粒径不大于5μm，绝对过滤精度不小于99.9%。

（3）油雾含量不大于0.5mg/m³。

（4）绝对脱水率为99%。

（5）压力下水露点不大于−30℃（1.0MPa）。

4. 润滑油系统

往复式压缩机的润滑系统主要由预润滑系统、曲轴连杆润滑系统、汽缸润滑系统、密封填料函润滑系统以及润滑油预热和冷却系统等组成。

预润滑系统主要在压缩机启动前，对曲轴主轴承等处进行预润滑，保证压缩机在启动过程正常工作。预润滑系统主要是电动机带动的预润滑泵，除齿轮泵以外的其余部件和曲轴连杆润滑系统共用。

曲轴连杆润滑系统主要为曲轴主轴承、各连杆轴承、十字头和轴销处提供润滑，其由润滑油箱、粗过滤器、内啮合齿轮油泵、静热力阀、润滑油冷却器、精过滤器、油管、机体和曲轴及连杆中的油道、油压表和油压传感器等组成，属强制润滑。

汽缸润滑系统属强制润滑，为汽缸注入润滑，其主要部件有机体油道的末端堵块、单向阀、油管、柱塞泵、安全阀、无油指示器和润滑油分配器等。

密封填料函润滑系统的主要部件与汽缸润滑系统共用，只是润滑油由分配器的专用输出口供给，用过的润滑油经刮油环收集，从主、辅油道流进集油箱定期排放。

润滑油预热和冷却系统，可保证压缩机润滑系统不受环境温度的影响而正常工作，其主要部件有润滑油加热器、润滑油温度传感器、静热力阀和润滑油冷却器。

5. 油冷却系统

油冷却系统是用来冷却轴承润滑油，让其温度不超过允许极限温度，允许极限温度一般为75℃左右。天然气增压站普遍采用空气冷却器来冷却润滑油。当采用闭式水冷时，油冷却器内使用的是密闭循环水，用循环水冷却润滑油，再以空冷器冷却循环水。当采用开式水冷时，油冷却器内使用的是循环水，用循环水冷却润滑油，再以冷凝器冷却循环水。

6. 燃料气系统

一般地，发动机的燃料气热值为 29.8～36.7MJ/m³、丁烷含量不大于 10%（体积分数）的各种燃料气都能作为燃气发动机的燃料。发动机的正常燃烧是燃料气通过火花塞开始点火形成火焰中心，再传播到整个汽缸。当空气与燃料气混合温度超过燃料气的自燃点时，燃料气可能立即在缸内点燃，形成爆燃，使发动机发出剧烈的撞击声。爆燃不仅降低发动机的动力和经济性能，而且严重损害发动机，缩短发动机寿命。发动机的爆燃主要受压缩比、点火时间和进气温度的影响。

每种机组是按一定热值设计的。燃料气组成不同，其热值、临界压缩比和辛烷值也不同，见表4-2。

表4-2 燃料气的压缩比和辛烷值

组分	临界压缩比	辛烷值（马达法）
甲烷	15∶1	110
乙烷	14∶1	104
丙烷	12∶1	100
正丁烷	6.4∶1	92
异丁烷	—	97.6
正戊烷	3.8∶1	61

燃料气的压缩比影响燃料气温度，当发动机的压缩比高于燃料气的临界压缩比时，燃料气在汽缸内自燃，应通过增减发动机的压缩比避免发生爆燃。

以天然气为燃料的发动机是以甲烷和其他相似的燃料气为基础来设计的。一般高压缩比、高热值的燃料气适用于大缸径、低转速的发动机。

机组外燃料气系统根据站场提供的燃料气气质和机组要求燃料气的质量要求，确定燃料气的处理工艺。含油湿燃料气会损害动力汽缸，易发生机械损伤、爆燃。

对湿燃料气必须先进行脱水处理，使进入发动机的燃料气不含游离水。燃料气系统应设分离器和加热器来脱出气体中的液体，防止涡轮启动和湿气操作期间液烃突然进入，致使燃气轮机热流通部分过热，控制系统保护动作启动而停机或烧坏热流通部件。此外在机组处还需设置分离过滤设备，去除燃料气中的固体杂质，同时设置调压设备，使燃料气压力符合机组要求的供气压力。燃料气系统一般有调压阀、流量控制阀和紧急截断泄压系统，满足燃烧室对压力和流量的要求。

图4-7所示为 WAUKESHA 发动机 12VAT27 燃料气系统流程示意图。

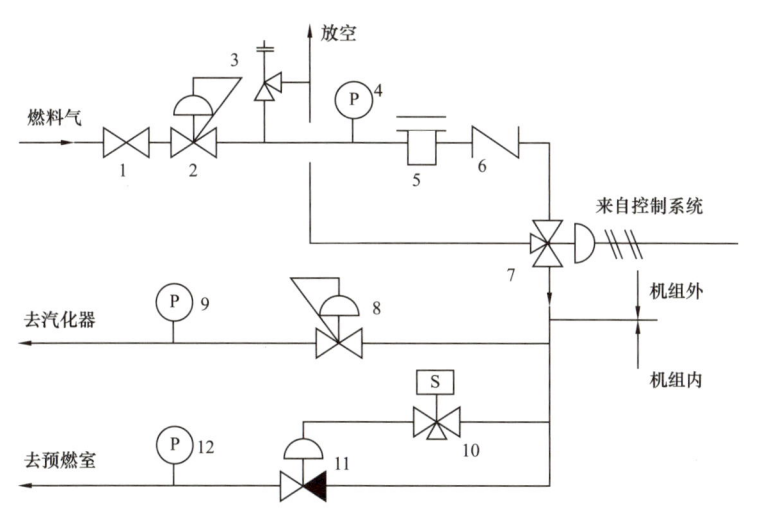

图 4-7　WAUKESHA 发动机 12VAT27 燃料气系统流程示意图

1—阀门；2，8，11—调压阀；3—安全阀；4，9，12—压力表；5—过滤器；
6—止回阀；7—三通阀；8—过滤器；10—电动导阀

第四节　压缩机选型

一、压缩机种类及性能特点

页岩气田集输增压用压缩机主要有往复式压缩机、离心式压缩机和螺杆压缩机。

1. 往复式压缩机

1）机组类型

（1）以汽缸轴线布置的相互关系划分，一般常用的有 L 形、V 形和 W 形及卧式、立式和对称平衡式等。

（2）以压缩机气缸夹套和级间气体冷却方式划分为水冷式（用水冷却）和空冷式（用空气冷却）两种。

（3）按压缩气体至最终排出压力所经历的压缩次数划分为单级、两级或多级。

（4）按驱动压缩机的原动机型分为电动（电动机驱动）、柴动（柴油机传动）和燃动（燃气机驱动）3 种。

（5）按汽缸活塞往复一次所完成的吸气或排气次数分为单作用式（活塞往复 1 次完成 1 次吸气和排气）和双作用式，也有称单动和复动的。

（6）按压缩机传动部件的润滑方式分为飞溅式和压力式，汽缸部分又分为油润滑和无油润滑。一般排气量较大且要求连续运行的多采用压力式的润滑方式，无油润滑式适用于要求压缩气体不允许含油污的情况。

2）工作原理

往复式压缩机由曲轴连杆机构将驱动机的回转运动变为活塞的往复运动。在工作过程中活塞在汽缸做往复运动对气体进行加压，当活塞向右移动时，汽缸中活塞左端的压力下降，当略低于吸入管道中气体的压力 p_1 时，吸气阀被打开，气体进入汽缸内，即为吸气过程；当活塞返行时吸气阀关闭，气体在汽缸内被压缩，此过程为压缩过程；当缸内气体被压缩至略高于排气管道中压力 p_2 时，排气阀被打开，高压气体进入排气管道，该过程为排气过程。至此完成一个工作循环，活塞在汽缸内周而复始地做上述运动，不断地对气体增压。单级单作用活塞式压缩机结构组成如图 4-8 所示。

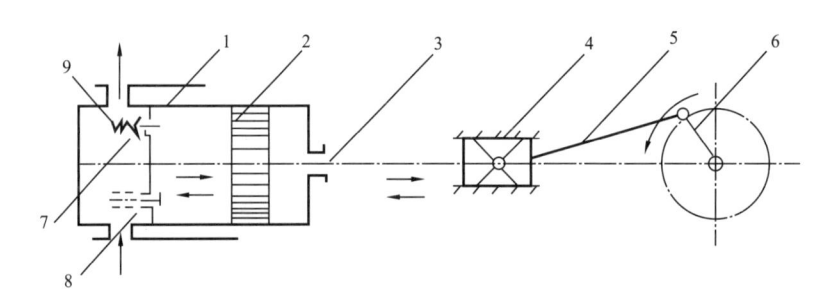

图 4-8 单级单作用活塞式压缩机结构示意图
1—汽缸；2—活塞；3—活塞杆；4—十字头；5—连杆；6—曲柄；7—排气阀；8—吸气阀；9—弹簧

3）API 618 与 API 11P 的比较

往复式压缩机主要遵循两个标准，API 618《石油化工和天然气工业用往复式压缩机》与 API 11P《油气生产用橇装往复式压缩机规范》，其主要比较见表 4-3。

表 4-3 API 618 与 API 11P 比较表

项目	API 618	API 11P
功率，kW	1102.5～24990	25.7～1617
转速，r/min	300～700	900～1800
尺寸及质量	较大	较小
效率	高	中等
运行周期	较大	较短
维修费用	较低	较高
一次投资	较高	较低
安装费用	较高	较低

4）汽缸材料

往复式压缩机汽缸中若存在液滴或固体微粒，往往会破坏汽缸的润滑性，加快磨损，并且液体不可压缩，可能造成汽缸破裂或严重损坏，因此进入汽缸的天然气必须是洁净气体。

汽缸材质一般根据强度选择，但是抗热冲击及机械冲击性能以及抗腐蚀性能亦可作为决定因素。表4-4为气体工业选用汽缸材质的排气压力最高限值，API 618 推荐铸铁及球墨铸铁的最高压力为 6900kPa（表）。

表4-4 汽缸材质适应范围

汽缸材质	排出压力，kPa
铸铁	<8300
球墨铸铁	约10300
铸钢	8300～17200
锻钢	>17200

5）往复式压缩机典型厂家产品性能参数

目前我国页岩气内部集输管道增压站所用的往复式压缩机均为国产机组。

国外也有生产往复式压缩机的厂家，主要生产厂家为美国卡麦隆公司、Ariel 公司、德莱—赛兰（Dresser—Rand）公司等。国内生产往复式压缩机的主要生产厂家有成都天然气压缩机厂、江汉钻头压缩机公司、四川新星机械厂和华西通用机器公司等[3]。因为国产往复式压缩机组技术已经非常成熟、可靠，相比国外机组更为经济合理，售后服务均能快速到位，因此，页岩气内部集输增压均采用国产机组。

各厂家生产的压缩机的规格型号及性能参数不同，成都天然气压缩机厂、江汉钻头压缩机公司 RDS 系列，Dresser 公司、Ariel 公司和美国卡麦隆公司压缩机性能的参数见表4-5至表4-10。

表4-5 成都天然气压缩机厂 DTY 电驱系列分体式压缩机性能参数

机型	列数	额定功率 kW	冲程 mm	额定转速 r/min	最大拉伸杆载 kN	最大压缩杆载 kN
2CFP	2	100	76.2	1800	25	27
4CFP	4	200	76.2	1800	25	27
2CFD	2	250	76.2	1800	55	59
4CFD	4	500	76.2	1800	55	59
6CFD	6	750	76.2	1800	55	59
2CFA	2	250	88.9	1500	55	59
4CFA	4	500	88.9	1500	55	59

续表

机型	列数	额定功率 kW	冲程 mm	额定转速 r/min	最大拉伸杆载 kN	最大压缩杆载 kN
6CFA	6	750	88.9	1500	55	59
2CFG	2	800	139.7	750	250	263
4CFG	4	1600	139.7	750	250	263
6CFG	6	2400	139.7	750	250	263
2CFC	2	1150	139.7	1200	250	263
4CFC	4	2300	139.7	1200	250	263
6CFC	6	3500	139.7	1200	250	263
2CFQ	2	1150	101.6	1400	250	263
4CFQ	4	2300	101.6	1400	250	263
6CFQ	6	3500	101.6	1400	250	263
2CFB	2	2000	148	1000	350	372
4CFB	4	4000	148	1000	350	372
6CFB	6	6000	148	1000	350	372

表 4-6 成都天然气压缩机厂常规分体式压缩机性能参数

机型	列数	额定功率 kW	冲程 mm	额定转速 r/min	最大拉伸杆载 kN	最大压缩杆载 kN
2CFP	2	100	76.2	1800	25	27
4CFP	4	200	76.2	1800	25	27
2CFD	2	250	76.2	1800	55	59
4CFD	4	500	76.2	1800	55	59
6CFD	6	750	76.2	1800	55	59
2CFA	2	250	88.9	1500	55	59
4CFA	4	500	88.9	1500	55	59
6CFA	6	750	88.9	1500	55	59
2CFH	2	650	116	1200	120	129
4CFH	4	1300	116	1200	120	129
6CFH	6	1950	116	1200	120	129

续表

机型	列数	额定功率 kW	冲程 mm	额定转速 r/min	最大拉伸杆载 kN	最大压缩杆载 kN
2CFQ	2	1150	101.6	1400	250	263
4CFQ	4	2300	101.6	1400	250	263
6CFQ	6	3500	101.6	1400	250	2632
2CFG	2	800	139.7	750	220	235
4CFG	4	1600	139.7	750	220	235
6CFG	6	2400	139.7	750	220	235
2CFC	2	1150	139.7	1200	250	263
4CFC	4	2300	139.7	1200	250	263
6CFC	6	3500	139.7	1200	250	263
2CFB	2	2000	148	1000	350	372
4CFB	4	4000	148	1000	350	372
6CFB	6	6000	148	1000	350	372
2CFV	2	2500	205	750	500	531
4CFV	4	5000	205	750	500	531
6CFV	6	7500	205	750	500	531

表 4-7 江汉钻头压缩机公司 RDS 系列主要技术参数

型号	列数	额定转速 r/min	额定功率 hp	行程 mm	额定活塞杆负荷 kN	最大允许气体力 kN
2RDS	2	1000	1200	139.7	166.7	166.7
2RDSA	2	1200	1900	139.7	266.7	266.7
2RDSB	2	1000	1900	152.4	266.7	266.7
4RDS	4	1000	2400	139.7	166.7	166.7
4RDSA	4	1000	3300	139.7	266.7	266.7
4RDSB	4	1000	3300	152.4	266.7	266.7
6RDS	6	1000	3600	139.7	166.7	166.7
6RDSA	6	1000	4600	139.7	266.7	266.7
6RDSB	6	1000	4600	152.4	266.7	266.7

表4-8 Dresser-Rand系列压缩机性能参数

型号	冲程 mm	最大转速 r/min	最大功率 kW	曲拐数
HHE-FB	216, 254, 279或305	600	1678	2或4
HHE-VB	254~305	600	3729	1~6
HHE-VG	254~381	600	7047	1~10
HHE-VL	305~406	600	16778	1~10
HSE	229或279	600	746	2或4
PHE	178	729	186	2
ESH	178或279	600	134	1
BDC-12H	216~305	600	6133	2, 4或6
BDC-18H	305~406	450	33557	2~10

表4-9 Ariel公司往复式压缩机性能参数

系列	型号	冲程 mm	最大转速 r/min	额定功率 kW	曲拐数
JG系列、JGA系列	JG/2	89	1500	188	2
	JG/4			376	4
	JGA/2	76	1800	209	2
	JGA/4			418	4
	JGA/6			626	6
JGC系列、JGD系列、JGF系列	JGC/2	165	1000	1544	2
	JGC/4			3087	4
	JGC/6			4631	6
	JGD/2	140	1200	1544	2
	JGD/4			3087	4
	JGD/6			4631	6
	JGF/2	127	1200	1544	2
	JGF/4		1400	3087	4
	JGF/6			4631	6

续表

系列	型号	冲程 mm	最大转速 r/min	额定功率 kW	曲拐数
JGE 系列、JGK 系列、JGT 系列	JGE/2	114	1500	798	2
	JGE/4			1596	4
	JGE/6			2394	6
	JGK/2	140	1200	947	2
	JGK/4			1894	4
	JGK/6			2841	6
	JGT/2	114	1500	969	2
	JGT/4			1939	4
	JGT/6			2908	6
JGR 系列、JGJ 系列	JGR/2	108	1200	321	2
	JGR/4			641	4
	JGJ/2	89	1800	462	2
	JGJ/4			925	4
	JGJ/6			1387	6
JGM 系列、JGP 系列	JGM/1	89	1500	63	1
	JGM/2			127	2
	JGP/1	76	1800	63	1
	JGP/2			127	2
JGN 系列、JGQ 系列	JGN/1	89	1500	94	1
	JGN/2			188	2
	JGQ/1	76	1800	104	1
	JGQ/2			209	2

表 4-10 卡麦隆公司往复式压缩机性能参数

型号	汽缸数	最大转速功率 kW	转速 r/min	冲程 mm	最大转速时活塞速度 m/s
MH62	2	1343	600~1200	152	6.1
MH64	4	2685	600~1200	152	6.1

续表

型号	汽缸数	最大转速功率 kW	转速 r/min	冲程 mm	最大转速时活塞速度 m/s
MH66	6	4027	600～1200	152	6.1
WG62	2	2238	700～1200	152	6.1
WG64	4	4476	700～1200	152	6.1
WG66	6	6714	700～1200	152	6.1
WG72	2	1679	600～1000	178	5.9
WG74	4	3730	600～1000	178	5.9
WG76	6	5595	600～1000	178	5.9

6）往复式压缩机故障分析

往复式压缩机故障原因分析可按表 4-11 进行。

表 4-11　往复式压缩机故障的可能原因分析

故障	可能原因	故障	可能原因
压缩机不能启动	（1）电器故障； （2）开关设备或启动面板故障； （3）低油压关闭开关故障； （4）控制面板故障	密封件过热	（1）润滑失效； （2）润滑油不合适或润滑程度不足； （3）冷却不足
马达不同步	（1）电压低； （2）启动转矩过大； （3）功率系数不正确； （4）激发电压失灵	阀上过度结炭	（1）润滑油过多； （2）润滑油不合适（太轻、高残炭）； （3）从进气系统或前面的压缩级有油带入； （4）阀损坏/泄漏引起高温； （5）通过各汽缸的压缩比过高引起温度过高
油压低	（1）油泵故障； （2）平衡锤接触发油表面起泡； （3）油温低； （4）滤油器变脏； （5）内壳有油泄漏； （6）轴承垫片及（或）轴承处泄漏过大； （7）低油压开关设置不当； （8）低速挡油泵旁路或泄放阀设置问题； （9）压力表故障； （10）油系统安全阀故障	泄放阀有爆裂声	（1）泄放阀故障； （2）下一级的吸气或密封环出现泄漏； （3）阻塞（内有异物、碎片），排放管道盲死或阀门关闭
		排气温度高	（1）下一级进气阀/密封环泄漏引起汽缸压缩比过高； （2）中间冷却器/管路淤塞； （3）排气阀或活塞环泄漏； （4）进气温度高； （5）汽缸和水套淤塞； （6）润滑油不合适，或润滑程度不当

续表

故障	可能原因	故障	可能原因
气缸噪声	（1）活塞变松； （2）活塞碰击汽缸外盖端或机壳端； （3）十字头锁紧螺帽变松； （4）阀破裂或泄漏； （5）活塞环或扩压塞磨损或破裂； （6）阀座安装不当，或其垫片已损坏； （7）空气减荷器撞针作响	机壳有撞击声	（1）十字头螺栓、螺栓盖或十字头漏块变松； （2）主轴承、曲柄轴承螺栓或十字头轴承变松/磨损； （3）油压低； （4）油温低； （5）用的油不对； （6）碰撞实际上来自汽缸端
填料面过渡泄漏	（1）密封环磨损； （2）润滑油不合适，或润滑程度不足（兰环）； （3）密封装置变脏； （4）压力升速过大； （5）密封环组装不当； （6）环侧或端接头间隙不当； （7）密封防控系统堵塞； （8）活塞杆有刮伤； （9）活塞杆滑出过长	曲柄连杆油封泄漏	（1）密封安装不当； （2）排液孔堵塞
		活塞杆刮油器泄漏	（1）刮油器环磨损； （2）刮油器组装错误； （3）连杆刮伤或磨损； （4）环与杆配合或端间隙不合适

2. 离心式压缩机

1）压缩机结构

离心式压缩机由转子及定子两大部分组成，结构如图4-9所示。转子包括转轴，固定在轴上的叶轮、轴套、平衡盘、推力盘及联轴节等零部件。定子则有汽缸、定位于缸体上的各种隔板以及轴承等零部件。在转子与定子之间需要密封气体，此外还设有密封元件。

2）工作原理

燃气轮机或电动机带动压缩机主轴叶轮转动，在离心力作用下，气体被甩到工作轮后面的扩压器中去。在工作轮中间形成稀薄地带，前面的气体从工作轮中间的进气部分进入叶轮，由于工作轮不断旋转，气体能连续不断地被甩出去，从而保持了气体的连续流动。气体因离心作用增加了压力，还可以很大的速度离开工作轮，气体经扩压器逐渐降低了速度，动能转变为静压能，进一步增加了压力。如果一个工作叶轮得到的压力不够，可通过多级叶轮串联工作的办法来达到对出口压力的要求。级间的串联通过弯通、回流器来实现。

3）工作性能

离心式压缩机为速度型压缩机，流量的变化与旋转速度成正比，压头变化与速度

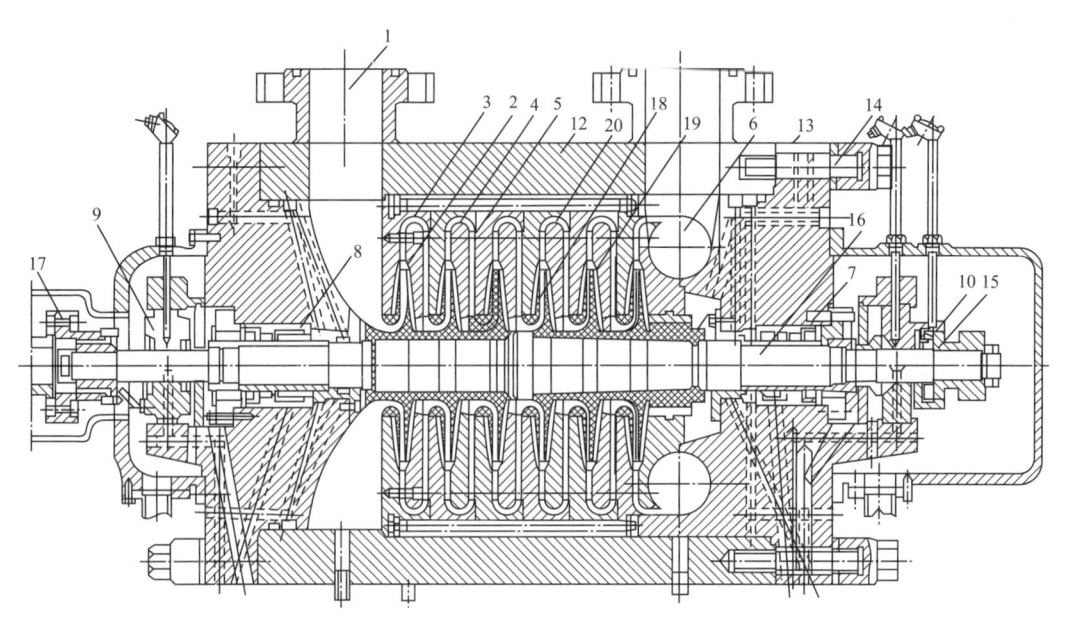

图 4-9 离心式压缩机纵剖面图结构示意图

1—吸入室;2—叶轮;3—扩压器;4—弯道;5—回流器;6—蜗壳;7,8—轴端密封;9—支持轴承;10—止推轴承;11—卡环;12—机壳;13—端盖;14—螺栓;15—推力盘;16—主轴;17—联轴器;18—轮盖密封;19—隔板密封;20—隔板

的平方成正比,需要的功率与速度的立方成正比。

图 4-10 为低压缩比的压缩机性能曲线,图 4-11 为高压缩比的压缩机性能曲线。可见离心式压缩机在高压缩比情况下,稳定运行范围变得较窄,效率下降。在性能曲线的最左端,处于流量最小而压头最高的喘振点,此时形成的压头不足以克服管道系统阻力,气体回流至压缩机入口,排出气流减少,排出压力下降,直至流量恢复到压缩机运行范围之内,如此循环反复,造成压缩机过热,并损坏压缩机止推轴承。在性能曲线的右端,压缩机内达到音速,流量不再增大。

4)离心式压缩机主要厂家产品性能参数

目前在我国集输管道上所有的离心式压缩机大多为国外机组,国外生产离心式压缩机的主要厂家有德莱 - 赛兰(Dresser-Rand)公司、罗尔斯 - 罗伊斯(Rolls-Royce)公司、索拉(Solar)公司、通用电气(GE)公司、德国 ManTurbo 公司和日本三菱重工(M)公司等。

国外生产管道离心式压缩机组的厂家中,大多采用筒形铸钢或焊接汽缸,轮子为悬臂结构,浮环密封,每级压缩比为 1.25~1.50,转速 3000~10000r/min。近几年,中国长距离输气管道上使用的离心式压缩机多为国外机组,压缩级数为 1~5,表 4-12 至表 4-16 分别为罗尔斯 - 罗伊斯(Rolls-Royce)公司、索拉(Solar)公司和 GE 公司等离心式压缩机的主要技术参数。

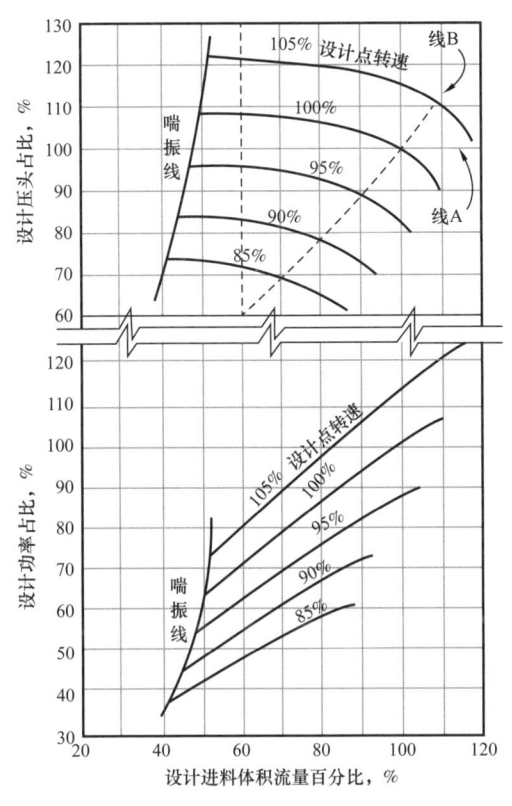

图 4-10 低压缩比压缩机性能曲线图

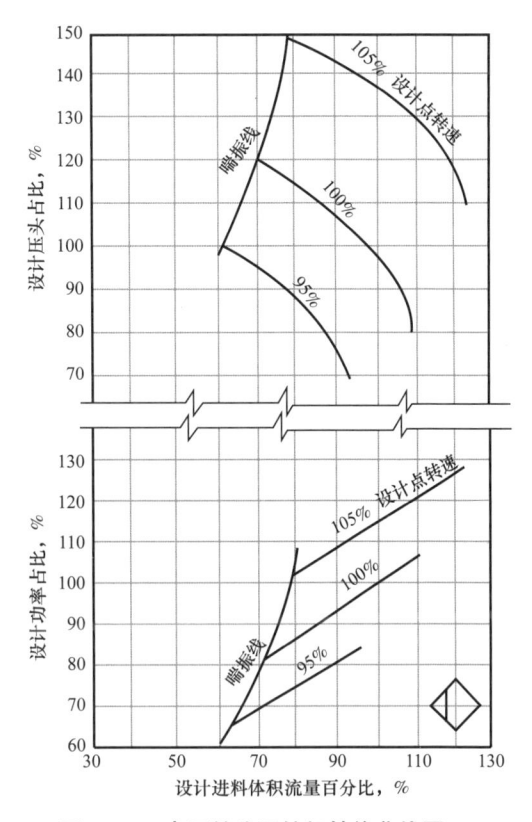

图 4-11 高压缩比压缩机性能曲线图

表 4-12 罗尔斯－罗伊斯（Rolls-Royce）公司离心式压缩机性能参数

型号	最高工作压力 MPa	进出口法兰直径 mm	级数	最大功率 kW	转速 r/min	效率 %	叶轮直径 mm	最大设计流量 m³/h	质量 kg
RCBB14	10.3	360	1~3	5600	9000~13800	85.0	254~495	11276	7294
RFBB20	10.3	510	1~4	11200	9000~11000	85.0	254~660	21600	9988
RFA24	10.3	610	1	13400	9000~13800	87.5	610~1232	43000	27000
RFBB30	9.9	760	1~4	29800	3600~6666	85.0	610~1170	52300	29500
RFBB36	15.5	910	1~5	33600	3600~6666	85.0	610~1170	77100	43100
RFA36	12.4	910	1	33600	3600~6666	87.5	610~1220	102800	27200
RFBB42	9.9	1070	1~5	33600	3600~6666	84.0	610~1170	106700	52200

表 4-13　索拉（Solar）公司离心式压缩机性能参数

型号	级数	壳体承压 MPa	入口流量 m³/h	最大能头 kJ/kg	法兰直径 mm
C401	1	11.04	34～269	57	500
C402	1～2	11.04	42～269	96	500
C404A	1～4	13.8	23～255	170	406
C404B	1～5	17.24	23～255	170	406
C406A	2～6	13.8	23～255	254	406
C406B	2～6	17.24	23～255	254	406
C451	1	12.41	79～453	66	610
C452	1～2	12.41	100～255	90	610
C651	1	11.04	113～566	57	762
C652	1～2	11.04	141～566	96	762

表 4-14　通用电气油气公司（GE Oil&Gas）离心式压缩机性能参数

型号	级数	排气压力 MPa	入口流量 m³/min	最大能头 kJ/kg	法兰直径 in
PCL500	1～4	12	75～210	135	20/16
PCL600	1～4	12	210～440	135	30/20
PCL800	1～4	12	440～670	135	36/24
PCL1000	1～4	12	670～1350	135	48/36

表 4-15　德国曼（Man）管道压缩机型号及参数

项目	RV 型	RM 型
护罩	垂直剖分式护罩	垂直剖分式密封护罩
排出压力，bar	达到 130	达到 100
有效吸入体积流量，m³/h	2000～85000	2000～30000
标准吸入体积流量，m³/h	达到 3000	达到 1800

表 4-16　美国德莱赛（Dresser-Rand）管道压缩机数据表

型号	D8P	D10P	D12P	D14P	D16P
法兰尺寸（最大），mm	508	508	610	762	914
壳体承压（最大），bar	207	207	207	207	207
增压能力（最大），m³/h	22087	30582	40776	54386	73057
级数（最大）	5	5	5	5	5
转速（最大），r/min	16000	14000	12000	10000	9000

3. 螺杆压缩机

螺杆压缩机与活塞压缩机相同，都属于容积式压缩机。螺杆压缩机在设计上分为无油（干式）和有油（湿式）；按用途分为螺杆空压机、螺杆制冷压缩机及螺杆工艺压缩机。

1）工作原理

螺杆压缩机汽缸内装有一对互相啮合的螺旋形阴阳转子，两转子都有几个凹形齿，两者互相反向旋转。转子之间和机壳与转子之间的间隙仅为5~10丝，主转子（又称阳转子或凸转子）由发动机或电动机驱动（多数为电动机驱动），另一转子（又称阴转子或凹转子）是由主转子通过喷油形成的油膜进行驱动，或由主转子端和凹转子端的同步齿轮驱动。转子的长度和直径决定压缩机排气量（流量）和排气压力，转子越长，压力越高；转子直径越大，流量越大。

螺旋转子凹槽经过吸气口时充满气体。当转子旋转时，转子凹槽被机壳壁封闭，形成压缩腔室，当转子凹槽封闭后，润滑油被喷入压缩腔室，起密封、冷却和润滑作用。当转子旋转压缩润滑剂＋气体（简称油气混合物）时，压缩腔室容积减小，向排气口压缩油气混合物。当压缩腔室经过排气口时，油气混合物从压缩机排出，完成一个吸气—压缩—排气过程，其工作循环如图4-12所示。随着转子旋转，每对相互啮合的齿相继完成相同的工作循环。

螺杆压缩机的每个转子由减磨轴承所支承，轴承由靠近转轴端部的端盖固定。进气端由滚柱轴承支承，排气端为止推轴承，抵抗轴向推力，承受径向载荷，并提供必需的轴向运行最小间隙。

2）工作性能

天然气螺杆压缩机是双轴容积式压缩机，它依靠汽缸中一对含有螺旋齿槽的转子相互啮合，造成齿型空间组成的基元容积变化，进行气体压缩。由于螺杆压缩机在低速下操作，允许向压缩机空间直接注入大量液体而不会产生腐蚀，因此，可用于含尘气体压缩。与其他压缩机系统比较，它具有独特的性能和优点。

在变转速操作时，压缩机具有很好的部分负荷特性，若 50% 的流量以 50% 转速运行仅消耗 50% 的动力（图 4-13）。无论气体的压力、温度及组分如何变化，较易提供规定压力下所需的工艺流量（图 4-14）。

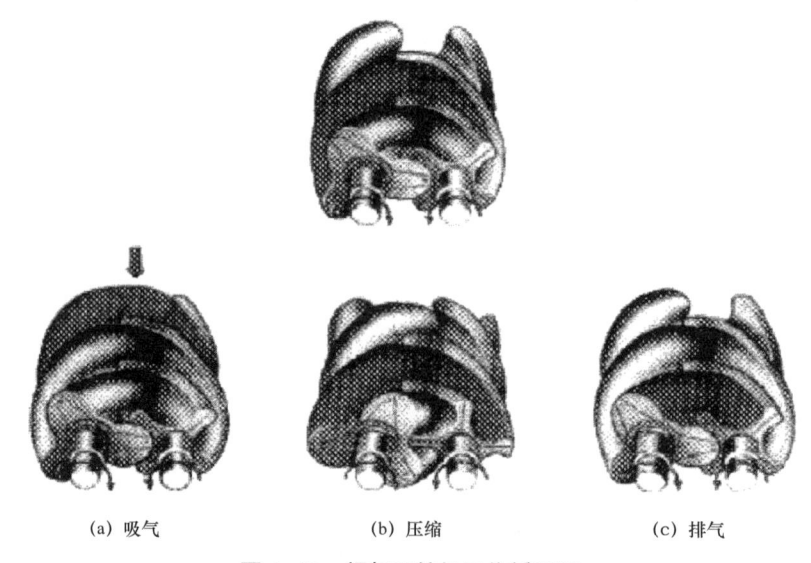

(a) 吸气　　(b) 压缩　　(c) 排气

图 4-12　螺杆压缩机工作循环图

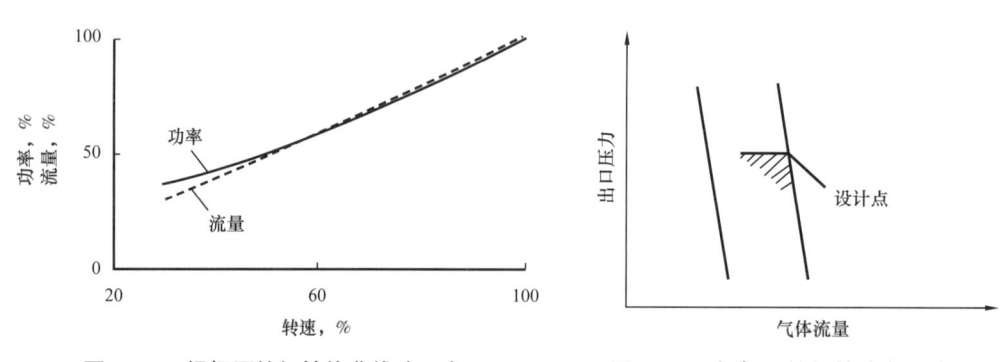

图 4-13　螺杆压缩机性能曲线（一）　　图 4-14　螺杆压缩机性能曲线（二）

3）天然气螺杆压缩机部分产品性能参数

国内生产适用于对烃类气体增压的螺杆压缩机厂商，主要有成都天然气压缩机厂和上海鲍斯压缩机有限公司。成都天然气压缩机厂的螺杆压缩机可用于天然气、煤层气、油田伴生气、闪蒸气和页岩气的抽采、集输及放空气回收等，其参数如下：

（1）进气压力 0.01～0.3MPa（绝）；

（2）排气压力 0.6～2.4MPa（绝）；

（3）排气量2.2~79m³/min（入口状态）。

上海鲍斯压缩机有限公司的螺杆工艺机主要应用于煤层气、天然气、石油伴生气、沼气和工业尾气等可燃气的抽采、增压和回收利用，分为天然气螺杆压缩机和煤层气螺杆压缩机，其产品参数见表4-17和表4-18。

国外豪顿（HOWDEN）有油螺杆压缩机WRV系列见表4-19。

表4-17 天然气螺杆压缩机型号及参数

产品型号	LGM20/ 0.1~0.8	LGM25/ 0.2~1.5	LGM30/ 0.1~0.8	LGM50/ 0.1~0.8	LGM608/ 0.1~0.8	LGM12/ 0.1~0.8
流量，m³/min	2.0	2.5	3.5	5.0	8.0	12
吸气压力，MPa（表）	0.1~0.2	0.2~0.3	0.1~0.2	0.1~0.2	0.1~0.2	0.1~0.2
排气压力，MPa（表）	0.8~1.0	1.3~1.5	0.8~1.0	0.8~1.0	0.8~1.0	0.8~1.0
机组形式	单级 喷轻烃柴油 或水	单级 喷轻烃柴油 或水	单级 喷轻烃柴油 或水	单级 喷轻烃柴油 或水	单级 喷轻烃柴油 或水	单级 喷轻烃柴油 或水
电动机功率，kW	22	25	30	55	75	110
转速，r/min	3000	1500	3000	3000	1500	3000
冷却方式	风冷 （混冷）	风冷 （混冷）	风冷 （混冷）	风冷 （混冷）	风冷 （混冷）	风冷 （混冷）

表4-18 煤层气螺杆压缩机型号及参数

产品型号	LGM20/ 0.1~1.2	LGM30/ 0.1~1.2	LGM35/ 0.05~0.5	LGM40/ 0.1~1.2	LGM60/ 0.1~1.2	LGM80/ 0.1~1.2
流量，m³/min	20	30	35	40	60	80
吸气压力，MPa（表）	0.1~0.2	0.1~0.2	0.05~0.15	0.1~0.2	0.1~0.2	0.1~0.2
排气压力，MPa（表）	0.8~1.2	0.8~1.2	0.1~0.5	0.8~1.2	0.8~1.2	0.8~1.2
机组形式	单级 喷柴油或水	单级 喷柴油或水	单级 喷柴油或水	单级 喷柴油或水	单级 喷柴油或水	单级 喷柴油或水
电动机功率，kW	100~160	160~200	185~255	285~355	400~500	630~710
转速，r/min	3000	3000	3000	3000	3000	3000
冷却方式	风冷 （混冷）	风冷 （混冷）	风冷 （混冷）	风冷 （混冷）	风冷 （混冷）	风冷 （混冷）

表 4–19　国外豪顿（HOWDEN）有油螺杆压缩机（WRV 系列）参数

型号	WRV163	WRV204	WRV255	WRV321	WRV510	WRV580
螺杆长径比 L/D	2	4	6	4	3	1
转速，r/min	\multicolumn{6}{c}{1000~4500}
压缩比	\multicolumn{6}{c}{20:1（单级）}
压缩气量范围，m^3/h	\multicolumn{6}{c}{200~24500}
最大排出压力，bar（绝）	\multicolumn{6}{c}{51}
最高排出温度，℃	\multicolumn{6}{c}{110}
入口设计温度，℃	\multicolumn{6}{c}{−60~+70}
转子齿形（齿数比）	\multicolumn{6}{c}{4 齿峰 /6 齿槽（非对称形）}

4. 压缩机性能特点及适用范围

往复式压缩机主要适用于小排量、高压或超高压条件，尤其适合于气田内部集输的增压输送。离心式压缩机主要适用于大排量、气源稳定条件。螺杆压缩机适合于对气量小、压力低的气体增压。压缩机适用范围如图 4–15 所示。

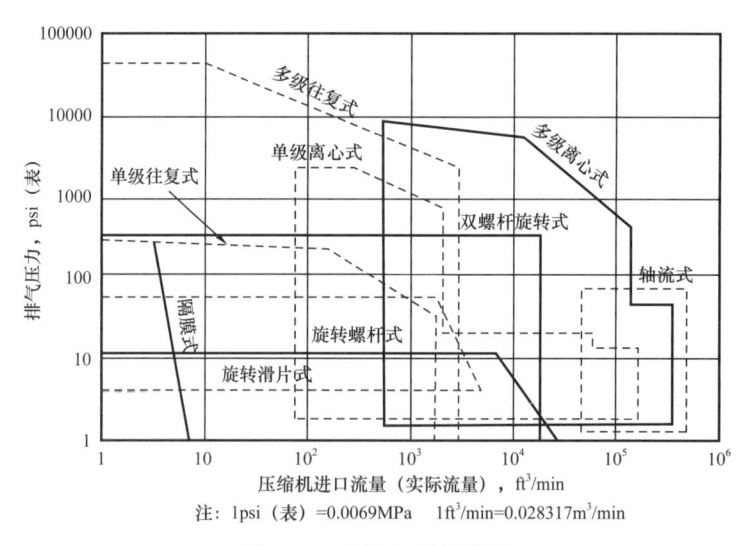

注：1psi（表）=0.0069MPa　1ft³/min=0.028317m³/min

图 4–15　压缩机适用范围

从图 4–16 压缩机压头与流量关系图中看出，离心式压缩机是恒压头而变容的压缩机，往复式压缩机则是变压头而恒容的压缩机。

天然气压缩机适用范围及特点见表 4–20。

对于气量较大且气量波动幅度不大、压比较低的情况宜选用离心式压缩机。当流量小时，相应的离心压缩机的叶轮窄，加工制造困难，工作情况不稳定。特别是在多级压缩的情况下，由于气体被压缩，后几级叶轮的流量更小。因此，离心式压缩机的最小流量受到限制。此外，由于离心式压缩机是先使气体得到动能，然后再把动能转化为压力能，因此比空气密度小的气体要得到同样的压缩比，必须使气体的速度更高。而这样必然导致摩擦损失的增加，因此离心压缩机压缩低相对分子质量的气体是不利的。

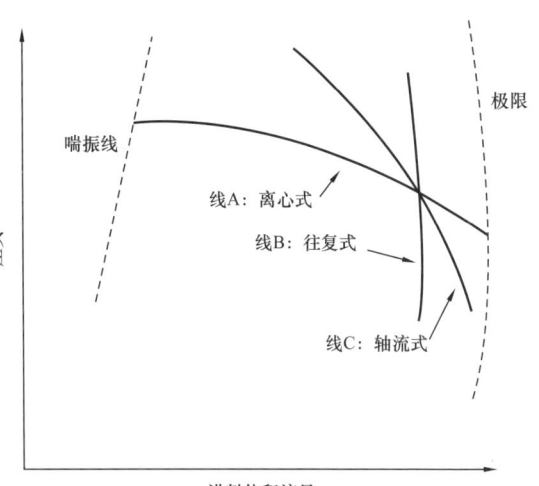

图 4-16 压缩机压头与流量关系示意图

在高压和超高压压缩时，一般采用往复式压缩机。往复式压缩机的压缩比通常是 3:1～4:1，在理论上往复式压缩机压缩比可以无限制，但太高的压缩比会使热效率和机械效率下降，较高的排气温度，会导致温度应力增加。往复式压缩机综合绝热效率为 0.75～0.85。由于具有效率高、出口压力范围宽、流量调节方便等特点，在气田内部集输和储气库上得到广泛应用。在输气管道上也有使用。因此，页岩气田也将主要采用往复式压缩机。

表 4-20 天然气压缩机适用范围及特点

类型	往复式压缩机 （变压头而恒容的压缩机）	螺杆压缩机	离心式压缩机 （恒压头而变容的压缩机）
优点	（1）流量变化范围为 40%～120%； （2）压力范围最广，从低压到超高压均适用； （3）热效率较高，设计工况点下，可达 80%～84%，燃料气耗量略低； （4）适应性强，排气量可在较大范围内变化； （5）对气体组成及密度变化敏感性略低； （6）对制造压缩机的金属材料要求不太苛刻	（1）可变内压比允许进口压力波动范围大，并保持出口压力稳定，特别适用接近大气压力的低压入口压力； （2）适应性强，具有强制输气的特点，容积流量几乎不受排气压力的影响，在宽阔的范围内能保持较高效率，在压缩机结构不做任何改变的情况下，适用于多种工况； （3）可靠性高，零部件少，没有易损件，因而它运转可靠，寿命长； （4）动力平衡好，没有不平衡惯性力，机器可平稳地高速工作，可实现无基础运转，特别适合作移动式压缩机	（1）流量变化范围为 70%～120%； （2）设计输量下，压缩机效率较高，可达 80%～87%； （3）结构紧凑，尺寸小； （4）易损件少，运转可靠，运转率高，维护费用低； （5）气体不与机组润滑系统发生油接触

续表

类型	往复式压缩机 （变压头而恒容的压缩机）	螺杆压缩机	离心式压缩机 （恒压头而变容的压缩机）
缺点	（1）外形尺寸及重量大，结构复杂； （2）所需台数多。辅助设施、配管多，占地面积稍大； （3）易损件多，如活塞环等，一般在12～18个月需更换，日常维护费用高； （4）机组运转效率低，安装及基础工作量大，设备基础和配管等需采取防振措施，噪声较大； （5）压缩机汽缸需油润滑，气田受到污染	（1）排量小，依靠间隙密封气体； （2）排气压力低，一般不超过4.5MPa	不适用于气量太小及压缩比过高的场合，稳定工况区较窄，效率一般低于往复式压缩机
适用范围	小流量、流量变化幅度较大，压比高的工况。对中、小气量，不确定性较多的管道压气站，往复式压缩机组较为灵活	适用于低流量、低压力、含液气体。主要用于对煤层气、油田伴生气、火炬气等低压气的增压	适用于大排量、流量变化幅度较小、压比低的工况

二、整体式与分体式往复式压缩机

整体式往复式压缩机组动力机和压缩机共用一个机身、一根曲轴，组合成一个整体，习惯称摩托式压缩机。国产470kW以下机组采用缸头启动，470kW以上机组采用气马达启动，启动压力一般为1.5～2.5MPa。机组变工况适应能力强；结构简单，维护检修方便；使用技术成熟，应用广泛；转速低，噪声相对较小。但体积大，质量大；振动大，存在低频噪声；功率小。

分体式往复式压缩机组动力机和压缩机完全分离，动力部分和压缩部分由联轴器相连。功率范围大，且功率越大性价比越高；结构紧凑，占地面积小，质量小；发动机与压缩机可分，可有多种形式的动力配套；发动机振动小；启动方便，自控水平高；机组变工况适应能力差；维护检修技术要求较高，噪声较大。

目前整体式机组因存在低频噪声，同时驱动的燃气发动机存在大气污染，逐渐减少使用。而分体式机组因转速相对较高，低频噪声小，为目前往复式压缩机主要采用的方式。特别是在有外电条件的地区，采用电动机驱动后，低频噪声几乎没有，并且不产生大气污染，更环保，更受用户青睐。

三、驱动方式

通常页岩气田增压主要采用电动机和燃气发动机驱动。表4-21为天然气驱动和电驱设备的主要性能比较。

表 4-21 天然气驱动和电驱设备的主要性能比较

序号	项目	燃气发动机	（变速）电动机
1	效率	随压缩机负荷减小，效率降低	压缩机负荷减小，对电动机效率影响较小
2	输出功率	燃气发动机受环境条件较小	环境条件影响可略
3	速度调节范围	50%～105%	变频电动机较高
	速度调节精度	一般	变频电动机较高
5	污染物排放	有，需满足国家排放标准 NO：≤25μL/L CO：≤20μL/L	无
6	运行可靠性	较高	高
7	开车到满载时间	约 30min	瞬时
8	维修	维修量较大，约 30000h 需进行返厂大修	维修量较小，可进行现场维修
9	动力源	原料天然气自有；不受供电条件制约；运行成本受气价影响	由供电部门供电；受供电部门制约；运行成本受电价制约
10	对电网影响	无	单台压缩功率较大时，对电网影响较大

1. 燃气发动机

1）机组特点

燃气发动机是以天然气或其他混合气体为燃料，靠火花塞点燃的活塞式内燃机，其优点是热效率高（35%～37%），最高达 40%，燃料气消耗低 [0.25～0.3m³/(kW·h)]，可直接与往复式压缩机连接而不需变速，调速方便；缺点是机器笨重，结构复杂，安装和维修费用高，辅助设备繁杂，运行振动大，噪声大，单机功率比燃气轮机小。

2）分类形式

（1）按工作循环分类。分为四冲程循环和二冲程循环发动机。四冲程循环包括进气、压缩、燃烧及膨胀、排气等 4 个冲程，由两个完整的活塞行程来完成；二冲程循环的进气和排气集中在很短的时间内完成，只有压缩和膨胀两个冲程完成一个循环。在相同汽缸尺寸及相同转速下，二冲程发动机发出的功率为四冲程的 1.6～1.7 倍。

（2）按吸气方式分类。分为从大气自然吸气和增压冷却式吸气。增压吸气是提高发动机总功率的一种措施。用增压器先把空气压缩以提高密度，然后充入汽缸，增加汽缸中的空气量，让更多的燃料在汽缸中燃烧，功率增加几十个百分点以上。增压器既可由发动机的主轴带动，也可利用排出废气的能量，由废气带动废气涡轮，废气涡轮再带动增压器。

为了提高效率和单机功率，目前国外在大型燃气发动机中有做成增压型的，即空气在进发动机汽缸前增压，增压在涡轮增压器进行，涡轮增压器由燃烧后的废气驱动，利用废气的压降和温降的能量。

（3）按转速分类。发动机按转速分为：

① 高速——大于 1500r/min；

② 中速——700～1500r/min；

③ 低速——小于 700r/min。

高速发动机在重量和尺寸上占优势，但比中速和低速发动机需要更多的维修。

（4）按结构形式分类。根据天然气发动机与压缩机的连接方式，可分为整体式发动机和分体式发动机。分体式机组的发动机转速一般为 1000r/min 以上，为中速发动机，压缩机与发动就是独立的，由发动机直接驱动压缩机，发动机功率多为 2～6MW，体积较整体式的小。整体式机组具有可靠性好、效率高的优点，但其体积庞大，造价高，国外该功率级别的往复式压缩机组已完全被分体式机组取代。国产整体式机组功率较小，用于油气田小型增压站。图 4-17 所示为天然气发动机与往复式压缩机的连接示意图。

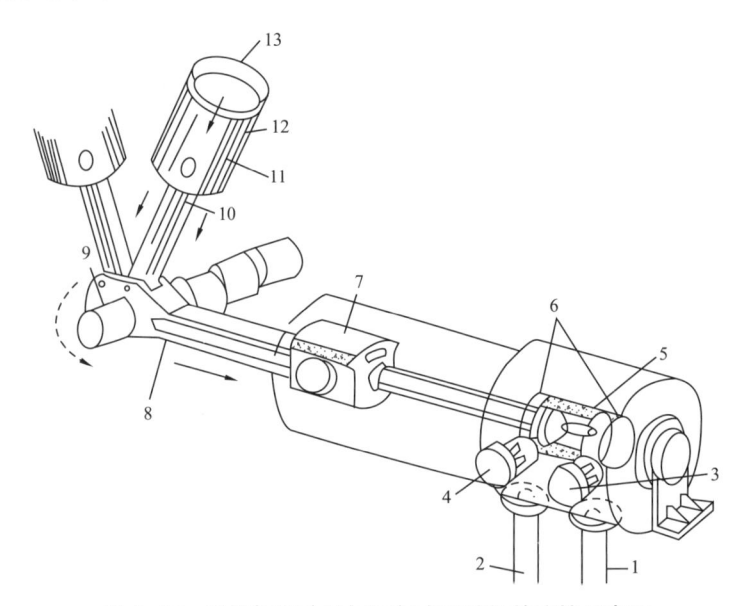

图 4-17　天然气发动机与往复式压缩机的连接示意图
1—燃气入口；2—燃气出口；3—进气阀；4—排气阀；5—压缩机汽缸内壁；7—十字头；8—主连杆；9—曲轴；
10—副连杆；11—发动机活塞；12—空气入口；13—燃料气入口

2. 电动机

1）电动机类型

用于驱动压缩机的交流电动机包括三种类型：

（1）笼型电动机。结构简单、价格低、易维护，但功率因数低，在压缩机有调速需求采用变频调速时需加大变频器容量。

(2)同步电动机。能改善电网的功率因数，但价格高，管理要求也高，一般用于功率大、无调速要求的连续工作压缩机。

(3)绕线型电动机。具有启动电流小的特点，当笼型电动机不能满足压缩机启动要求或加大功率不合理时，可采用绕线转子电动机。

2）电动机选择

(1)电动机选择步骤如图4-18所示。

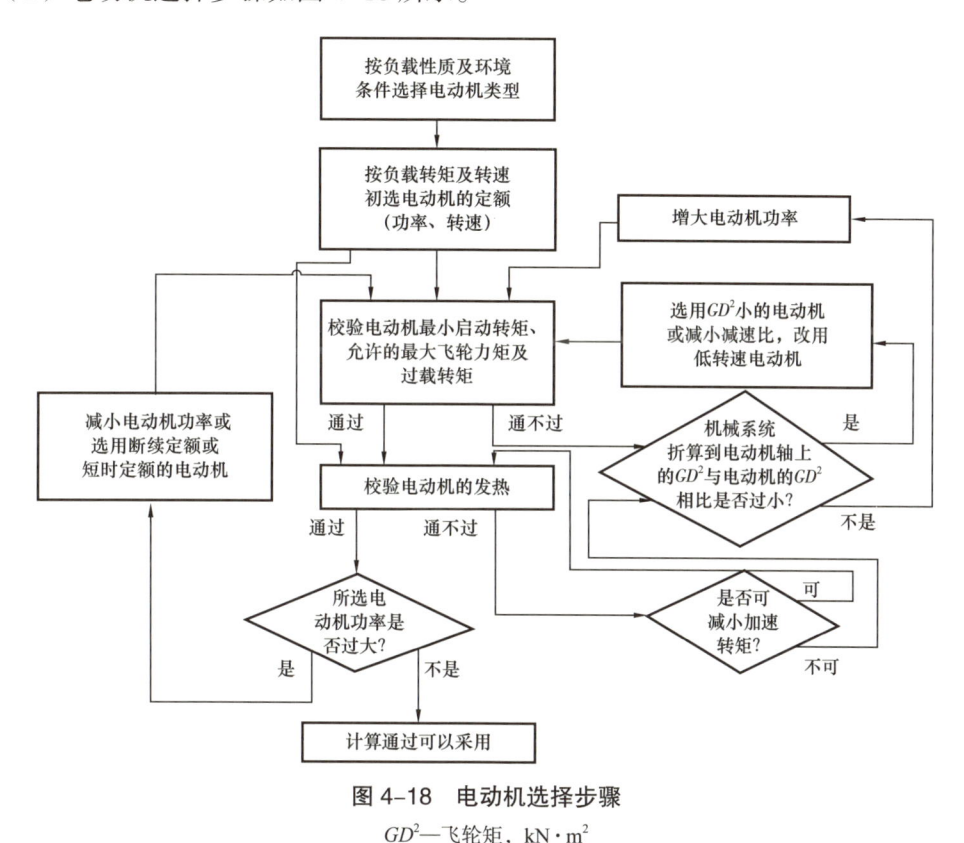

图4-18 电动机选择步骤

GD^2—飞轮矩，$kN \cdot m^2$

电动机的额定容量应留有适当裕量，负荷率一般在0.8～0.9范围内。若为改善功率因数，同步电机容量不受此限。但选择过大的容量不仅造价增加，而且电动机效率降低，同时异步电动机功率因数降低。

(2)电动机电压选择。工业企业配电电压一般为10kV，6kV和0.38kV。交流电动机额定电压和容量范围见表4-22。当供电电压为10kV时，大容量电动机宜采用10kV直接供电；中等容量电动机，如果有10kV电压时，应优先采用；当总降压变压器具有6kV电压的三线圈主变压器时，经技术经济比选可行，也可采用6kV电动机，并设母线。

根据GB/T 12497—2006《三相异步电动机经济运行》，额定容量大于200kW的电动机宜采用高压电动机。

表 4-22 交流电动机额定电压和容量范围

额定电压，V	容量范围，kW					
	同步电动机		异步电动机			
			鼠笼型		绕线型	
	最小	最大	最小	最大	最小	最大
约 380	3	320	0.37	315	0.6	320
约 3000	250	2200	90	2500	75	3200
约 6000	250	10000	200	5000	200	5000
约 10000	1000	—	—	—	—	—

（3）电动机结构的防护形式、冷却方式与防爆结构的选择。

① 电动机的结构防护形式应符合安装场所的环境条件。

GB/T 4942.1—2006《旋转电机整体结构的防护等级（IP 代码）分级》规定了关于以下方面的旋转电动机外壳防护的标准等级：

a. 防止人体触及或接近壳内带电部分和触及壳内转动部件（光滑的旋转轴和类似部件除外），以及防止固体异物进入电动机。

b. 防止由于电动机进水而引起的有害影响。

防护等级的标志由表征字母"IP"及附加在其后的两个表征数字组成。

对于户外的露天场所，电动机选择气候防护型时，其外壳防护等级不低于 IP44，接线盒防护等级应为 IP54；对于户外，在有腐蚀性及爆炸性气体的场所，隔爆型电动机的防护等级不低于 IP54。

② 电动机冷却方式应针对不同生产机械与具体的安装环境，确定合适的冷却方式。电动机冷却方式代号按 GB/T 1993—1993《旋转电机冷却方法》特征字母 IC、冷却介质代号和两位数字组成。

③ 电动机防爆结构选型见表 4-23。

表 4-23 旋转电动机防爆结构选型

电气设备	1 区			2 区			
	隔爆型 d	正压型 P	增安型 e	隔爆型 d	正压型 P	增安型 e	无火花型 n
鼠笼型感应电动机	○	○	△	○	○	○	○
绕线型感应电动机	△	△	—	○	○	○	×
同步电动机	○	○	×	○	○	○	—

注：○为适用；△为慎用；×为不适用；绕线型感应电动机及同步电动机采用增安型时，其主体是增安型防爆结构，发生火花的部分是隔爆或正压型防爆结构；无火花型电动机在通风不良及户内具有比空气重的易燃物质区域内慎用。

（4）电动机绝缘等级选择。各种绝缘等级材料，允许的工作温度和允许温升见表 4-24。

表 4-24　各种绝缘等级材料允许的工作温度和允许温升

绝缘等级	允许工作温度，℃	环境温度为 40℃时允许温升（电阻法），℃
Y	90	—
A	105	60
E	120	75
B	130	80
F	155	100
H	180	125
C	>180	—

冷却空气不大于 40℃时，电动机各部件的允许温升见表 4-25。

表 4-25　各种绝缘等级材料的允许温升

电动机各部件	允许温升，℃	
	A 级绝缘	B 级绝缘
大型（S_N>5000kV·A）交流电动机的线圈	60[1]	80[1]
功率较上述电动机的交流电机的线圈、多层	50[3]	70[3]
励磁线圈、与整流子连接的电枢线圈	60[2]	80[2]
单层励磁线圈、异步电动机转子的棒状线圈	65[2]	90[1]
铁芯及与绝缘线圈接触的其他部分	60[3]	80[3]
滑环	65[3]	85[3]
整流子	60[3]	80[3]
滑动轴承	40[3]	40[3]
滚动轴承	55[3]	55[3]

注：S_N—视在功率。
　　[1] 用埋入法测温器测量。
　　[2] 用电阻法测量。
　　[3] 用温度计测量。

3. 驱动方式选择

结合目前已经实施的页岩气增压机组驱动方式看，从噪声、环保、效率、机组尺寸及占地、外部动力、冷却负荷、机组价格、维护保养、能耗、机油耗量等方面综合比较得出，在有外电接入的条件下，宜优先选用电动机驱动方式。

四、冷却方式

增压站天然气的冷却方式有水冷和空冷两种方式。根据气候和地理条件，两种类型的任一种或二者结合使用均可满足冷却要求。

1. 空冷方式

空冷器冷却效率直接取决于传热介质之间的温差，空冷器出口温度设置最佳温度为高于环境温度10~20℃。一般站场出口温度控制在50~60℃。站场最佳出口温度的确定应对全线增压站能耗、空冷器能耗和空冷器投资做出技术经济比较后确定。

1）空冷器结构形式的分类

空冷器通常可以按以下几种形式进行分类：

（1）按管束布置方式分为水平式、立式、圆环式、斜顶式和V字式等形式。

（2）按通风方式分为鼓风式、引风式和自然通风式。

（3）按冷却方式分为干式空冷、湿式空冷和干湿联合空冷。

（4）按工艺流程分为全干空冷、前干空冷后水冷、前干空冷后湿空冷以及干湿联合空冷。

（5）按安装方式分为地面式、高架式和塔顶式。

（6）按风量控制方式分为停机手动调角风机、不停机自动调角风机、自动调角风机和自动调整风机、百叶窗调节式。

（7）按循环方式分为热风内循环式和热风外循环式。

2）空气冷却器的主要部件

空气冷却器由一个或多个轴流风扇供风的一组或多组冷却管束、风扇和风扇的驱动设备、减速器、密封罩及支撑结构等组成。

管束——由管箱、翅片管和框架组合构成。需要冷却或冷凝的流体在管内通过，空气在管外横掠流过翅片管束，对流体进行冷却或冷凝。

轴流风机——1个或几个一组的轴流风机驱使空气的流动；

构架——空气冷却器管束及风机的支承部件；

附件——如百叶窗、蒸气盘管、梯子、平台等。

如图4-19所示的空冷器为在增压站普遍使用的空冷器。

（1）空冷器的通风。

空冷器分为强制通风和吸入通风两种形式，冷却管束布置在风扇排出侧的为强制通风空气冷却器；冷却管束布置在风扇吸入侧的为吸入通风空气冷却器。压缩机站适宜采用强制通风空气冷却器。空冷器的形式及其典型平面布置图和典型侧视图如图 4-20 和图 4-21 所示。

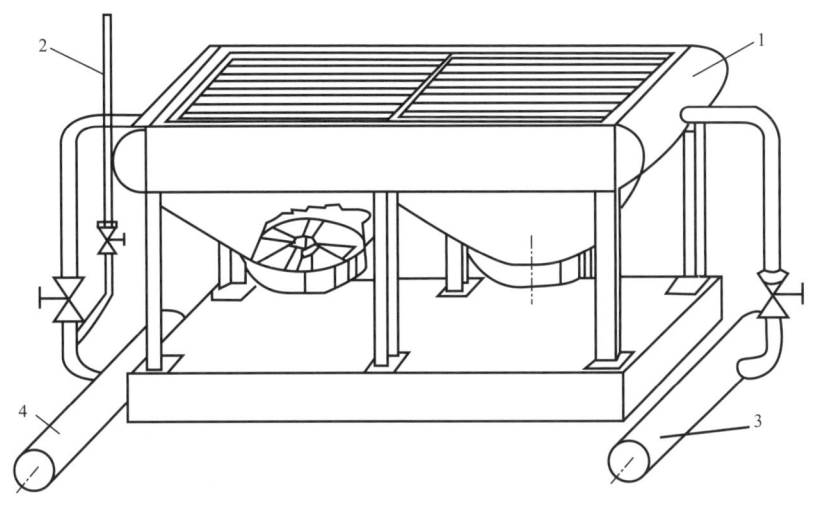

图 4-19 空冷器连接图（风扇装在底部）
1—天然气空冷器；2—放空管；3，4—天然气出口及入口汇管

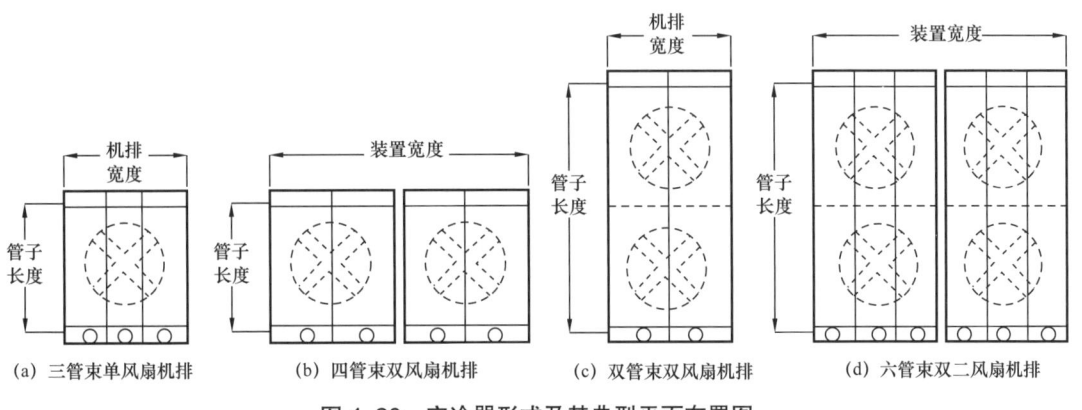

(a) 三管束单风扇机排　(b) 四管束双风扇机排　(c) 双管束双风扇机排　(d) 六管束双二风扇机排

图 4-20 空冷器形式及其典型平面布置图

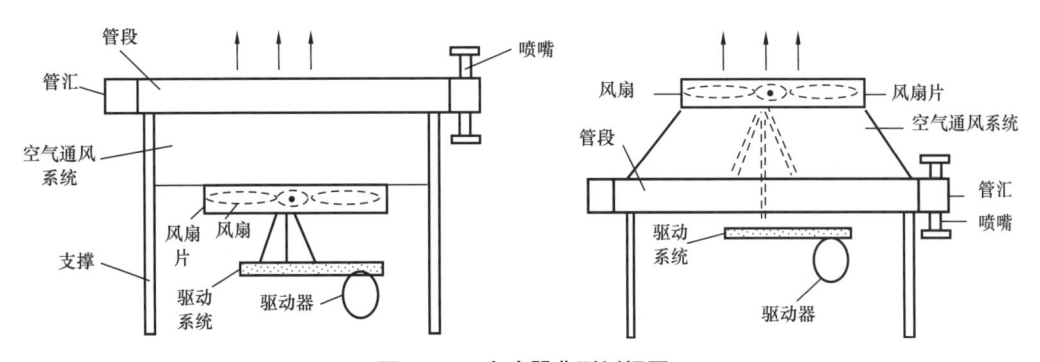

图 4-21 空冷器典型侧视图

(2)空冷器管束。

空气与管子之间的传热系数比较低,需要增大空气侧的传热面积来弥补,在管子外壁上安装导热率很高的散热翅片。翅片表面积一般是管子表面积的15~20倍。管子的外径一般为 $5/8 \sim 1\,3/4$ in,选用碳钢或不锈钢材料。翅片高度范围为0.5~1in,选用铝质材料。很多翅片管排列组合成管束,天然气在管内流动,空气在翅片间流动把热量带走,图4-22为翅片管束的结构形式。

空气的传热系数和比热容非常低,需采用大直径风扇叶片把大量空气强制通过管束,以获得所需的冷却负荷。由于风扇直径越大,高速转动时,其噪声及振动也越大,风扇直径一般为168~192in。

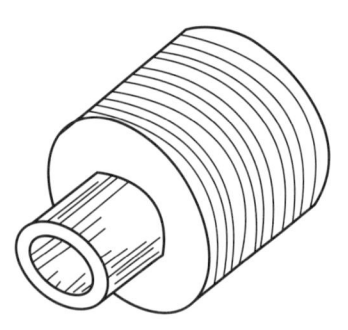

图4-22 翅片管束结构形式

在选择空气冷却器时应考虑下列问题:

① 根据天然气量和冷却前后的温度差计算换热量;

② 空气设计温度的选择应根据当地气温统计、湿球温度和满负荷运行时间等因素综合考虑;

③ 确定总的传热系数;

③ 确定总的传热面积;

⑤ 根据天然气压力确定管束盖板的结构形式;

⑥ 根据天然气压力和性质选择翅片管束;

⑦ 根据换热量计算空气流量,然后以空气流量选择风机型号和所需电动机功率。

2. 水冷方式

水冷方式分为:直接对天然气进行表面蒸发冷却;通过换热器,采用冷却介质水与天然气换热,再由冷凝塔对冷却介质水进行冷却。

1)表面蒸发冷却

表面蒸发冷却是通过水冷和风冷的共同作用,直接冷却天然气管束。根据被冷却的天然气温差、水温、环境温度和湿度等因素确定表面蒸发器的面积和风机功率。

2)换热器冷却

通过冷却介质水和天然气直接换热,实现对天然气的冷却,一般采用管壳式换热器。同时为保证对冷却水的循环利用,需设置冷凝塔、循环水泵、循环水池和加药间(软化处理)等辅助设施。

3)冷却用水

在通过经济比较后确定采用水冷方式时,需建立新的或核实利用现有的供水及排水系统。由于冷却水在循环过程中不断蒸发，使水中可溶性物质浓度增加，因此对水质要进行必要的控制与处理。应注意冷却器表面温度不应高于65～70℃，因为温度高于75℃时冷却器易结垢降低传热系数，或是软化冷却用水防止结垢。

一般对冷却水水质要求如下：

（1）冷却水应接近于中性，即氢离子浓度pH值在6.5～9.5范围之内。

（2）有机物质和悬浮机械杂质平均≤25mg/L，含油量≤5mg/L。

（3）暂时硬度≤10°（硬度1°相当于1L水中含有10mg氧化钙、或17.9mg碳酸钙、或24.4mg硫酸钙、或7.19mg氧化镁）。

3. 冷却方式选择

水冷式换热器的操作成本总是大大高于空冷式换热器。一般在环境温度允许情况下，特别是边远地区、缺水地区，宜选用空冷式换热器。空冷器的缺点是噪声大，降噪费用高，在环境敏感地区应慎重选用。而对于要求排气温度更低的情况下，如增压后直接进入脱水装置，为满足脱水效果，往往只能通过水冷方式才能降低排气温度到要求值。页岩气开发地区一般较为边远、缺水，在冷却温降要求不大的情况下宜选用空冷方式；如冷却温降要求大，则采用水冷方式。

五、压缩机组配置选择

压缩机组配置应考虑以下几个方面：

（1）机型尽可能统一或者尽量减少机组类型，便于运行维护、零配件的通用性。

（2）增压站总功率较大时，应至少配置2套及以上，便于对部分机组进行检维修时，其他机组能正常运行，降低对总体产能的影响。

（3）同一站内不宜设置过多的机组，应结合工艺需求、站场对周边环境影响情况、站场地质情况、征地情况、投资费用等综合考虑。机组数量宜控制在不大于4套。

根据页岩气示范区以往压缩机组配置情况，页岩气内部集输压缩机组配置选择建议如下：

（1）压缩机种类方面，页岩气增压的前期和中期均采用往复式压缩机，后期如果进气压力更低，则可以采用螺杆式压缩机作为一级增压，往复式压缩机作为两级增压使用。

（2）压缩机整体式与分体式的选择，均采用分体式压缩机组，更容易采取降噪措施，环境影响更小。

（3）驱动方式选择方面，因页岩气钻井多采用电动钻机，即增压前已有成熟的专用供电网络，则优先采用电动机驱动方式。机组运行更平稳、噪声更低，更容易治理。

（4）机组冷却方面，一般均采用空气冷却方式。但增压后下游装置对进气温度有严格要求的，则应考虑采用冷却效果更好的循环水冷却方式或是循环水冷却与空气冷却结合的方式。

（5）页岩气增压为了尽量统一机型，实行标准化、系列化，从功率需求方面，确定500kW，800kW和1800kW三种主要功率机型。

（6）配置数量方面，页岩气平台增压一般采用1~2套500kW机组或者1套500kW机组+1套800kW机组，页岩气集气站采用1~2套1800kW机组，配套1~2套500kW机组。

第五节　噪声防治

天然气压缩机组是一个综合噪声源，巨大的噪声不仅影响站场职工和周边居民的身心健康，还会对周边环境造成污染。

一、噪声产生原因

天然气压缩机组的主要噪声由电动机噪声和压缩机主机噪声叠加而成，其噪声的特点为噪声声级高、频带宽、低频突出、传播距离远、污染范围大，是全频段噪声。

（1）电动机噪声大致可分为三大类：电磁噪声、机械噪声和空气动力噪声。其中空气动力噪声是电动机噪声的主要组成部分，它主要由风扇高速旋转的叶片噪声和风扇的冷却气流噪声组成，属于宽频噪声，占电动机噪声的75%左右。

（2）天然气压缩机主机噪声包括机械噪声、空气动力噪声和进排气管道噪声等。天然气压缩机主机在运行时将工作气体压缩、输送及其膨胀，在该过程中会发出以低频为主的宽频噪声，噪声强度随机组的功率、工作压力、排气量及转速而异。

（3）空冷器采用风冷形式对冷却水和增压后的工艺气进行强制对流冷却，空冷器中的风扇噪声在天然气压缩机组噪声中也占有较大比例，为重要噪声源。

风扇噪声分为旋转噪声和涡流噪声，前者是窄带噪声，后者是宽带噪声。空冷器噪声在31.5~500Hz频率段噪声最为严重，呈现较为明显的中低频特性。图4-23为压缩机组声源示意图。

二、噪声控制指标

目前，增压站的噪声控制指标主要满足以下要求：

（1）厂界满足GB 12348—2008《工业企业厂界环境噪声排放标准》中Ⅱ类区标准要求，即昼间60dB（A），夜间不超过50dB（A）。

（2）周边敏感点满足GB 3096—2008《声环境质量标准》中2类区标准要求，即

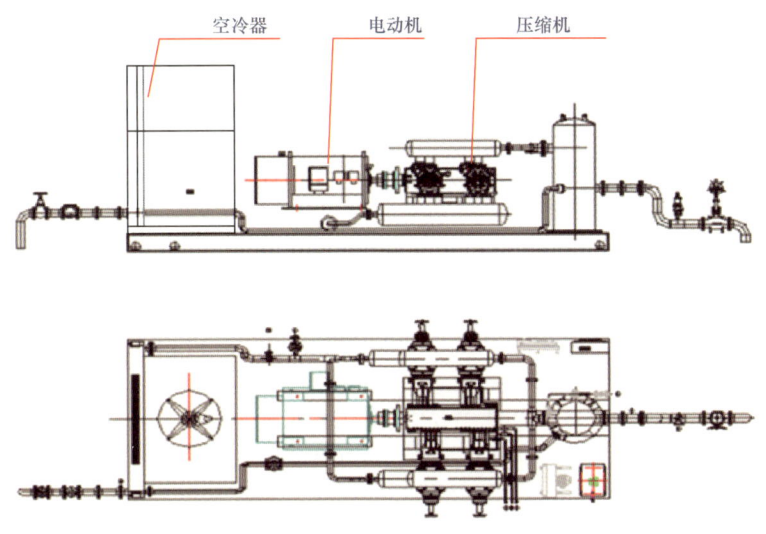

图 4-23　压缩机组声源示意图

昼间 60dB（A），夜间不超过 50dB（A）。

（3）GB/T 50087—2013《工业企业噪声控制设计规范》。

（4）SH/T 3146—2004《石油化工噪声控制设计规范》。

三、噪声防治措施

1. 常用降噪方法

压缩机组的三大主要声源主要来自压缩机驱动装置（电动机或发动机）、压缩机本体和空冷器。

根据天然气压缩机的噪声产生机理，需根据隔声、吸声、扩容和减振等原理，利用外隔、内吸以及消声、减振等方法实现降噪目的[4-6]。目前，在现场多采用安装消声器、建造轻钢降噪厂房、合理选定压缩机安装位置、提高压缩机基础装配质量和修筑隔声墙等措施，使得厂界噪声达到 GB 12348—2008《工业企业厂界环境噪声排放标准》要求。

增压站降噪方法主要有复合建筑降噪和建筑加设备降噪（加隔声罩）两种。

（1）复合建筑降噪。

① 用彩钢复合玻璃棉夹芯板。

② 增加内部涂敷的阻尼降噪层厚度。

③ 增加综合降噪体的厚度。

（2）建筑加设备降噪。

① 利用环保型轻钢结构压缩机厂房，采用吸声、隔声、阻尼等综合降噪技术对压

缩机组的高强度噪声进行降噪。

②对每台压缩机组隔声罩采用吸声、隔声、阻尼、减振等进行综合降噪。

吸声降噪是降低室内混响声的唯一有效方法。因此，增大吸声面积，提高室内反射面的吸声系数，使得其反射声能大部分被吸收掉，同时安装顶部吸声体和消声天窗，改善自然排风系统。

若采用燃气发动机，则燃气发动机排气管道可采用管道隔声，改变管路方向向上排气，加装扩张式消声器，可降低排气噪声。

空冷器周边设置隔声屏，空冷器风扇设置为变频可调转速或双速电动机，在气温较低时降低空冷器风扇转速，可以降低噪声。

平面布置上尽可能利用地形或工业建筑阻隔噪声向环境敏感点传播，间接达到降噪的目的。

2. 页岩气增压的降噪方法

针对压缩机驱动装置及本体的噪声治理措施主要是采用隔声罩或降声房，而与压缩机配套的空冷器则采用排气导流消声装置及进排气消声器等降噪措施进行治理。

隔声罩主要应用于单机组，且噪声治理较容易的设备；降声房主要是针对两台及以上机组，降噪要求较高且周边环境比较敏感。

1）隔声罩

（1）隔声罩的分类。

①按其声学性能及结构形式，可分为单层隔声罩和双层隔声罩（也叫罩中罩）。

②按其功能，可分为组装可拆式和固定式两种（图4-24）。

(a) 单层可拆式隔声罩　　(b) 双层固定式隔声罩

图4-24　隔声罩

（2）隔声罩的技术要求。

①声学性能。单层隔声罩的降噪量一般为25~40dB（A）。双层隔声罩的降噪量

一般为 35～55dB（A）。

② 通风散热性能。隔声罩设计时必须考虑机组的散热量并进行通风散热设计计算。

③ 检修维护。隔声罩内应设计有检修用手动葫芦并配有行走小车，方便日常巡检。

④ 电器系统。电器系统是确保隔声罩内正常工作需求和安全的重要保障系统，主要包括：防爆照明灯、可燃气体探测器、火焰探测器、防爆风机、防爆控制箱等。隔声罩内照明度 200LX，防爆等级 ExdIIBT4。

⑤ 耐候性。隔声罩设计应充分考虑防雨、防雪、防风沙、防腐蚀等情况，确保隔声罩在室外环境的正常使用。

⑥ 隔声罩应结合工程现场实际，进行景观化设计。

2）降声房

降声房是降噪、结构、电气、暖通和控制为一体的多元化集成设计。压缩机厂房外形尺寸与厂界直线距离的关系即把压缩机厂房视为一个面声源，面声源随距离的衰减很缓慢，而压缩机厂房与厂界距离一般都较近，因此噪声随距离的衰减可忽略，设计时把噪声随距离的衰减量作为设计安全余量处理。降声房适用于多台压缩机的噪声综合治理。

压缩机处理的是天然气，为减少天然气泄漏引发爆炸所产生的损失，采用轻钢加多层复合隔声围护结构，利用声音穿透多层性质相差很大的介质时发生反射来提高墙体隔声量，最终获得较好的声学效果。

（1）降声房的技术要求。

① 降噪与压缩机机房设计的统一（五不：机房位置不变、管道不变、面积不变、高度不变、照明功率不变）。

② 降噪与压缩机安全使用的统一（通风、散热、采光、报警）。

③ 降噪与压缩机维修保养的统一（桁吊、足够的空间）。

④ 降噪与压缩机自动控制的统一（温控、可燃气体泄漏、进排风量、风机与压缩机联动等）。

降声房设计时，通常应包括内壁吸声（结构）、隔声（结构）、消声（降噪房进风、排风消声器）、采光（屋顶采光）、通风[房顶和墙体作通风、散热结构（下进上出）]、设备起吊机（三自由度防爆型线控起吊装置）、安全（安全门、泄压面积等）以及降声房内控制系统（温度、泄漏报警、轴流风机、压缩机停机联动）等内容。

（2）安全措施。

① 天然气泄漏报警装置全面监测。

② 自动控制机房内温度。

③ 降声房前后应设计有逃生门。

④ 所有电气设施达到Ⅰ级 D 组 2 区防爆环境等级。

⑤泄压防爆面积安全性系数符合 0.05～0.22 要求。

⑥降声房顶部强制排风，不会积留天然气形成可燃浓度。

⑦降声房底部自然进风，保证房内空气正常循环。

⑧天然气泄漏报警、温度超标报警与压缩机停机连锁，使压缩机自动停机、风机全开启。

3）空冷器

空冷器根据安装位置分为室内和室外两种。室内空冷器主要采用导流罩进行噪声治理；室外则在空冷器进风和排风口处分别安装阻性消声器进行噪声治理。空冷器噪声治理的主要技术要求如下：

（1）空冷器导流罩。

①当空冷器安装在降声房内时，则需在其排风口处安装导流罩，并且导流罩的消声量应与降声房的降噪量进行匹配设计。

②导流罩上需安装检修隔声小门，方便对空冷器的检（维）修。

③导流罩的安装高度应避开降声房内的桁车。

（2）空冷器进气与排气消声器。

①阻性消声器：阻性消声器是一种可使气流通过而能降低噪声的装置，其消声原理就是利用吸声材料的吸声作用，使沿通道传播的噪声不断被吸收而逐渐衰减。具有结构简单，对中频与高频噪声消声效果良好。

②进风与排风消声器的总阻力损失一般不大于 50Pa。

③进风与排风消声器的消声量应与项目总体降噪要求进行匹配设计。

④进风与排风消声器的材料及辅助钢结构材料应选用抗腐蚀、耐候性强的材料。

⑤在多机组空冷器进风口适当位置设计检修小门，方便检修维护。

四、减振措施

结合以往工程实践经验，对于大功率的压缩机组，如地基地质情况好（特别是坚硬的岩石地基），采取了一定的措施以达到减震的目的：在压缩机基础的基底增加褥垫层（如砂夹石换填层），同时在基础四周设置减振沟，以达到阻断机组的低频振动向四周快速传播的目的。

第六节　压缩机组安全与运行维护

一、运行与维护安全性要求

压缩机的运行与维护中，在安全上需要做到以下要求[7]：

（1）机组在启动运行前，操作者应认真阅读压缩机、电动机及其他附属设备说明书，全面了解机组的原理、性能和结构，掌握安全运转规范。

（2）操作人员应定期熟悉压缩机的起车、停车和紧急停车等操作程序。

（3）对压缩机按要求进行启机前的状态检查，并记录。如压缩机各系统是否正常；进、出站网压力与压缩机工况是否匹配等。

（4）使用符合要求的油、水、气，严禁压缩机超速、超温、超压、超负荷运行。

（5）电器和仪表控制系统的安装与连接应正确，切勿短路，自控系统灵敏可靠。

（6）所有压力容器需按规定进行维护和检验，安全阀按规定定期调校。

（7）各安全保护装置，如超速停机、超压停机、超温停机等要定期检查和维修，确保其可靠性和灵敏度。

（8）开机前，应排出压缩机管道、分离器中的冷凝液，用惰性气体吹洗压缩机，然后用工作气体进行气体置换。

（9）清除场地周围易燃品、杂物，将检测工具、仪器和仪表存放在固定的地点。

（10）确认所有防护罩已安装妥当，没有可能卡阻运动部件的工具、擦布和其他任何杂物，盘车装置上的扳手或盘车杆已经卸掉。

二、压缩机的运行

1. 机组开机要点

1）开动循环油系统

压缩机开车运转前，循环油润滑系统首先开车，检查油路是否畅通，各润滑点供油是否正常，检查各油管接头是否严密无泄漏。低温启动时，需要用润滑油加热器对润滑油进行加热。

2）开动气缸润滑系统

按规程启动注油器，检查油路供油情况。各油管路接头要严密无泄漏。

3）开动通风机系统

按启动规程启动电动机通风系统，检查通风机轴承及电动机温升，检查空气的清洁干燥程度及风压风量均应符合要求。

4）开动冷却水系统

打开供水管系统阀门，逐渐加压，检查冷却水系统是否畅通，有无泄漏。检查回水流量是否足够。

5）开动盘车系统

按规程启动盘车系统，检查传动部件无故障后，盘车系统脱开。

6）开动电动机

按规程启动电动机，启动机组进行空负荷运转，检查机组各部件运行状态，无负荷运行一切正常后，再逐渐增加负荷，待达到满负荷后，对压缩机组进行全面检查。运转足够时间，一切正常后，才可正式投入生产，如发现异常应停车处理。

2. 机组停车要点

1）机组紧急停车

机组运行中如发生下述情况则应立即紧急停车：

（1）机组主要零部件或运动件损坏，突然发生异常振动或异常响声。

（2）机组安全控制参数超过规定值，或仪表控制系统失灵未起安全保护作用。

（3）使用现场出现燃烧爆炸事故。

（4）电气设备出现火花、异常声响、异味、过热等现象。

（5）使现场工艺流程发生故障或其他原因需要紧急停机。

2）正常停车

机组运行中根据生产需要进行正常停车，其主要步骤是：

（1）切断与工艺系统的联系，切换小循环。

（2）按规程停驱动机。

（3）按规程停通风机系统。

（4）当主轴完全停止运转 5min 后，停油润滑系统。

（5）关闭冷却水进口阀门。

3. 日常巡检

日常巡检可以及时发现隐患，及早维护保养。日常巡检与机组能够维持在一个良好的工作状态密不可分。日常巡检主要包括如下内容：

（1）检查并排除机组油、气泄漏，保持设备表面和环境清洁。

（2）检查各润滑部件油位，保持适当的油位。检查润滑油压力和温度。

（3）按时记录压缩机运行参数，观察压缩机的运行情况。

（4）检查并排放分离器的积液，防止液体进入气缸造成事故。

（5）机组运行时，若有异常振动和异常响声，应立即查明原因并排除。

（6）检查重要传动部件的温度。

（7）检查各控制仪表和电气设备工作是否正常。

4. 变工况调节

通常选择压缩机是按集输站场的最大输气量来选用，但在生产过程中由于种种原因总会要求改变压缩机的排气量，例如集输气工艺流程的改变、用户耗气量及管输气量的变化等。往复式压缩机调节排气量的方法较多，根据气田集输工艺的特点，有以下几种主要的方法可供选用。

1）部分机组停转调节

气田压气站一般为多机组配置，可根据生产的需要，采用停开或增开机组的运转来调节集输系统的供气量。停开机组一般是原动机和压缩机同时停转，这样可避免无效能量消耗。

2）改变转速调节

改变转速调节压缩机的排气量，该方法简便而有效，转速调节具有以下特点：

（1）转速降低时，气体流速减小，压力损失减小，压缩机的实际压比减小，使功率消耗降低。

（2）转速降低时，气体在气缸和管路中通过的时间增长，因而气体获得较强的冷却，使功率消耗有所减少。

（3）机械摩擦损失与速度成正比，排气量随转速降低而降低，故机械磨损功耗也成正比例的减小。

3）控制吸入调节

控制吸入调节是依靠减荷阀切断进入气缸的气体来实现调节的。当压缩机排气量过剩，减荷阀自动关闭，吸气口即被截断，使压缩机进入空载运转。

4）排出与吸入连通的调节

这种调节方法简便可靠，也是气田增压站调节管输流量的方法之一。由于将已压缩的气体经减压后由旁通管线再回到吸入口以减少排气量，无效功耗较大，极不经济，故在必要的情况下才使用。

5）顶开吸气阀调节

顶开吸气阀调节方法比较普遍采用。顶开吸气阀的调节作用是气体被吸入气缸后，在活塞反行程时又将部分或全部已吸入缸内的气体推出气缸，根据推出气体的量来实现压缩机排气量的变化。顶开吸气阀的调节装置有三种形式：

（1）完全顶开吸气阀。

（2）部分顶开吸气阀。

（3）部分行程顶开吸气阀。

6）气阀调节

采用压开进气阀调节容积流量，是利用机械装置，强制进气阀仍处于开启状态，在活塞反向运动时，气缸内被吸入的气体全部或部分又被推出气缸，达到降低容积流量的目的。有全行程压开进气阀和部分行程压开进气阀两种调节方式。

全行程压开进气阀调节时，压缩机消耗的功仅为气体进出排气阀时克服气阀阻力需要的功和空转的摩擦功，经济性较高。

部分行程压开调节器阀的调节方法功率消耗与容积流量的多少几乎成正比，是一种经济性较好的调节方法，容积流量可以在 30%～100% 之间进行连续调节。容积流量低于 30% 时，只能在 0～30% 之间进行间断调节。

7）连接附加容积的调节

这是借助于加大余隙，使余隙内存有的已被压缩的气体增多，在膨胀过程所占有气缸体积增加，从而使气缸中吸入的气体减少和排气量降低。此种调节法有固定余隙腔和可变余隙腔两种。

三、压缩机的维护

良好的维护保养是压缩机、电动机和机组成套设备安全可靠运行、延长使用寿命、降低运行成本的基本保证。机组的维护保养应按正确的操作规程进行。

维护保养分为预防性维护保养，以及每班、每周、每月、季度、半年、一年和四年维护保养。每次保养作业后认真做好保养记录。

1. 预防性维护保养

（1）无论是润滑油还是冷却液，都应保持其清洁。
（2）保证各润滑系统有足够的润滑油，并防止水或杂质进入润滑系统。
（3）冷却系统应充满冷却液，不允许有气堵或泄漏。
（4）对于刚启动的机组，不应马上加载，待机组升温后再加载。
（6）在机组的运行过程中，应避免超过额定转速。
（7）对运转中发出的不正常响声，应查找原因，排除后再启动运行。
（8）机组启动前进行预润滑和盘车，机组停机后应进行后润滑和盘车。

2. 每班维护保养

每班维护保养的内容即分体式往复压缩机日常巡检所做的保养内容。

3. 每周维护保养

（1）每班维护保养的全部内容。
（2）初次运转一周后，检查全部紧固件的拧紧情况，以后定期检查。
（3）初次运转一周后，检查轴承间隙和活塞杆的跳动，以后每半年检查一次。
（4）检查皮带的张紧程度，运行中皮带应平稳。

4. 每月维护保养

（1）每周维护保养的全部内容。

（2）检查各润滑系统油位，适当补充新油。

（3）给水泵、风扇轴承等加注规定牌号的润滑脂。

（4）检查安全控制保护装置是否可靠、灵敏。

（5）清洗检查曲轴箱呼吸器。

（6）压缩机组与驱动机对中检查、调整；轴向间隙检查与调整。

5. 季度维护保养

（1）每月维护保养的全部内容。

（2）检查所有螺栓和螺母的紧固情况。

（3）用油品分析仪检查曲轴箱油质和水分，根据检测结果并结合推荐的换油周期更换发动机和压缩机曲轴箱润滑油。

（4）清洗机组油箱、呼吸器，清洗或更换油滤器滤芯。

6. 半年维护保养

（1）季度维护保养的全部内容。

（2）检查轴承间隙、十字头与滑道间隙和活塞杆跳动。

（3）检查活塞环和气缸的磨损情况，过度磨损应更换。清洗并检查进气阀和排气阀，按需要修理或更换气阀零件。

（4）检查并清洗活塞杆填料，修理或更换零件。

（5）检查压缩机组气缸活塞止点轴向间隙，头端间隙应为轴端间隙的2倍。

（6）检查、调整联轴器对中。

（7）检查所有控制保护装置和电气系统的工作可靠性、灵敏度。

（8）校验压力表。

（9）使用干净棉纱检查气缸与活塞杆油膜是否合适。

7. 一年维护保养

（1）半年维护保养的全部内容。

（2）清洗并检查润滑系统管路、阀、油泵、润滑油冷却器等零部件，更换修理损坏件。

（3）检查洗涤罐和缓冲罐内是否有尘土、铁锈和沉积物，必要时从机组上卸下进行清洗。

（4）检查活塞环、填料和气阀的磨损情况，必要时修理或更换。

（5）检查工艺气管路安全阀，安全阀至少每年调校一次。

（6）清洗检查压缩机组润滑油冷却器。

（7）检查连杆轴承与主轴承、十字头、十字头销和衬套。

8. 四年维护保养

（1）一年维护保养的全部内容。

（2）检查主机各主要零部件磨损情况及其损坏情况，并按需要进行修理和更换。

（3）检查机身和压缩缸等部件磨损情况及其损坏情况，并按需要进行修理和更换。

（4）清除冷却水系统内的积垢。

（5）检查各管道系统、压力容器和阀件的腐蚀情况和损坏情况，并按压力容器安全管理规定对压力容器及其管道进行内外部检验和水压试验。

9. 长期封存机组的维护保养

（1）排尽曲轴箱润滑油，清洗曲轴箱内部和十字头滑道等部位。在曲轴箱、十字头滑道、连杆、十字头、活塞杆及填料等各部位均匀涂抹防锈油。

（2）清洗气缸各气阀，并涂抹防锈油。

（3）清洗气缸及活塞，并涂抹防锈油。

（4）在余隙缸、余隙活塞和余隙活塞杆上涂抹防锈油，活塞杆外露部分涂抹润滑脂。

（5）在机组所有未涂漆的金属裸露外表面涂上防锈油脂。

（6）采取必要措施防止机组日晒雨淋及风沙或大气中有害气体的侵蚀，防止零件和工具丢失和损坏。

10. 启封后的维护保养

（1）拆下曲轴箱顶盖，检查并清洗曲轴箱，按量加入规定牌号的润滑油。

（2）擦洗气缸、气阀、十字头和活塞杆并涂抹润滑油。

（3）清洗填料并涂抹润滑油。

（4）排放注油器内的旧润滑油，加入新润滑油，拆开每一根油管，手动注油器，检查润滑油是否能顺利到达每个注油点。

（5）检查各重要螺栓、螺母是否松动。

11. 仪表控制系统的维护保养

仪表控制系统维护保养工作量较小，但不能忽略以下维护和保养工作：

（1）电动机的维护保养。对油加热器电动机的维护保养应严格按防爆电动机维护保养规程和要求进行（详见相应的电动机使用说明书）。

（2）检测仪表的维护保养。压力表、温度表、温度变送器等按其相应标准规定的周期进行检定、调整，满足各自技术指标的要求。

（3）控制系统接地电阻的测量。控制系统接地电阻的大小应保证控制系统使用安全和工作可靠、稳定，并满足相关标准要求。

（4）控制柜每半年应由专业人员检修一次，检修时应特别注意。

（5）继电器和接触器的动作和触点接触是否可靠。

（6）电流互感器次级绝不允许有接触不良或开路现象。

（7）安全栅的本安特性不得降低。

（8）各停车报警点的参数设置和自动启动、停止的参数设置是否正确，动作是否可靠。

（9）经常检查一次线路及相关电气元件，紧固螺钉是否有松动，接触是否良好，动作有无卡滞。

（10）对电磁阀的检查应注意保持其隔爆特性。

（11）控制系统使用维护注意事项：对控制系统的任何元器件进行插拔或电气连接，必须在控制柜断电的状态下进行；机组停用期间，应将控制系统电源断开。

四、状态监测技术

状态监测是指机器在工作中或某种选定的激励方式下，特征信号的检测、变换、分析处理以及显示记录，并输出诊断所需要的或适用的信息，提供故障诊断依据。状态监测是故障诊断的基础。

1. 监测内容

状态监测的主要内容可以概括为机器状态的监测、监视与识别。具体包括以下内容：

（1）根据机器的性质和工作环境，选择合适的特征信号，并正确地选择与组织仪器，在适当部位测取机器的特征信号。

（2）对测取的特征信号进行适当的转换、分析、处理统计模式，识别提取与机器状态紧密相关的、可有效地用于诊断的征兆，如频谱、功率谱和轴心轨迹等。

（3）根据征兆识别机器状态，即有无故障。若无故障，可根据需要进一步分析目前状态可能发展的趋势，并做出预报，及时诊断；若有故障，指出故障的部位、类型、性质、原因和程度。

（4）根据诊断的实际故障，提出调整运行参数、工艺、对参数的意见或具体的维修方案与措施。

2. 监测原理

压缩机组远程监测与故障诊断系统包括安装在压缩机组橇上在线式数据采集监测系统、部署于中心站的上位系统和压缩机组远程监测与故障诊断云平台三部分。在线式数据采集监测系统通过以太网接口接入油气田生产网，传输实时数据到中心站上位系统，中心站上位系统压缩打包后传输至油气田办公网，通过办公网传输至远程监测诊断中心云平台，进行远程监测与故障诊断，并将压缩机组故障预警和分析结果通过油气田办公网返回至中心站。

3. 监测功能和数据

（1）实时采集所监测机组运行状态的所有仪表数据、故障诊断数据，实时监测是否超越报警、将报警数据及原始诊断数据传输到中心站服务器中。

（2）远程监测诊断中心的云平台接收中心站数据服务器传输来的所有监测机组原始数据、与机组仪表监测相关的工艺参数，并进行自动存储及管理，包括机组的实时数据、历史数据、启停机瞬态数据、黑盒子数据。

（3）远程监测诊断中心的数据库，是基于云存储的实时数据库 MDBase（云平台版），可存储来自压缩机组监测的全部数据，本系统接收存储来自油气田项目监测机组的原始数据。

（4）远程监测诊断中心专家可对所监测的机组实时监测及故障分析。实现远程服务管理机组安全运行状态，定期评估所监测机组健康状态，尤其是油气田现场有应急情况，监测诊断中心可及时掌控。

（5）为油气田企业管理人员提供可与现场同步的所有数据的实时查询、状态监测及故障分析诊断，为指导开机、停机或工艺操作保证设备的安全运行提供科学的依据。

五、常见故障判断及处理

压缩机的排气量、各级进排气压力和温度等热力参数不正常是经常遇到的情况。气量、压力和温度三者之间互相有联系，其中一个不正常也会影响其他两个。这些参数影响压缩机的工作效率，发现问题后如不及时处理，有时就会造成严重的事故。常见的故障分析及排除方法见表 4—26。

表 4-26 常见故障分析及排除方法表

故障现象	原因分析	排除方法
1.滤清器故障	（1）滤清器因冬季结冰或积垢堵塞，阻力增大，影响吸气量。 （2）滤清器装置的环境不当，吸入不清洁的气体而被堵塞。 （3）吸气管安装得太长，或管径太小，阻力增大	（1）更换或按规定时间清洗滤清器。 （2）在安装空气滤清器时，一定要选择合适的位置，保证吸入洁净的气体。 （3）应按压缩机排气量的大小来设计安装管径及长短合适的吸气管
2.气缸的故障	（1）气缸磨损或超过最大的允许限度，形成漏气，影响排气量。 （2）气缸盖与气缸体结合不严，装配时气缸垫破裂或不严密形成漏气，影响排气量。 （3）气缸冷却水供给不良（冷却水管堵塞或气缸水套水污过多），气体经过阀室进入气缸时形成预热，影响排气量。 （4）活塞与气缸配合不当，间隙过大，形成漏气，影响排气量	（1）刮削或重新镗铣气缸，经过研磨修理磨损、拉伤的气缸，并更换加大的活塞、活塞环，重新进行装配。 （2）刮研气缸盖与气缸体结合面或换气缸垫。 （3）保证合适的冷却水，不使气缸超过规定的温度。 （4）对检修的压缩机镗铣气缸后，要装配合适的活塞、活塞环
3.吸排气阀的故障	（1）吸气阀和排气阀装配不当，彼此的位置相互弄错，不但影响排气量，还会引起压力在各级中重新分配，温度也有变化。 （2）阀座和阀门之间掉入金属碎片或其他杂物，关闭不严，形成漏气，影响排气量，影响级间压力和温度。 （3）阀座与阀片接触不严，形成漏气，影响排气量。 （4）吸气阀弹簧不适当，弹力过强则吸气时开启迟缓，弹力太弱则吸气终了时关闭不及时，影响排气量。 （5）吸气阀弹簧折断，压缩时也会产生关闭不严和不及时现象，影响排气量。 （6）阀座与阀片磨损，密封不严，形成漏气，影响排气量。 （7）吸气开启高度不够，气体流速加快，阻力增大，影响排气量。 （8）在往气缸体上阀口处装配气阀时，没有装正而漏气。 （9）阀弹簧卡住或倾斜，使阀片关闭不严。 （10）气阀结炭过多，影响开关。 （11）排气量减少，排气阀盖特别热，这是排气阀有故障。 （12）排气量减少，中间冷却器中的压力下降，低于正常压力（由压力表上看出），同时在前级气缸的排气阀盖发热	（1）应立即更正装错了的吸气阀和排气阀。 （2）分别检查吸气阀和排气阀，若吸气阀盖发热，则吸气阀有故障，其他各阀也照此方法检查，检查出问题后拆开气阀修理。 （3）刮研接触面，或更换新的阀座、阀片。 （4）检查弹簧，按出厂规定的弹簧弹力选择使用弹簧。 （5）更换折断的弹簧。 （6）以研磨的方法加以修理或更换新的阀座、阀片。 （7）调整升程开启高度。 （8）详细检查在装配吸、排气阀座与气缸体上阀口处装置是否正确，如有装偏时，重新装正。 （9）把弹簧取出来倒个头或换新的。 （10）打开气阀清洗结炭。 （11）把排气阀盖特别热的那个拆开检查修理。 （12）前级气缸的排气阀有故障，把前级气缸上发热的排气阀拆开检查修理，并要同时检查垫片是否损坏或是否垫好。 （13）后级气缸的排气阀有故障，把后级气缸发热的排气阀拆开检查修理，检查垫片是否损坏或是否装好

续表

故障现象	原因分析	排除方法
3.吸排气阀的故障	（13）排气量减少，中间冷却器中压力高于正常压力，后级气缸的排气阀盖发热。 （14）排气量减少，中间冷却器中的压力高于正常压力，但是前级气缸的排气阀并不特别发热，而后级气缸的吸气阀发热，说明后级吸气阀发生故障。 （15）排气量减少，但是前后级气阀盖不过分发热，负荷调节系统压开进气阀装置的小活塞发生故障，把阀片压开致使空气压缩机吸不了气，而由于吸气量不足，造成排气量减少	（14）检查后级气缸吸气阀和垫片。 （15）检查装在前后级阀盖上的负荷调节系统中的压开进气阀装置中小活塞间隙是否合适，是否漏气，对不符合要求的进行修理或更换
4.压缩机转速降低	（1）移动式柴油机拖动的压缩机往往由于柴油机动力不足，转速达不到额定转速，使驱动的压缩机转速达不到额定转速，而使排气量减少。 （2）由于电动机采用三角带驱动的压缩机皮带太松，传动时丢失了转速，也影响压缩机的排气量	（1）检查柴油机的转速，对降低了转速的柴油机要进行调整，使其达到额定转速。 （2）检查三角皮带的松紧度，对不合适的要调整，防止丢失转速
5.活塞环的故障	（1）活塞环因润滑油质量不良或注入量不够，使气缸内温度过高，形成咬死现象，使排气量减少，而且可能引起压力在各级中重新分配。 （2）活塞环使用时间长了，有磨损，造成排气量减少。 （3）活塞磨损或气缸磨损，其圆锥度、椭圆度超过公差太大而产生漏气	（1）把活塞拆出来检查活塞环，并清洁活塞上的槽，把清洁好的活塞环再用，损坏严重的更换，检查注油器及油管路，保证气缸中有良好的润滑油。 （2）更换新的活塞环。 （3）修理气缸和活塞，使其达到规定的间隙，或更换新的气缸、活塞环等
6.填料函漏气	（1）填料函中密封盘上的弹簧损坏或弹力小，使密封盘不能与活塞杆完全密封。 （2）填料函中的金属密封装置不当，不能窜动，与活塞杆有缝隙。 （3）填料函中的金属密封盘内径磨损严重，与活塞杆密封不严。 （4）活塞杆磨损、拉伤部分磨偏不圆等也会产生漏气。 （5）润滑油供应不足，填料函部分气密性恶化，形成漏气	（1）检查弹簧是否有折断，对弹力小不合格的弹簧要更换新的。 （2）重新装配填料函中的金属密封盘，使金属密封盘在填料函中能自由串动开与活塞杆密封。 （3）检查或更换金属密封盘。 （4）重新修理活塞杆或更换新活塞杆。 （5）保证填料函中有适当的润滑油
7.使用不当	空气压缩机的排气量是按一定的海拔高度、吸气温度和湿度设计的，当把它使用在超过上述标准的高原上时，吸气压力降低，排气量必然降低	这是属于正常的排气量降低

续表

故障现象	原因分析	排除方法
8.安全阀漏气严重	（1）安全阀的弹簧没压紧或弹力失效。 （2）安全阀与阀座间有杂质使阀面接触不严密。 （3）安全阀连接螺纹损坏或不严密。 （4）密封表面损坏。 （5）阀弹簧的支承面与弹簧中心线不垂直在弹簧受压后偏斜，造成阀瓣受力不匀，产生翘曲而造成漏气或产生振荡现象	（1）调整弹簧或更换新弹簧。 （2）清洗（吹洗）杂质，或重新研磨阀与阀座接触面。 （3）检查螺纹是否损坏，装配时保持严密。 （4）可重新研磨或车削。 （5）装配、检修时要注意这一点，要用符合要求的弹簧
9.气缸过热排气温度上升	（1）冷却水不足，或冷却水中断。 （2）后级气缸过热，可能是中间冷却器缺水，由前级气缸排出的压缩空气得不到冷却，或中间冷却器冷却效果不好。 （3）硬水中的沉积物太多（水污），附于气缸壁上影响冷却。 （4）活塞、活塞环发生故障或气缸中缺油引起干摩擦。 （5）气缸余隙过小，使死点压缩比过大，或气缸余隙过大，残留在气缸内的高压气体过多，而引起气缸内温度升高。 （6）运动机构中的活塞杆弯曲，使活塞在气缸中不垂直度超过规定而引起活塞与气缸镜面倾斜摩擦加剧产生高温	（1）适当加大冷却水的流量，调节冷却水的进水温度不要太高，检查供水管道，堵塞时要进行清洗。 （2）除按（1）检查外，必须检查中间冷却器和清洗冷却器。 （3）检查气缸水套，发现水污积聚太多时要清洗气缸水套，除去水污。 （4）检查活塞，活塞环和注油泵给气缸注油情况。 （5）调整气缸的死点间隙，保持间隙在规定的标准内。 （6）检查活塞在气缸中的运动情况，如果跑偏磨损气缸一个侧面时，应将整个活塞组吊出，检查活塞杆是否弯曲，弯曲的活塞杆应修理或更换
10.排气温度过高，吸排气阀过热	（1）前级吸气温度高。 （2）中间冷却器效率低，后级进气温度高。 （3）气阀有漏气现象，排出的高温气体漏进气缸，再压缩后排气温度就高。 （4）在装配气阀组件时，没将气缸体上阀口处残留硬化的旧石棉填料清除干净，而在重新装配气阀组件时，使其不能与气缸上阀止口严密配合，留有小缝隙，致使高压气体窜回气缸而引起排气温度过高。 （5）活塞环磨损或质量不好，吸排气互相窜气。 （6）气缸水套及冷却水管上有沉淀物及浮沫层，影响冷却效果	（1）降低前级吸气温度。 （2）检修中间冷却器，使冷却器起到冷却作用，使其排气温度不要超过规定。 （3）检修研磨阀座与阀片，使接触严密或更换新的阀片、阀座防止窜气。 （4）将气缸上阀口处残留的石棉填料清除干净，在装配气阀组件充填石棉绳等填料时，也要垫平，防止阀组件倾斜而产生漏气。 （5）检修或更换活塞环。 （6）清洗气缸水套及冷却水管的水污
11.冷却水排出有气泡	（1）冷却器内垫破裂漏气。 （2）气缸垫破断或检修安装时没压紧，产生漏气。 （3）冷却器中的水管破裂，封口破断或管板没紧牢固而窜气	（1）更换新垫。 （2）更换新气缸垫或重新将缸盖螺栓紧固。 （3）修理或更换水管，把没紧牢而窜气的管子重新紧牢

续表

故障现象	原因分析	排除方法
12.中间冷却器和后冷却器冷却效率低（即温度高）排水有气泡等	（1）冷却水进水温度过高，冷却效率低。 （2）冷却器上水垢和油污太多，降低了热的传导效果。 （3）冷却器中间隔板损坏水量减少。 （4）冷却器管子破裂	（1）应当调节进水温度，控制在规定范围以内，特别是炎热地区和夏季更要加大冷却水量。 （2）检修清洗冷却器的水垢和油污。 （3）将损坏的隔板修理好或更换。 （4）检查冷却器水管，将破裂的管子补好或换掉
13.活塞环磨损过快或咬住漏气	（1）活塞环的材料不合规格。 （2）活塞环弹力过大，磨损加快。 （3）活塞环与活塞上的槽间隙过大（包括径间、轴间间隙）。 （4）活塞环装入气缸中的热间隙（开口间隙）过小，受热膨胀卡住。 （5）活塞环因润滑油质量不良或气缸内温度过高，形成咬住，不但影响排气量，还可能引起压力在各级中重新分配，同时也加剧活塞环的磨损。 （6）气缸、活塞杆、活塞安装时对中不好。 （7）活塞环结构设计不合理	（1）制作活塞环的材料要符合要求，不得用其他材料代用。 （2）活塞环弹力和硬度都要符合技术要求。 （3）选配合适的活塞环。 （4）装配活塞环时，开口间隙要合适。 （5）气缸中要注入规定的压缩机油，对咬住的活塞环取出来修理、清洗或更换新的活塞环。 （6）安装时要使气缸、活塞杆、活塞的对中在规定的范围内。 （7）选用设计结构合理的活塞环

第七节　页岩气增压站管道系统设置要求

根据GB 50349—2015《气田集输设计规范》，对压缩机工艺气系统的要求如下：
（1）压缩机进口应设压力高限与低限报警及越限停机装置；
（2）压缩机各级出口管道应安装全启封闭式安全阀；
（3）压缩机进出口之间应设循环回路；
（4）应采取防振、防脉动及温差补偿措施。

结合页岩气开发的特点，压缩机需要具备轮换、搬迁和重复利用的条件。遵循NB/T 14006—2015《页岩气气田集输工程设计规范》的要求，采用橇装式压缩机，上述（1）~（3）条要求均可以在压缩机组橇设计时一并集成，无须再由站内管道系统设置，简化了站内管道系统。

为防止与压缩机橇连接的管道出现振动或脉动，增压区与工艺装置区连接的管道宜采用埋地方式，并进行橇外管道脉动分析（包含气流脉动分析和机械振动分析），并根据分析结果，对不适用的地方进行修改、调整和加固。

参 考 文 献

[1] 苏建华，许可方，宋德琦，等.天然气矿场集输与处理[M].北京：石油工业出版社，2004.

[2] 曹润科.天然气增压开采工艺技术在气田开发后期的应用[J].中国石油和化工标准与质量,2016(14)：102-109.

[3] 汤林，汤晓勇，等.天然气集输工程手册[M].北京：石油工业出版社，2016.

[4] 贾宇，张巍.天然气压缩机降噪工艺研究[J].油气田环境保护，2011，21（1）：30-32.

[5] 张强.活塞式压缩机的降噪治理[J].健康安全和环境，2009，9（8）：12-14.

[6] 彭玲生.工厂噪声控制技术与应用[M].北京：中国铁道出版社，1987.

[7] 《天然气压缩机组基础知识与运行维护》编委会.天然气压缩机组基础知识与运行维护[M].北京：石油工业出版社，2011.

第五章

页岩气供转水系统

页岩气要实现经济有效开采必须对储层实施大规模压裂改造。页岩气开采所使用的水力压裂技术需要消耗大量水资源。本章对页岩气地面工程中常见的页岩气井压裂供水、供转水管网、供转水泵站等进行了介绍，并简述了页岩气供转水系统所涉及的泵站设备配置、管道设计等方面的内容。

第一节 概 述

页岩气供转水系统包括供转水管网和供转水泵站。供转水管网负责清水和采出液的输送；供转水泵站负责对清水、采出液的收集储存以及输送提供泵压、有效控制等，满足压裂用水、采出液压裂回用的水质要求，保障供转水管网中的水力、热力流动性能，并取得供转水流量、液位、温度和泵压等的动态数据。

一、总工艺流程

页岩气供转水系统总工艺流程（图5-1）是指供转水系统中各工艺环节间的关系及其管路特点的工艺组合。每个工艺环节的功能和任务、技术指标、工作条件和生产参数、各工艺环节的相互关系以及连接它们的管路特点均需在总工艺流程中明确规定。

1. 主要技术依据

（1）气藏工程及采气工程方案。其中最为重要的基础资料包括：区域分布、开发顺序、井位部署、压裂进度、压裂方式、压裂井数、压裂周期、每段压裂用水量、采出液返排率、钻前道路、钻井水池（罐）、当地水资源、外部给水条件、自然和社会条件等。

（2）采出液处理工艺及供转水输送系统对水质和储水设施的要求。

2. 主要技术准则

（1）满足国家、行业和地方的有关法律、法规及标准规范要求，保证页岩气供转

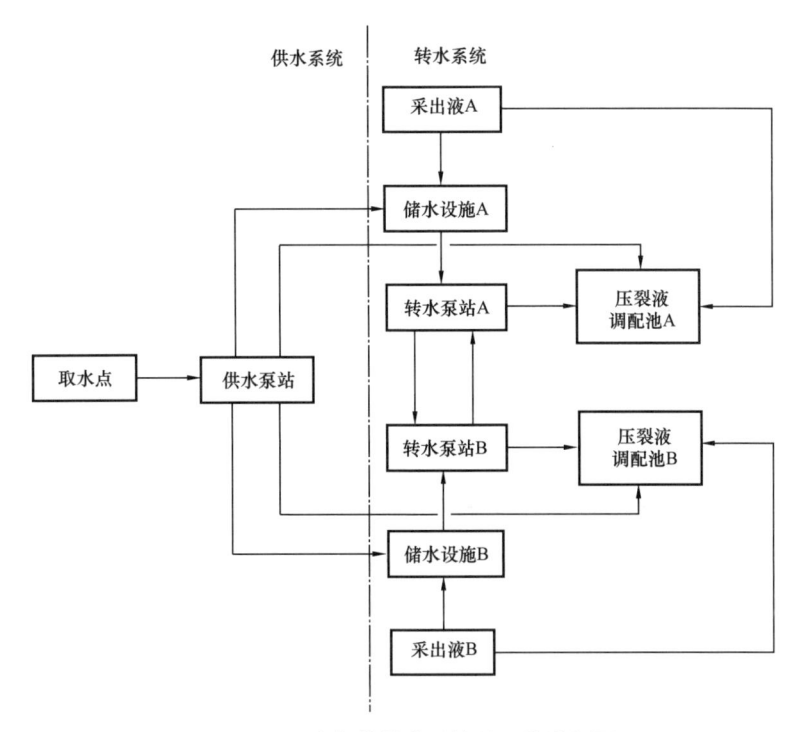

图 5-1 页岩气供转水系统总工艺流程图

水系统安全、环保、节能运行。

（2）合理确定建设规模，近远期结合，适应性强，一次性规划，分期实施，避免重复建设。

（3）充分利用钻前工程修筑的道路、井场地坪、钻井水池（罐）及配套设施，以及已建的供转水系统。

（4）坚持低成本高效率开发，简化主体工艺流程，优化简化设置配套设施，合理确定自控水平，优先选用国产设备和材料，提高设备重复利用率。

（5）供转水输送可采取管道输送、罐车拉运或两者相结合的方式，宜采用管道输送方式。供转水系统采用管输方式时，主供水管网宜采用钢质管道，地面或埋地敷设；采出液管网宜采用非金属管道，埋地敷设；支供水管网可与采出液管网共用或单独建设，单独建设支供水管网应根据工程特点、地形地貌等选取相应的管道材质和敷设方式；供转水管道敷设应做好本体稳固、水土保持、安全与环境保护等工作。

（6）统筹优化页岩气田供转水调配方案，增加采出液循环回用量，减少河流、湖泊、水库、溪沟等取水量；尽量减少对当地水资源的影响，满足当地生产生活用水安全要求。

（7）泵站内的机泵、箱式变电站等主体设施，按照标准化设计、工厂化预制、模块化建设、批量化采购，宜采用易拆装、易移运和满足其他泵站重复利用的橇装设备。

（8）结合区块地面集输、增压和脱水等的需求进行统筹优化供电系统，尽可能优化利用钻井已建或租用的供电设施。

二、总体布局

页岩气供转水系统总体布局主要确定以下内容：水质指标、水量需求、取水水源、水资源论证、取水许可、取水点选择、泵站设置及选址、储水设施及设置、供转水管网布局及宏观走向、供电设施、道路交通等。

进行供转水系统总体布局时主要考虑以下因素：

（1）满足国家、行业和地方相关政策和规划要求。

（2）与页岩气供转水系统总工艺流程和功能需求相适应。

（3）充分利用区块周边已建设施及社会资源。

（4）泵站及储水设施选址与气井分布、集输站场统筹协调，从系统上优化布局。供转水管网布局与集输管网布局相结合，尽量共用走廊带或同沟埋地敷设。

（5）泵站、储水设施、供转水管网、集输站场、道路相结合，方便生产管理与维护抢修。

（6）供转水管网、泵站、供电设施、储水设施、道路和总图布置等，应兼顾后期钻井、压裂、地面建设和生产作业等的需求。

（7）处理好与区块周边重要工矿企业及环境敏感区的关系。

（8）与地形地貌、水文和工程地质、地震烈度、交通运输、人文社会以及地方规划等条件相结合。

第二节 取　　水

页岩气开采所使用的水力压裂技术需要消耗大量水资源。水资源是人类生产生活的最关键资源。我国是一个干旱缺水严重的国家。我国的淡水资源总量为 $28000 \times 10^8 m^3$，占全球淡水资源的6%，仅次于巴西、俄罗斯和加拿大，名列世界第四位，但人均只有 $2300 m^3$，仅为世界平均水平的1/4、美国的1/5，在世界上名列121位，是全球13个人均水资源最贫乏的国家之一。根据页岩气井压裂用水指标、水量需求，选择可靠的水源，采取有效的取水方式，保证页岩气井压裂用水。同时统筹优化页岩气供转水调配方案，增加采出液回用量，减少河流、湖泊、水库和溪沟等取水量。

一、水质指标

1. 总体要求

一般页岩气井压裂用水 pH 值为 6.5～7.5，悬浮物含量一般不超过 1000mg/L，铁离子含量一般不超过 10mg/L，实际情况有超出该指标的恶劣水质在配液使用，但应与压裂添加剂和储层岩心均具有良好配伍性。

2. 气井压裂用水水质指标

根据不同的气藏地质条件，部分工程的页岩气井压裂用水水质要求可以更低，参见表 5-1。

表 5-1　某工程页岩气井压裂用水水质指标

序号	参数	压裂用水 滑溜水	压裂用水 胶液
1	pH 值	6～9	6～8
2	悬浮物含量，mg/L	≤1000	<2000
3	总溶解固体含量，mg/L	≤20000（实际不做限制）	≤20000（实际不做限制）
4	硬度（$CaCO_3$），mg/L	≤800	500
5	CO_3^{2-}+HCO_3^- 含量，mg/L	—	≤400
6	铁含量，mg/L	≤10	<20
7	配伍性	无沉淀，无絮凝	无沉淀，无絮凝

实际应用过程中，一些超出水质指标的水仍在页岩气压裂过程中使用，主要是通过提高压裂液添加剂的性能来保障配制的压裂液性能。

二、水量需求

1. 压裂用水总量

根据页岩气田部署和压裂工程设计，以及井数、单口井压裂段数和每段压裂用水量，从而计算出压裂用水总量。

基础资料缺少时，粗略计算可参照式（5-1）：

$$Q_1 = ABQ_{段} \qquad (5-1)$$

式中　Q_1——压裂用水总量，m^3；

A——压裂井数；

B——每口井压裂总段数；

$Q_段$——每段用水量，m³。

2. 预测采出液总量

预测采出液总量计算，参照式（5-2）：

$$Q_2 = \sum_{i=1}^{n}\sum_{j=1}^{m}D_{ij} \qquad (5-2)$$

式中 Q_2——预测采出液总量，m³；

D_{ij}——预测第 i 口单井第 j 日采出液量（$i=1, 2, 3, \cdots, n$；$j=1, 2, 3, \cdots, m$），m³；

m——单井排液生产时间，d；

n——单井数。

3. 压裂用水量

压裂供水量为压裂用水总量减去可回用的采出液总量。考虑采出液的回用率，从而计算出可回用的采出液总量。

基础资料缺少时，可参照式（5-3）粗略计算：

$$Q = Q_1 - Q_2 f \qquad (5-3)$$

式中 Q——压裂用水量，m³；

Q_1——压裂用水总量，m³；

Q_2——预测采出液总量，m³；

f——采出液回用率，%。

三、水源选择

（1）水源选择前，必须进行水资源的详细调研、勘察和评价。

（2）根据该区块页岩气压裂用水的水量需求，在区块附近及周边寻找大中型河流、湖泊、水库和溪沟等，并结合河流长度、河宽、河深、水位变化、流域面积、年平均流量和多年平均径流量等因素，选择取水水源。

（3）一般采用大中型河流、湖泊和水库取水为主，小河和溪沟等多点补充为辅。

（4）用地下水作为供水水源时，应有确切的水文地质资料，取水量必须小于允许开采量，严禁盲目开采。地下水开采后，不引起水位持续下降、水质恶化及地面沉降。

（5）确定水源、取水点和取水量等，应取得当地水利管理部门同意，进行水资源论证，办理取水许可，并支付水资源费等进行有偿使用。

（6）水源的选择应通过技术经济比较后综合考虑确定，并应符合下列要求：

① 水体功能区划所规定的取水地段。

② 可取水量充沛可靠。

③ 水质指标满足页岩气压裂用水要求。

④ 与人畜饮用水、农业灌溉、水利工程、水力发电等综合利用。

⑤ 取水、供转水设施安全经济和维护方便。

⑥ 取水点及取水泵站具有施工条件。

四、取水点

取水点的选择应满足以下原则：

（1）取水点宜选择在水源可靠、河床稳定、水质良好、取水方便、道路交通良好、岸坡稳定，能保证取水、设备运输、运行和维护管理，有利于防洪、防潮汐、防污以及不受泥沙淤积的位置。

（2）结合取水点周边地形、地貌、地质特征及民房分布情况，以及取水量和取水时间等，采用适宜的取水方式，并做好噪声防治处理。

（3）采取地下水取水方式时，取水点位置应根据水文地质条件选择，并符合下列要求：

① 位于水质好、不易受污染的富水地段。

② 尽量靠近主要用水地区。

③ 施工、运行和维护方便。

④ 尽量避开地震区、地质灾害区和矿产采空区。

（4）采取地表水取水方式时，取水点位置应根据下列基本要求，通过技术经济比较确定：

① 位于水质较好的地带。

② 靠近主流，有足够的水深，有稳定的河床及岸边，有良好的工程地质条件。

③ 尽可能不受泥沙、漂浮物、冰凌和冰絮等影响。

④ 不妨碍航运和排洪，并符合河道、湖泊和水库整治规划的要求。

⑤ 尽量靠近主要用水地区。

（5）主供水管网的取水点位置，应保证常年均能够取水；临时或支供水管网的取水点位置，应考虑钻井压裂时间和小河与溪沟等水位变化情况。

（6）取水点应取得当地水利管理部门同意，并办理相关论证、许可及协议等事宜。

五、取水方式

根据确定的取水点位置,结合其周边的地形地貌和地质条件、取水水源地域的水文地质、航运、水利工程、水力发电等进行综合考虑,选择适宜的取水方式。

取水可采用地下水取水方式或地表水取水方式。页岩气钻井压裂需要大量水,一般采用地表水取水方式。

页岩气田钻井压裂一般采用河流岸边式泵站取水方式。

1. 地下水取水

采用地下水取水主要有管井、大口井、复合井、辐射井、渗渠、泉室等方式。

地下水取水构筑物形式的选择,应根据水文地质条件,通过技术经济比较确定。

地下水取水构筑物形式的设计,应符合下列要求:

(1)有防止地面污水和非取水层水渗入的措施。

(2)在取水构筑物的周围,根据地下水开采影响范围设置水源保护区,并禁止建设各种对地下水有污染的设施。

(3)过滤器有良好的进水条件,结构坚固,抗腐蚀性强,不易堵塞。

(4)大口井、渗渠和泉室应有通风设施。

2. 地表水取水

(1)采用地表水取水主要有江河取水和岸边取水等方式。

(2)江河取水可采用固定式河床取水方式或活动式浮船取水方式。

(3)从江河取水的大型取水构筑物,当河道及水文条件复杂,或取水量占河道的最枯流量比例较大时,在设计前应进行水工模型试验。

(4)取水构筑物的形式,应根据取水量和水质要求,结合河床地形及地质、河床冲於、水深及水位变幅、泥沙及漂浮物、冰情和航运等因素以及施工条件,在保证安全可靠的前提下,通过技术经济比较确定。

(5)取水构筑物在河床上的布置及形状的选择,应考虑取水工程建成后,不致因水流情况的改变而影响河床的稳定性。

(6)江河取水构筑物,按构造形式分为固定式河床取水构筑物和活动式浮船取水构筑物。

① 固定式河床取水构筑物组成:含取水头部、吸水管、岸边式深井泵房、取水泵及辅助设施。其优缺点主要表现为:

a. 取水可靠,维护管理简单,适应范围广。

b. 取水头部大部分位于水下,基本不影响景观,不影响河道通航。

c. 不用打桩，环境影响小。
d. 投资大，水下施工量较大，施工期长。
e. 需选在枯水季节围堰施工，施工时间上受条件限制。

② 浮船取水构筑物的位置，应选择在河岸较陡和停泊条件良好的地段。浮船应有可靠的锚固设施。浮船取水构筑物组成：主要含浮船（自带值班室和配电房）、取水泵、拦污格栅、锚固设施及辅助设施。其优缺点主要表现为：

a. 不需建复杂的土建工程，不需要围堰施工。
b. 水位变幅大时，投资相对较少。
c. 施工期短，便于施工。
d. 取表层水，取水的水质比较好。
e. 浮船易受水流和风浪的影响。
f. 供水通过摇臂管与输水管连接，供水的安全可靠性较差。
g. 设备看管维护量大。
h. 后期操作管理难度大。
i. 需占用水面，对航运有影响。

（7）岸边式取水泵房进口地坪的设计标高，应分别按下列情况确定：
① 当泵房设置在河流、水库和渠道边时，为设计最高水位加 0.5m。
② 当泵房设置在江河、湖泊和海边时，为设计最高水位加浪高再加 0.5m，并应设防止浪爬高的措施。

第三节　供转水管网

供转水管网包括清水管网和采出液管网。

清水管网：输送从取水点等取出水的管路系统，输送介质清水。

采出液管网：输送气井生产过程中的压裂返排液或转输从取水点等取出水的管路系统，输送介质采出液和清水。

一、基本要求

1. 总体要求

（1）应满足国家、行业和地方有关法律、法规及标准、规范、规划的要求，保证页岩气田供水系统安全、环保与节能运行。

（2）应满足页岩气田开发需求，总体规划、分期实施，避免重复建设。

（3）应充分利用区块周边已建设施及社会资源，并结合集输管网综合布局。

（4）设计规模应根据压裂用水量需求、预测采出液量等综合确定，并考虑5%～10%富余量。

（5）设计压力应根据管网沿程水头损失、局部水头损失、沿线高程、水击等因素确定。

（6）流速宜控制在1.5～3.0m/s。

（7）穿越水田等水域地区，应采取抗漂浮措施。

（8）管道及接口等外防腐层类型和等级的选择，应结合地形地貌、地质条件、地理位置、杂散电流干扰及经济性等因素，综合分析确定。

2. 清水管网

（1）宜采用干线和支线结合，以主供水管网为主、支供水管网为辅。

（2）根据使用年限、输送介质、地形地貌及地质条件、环境因素等，采用钢质管道或非金属管道。

（3）可采用地面或埋地敷设。

（4）管道地面敷设，应不影响交通、人畜通道、溪沟过水断面及公用设施等，并做好管道本体稳固。

3. 采出液管网

（1）宜采用非金属管道、埋地敷设。当采用钢质管道时，管道的设计壁厚应根据输送压力和介质的腐蚀性计算来确定。

（2）根据输送介质、温度和距离等情况，按照SY/T 0600—2016《油田水结垢趋势预测方法》进行结垢趋势预测，并应采取相应的防垢措施；介质在进入管道输送前，应清除机械杂质。

（3）宜避开人口稠密区，采用埋地敷设；穿越公路、河流和溪沟等，应设保护套管。

（4）应进行水力（瞬态及稳态）计算，并根据分析计算结果设置安全防护措施。

（5）非金属管道与集输钢质管道同沟埋地敷设时，应先安装钢质管道，后安装非金属管道，其净距不应小于400mm，并用细土隔开。

（6）非金属管道的埋深应根据输送介质和环境条件确定，为确保管道安全、减少人为和外力因素造成破坏的可能性，管顶埋深不宜小于1.0m。

二、管网布局

1. 总体要求

（1）应满足国家、行业和地方有关法律、法规、标准、规范和规划的要求，并与地形地貌、水文、工程地质、地震烈度、交通运输、人文社会和地方规划等条件相结合，处理好与区块周边重要工矿企业及环境敏感区的关系。

（2）应满足页岩气田滚动开发、系统总工艺流程和功能需求。

（3）应与集输管网布局相结合，尽量同沟或共用管廊带敷设。

（4）应与泵站、储水设施、集输站场和道路相结合，方便生产管理与维护抢修。

2. 清水管网

（1）供水管网宜采用干线和支线结合[1]，以"主供水管网"为主、"支供水管网"为辅。

（2）主供水管网输送介质为清水，宜采用钢质管道，地面或埋地敷设。

（3）支供水管网输送介质为清水，可与采出液管网共用或单独建设。单独建设支供水管网应根据工程特点、地形地貌等选取相应的管道材质和敷设方式。

3. 采出液管网

（1）采出液管网主要输送介质为采出液，也可转输清水；宜采用非金属管道，埋地敷设。

（2）采出液管网应具备双向输送功能。

三、水力计算

1. 管道总水头损失计算

计算公式：

$$\sum h_{总} = h_f + h_m + h_1 + h \tag{5-4}$$

式中　$\sum h_{总}$——管道总的水头损失，m；

　　　h_f——沿程水头损失，m；

　　　h_m——局部水头损失，按 h_f 的20%计取，m；

　　　h_1——终点水头，m；

　　　h——相对高差，即从起点克服高差所需的扬程，m。

2. 管道沿程水头损失计算

计算公式：

$$h_f = \lambda \frac{L}{d} \frac{v^2}{2g} \tag{5-5}$$

式中　h_f——水管线压力降，mH_2O；
　　　λ——摩阻系数；
　　　d——管线内径，m；
　　　g——重力加速度，$g = 9.81 m/s^2$；
　　　v——流速，m/s；
　　　L——管段长度，m。

液体流速计算公式：

$$v = \frac{4Q}{\pi d^2} \quad (5-6)$$

式中　v——流速，m/s；
　　　Q——液体流量，m^3/s；
　　　d——管线内径，m。

雷诺数采用以下计算公式：

$$Re = \frac{dv\gamma}{\mu} \quad (5-7)$$

式中　Re——雷诺数；
　　　d——管线内径，mm；
　　　v——流速，m/s；
　　　γ——液体密度，取 $\gamma = 1030 kg/m^3$；
　　　μ——液体黏度，取 $\mu = 1.04 mPa·s$；

当 $2300 < Re < 10^5$ 时，$\lambda = 0.3164 Re^{-0.25}$；
当 $10^5 < Re < 10^8$ 时，$\lambda = 0.0032 + 0.221 Re^{-0.237}$。

四、管材选择

清水和采出液的输送方式应根据水量、水质、区域地质条件和气候条件等情况，通过技术经济比较确定。当采用管道输送时，还应根据输送介质、输送距离、压力等级、工程特点、地形地貌及地质条件、环境因素等合理选择管材[2]。

1. 管材种类

1）高压玻璃纤维管线管（简称玻璃钢管）

采用无碱增强纤维为增强材料，环氧树脂和固化剂为基质，经过连续缠绕成型、固化而成。玻璃钢管是一种增强热固性非金属管，根据所采用的树脂种类，玻璃钢管主要有酸酐固化玻璃钢管和芳胺固化玻璃钢管两种，产品制造执行 SY/T 6267—2018

《高压玻璃纤维管线管》或 API Spec 15HR—2016《高压玻璃纤维管线管》(High-Pressure Fiberglass Line Pipe)标准。制作工艺一般采用模压、离心铸造、缠绕或传递模塑法生产,有螺纹连接及承插黏结两种连接方式,可承受较高的输送压力(最高承受压力可达 30MPa),且价格比耐蚀合金钢管低得多。但由于玻璃钢管道为热熔成型,固化后具有较强的脆性,抗冲击性能极差,在冲击外力作用下容易破管或断裂。现国内有多项玻璃钢管作高压回注管道的工程实例。在液体输送方面也得到广泛运用,一般用于长距离输送管道。

2)钢骨架塑料复合管

以钢骨架为增强体、以热塑性塑料(聚乙烯)为连续基材,采用一次成型、连续生产工艺,将金属和塑料两种材料复合在一起成型。钢骨架聚乙烯复合管是一种增强热塑性非金属管,根据增强层的结构特点,钢骨架聚乙烯复合管分钢丝网骨架聚乙烯复合管、钢板网骨架聚乙烯复合管,产品制造执行 SY/T 6662.1—2012《石油天然气工业用非金属复合管 第 1 部分:钢骨架增强聚乙烯复合管》或 HG/T 3690—2012《工业用钢骨架聚乙烯塑料复合管》、CJ/T 123—2016《给水用钢骨架聚乙烯塑料复合管》、CJ/T 189—2007《钢丝网骨架塑料(聚乙烯)复合管材及管件》标准。该管材耐腐蚀能力强,而且具有优良的柔性,质量轻、安装方便,适合用于长距离埋地用输水管道系统。但其工作压力力较低[CJ/T 189—2007《钢丝网骨架塑料(聚乙烯)复合管材及管件》中要求最高工作压力 3.5MPa],一般用于长距离输送管道,但不能用作高压回注管道。

3)柔性复合高压输送管

以内管(热塑性塑料管)为基体,通过缠绕聚酯纤维或钢丝等材料增强,并外加热塑性材料保护层复合而成。柔性复合高压输送管是一种柔性的增强热塑性非金属管,产品制造执行 SY/T 6662.2—2012《石油天然气工业用非金属复合管 第 2 部分:柔性复合高压输送管》或 SY/T 6716—2008《石油天然气工业用柔性复合高压输送管》标准。

柔性复合管是由多种材料组成的多层管道,一般由内芯管、增强层和外保护层组成。其内芯管和外保护层通常为高分子结构,具有天然的防腐蚀性能;增强层采用高强度的材料,使软管可以承受较高的荷载。柔性复合管主要应用于气田地面工程液体的传输,应用范围包括油气集输管、注水管、注醇管及废水处理管线等。

由于管体柔软,适宜于地形起伏较大的地区,能减少地质断层、地质裂缝、黄土湿陷和采空区等灾害对于管道的损害。单根柔性复合高压输送管长度可根据工程要求来定(一般 150m/根,个别长度可达数百米),管道间采用法兰或专用金属接头连接,施工时管道可在沟上安装,拐弯处不用弯头连接,安装接头少,漏点少,缩短了工程的建设周期,且减少了动火风险。因减少了钢管管材焊接费、探伤费、补口费和防腐费,能够得到比较好的经济效益和社会效益。但该管使用温度有一定的局限性,在介质温度不大于100℃时运行最佳。

4) 钢骨架增强热塑性树脂复合连续管

由介质传输层(热塑性塑料)、增强层(钢带或钢丝)、黏结层、保温层和防护层复合而成。钢骨架增强热塑性树脂复合连续管是一种柔性的增强热塑性非金属管,产品制造执行 SY/T 6662.4—2014《石油天然气工业用非金属复合管 第4部分:钢骨架增强热塑性塑料复合连续管及接头》或 SY/T 6769.4—2012《非金属管道设计、施工及验收规范 第4部分:钢骨架增强塑料复合连续管》标准。

5) 增强热塑性塑料复合管(RTP)

以内管(热塑性塑料管)为基体,通过正反交错缠绕芳纶纤维增强带增强,再挤出覆盖热塑性塑料外保护层复合而成。增强热塑性塑料复合管是一种柔性的增强热塑性非金属管,产品制造执行 SY/T 6794—2018《可盘绕式增强塑料管线管》或 API RP 15S—2016《Spoolable Reinforced Plastic Line Pipe》标准。

6) 塑料合金复合管

以内管(聚乙烯、增强聚乙烯塑料或多种塑料合金)为基体,外管采用无碱增强纤维和环氧树脂连续缠绕成型。塑料合金复合管的基体是热塑性塑料管,增强层为玻璃纤维和热固性树脂,是一种增强热固性非金属管,产品制造执行 HG/T 4087—2009《塑料合金防腐蚀复合管》标准。

7) 热塑性塑料管

以聚乙烯树脂(常用 PE80 和 PE100)为主要原材料,经连续挤出生产的塑料管。用于燃气和给水的塑料管分别执行不同的标准,燃气用埋地聚乙烯(PE)管的制造执行 GB 15558 系列标准,给水用聚乙烯(PE)管的制造执行 GB/T 13663 系列标准。

8) 双金属复合管

双金属复合管是一种新型复合管材,一般直管外层采用普通钢管,内层采用耐腐蚀材料,从而获得高品质的复合管材。这种新型复合管材可采用一般普碳钢与不锈钢、一般不锈钢与高品质不锈钢复合,也可采用普通钢种与镍、铬、钼合金的复合;还可根据用户要求实现多种金属的多层复合。

该管材耐腐蚀性好,承压高,可适用于任意压力等级,具有良好的抗机械冲击、热冲击性能。但其生产工艺要求高、综合造价高,施工要求高,也限制了其在工程中的应用。

9) 不锈钢钢管

316L 是以钼为基础的奥氏体不锈钢,这种不锈钢与常规的铬镍奥氏体(如304)合金相比,具有更好的抗一般腐蚀及点腐蚀和裂隙腐蚀性能。这些合金具有更高的延展性、抗应力腐蚀性能、耐压强度及耐高温性能，还具有良好的加工性及成形性。

304不锈钢在含100mg/L氯化物的水环境下，具有耐点腐蚀和耐隙腐蚀性。含钼的316在含2000mg/L氯化物的水环境下，具有耐点腐蚀和耐隙腐蚀性。实际工程应用中宜根据采出液水质、流速和pH值等因素综合确定适用的氯离子浓度上限。但其高价格限制了应用。

10）碳钢管材

在一定压力下，就单纯的CO_2饱和水而言，普通碳钢管材的静态腐蚀速率为0.5～1.0mm/a。但在高含H_2S的酸性环境，并将Cl^-添加到CO_2饱和水溶液中，碳钢的腐蚀明显加剧。在CO_2饱和水中，流速的加快也将显著增大钢的腐蚀速率，同时，如果在输送过程中出现气、液、固三相交界处，就会在碳钢表面形成宏观局部腐蚀电池，造成严重的局部腐蚀（坑蚀）。故碳钢材质管道不宜作为酸性污水输送或回注管道；若水中腐蚀性不强时，也可选用，但需要定期进行腐蚀监测。

2. 管材选择原则及适用范围

1）选择原则

（1）管材选用应根据技术经济比选结果，优选技术性能满足要求、经济合理的产品。

（2）输送介质为清水的主供水管网，宜采用钢质管道。符合GB/T 5310—2017《高压锅炉用无缝钢管》、GB/T 8163—2018《输送流体用无缝钢管》、GB/T 9711—2017《石油天然气工业 管线输送系统用钢管》的相关要求。

（3）输送介质为采出液且位于土壤腐蚀性强地区的管道，宜优先选用非金属管道。符合SY/T 6662《石油天然气工业用非金属复合管》系列标准、SY/T 6769《非金属管道设计、施工及验收规范》系列标准、SY/T 6770《非金属管材质量验收规范》系列标准的相关要求。

（4）非金属管道的性能应满足油田地面工程建设中管道输送介质的要求。

（5）非金属管道的使用压力和温度，应能满足页岩气田供转水管网设计条件下的最高压力和最高温度要求。

（6）玻璃钢管宜单向输送介质，采出液管网不宜选用玻璃钢管。

2）适用范围和条件

非金属管道可用于页岩气田地面工程的供转水（清水、采出液等）、注水（注醇、注聚合物等）等系统介质的输送。

不同类型的非金属管道，有不同的适用范围和使用条件。

（1）玻璃钢管道具有承压能力强、适用温度较高、价格低的特点，管径一般在DN40mm～DN200mm范围内，可广泛应用于供转水、集油及注水管道。

（2）钢骨架聚乙烯复合管通常管径较大，可达 DN500mm，但该管线适用温度低、承压低，主要应用于供水管道。

（3）增强热塑性塑料复合管柔性好、承压高、适用温度较高，国外主要用于输油、输气管道，但由于单价高，国内油气田较少采用。

（4）柔性高压复合管管径小、承压高、单根管长度长、施工方便，广泛应用于气田注醇管道及单井注水。

（5）塑料合金复合管承压高，管径一般在 DN40mm～DN200mm 范围内，主要用于油田注水管道，也可用于油田供水和集油管道。

（6）钢骨架增强热塑性树脂复合连续管可通过增强钢带加热管输介质，解决集油管线冻堵问题，主要用于集油管道。

（7）热塑性塑料管承压低，中小管径价格低，主要用于煤层气集气管道。

随着温度的升高，热塑性复合管和塑料管的承压能力明显降低，一般用压力修正系数来修正各种管材不同使用温度下的允许使用压力。

钢骨架聚乙烯复合管、增强热塑性塑料复合管、柔性高压复合管和钢骨架增强热塑性树脂复合连续管的压力修正系数，宜按表 5-2 选取。

表 5-2　热塑性复合管及内衬塑料管不同温度下的压力修正系数

温度 t，℃	$0<t\leqslant20$	$20<t\leqslant30$	$30<t\leqslant40$	$40<t\leqslant50$	$50<t\leqslant60$	$60<t\leqslant70$
修正系数	1	0.95	0.9	0.86	0.81	0.7

热塑性塑料管的压力修正系数，宜按表 5-3 选取。

表 5-3　热塑性塑料管不同温度下的压力修正系数

温度 t，℃	$0<t\leqslant20$	$20<t\leqslant30$	$30<t\leqslant40$
修正系数	1	0.87	0.74

对于同一类型的非金属管道，当采用不同质量等级的原材料时，其产品的使用性能也会有所不同。设计中所选用的非金属管道产品，其原材料应与长期静水压试验管道所采用的材料保持一致。

3. 管道壁厚计算

1）非金属管道

非金属管道以公称压力和公称直径标识产品，压力等级对应着一定的强度指标。非金属管道是系列产品，其压力等级与壁厚相对应，按输送压力要求选择产品规格型号。

2）金属管道

对于金属管道的壁厚计算，当直管计算厚度 t_s 小于管子外径 D_o 的 1/6 时，直管的计算厚度不应小于式（5-8）的计算厚度（公式适用于公称压力不大于 42MPa 的回注金属管道的壁厚计算）。当 $t_s \geq D_o/6$ 时，直管壁厚应根据断裂理论、疲劳、热应力及材料特性等因素综合考虑确定。

$$t_s = \frac{pD_o}{2\left([\sigma]^t E_j + pY\right)} \quad (5-8)$$

$$t_{sd} = t_s + C$$

$$C = C_1 + C_2$$

$$C_1 = Et_s$$

式中　t_s——直管计算厚度，mm；

t_{sd}——直管设计厚度，mm；

p——设计压力，MPa；

D_o——管子外径，mm；

$[\sigma]^t$——在设计温度下材料的许用应力（见表 5-4），MPa；

E_j——焊接接头系数，无缝钢管取 1，焊接钢管的焊接系数应根据表 5-5 中焊接接头的形式、焊接方法和焊接接头的检验要求来确定；

C——厚度附加量之和，mm；

C_1——厚度减薄附加量，包括加工、开槽和螺纹深度及材料厚度负偏差，mm；

C_2——腐蚀或腐蚀附加量（可取 1mm），mm；

Y——系数，取 0.4；

E——系数，当 $t_s < D_o/6$ 时，按表 5-6 选取，%。

五、管道敷设

1. 管道敷设原则

（1）金属管道的敷设，参照油气集输管道施工技术要求进行。

（2）非金属管道应由专业化的施工队伍安装，施工人员应通过有关培训认证合格后持证上岗。必要时，可由非金属管道制造商派技术人员进行现场施工指导。

（3）管道安装应建立完善的施工管理制度，保障管道施工质量。

（4）施工单位应设质检人员对施工质量进行检验，质检人员应通过相关的技术培训；建设单位或其授权机构应配备检验和验收人员，对施工全过程进行监督和检查，并按相关规定验收。

表 5-4 设计温度下材料的许用应力

类型	钢号	标准号	使用状态	厚度 mm	常温强度指标 σ_b MPa	常温强度指标 σ_s MPa	许用应力 ≤20℃	100℃	150℃	200℃	250℃	300℃	350℃	400℃	425℃	450℃	475℃	500℃	525℃	550℃	575℃	600℃	使用温度下限 ℃
碳素钢管（焊接管）	Q235-A	GB/T 3091—2015	—	≤12	375	235	113	113	113	105	94	86	77	—	—	—	—	—	—	—	—	—	0
	Q235-B	GB/T 3793—2016	—	≤12.7	390	235	130	130	125	116	104	95	86	—	—	—	—	—	—	—	—	—	0
	20	GB/T 3793—2016	—																				−20
	10	GB 9948—2013	热轧、正火	≤16	330	205	110	110	106	101	92	83	77	71	69	61	—	—	—	—	—	—	
	10	GB 6479—2013	热轧、正火	≤15	335	205	112	112	108	101	92	83	77	71	69	61	—	—	—	—	—	—	−29（正火状态）
		GB/T 8163—2018		16~40	335	195	112	110	104	98	89	79	74	68	66	61	—	—	—	—	—	—	
碳素钢管（无缝管）	10	GB 3087—2008	热轧、正火	≤26	333	196	111	110	104	98	89	79	74	68	66	61	—	—	—	—	—	—	
	20	GB/T 8163—2018	热轧、正火	≤15	390	245	130	130	130	123	110	101	92	86	83	61	—	—	—	—	—	—	−20
				16~40	390	235	130	130	125	116	104	95	86	79	78	61	—	—	—	—	—	—	
	20	GB 3087—2008	热轧、正火	≤15	392	245	131	130	130	123	110	101	92	86	83	61	—	—	—	—	—	—	
				16~26	392	226	131	130	124	113	101	93	84	77	75	61	—	—	—	—	—	—	
	20	GB 9948—2013	热轧、正火	≤16	410	245	137	137	132	123	110	101	92	86	83	61	—	—	—	—	—	—	
		GB 6479—2013	热轧、正火	≤16	410	245	137	137	132	123	110	101	92	86	83	61	—	—	—	—	—	—	
	20G	GB 5310—2017	正火	17~40	410	235	137	132	126	116	104	95	86	79	78	61	—	—	—	—	—	—	

续表

类型	钢号	标准号	使用状态	厚度 mm	常温强度指标 σ_b MPa	常温强度指标 σ_s MPa	许用应力，MPa ≤20℃	100℃	150℃	200℃	250℃	300℃	350℃	400℃	425℃	450℃	475℃	500℃	525℃	550℃	575℃	600℃	使用温度下限 ℃
低合金钢管（无缝管）	16Mn	GB 6479—2013	正火	≤15	490	320	163	163	163	159	147	135	126	119	93	66	43	—	—	—	—	—	-40
	20	GB/T 8163—2018		16~40	490	310	163	163	163	153	141	129	119	116	93	66	43	—	—	—	—	—	
	15MnV	GB 6479—2013	正火	≤15	510	350	170	170	170	170	166	153	141	129	—	—	—	—	—	—	—	—	-20
				17~40	510	340	170	170	170	170	159	147	135	126	—	—	—	—	—	—	—	—	
	09MnD	Q/TDGG 0040	正火	≤16	400	240	133	133	128	119	106	97	88		—	—	—	—	—	—	—	—	-50
	12CrMo	GB 6479—2013	正火	≤16	410	205	128	113	108	101	95	89	83	77	75	74	72	71	50	—	—	—	-20
	12CrMoG	GB 5310—2017	正火加回火	17~40	410	195	122	110	104	98	92	86	79	74	72	71	69	68	50	—	—	—	

注：σ_b—抗拉强度；σ_s—屈服强度。

表 5-5 焊接接头系数 E_j

焊接方法及检测要求		单面对接焊	双面对接焊
电熔焊	100% 无损检测	0.90	1.00
	局部无损检测	0.80	0.85
	不做无损检测	0.60	0.70
电阻焊		0.65（不做无损检测）；0.85（100% 涡流检测）	
加热炉焊		0.60	
螺旋缝自动焊		0.80~0.85（无损检测）	

表 5-6 系数 E 取值

材质	无缝钢管壁厚，mm	E，%
碳素钢或低合金钢	≤20	15
	>20	12.5

2. 管道敷设及特殊地段处理

1）管道敷设要求

（1）线路管道应采用埋地敷设，根据地形和地质条件的不同，采用弹性敷设及弯头，以适应管道在平面和竖向上的变化。

（2）管道采用弹性敷设，最小弯曲半径应符合下列规定：

① 玻璃钢管、塑料合金复合管等采用热固性树脂的复合管，弯曲半径不应小于表 5-7 的规定。

表 5-7 热固性管材最小弯曲半径

公称直径 DN，mm	40	50	65	80	100	125	150	200	250
最小弯曲半径，m	30	38	45	55	72	85	100	128	240

② 热塑性增强塑料复合管、柔性高压复合管、钢骨架聚乙烯复合管、钢骨架增强热塑性树脂复合连续管和热塑性塑料管等热塑性管材，弯曲半径不应小于表 5-8 的规定。

表 5-8 热塑性管材最小弯曲半径

公称直径 DN，mm	50	65	80	100	125	150	200	250	300	350	400	450	500
允许弯曲半径 R	≥80DN						≥100DN					≥120DN	

注：管段上有接头时，R 不应小于 200DN。

2）管沟开挖

（1）管沟开挖前，应进行技术交底，交底内容包括管沟挖深、沟底宽度、边坡坡度和弃土位置等。

（2）当管沟采用爆破开挖方式时，应严格执行爆破规定，并制订有效的安全措施。

（3）管沟边坡宜执行以下规定：

①深度在 5m 以内的管沟最陡边坡，宜符合表 5-9 的规定。

②深度超过 5m 或不稳定土层的管沟，可根据实际情况，采取放缓边坡、加支撑或采取阶梯式开挖等措施，必要时可采取板桩加固的方法。

表 5-9 深度在 5m 以内管沟最陡边坡坡度

土壤类别	最陡边坡坡度		
	坡顶无载荷	坡顶有静载荷	坡顶有动载荷
中密的沙土	1∶1.00	1∶1.25	1∶1.50
中密的碎石类土（填充物为沙土）	1∶0.75	1∶1.00	1∶1.25
硬塑的轻亚黏土	1∶0.67	1∶0.75	1∶1.00
中密的碎石类土（填充物为黏性土）	1∶0.50	1∶0.67	1∶0.75
硬塑的亚黏土/黏土	1∶0.33	1∶0.50	1∶0.67
老黄土	1∶0.10	1∶0.25	1∶0.25
软土（经井点降水）	1∶1.00	—	—
硬质岩	1∶0	1∶0	1∶0

（4）管沟开挖时，宜将弃土堆放在没有布管的一侧，堆土距沟边应不小于 0.5m，表层耕植土与下层土壤应分层堆放。

（5）管沟沟底宽度宜为管道两边外缘各加 250mm，沟底宽度应一致，连续平整、沟壁无明显的凹凸与台阶；每千米应检查 10 处。对管径小于 DN50mm 的柔性连续复合管，单根管长、接头少，沟底宽度可根据安装需要适当减小。

（6）管沟深度应符合设计要求，每千米检查 10 处，沟底标高允许偏差为 0～100mm。

（7）多石方段管沟应加深 200mm，布管前用细土回填。检查多石方段管沟加深情况，每 50m 检查一点，且不少于五点。

（8）非金属管道的埋深应根据输送介质和环境条件确定，为确保管道安全，减少人为和外力因素造成破坏的可能性，线路管道应有足够的埋设深度，管顶埋深一般不宜小于 1m。

（9）非金属管道穿越公路、河流、水渠时，管道应采用套管保护，套管内宜用支架将管道与钢套管隔开。为了保证管道在套管内平直，根据需要支架可适当加密。

（10）非金属管道敷设与其他管道交叉时，宜从下面穿越，相互净距应大于 150mm、且不小于管径；当条件不能满足时，可从上面穿越，相互净间距宜大于 200mm；管道与埋地电力、通信电缆交叉时，其垂直净距不应小于 500mm。

（11）不同类型的非金属管道由于施工工艺、施工设备和安装方法等不同，对管道安装间距也有不同要求。根据管端连接方式，推荐管道间距如下：

① 采用螺纹黏结的非金属管道（适用于玻璃钢管），管道间距不应小于 150mm。

② 采用热熔连接的非金属管道（适用于钢骨架聚乙烯复合管、热熔连接方式的 RTP 管），管道间距不应小于 200mm。

③ 采用螺纹快速接头的非金属管道（适用于柔性高压输送复合管、塑料合金复合管、钢骨架增强热塑性树脂复合连续管等），管道间距不应小于 100mm。

（12）设置支撑与固定时应遵循以下原则：

① 避免线接触和点载荷。

② 防止振动与磨损。

③ 避免过度弯曲。

（13）非金属管道在出土前 3~5m 处应转换成金属管，金属管应与非金属管保持平直，并在钢管一侧靠近接头处设置固定支座。

（14）采用弹性敷设的玻璃钢管、塑料合金复合管，直管段应根据使用经验或通过计算确定是否需要采用固定支座。

（15）非金属管道上有弯头、三通和异径接头处，宜设置止推座。

（16）特殊地段管道的固定要求：

① 低洼地段。在沼泽等低洼地段及水田敷设管道时，宜用沙袋防止管道漂浮。沙袋数量应根据管道的尺寸和输送的介质，通过计算确定。

② 流沙和多石地段。在流沙地段敷设管道时，宜设置草方格或在下方和上方用沙袋固定管道。非金属管道一般应避开石方带，局部通过多石和硬土地带时，管沟底部宜铺设 200mm 细沙或细土；在管道下沟后，管道周围应用细沙或细土覆盖做保护层，保护层的厚度不应小于 200mm。

3）管沟回填

（1）回填前应清除管沟中的砖、石、木块等杂物。应检查管沟底部是否平整，管道下面的回填土是否夯实，管道在沟底是否有悬空的现象；检查管道埋深是否符合设计文件要求，每千米抽查 10 处。

（2）回填土应与管沟的自然土壤相似。在距管壁 300mm 内，回填土最大粒径不应超过10mm。

（3）管沟应在左右对称的情况下回填。先将管道两侧拱腋下均匀回填，然后在管道两侧同时分层夯实，夯实密实度至少为90%以上，确保对管身形成完全支撑。

（4）回填多管同沟的管道时，应确保管道间距满足设计要求；管道间应用细沙或软土隔开。

（5）管沟回填应分为两次进行：第一次回填在试压前进行，应先用人工回填，用细土或沙回填管道两侧和管顶上部；当回填到管顶以上300mm左右时，进行夯实，之后可采用机械回填，第一次回填应留出接头部位。第二次回填在试压合格后进行，管沟回填后，回填土应高出自然地面300mm，每千米抽查10处。

（6）采用机械回填时，严禁使用机械设备碾压管道。

（7）在管沟回填过程中，应避免管道受下落石块、施工工具等硬物的冲击、压实设备的直接碰撞和其他潜在的破坏。

（8）在管道通过石方地段时，管沟底应回填200mm厚细土垫层，每千米抽查10处。

3. 管道连接

（1）非金属管道一般不宜与金属管道同沟敷设。必须同沟敷设时，非金属管道与金属管道的净间距不应小于400mm，应先安装金属管道，后安装非金属管道。

（2）为防止管道接口应力集中、受力松动，影响接口强度，非金属管材宜采用沟下连接的方式，对于小口径（不大于$DN50mm$）柔性复合管也可采用沟上连接然后下沟的方式。

（3）管道与地下已建管道、电力或通信电缆交叉时，应严格按设计施工。

（4）对于穿越部分有接口的非金属管道，应在穿管前对穿越段进行强度和严密性试验，并办理隐蔽工程交接手续。

（5）玻璃钢管的连接具有方向性，其排列方向应使内螺纹端朝向上游端，即对于连接好的一组接头，介质应从外螺纹端流向内螺纹端；连接时，内外螺纹均应涂抹密封脂；当环境温度低于5℃时，涂抹密封脂前应将螺纹预热。

（6）采用螺纹连接的非金属管道，连接时施加的扭矩应均匀；宜采用带扭矩显示仪的工具进行非金属管道的螺纹连接。

（7）采用电熔连接时，应打毛熔接表面（管端外表面和电熔套筒内表面），彻底去除氧化层；电熔套筒安装时应使用木槌；焊接前，应采用扶正器将电熔套筒固定在待焊接接头处；焊接时间根据电熔套筒规格型号、依据说明书确定；焊接后应采用自然冷却，冷却过程中应保持连接部位不受外力作用，在电熔套筒表面温度降到接近环境温度时，才能拆卸扶正器。

（8）采用法兰连接时，应在自然状态下找正，清除法兰端面的污物，平整放入密封圈（垫）；上紧螺栓时，应对角上紧，且用力均匀，反复将每个螺栓拧紧，使法兰密封面与密封圈（垫）完全紧密贴合。

（9）管道连接时应检查全部连接材料是否符合设计要求。管道连接后，应对接头清理干净，并进行外观检验；抽检接头数量5%～10%。

4. 线路附属工程

1）线路水工保护

水工保护是对影响管道安全的水土流失所采取的治理措施，其主要包括支挡防护、冲刷防护和坡面防护三大类。水土保持是开发建设项目责任范围内为防止水土流失而采取拦渣、护坡、土地整治、防洪、防风固沙、防治泥石流和绿化等防治措施，水工保护和水土保持两者之间存在必然的联系。

水工保护措施在起到保护管道的同时也将充分发挥着水土保持的功能。如截排水沟、护坡、挡土墙、护岸和地下防冲墙等措施。

两者不同之处在于，水工保护侧重于管道的防护同时兼顾水土保持的防治，而水土保持更注重于环境和区域的综合治理。水工保护工程在一定程度上并不能完全涵盖所有水土保持方案，管道的水工保护在保护管道安全的同时也将从水土保持的设计角度出发与其紧密结合，形成综合防护体系，达到管道建设和环境整治的和谐统一。

（1）水工保护与水土保持界面划分。

① 主体工程为保证管道及附属建筑物的安全所特有的防护形式界定为水工保护工程，如管道稳管措施等。

② 为满足主体工程防护功能为主、同时兼有水土保持功能的工程，界定为水工保护工程，如穿越河道护坡（岸）、截水墙等。

③ 仅具有水土保持功能，其防护功能与影响管道安全无关的措施，界定为水土保持工程，如土地整治、田地坎恢复和各种植物措施等。

（2）水工保护涵盖内容。

① 为确保管道安全所采取的特有的水工保护措施，如防冲墙、混凝土连续浇筑和压重块等。

② 以主体设计功能为主、同时兼有水土保持功能的工程，如挡土墙、截水墙、护坡、护岸、截排水沟和堡坎等。

（3）水工保护设计原则。

① 本着"安全第一、环保优先、以人为本"的指导思想，对沿线安全隐患点和可能对管道造成危害的地段进行防护治理。

② 水工保护的设计先判断水害破坏机理，再进行水工保护方案设计。

③ 水工保护与水土保持相结合，在考虑管道安全的同时也要考虑地貌恢复和环境整治等方面的措施防护。

④ 充分考虑管道并行情况，两管共同防护，协调一致，尽量不破坏周边管道的水保设置，不影响周边水保设置的功能。

⑤ 水工保护工程参考公路和铁路等行业部门的相关成功经验，结合管道特点进行方案设计。

⑥ 水工保护工程应安全可靠、施工方便、经济实用。

（4）敷设类型及防治措施。

① 顺坡敷设。管道通过坡面时，常以顺坡敷设（与等高线交叉）。此类敷设方式在该项目建设中具有普遍的代表性，主要多发生于山地、沟壑和丘陵地区。

当管道顺坡通过坡面时，在坡面径流的冲刷下，管沟回填土容易遭受侵蚀；其侵蚀过程是由面蚀向沟蚀的发展。沟蚀发展的最终阶段会造成整个管沟回填土全部流失，进而使管道暴露甚至悬空。

管道顺坡敷设时的坡面防护主要是保护影响管道安全的边坡免受雨水冲刷，防止和延缓坡面岩土的风化、碎裂、剥蚀，保持边坡的整体稳定性。工程防护主要包括干砌石护坡、浆砌石护坡、浆砌石护面墙、截水墙等。

② 横坡敷设。当管道横坡通过坡面施工时，首先要进行作业带的扫线工作，不可避免地要对上部边坡进行削方处理；削方后的土石方料通常会堆积在坡面的下部，形成松散的堆积物，形成填方。

管道横坡通过坡面时的削坡处理会产生临空面和陡崖，为滑坡和崩塌等地质灾害的发生创造了一定的条件。设计上对可能发生崩塌和滑坡的削方段采取了挡土墙、护坡、锚杆或锚索加固等措施进行保护。

由于坡面的汇水会使沟内回填土在径流冲刷下极易发生水土流失；严重时会造成长距离露管。为减小坡面汇水冲刷对管沟回填土的影响，通常设置截排水渠、护面和挡土墙等措施进行防护疏导。

③ 穿越河沟。管道多以挖沟埋地的敷设方式穿过河沟。当管道与河沟交叉敷设时，不可避免地会受到水流冲刷侵蚀的影响。主要表现在两个方面，即河流沟岸的崩塌后退和河沟床的下切作用。

这种穿越工程存在两方面的问题：一是当河流河床持续冲刷下切时，原来埋设在河床下面的管道有可能裸露悬空，水流的冲刷作用会导致管道断裂；二是河岸的侵蚀后退使岸坡爬升段的管道裸露破坏。

管道防护工程按其设防的位置可分为岸坡防护（简称护岸）和河沟床下切冲刷防护（简称护底）。防护措施主要采用护岸、挡墙式护岸、过水面、石笼护底、混凝土浇筑稳管和防冲墙等。

④ 顺河沟岸边敷设。管道顺河沟岸边敷设是指管道在河（沟）岸上且距岸边较近的一种与河流伴行的敷设方式，管道主要顺河沟岸边的一级台地或漫滩地敷设。

对于管道顺河沟岸边敷设存在的水患威胁主要是由于河（沟）岸的崩塌后退，会使管道长距离地暴露或悬空。

为了保证岸坡免受水流的冲刷淘蚀而后退，通常采用护岸直接防护，以抵抗水流的冲刷和淘蚀作用。防护措施主要包括浆砌石挡墙式护岸和浆砌石坡式护岸等。

⑤ 穿越坡耕地。管道穿越坡耕地是指管道敷设于坡面水田或旱田等梯田地段。在穿越坡面农田地段时，管沟开挖会对田地坎造成深层扰动；回填土易受到降雨径流和农田灌溉水的水力冲蚀，导致管顶覆土流失，严重时会造成管道裸露甚至悬空。对于在施工过程中破坏的灌溉水渠，如不及时进行恢复，灌溉冲刷就会给管道安全造成隐患。

管道在穿越坡耕地时主要的防护措施为采用在管沟内砌筑基础的堡坎及对施工破坏的水渠进行及时恢复，确保管道安全。

⑥ 穿越沟头敷设。穿越沟头敷设指管道在冲沟沟头上方台地敷设。通常与沟头位置较近。

管道穿冲沟沟头主要是受沟头前进的威胁。沟头前进造成沟头因重力作用而垮塌，使沟头扩张，造成沟头上方管道裸露。

为防治沟头位置的进一步扩散，通常需要对沟头进行加固处理。具体防护措施包括采用挡土墙或护坡进行沟头加固，沟头上方台地采用截排水渠，拦截上方汇水。

2）管道地面标识

管道沿线应设置里程桩、转角桩、交叉桩、加密桩、警示牌和警示带等标志，可按 Q/SY 1357—2016《油气管道地面标识》执行。

（1）里程桩。

里程桩宜设置在管道正上方。从起点至终点，每200m 1个。阴极保护测试桩可以和里程桩结合设置。

（2）标志桩。

埋地管道采用热弯弯管或水平方向转角大于5°时，应考虑设置转角桩，转角桩宜设置于管道转角处中心线正上方。

埋地管道与其他地下构筑物（如电缆、其他管道、坑道）交叉时，交叉桩应设置在交叉点正上方。

标示固定墩、埋地绝缘接头及其他附属设施，设施桩应设置在所标示物体的正上方。

管道穿越县级公路时，应在公路至少一侧设置穿越桩。设置位置为公路排水沟边缘以外1m处，无边沟时，设置在距路边缘2m处。

当管道穿越河流长度不小于 50m 时，应在两侧设置穿越桩。设置位置在河流堤坝坡脚处或距岸边 3~10m 处的稳定位置。长度小于 50m 时，应至少在其一侧设置穿越桩。设置位置在管道上游的河流、渠道堤坝坡脚处或岸边 3~10m 处的稳定位置。

（3）警示牌。

管道穿越人工或天然障碍物，如大中型河流（山谷）、冲沟、水渠、矿山采空区、有可能取土（砂）、采石的河道或地区、人口密集区等危险点源需设置警示牌，连续地段每 100m 设置 1 个警示牌。

管道穿越河流长度不小于 50m 时，应在其两侧设置警示牌；管道穿越河流、沟渠长度小于 50m 时，可在其一侧设置警示牌；警示牌设置于河流、沟渠堤坝坡脚或距岸边 3.0m 处。

（4）警示带。

连续敷设于埋地管道上方，用于防止第三方施工破坏而设置的地下警示标记。管道警示带宜距管顶 300~500mm。

警示带的施工应与管道施工协同进行，做好相互间的工序衔接。施工顺序为：管道下沟→小回填→敷设警示带→管道大回填。

5. 管道水击计算及保护措施

由于线路有一定起伏，当出现水泵突然停车、启泵、阀门突然关闭、井口回压出现波动和突然断电停泵等情形时，使得管道中流速急剧变化，管道中水的回坐力异常增大，会对非金属管道在方向变化处或管径变化时带来很大的冲击载荷，有可能造成管道在应力集中处发生断裂，影响管道安全使用。管道宜进行水击压强的计算，以确定管道的最高压力和最低压力。

水击压强又分为直接水击和间接水击，水击波相长（t）与关闭阀门时间（t_s）对比，当 $t_s \leq t$，阀门关闭时间很短，这时阀门处的水击压强和阀门瞬时关闭时相同，产生直接水击；当 $t_s > t$，此时形成负的水击波向管道进口传播，使得水击压强比直接水击时小，称为间接水击。

1）直接水击

直接水击所产生的水击压强 Δp_1 按儒可夫斯基公式计算：

$$\Delta p_1 = \rho c (v_0 - v) \tag{5-9}$$

式中　ρ——介质密度，取 1030kg/m³；

　　　v_0——关闭阀门前管中流速，m/s；

　　　v——关闭阀门后管中流速，m/s；

　　　c——水击波波速，m/s。

$$c = \frac{1425}{\sqrt{1 + \frac{E_0 d}{E\delta}}} \quad (5-10)$$

式中 E_0——介质弹性模量，取 $2.04 \times 10^5 \text{N/cm}^2$；

　　　d——管道内径，m；

　　　δ——管道厚度，m；

　　　E——玻璃钢管材的弹性模量，取 $108 \times 10^5 \text{N/cm}^2$。

2）间接水击

间接水击所产生的水击压强计算：

$$\Delta p_2 = \rho c v_0 \frac{t}{t_s} \quad (5-11)$$

式中 ρ——介质密度，取 1030kg/m^3；

　　　c——水击波波速，m/s；

　　　v_0——关闭阀门前管中流速，m/s；

　　　t_s——阀门关闭时间，s；

　　　t——水击波相长，s。

$$t = \frac{2l}{c} \quad (5-12)$$

式中 l——管道长度，m；

　　　c——水击波波速，m/s。

3）抗水击保护措施

针对管道所产生的水击压强，主要从以下几个方面进行应对：

（1）启闭阀门时，动作应缓慢，避免出现直接水击。

（2）站内机泵出口管道设计安全阀和泄压阀，一旦超压将立即泄压，保证长输管道的安全。

（3）根据线路地形在管线高点设置排气阀。

（4）为有效防止部分地段超压，造成管道断裂，在管线低点设置水击泄放阀，同时应考虑泄放水的处置措施，避免环境污染。

（5）在每个弯头及距弯头 1m 处设置锚固墩。

（6）转水管道通过陡坡、陡坎及其他自然起伏地段时，在高点及低点线路转角处每隔一定距离做 1 个止推座，用混凝土将管道现浇在止推座内，防止管道发生水锤现象时移位。

（7）转水管道通过陡坎或陡坡等复杂地段时，应在直管段上每隔 20m 设置马鞍形管卡固定，管道外壁处用橡胶套进行保护隔离，防止管道移位。

6. 管道清扫及试压

（1）管道连接完毕应进行清扫和试压。

（2）试压前，施工单位应编制试压方案，报建设单位批准后执行。

（3）试压应由建设单位、施工单位和监理单位共同进行；必要时，可请设计单位和制造商参与试压。

（4）非金属管道不宜采用通球清管，宜采用空气吹扫，并用清洁水进行清扫，当流出的液体无泥沙和石块等脏物时为吹扫合格。

（5）当进行压力试验时，应划定禁区、设置警示带，无关人员禁止进入作业区。

（6）不同类型的非金属管道试压管段的长度应视管道管径、压力和管网结构等情况而定。一般情况下，试压长度宜小于2km。对缺水地区或特殊地段，可适当延长管道试压长度。

（7）冬季进行水压试压时，应采取防冻措施，试压后及时放水。

（8）试压条件：

① 管道连接安装应检查验收合格；埋地管道除接头接口外，已按回填与压实要求回填至管顶以上500mm并压实到要求的压实度；混凝土止推座和固定锚块已凝固。

② 试压管段上的所有敞口应封堵和无泄漏，对试压有影响的设备和障碍物已消除。

③ 试压和排水设备准备就绪，试压泵和压力表应检查与校验合格。

④ 试压用的压力表应经过法定计量机构检定合格，并在有效期内；其精度等级不应低于1.5级，表盘直径不应小于150mm，量程宜为最大试验压力的1.5倍。

⑤ 每一个试压系统至少安装两块压力表。

（9）试压要求：

① 试压介质应为清水，水温宜与环境温度一致，冬季试压水温不应低于5℃。

② 强度试验的静水压力应为设计压力的1.25倍。

③ 管道强度试压应缓慢进行，加压增量每分钟不宜超过0.7MPa。压力分别升至试验压力的30%和60%时，各稳压30min；检查管道无异常后，继续升压至强度试验压力，保压4h（当温度变化或其他因素影响试压准确性时，可适当延长稳压时间），检查管道各部位和所有接头、附配件等，若压力降不大于管道工作压力的1%、且不大于0.1MPa，接头无渗漏，管道强度试压为合格。

④ 强度试压合格后，应将压力降低到设计压力进行严密性实验，保压24h各部分无渗漏为合格。因管材膨胀或温度变化导致压力波动超过试验压力的±1%时，允许补压或泄压到设计压力继续保压检漏。

⑤ 对位差较大的管道，应将试压介质的静压计入试验压力中，液体管道的试验压

力应以最高点的压力为准，但最低点的压力不得超过设计压力的1.5倍。

（10）试压验收合格后应进行扫线，清除管道中积水，并应按回填要求对管沟全部回填。

（11）试压完毕应及时填写管道试压记录。

第四节 泵 站

泵站包括供水泵站和转水泵站。

供水泵站输送介质清水，转水泵站输送介质采出液和清水。

一、基本要求

1. 总体要求

（1）泵站选择应结合国家和当地土地管理部门的有关政策，应节约用地、尽量少占或不占用耕地。

（2）应满足供转水系统的要求，采用成熟工艺、设备和材料；达到方便操作、节约能源、保障生产运行的安全。

（3）泵站工艺应优化简化、经济、适用、可靠；除满足正常的功能要求外，还应满足操作、维修和投产的要求。

（4）泵站的机泵宜考虑备用；转水泵站宜与平台井站合建。

（5）对靠近居民区的泵站应采取有效的降噪和隔噪措施，噪声控制及排放应符合GB/T 50087—2013《工业企业噪声控制设计规范》和GB 12348—2008《工业企业厂界环境噪声排放标准》的相关规定。

2. 供水泵站

（1）在河流、水库和渠道等岸边设置供水泵站时，泵站地坪设计标高不应小于最高水位加0.5m。

（2）宜选择在取水点附近，地形地貌及地质特征良好、方便取水的位置。

3. 转水泵站

（1）宜选择在储水设施附近，地形地貌及地质特征良好、方便转水的位置。

（2）不应影响钻井、压裂、地面建设和生产等作业。

（3）宜采用易拆装、易移运和满足其他井场再利用的橇装设备。橇装设备宜具备数据采集、远传的功能及接口；合理布局、便于使用、满足运输要求。

二、工艺流程

1. 供水泵站

1）典型工艺流程说明

（1）为支付水资源费和方便管理，泵进口宜设置固定式计量装置。

（2）根据泵站的实际需要，可采用串联、并联或者串并结合的运行方式。

2）应具有的功能

（1）供水。

（2）站内循环。

（3）压力泄放。

（4）回流。

3）典型工艺流程图

供水泵站典型工艺流程如图 5-2 所示。

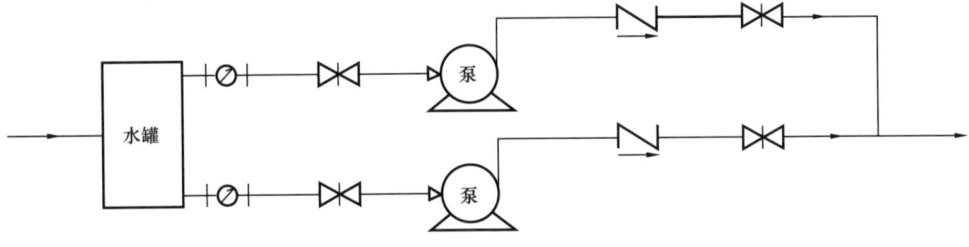

图 5-2 供水泵站典型工艺流程

2. 转水泵站

1）典型工艺流程说明

（1）为延长泵的使用寿命，泵进口宜设置过滤装置。

（2）根据泵站的实际需要，可采用串联、并联或者串并结合的运行方式。

2）应具有的功能

（1）转水。

（2）压力越站。

（3）站内循环。

（4）压力泄放。

（5）回流。

3）典型工艺流程图

转水泵站典型工艺流程图如图 5-3 所示。

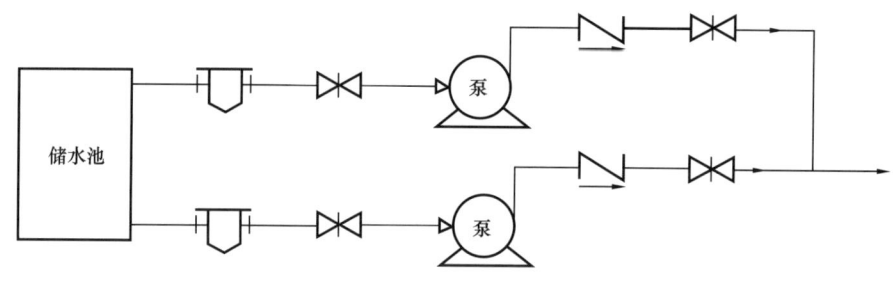

图 5-3 转水泵站典型工艺流程图

三、机泵选型

1. 泵的分类及适用范围

页岩气供转水泵站常用叶片式泵和容积泵。

叶片式泵分为离心泵、旋涡泵、混流泵、轴流泵及特殊作用泵。离心泵转速一般在 1200~8000r/min 的范围内，通常用于低流量、高压头的场合，大多数离心泵可在一个相当宽的流量范围内以大致恒定的压头工作。

容积式泵分为往复泵和转子泵两种。往复泵包括活塞（柱塞）泵和隔膜泵，容积式泵运行时流量近似恒定，压头波动较大，因而常用于需要压头较高但流量中等的装置。

泵的分类如图 5-4 所示。

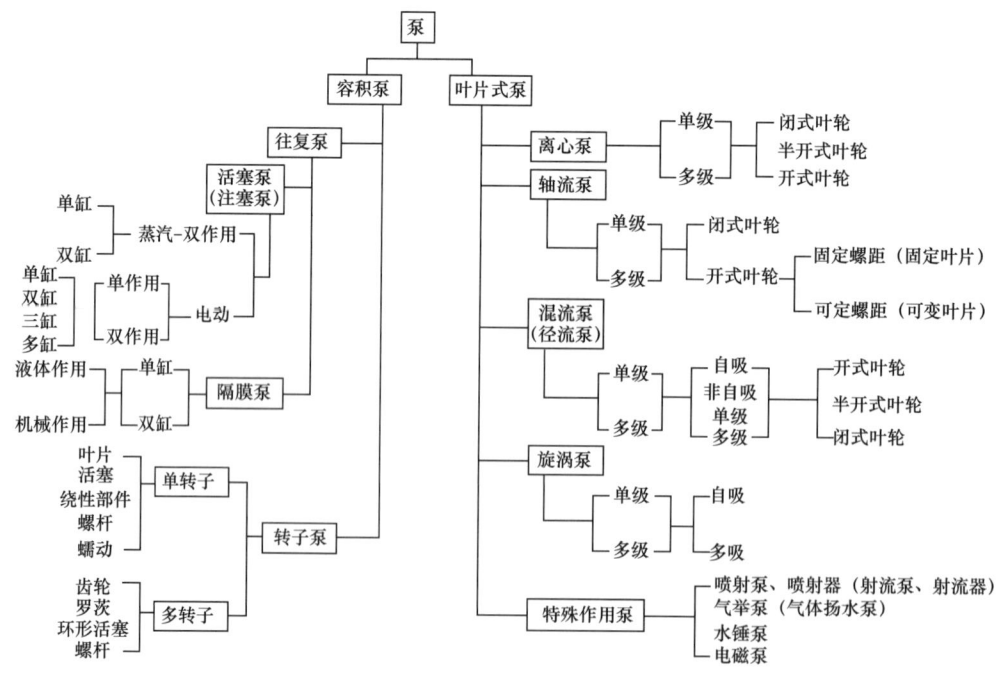

图 5-4 泵的分类

泵的特性和适用范围见表 5-10 和图 5-5。

表 5-10 泵的特性

指标		叶片式泵			容积泵	
		离心泵	轴流泵	旋涡泵	往复泵	转子泵
流量	均匀性	均匀			不均匀	比较均匀
	稳定性	不恒定，随管路情况变化而变化			恒定	
	范围，m³/h	1.6～30000	150～24500	0.4～10	0～600	1～600
扬程	特点	对应一定流量，只能达到一定的扬程			对应一定流量，可达到一定的扬程，由管路系统确定	
	范围	10～2500m	2～20m	8～150m	0.2～100MPa	0.2～60MPa
效率	特点	在设计点最高，偏离越远，效率越低			扬程高时，效率降低较小	扬程高时，效率降低越大
	范围（最高点）	0.5～0.8	0.7～0.9	0.25～0.5	0.7～0.85	0.6～0.8
结构特点		结构简单，造价低，体积小，质量小，效率越低			结构复杂，振动大，体积大，造价高	同离心泵
操作与维修	流量调节方法	出口节流或改变转速	出口节流或改变叶片安装角度	不能用出口阀调节，只能用旁路调节	同旋涡泵，另还可调节转速和扬程	同旋涡泵
	自吸作用	一般没有	没有	部分型号有	有	有
	启动	出口阀关闭	出口阀全开		出口阀全开	
	维修	简便			全开	
适用范围		黏度较低的各种介质	特别适用于大流量、低扬程、黏度较低的介质	特别适用于小流量、较高压力的低黏度清洁介质	适用于高压力、小流量的清洁介质	适用于中低压力、中小流量，尤其适用于的黏度高的介质

2. 泵的选择

1）机泵的选用原则

（1）机泵的型号及数量应根据输送介质、供水及转水规模、扬程、机组的效率和功率因素等综合考虑确定[3]。

（2）机泵的选择应符合节能要求。当供转水水量和水压变化较大时，经过技术经济比较，可采用机组调速、更换叶轮、调节叶片角度等措施。

图 5-5 泵的适用范围

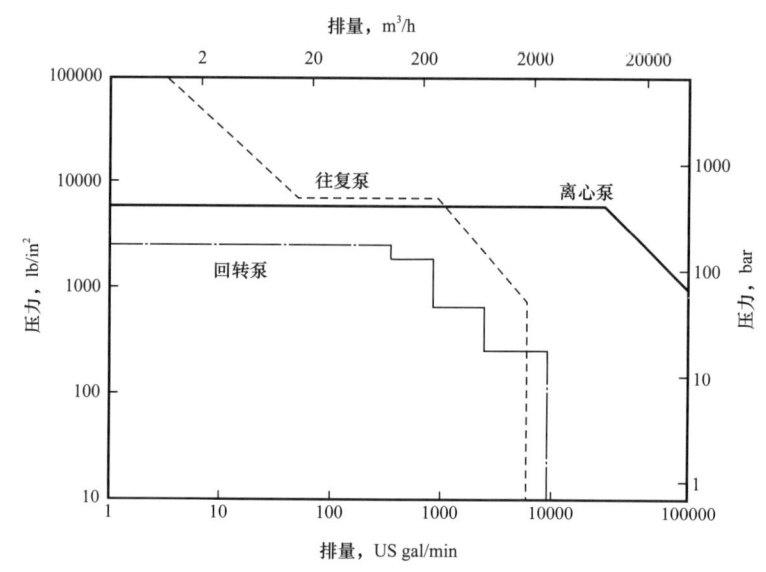

注：1bar=0.1MPa 1USgal/min≈0.227m³/h

（3）泵的特性与管道特性曲线交汇点处的排量，应与供转水管道的设计输送量一致。

（4）供转水量变化较大或供转水管道全程高差较大时，泵的扬程主要用于克服静压力差时，供转水泵宜采用并联方式；当供转水泵主要用于克服供转水管道摩阻损失，且转水量变化较小时宜采用串联的方式。

（5）液体中溶解或夹带气体量的体积分数大于 5% 时，不宜选用离心泵。

（6）机泵原动机的选择应根据泵的性能参数、能源供应条件、原动机的特点等因素确定，在电力可靠的地区通常选用电动机，在尚未被电网覆盖或电力供应不足的地区，根据实际条件选择电动机以外的其他原动机（柴油机等）。

（7）同一系统内的机泵宜统一规格型号，便于后期重复利用及维护管理。

（8）供水泵站可选用清水泵或耐腐蚀泵；转水泵站宜选用耐腐蚀泵。

2）离心式泵的选择

（1）按额定流量和扬程选择。

泵应具有一个有限选用的工作区，此区位于所提供的叶轮的最佳效率点流量的 70%～120% 区间内，额定流量点应位于所提供叶轮最佳效率点流量的 80%～120% 区间内。所提供泵的最佳效率点最好位于额定流量点和正常流量点之间。

（2）离心泵的最小操作流量。

离心泵最小操作流量的确定取决于泵内发生的脉动和振动情况，与叶轮形状、固定件与旋转件间隙、轴承种类、泵功率大小、液体的蒸气压和比转速等有关。

供转水泵，一般属大功率泵，最小操作流量应为额定流量的 60% 以上。

小流量操作时泵的发热问题不应忽视，泵在关死点操作是非常危险的，这是因为绝大部分泵功率均用来加热泵体中的一小部分液体，这部分液体的温度上升非常快。

（3）泵的串联与并联。

① 泵的串联与并联形式。当单台泵的输水量满足不了工艺要求时，宜选用两台或两台以上泵并联运行；当单台泵的扬程满足不了输水工艺时，宜选用两台或两台以上泵串联运行。

② 离心泵的串联特性。当两台泵串联工作时，在相同的流量下，两台泵的扬程相叠加，泵串联时的 $H—q_v$ 特性如图 5-6 所示。从图 5-6 中可以看出，两台泵串联后的工作点为 A，每台泵的工作点为 A_2，此时 $H_A = 2H_2$，在同一条管路特性中，单台泵的工作点为 A_1，此时 $H_1 > H_2$，而 $q_{v1} < q_{v2}$。因此，两台泵串联时扬程不可能为单台泵操作时扬程的 2 倍，即 $H_A \neq 2H_1$。

串联泵的泵体强度和轴封性能必须满足扬程叠加后的要求。

③ 离心泵的并联特性。两台离心泵并联工作时，在相同的扬程下，将两台泵的流量叠加，泵并联时的 $H—q_v$ 特性如图 5-7 所示。从图 5-7 中可以看出两台泵并联工作点为 A，每台泵的工作点为 A_2，此时 $q_{vA} = 2q_{v2}$。在同一管路特性中，单台泵工作时的工作点为 A_1，此时 $q_{v1} > q_{v2}$，而 $H_1 < H_A$。因此，两泵并联时的流量也不能为单台泵操作时流量的 2 倍，即 $q_{vA} \neq 2q_{v2}$。

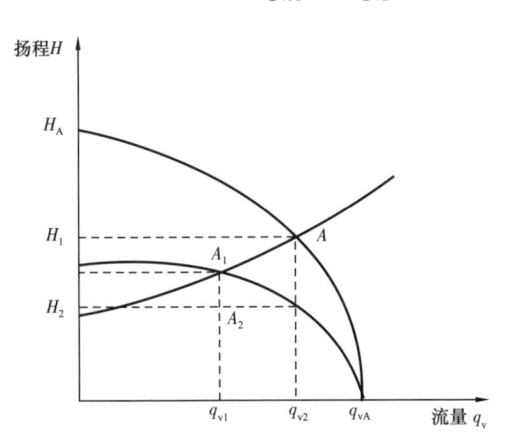

图 5-6　泵串联时的工作特性图

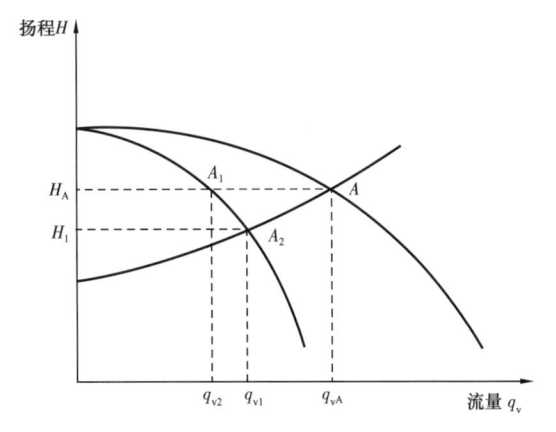

图 5-7　泵并联时的工作特性图

④ 离心泵机组的串、并联比较。在小排量运行时，管道处于平原地区，主要用于克服管道摩阻损失，泵的串联优于并联。

大排量、中扬程串联泵的效率高于中排量高扬程并联泵的效率。

高差大，泵的扬程主要用于克服很大的静水压时，并联时的效率高于串联时的效率。

3. 机泵功率的选择

机泵原动机的选择应根据泵的性能参数、能源供应条件及原动机的特点等因素确定，在电力可靠的地区通常选用电动机，在尚未被电网覆盖或电力供应不足的地区，根据实际条件选择电动机意外的其他原动机可能更为经济，如柴油机等。

推荐采用电动机，电动机选用时应进行配用功率校核计算：

$$N = KN_w = K\frac{\rho qH}{102\eta} \qquad (5-13)$$

式中 N——配用电动机功率，kW；

K——电动机额定功率安全系数；

N_w——泵的轴功率，kW；

q——泵额定流量，m³/s；

H——泵额定扬程，m；

ρ——输送介质密度，kg/m³；

η——泵的效率。

电动机不能长期过载，选择电动机时应认真考虑功率安全系数。电动机额定功率安全系数见表 5-11。

表 5-11 电动机额定功率安全系数

序号	类别	泵的轴功率 N_w，kW	安全系数 K
1	离心泵	$N_w \leq 3$	1.50
		$3 < N_w \leq 5.5$	1.30
		$5.5 < N_w \leq 7.5$	1.28
		$7.5 < N_w \leq 17$	1.25
		$17 < N_w \leq 21$	1.20
		$21 < N_w \leq 55$	1.15
		$55 < N_w \leq 75$	1.13
		$N_w > 75$	1.10
2	容积泵	—	1.10~1.25

四、橇装设备

页岩气田开发具有单井产量变化大、井数多，以及可通过丛式井场打井、滚动开发的特点。页岩气供转水系统中泵站内的机泵、箱式变电站等主体设施，宜采用易拆装、易移运和满足其他泵站重复利用的橇装设备。

1. 一般规定

（1）橇装模块应依据系统功能进行划分，并满足运输对橇装模块尺寸和质量等限制的要求，对橇装模块进行划分。

（2）橇装模块应采用适合多次拆装、吊装和运输的标准化设计。

（3）橇装设备满足工艺要求，操作安全可靠；设备、选材和制造工艺合理，便于采购、制造和施工；技术经济合理。

（4）橇装设备应结构合理，满足生产安全、操作方便、便于检修和维护管理，并做到安装整齐、美观、便于运输、吊装及仪表读数。

（5）机泵选择尽量统一规格型号，便于后期重复利用及维护管理。

2. 布置设计

（1）橇装模块内各设备间距符合 GB 50183《石油天然气工程设计防火规范》的有关规定。

（2）橇装模块内各主要设备的布置应方便操作维修。需要经常操作的阀门和仪表等应布置在操作人员易于接近处；其余阀门和仪表的布置应易于观察，并具备维护空间。

（3）宜采取对称性布置，管路系统整齐排列，连接断面中心整齐。

（4）具有主体功能的橇装模块，应将主体设备布置在橇装模块的中心，管路布置于主体设备周围。

（5）橇装模块成套装置在方案布置中应考虑装置内部的操作通道和逃生通道的布置，并避免出现单向通道。多层结构宜采用梯步结构。

（6）橇装模块成套设备的仪表接线箱和控制箱宜采取集中布置。

3. 结构设计

（1）橇装设备的结构首先应满足功能的要求，其次，还应从是否有利于制造加工、方便安装以及场地大小等因素考虑。且技术经济合理，具有可操作性，即具有以下三项特性：

① 安全性。橇装除了保证承受内外压和外部载荷的强度，刚度和稳定性要求外，还应符合介质特性的要求。

② 功能性。橇装的设计必须满足工艺功能要求，并且严格遵循标准和规范的要求，确保安全可靠。在满足以上要求外，应方便制造、安装和检修。

③ 可操作性。包括法规、规范和标准不能包含的或尚无明确规定的内容，经理论

分析、计算和实践经验证明是可靠和可行的，在采办、制造、安装和检修等实际工作中具有可操作性。

（2）应根据橇上设备的平面布置和载荷等通过计算合理布置底座受力构件，保证其具有足够的刚度及强度。

（3）需考虑运输及吊装过程影响，保证橇装设备整体结构稳定性。

（4）橇底座设计应符合 GB 50017—2017《钢结构设计标准》的规定。

（5）橇座吊耳设计应符合 HG/T 21574—2018《化工设备吊耳设计选用规范》的规定。

4. 仪表电气设计

（1）橇装内仪表和电气设置应考虑适应橇装整体搬迁、易于安装拆卸、可靠性高等特点。

（2）安装在爆炸性气体危险环境中的橇装设备，其电气安装要求应符合 GB/T 3836.15—2017《爆炸性环境 第 15 部分：电气装置的设计、选型和安装》的规定。

5. 噪声防治

页岩气供转水系统中泵站的机泵相对功率较大，橇装泵房里的泵和电动机噪声不仅影响职工和周边居民的身体健康，还会对周边环境造成污染。所以有必要对橇装泵房进行噪声防治。

1）遵循的主要标准规范

（1）GB 3096—2008《声环境质量标准》。

（2）GB 12348—2008《工业企业厂界环境噪声排放标准》。

（3）GB 10070—1998《城市区域环境振动标准》。

（4）GBZ1—2010《工业企业设计卫生标准》。

（5）GB/T 50087—2013《工业企业噪声控制设计规范》。

（6）SH/T 3146—2004《石油化工噪声控制设计规范》。

2）降噪要求

根据 GB 12348—2008《工业企业厂界环境噪声排放标准》的相关要求，降噪房噪声达到工业企业厂界环境噪声排放限值，厂界外 30m 声环境功能区 2 类标准，即白天不大于 60dB，晚间不大于 50dB。

3）降噪方法

根据机泵的噪声产生机理，需根据隔声、吸声、消声等原理，利用外隔、内吸以及消声等方法实现降噪目的。

4）降噪厂房

降噪厂房宜采用轻钢结构；防火类别为乙类；建筑耐火等级为二级。

6.制造、检验和运输

（1）合理的制造、检验及验收技术要求，是设备安全运行的重要保证规定。

（2）橇装的压力试验选用水压试验。

（3）对于采取分段或分块方式运输到现场的橇装，制造商应制定完善的现场施工计划，并按照相关技术要求进行检查、检测、水压试验和验收。

（4）橇装在运输途中，其所有的端口都应采取保护措施，以防止损坏其密封面，法兰连接的应配法兰盖，螺纹连接的应配相应的堵头。

参 考 文 献

[1] 李强，杨明华，万传华，等.页岩气井区压裂集中供水方案的研究与设计［J］.油气田地面工程，2019，38（2）：53-58.

[2] 孙斌，许雪松.浅谈油田压裂供水系统的应用［J］.中小企业管理与科技，2019（6）：154-155.

[3]《油气田注水及污水处理工程设计》编委会.油气田注水及污水处理工程设计［M］.北京：石油工业出版社，2016.

第六章

页岩气采出液处理

本章对页岩气采出液常用的回用、回注和达标排放等处理方式进行了介绍，并简述了处理后的水质指标、处理工艺和主要设备选型等方面的内容。

第一节 概 述

页岩储层致密，渗透率极低，只有采用大规模的水力压裂才能进行有效开发，水平井分段压裂技术是目前页岩气开发最有效的手段，一般一口井的压裂液耗量上万立方米，因此在开采过程中将有大量返排液采出，采出液的处理是减少环境污染、降低新鲜水用量和节约压裂成本的有效手段，也是页岩气可持续开发的必要措施。

页岩气井经水力压裂后，在排液生产期（排采 0~45 天）将有大量返排液采出，正常生产早期（气井生产第 46 天至 3 年）返排液逐渐降低，正常生产中期（气井生产第 4 年~5 年）返排液较低，正常生产末期（气井生产 5 年以后）返排液非常低。

页岩气田采出液是一种含有固体杂质、液体杂质、溶解气体和溶解盐类等较复杂的多相体系，一般含有悬浮固体（泥砂、各种腐蚀产物及垢、细菌、有机物等），胶体（泥砂、腐蚀结垢产物和微细有机物等），油类（分散油、浮油、乳化油等），阴阳离子（Ca^{2+}、Mg^{2+}、Ba^{2+}、Sr^{2+}、K^+、Na^+、Fe^{2+}、Cl^-、HCO_3^-、CO_3^{2-}、SO_4^{2-}、S^{2-} 等）以及溶解气体（溶解氧、CO_2、H_2S、烃类气体等）。此外，由于采气工艺的需要，通常会加入泡排剂或水合物抑制剂等药品，因此页岩气田采出液中通常也会带有此类药剂，如甲醇和乙二醇等。矿化度高、水中含有多种离子以及成分复杂是页岩气田采出液的主要特点[1]。

采出液通过处理后，一般用于压裂回用、回注地层和达标外排等；不同的用途对水质的要求不一致。

采出液处理一般有沉降（自然、平流、斜管、斜板等）、除油（隔油池、聚结除油器、沉降除油罐等）、过滤、气浮、曝气、搅拌、加药（絮凝、混凝、杀菌等）、药剂软化、催化氧化、膜处理、蒸发结晶等过程。

采出液处理工艺宜结合工程实际，经技术经济比较后确定。

有条件的情况下，宜优先采用回用方案；并增加采出液回用量，以减少河流、湖泊、水库和溪沟等取水量。

第二节　采出液水质

根据不同的压裂液、不同的页岩气田、不同的地质条件等，采出液的水质各不相同。

采出液中不仅含有大量化学添加剂，其返排过程中还将地层中的无机化合物、细菌、重金属以及放射性元素携带出来，具有污染物种类繁多、成分复杂、浓度高、黏度大、COD值高、矿化度高、稳度性高等特点。

下面仅介绍长宁页岩气田和威远页岩气田某页岩气井的采出液水质情况，参见表6-1和表6-2。

表6-1　长宁页岩气田某页岩气井的采出液水质情况

序号	分析项目	分析结果	序号	分析项目	分析结果
1	pH值	7.8	12	总硅，mg/L	33.4
2	总溶解固体，mg/L	33546	13	总磷，mg/L	0.006
3	碱度，mg/L（$CaCO_3$）	510.1	14	总钠，mg/L	10130
4	总悬浮固体，mg/L	256	15	总钾，mg/L	331
5	化学需氧量（COD），mg/L	1600	16	总钡，mg/L	226
6	石油类，mg/L	39.57	17	总锶，mg/L	116
7	Cl^-，mg/L	17740	18	总钙，mg/L	493
8	Br^-，mg/L	66.9	19	总镁，mg/L	67.8
9	F^-，mg/L	<0.1	20	总铁，mg/L	0.45
10	NO_3^-，mg/L	<2	21	总锰，mg/L	4.54
11	SO_4^{2-}，mg/L	8.44			

表6-2　威远页岩气田某页岩气井的采出液水质情况

序号	分析项目	分析结果	序号	分析项目	分析结果
1	pH值	6.82	4	色度，倍	4
2	化学需氧量（COD），mg/L	697	5	氟化物，mg/L	0.236
3	石油类，mg/L	0.47	6	阴离子表面活性剂，mg/L	0.087

续表

序号	分析项目	分析结果	序号	分析项目	分析结果
7	悬浮物，mg/L	31	18	钾，mg/L	264
8	生化需氧量（BOD），mg/L	9.5	19	钠，mg/L	1.06×10^4
9	氯化物，mg/L	8.61×10^3	20	铁，mg/L	4.84
10	硫化物，mg/L	0.031	21	锰，mg/L	0.023
11	钙，mg/L	337	22	铜，mg/L	0.194
12	镁，mg/L	69.6	23	锌，mg/L	0.129
13	氨氮，mg/L	3.705	24	铅，mg/L	0.999
14	总磷，mg/L	0.729	25	镉，mg/L	0.062
15	总氮，mg/L	11.3	26	锶，mg/L	8.16
16	硝酸盐氮，mg/L	0.052	27	镍，mg/L	0.392
17	挥发酚，mg/L	0.0051			

第三节　采出液回用

在压裂施工作业的同时，应配备满足返排工艺要求的采出液回收设施，并应符合国家和所在地政府部门的相关安全环保的法令、法规和现行有关标准的要求。回收设施应具有计量、调储及外输功能。采出液回收后宜进行循环利用。

采出液采用压力管道输送，当不具备条件时也可用罐车拉运至集中处理站进行处理。

一、回用水指标

1. 回用水水质基本要求

（1）回用水应控制悬浮固体和细菌含量。

（2）回用水水质稳定，无结垢趋势，与现场使用化学添加剂配伍性良好。

（3）不同气井的采出液，或者与其他水源水混合使用时，混合后不产生沉淀。

2. 回用水推荐水质主要控制指标

回用推荐水质主要控制指标参照 NB/T 14002.3—2015《页岩气　储层改造　第3部分：压裂返排液回收和处理方法》，同时结合现场压裂液添加剂对水质的要求。

回用水推荐水质主要控制指标见表 6-3。

表 6-3　回用水推荐水质主要控制指标

序号	参数	单位	指标
1	总矿化度	mg/L	≤20000
2	总硬度	mg/L	≤800
3	总铁	mg/L	≤10
4	悬浮固体含量	mg/L	≤1000
5	pH 值		6～9
6	硫酸盐还原细菌（SRB）	个/mL	≤25
7	铁细菌（FB）	个/mL	≤10^4
8	腐生菌（TGB）	个/mL	≤10^4
9	结垢趋势		无
10	配伍性		无沉淀，无絮凝

注：（1）样品采集要求、离子分析按 SY/T 5523—2016《气田水分析方法》。
　　（2）悬浮固体含量按 GB 11901—1989《水质　悬浮物的测定　重量法》。
　　（3）pH 值按 GB 6920—1986《水质　pH 值的测定　玻璃电极法》。
　　（4）细菌含量按 SY/T 0532—2012《油田注入水细菌分析方法　绝迹稀释法》。
　　（5）结垢趋势预测按 SY/T 0600—2016《油田水结垢趋势预测方法》。

二、处理工艺

随着非常规气田的发展，采出液的处理工艺均得到发展，如氧化法、电解法、生物法以及各种联合工艺等，处理达标后可外排、回注和回用。因不同气田的采出液水质及处置方式不同，其处理流程差异也较大。但采出液成分复杂，往往处理工艺复杂，设备投资大，处理成本高。

如果处理后的水达到配置压裂液的水质标准，一方面可降低环境污染，另一方面可降低气田作业成本。通过对采出液的重复利用，减少了对水资源的需求，同时减少了废水处置的挑战。水的循环利用方案主要取决于水（水源水、压裂用水、采出液）的质量、水处理程度和页岩气井压裂进度等因素。

应根据气田储层改造压裂方案及开发方案统一规划，合理确定采出液储存及处理设施的规模。

采出液储存设施，就地处置时优先采用可移动式储罐；集中处置时可采用储池。采出液储池应考虑相应的防渗措施，保证在设计使用年限内不会对地下水造成污染。

采出液地面储存及处理设施，应按 Q/SY 1190《事故状态下水体污染的预防与控制技术要求》考虑有效的事故状态下水体污染的防控措施。

根据工程经验，经除悬浮物和除油的采出液可与新鲜水以一定比例掺和后作为气井的压裂用水。处理后的采出液应通过对各种水质的对比分析，确定采出液与新鲜水掺混比值，才能循环利用。除循环再利用部分以外，多余的采出液，宜采用回注地层或再处理达标外排。

常用采出液回用处理工艺流程如图6-1和图6-2所示。

一般采出液中含油量较低（小于100mg/L）时，可参照采用图6-1工艺流程图（一）；含油量较高（大于或等于100mg/L）时，可参照采用图6-2工艺流程图（二）。

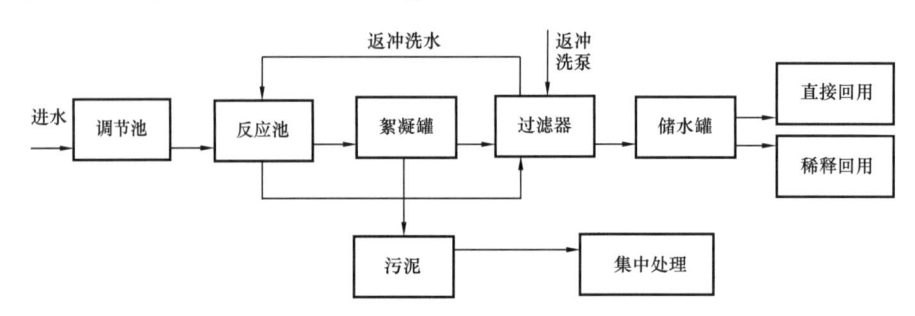

图6-1 采出液回用处理工艺流程图（一）

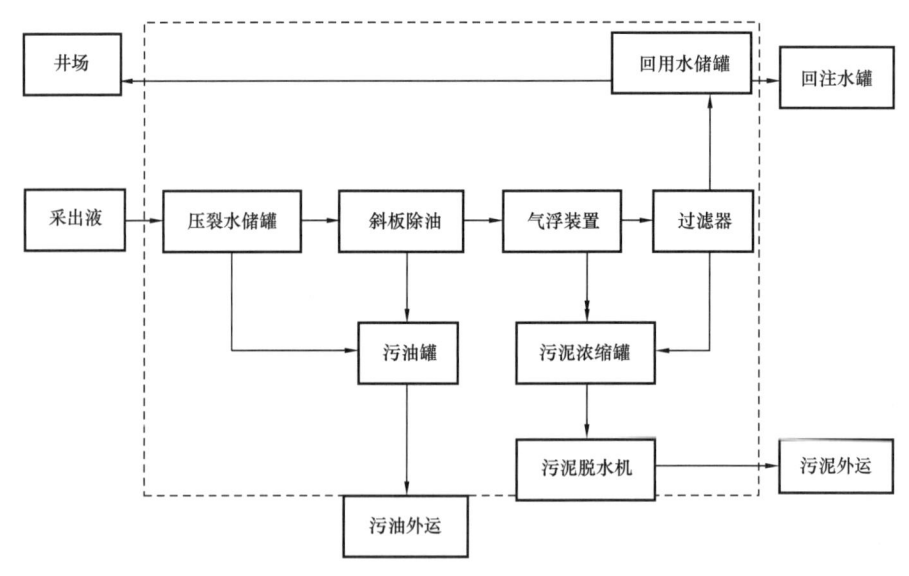

图6-2 采出液回用处理工艺流程图（二）

三、主要设备选型

采出液回用处理常用的主要设备有：调节池（罐）、储存池（罐）、除油设施、气浮装置、过滤装置等。

1. 调节池（罐）

当采出液的水质、水量和水压变化较大，影响后续处理时，应进行水质和水量的均衡调节，即在污水处理装置前端设置调节池（罐）。调节池（罐）内也可设置曝气装置，作为预曝气调节池，降低水中 COD 等污染物的浓度，同时可使水质水量混合均匀。

2. 储存池（罐）

采出液储存池应采用钢筋混凝土水池。

采出液储罐可为钢质罐或玻璃钢罐。储罐应设有梯子、平台、人孔和清扫孔等，顶部应设封闭式护栏，有液位监测与报警等装置。

3. 除油设施

当采出液中含油量大时，应采用除油处理工艺。重力分离是较常用的一种方法，如隔油池、除油罐和聚结除油器等。

平流式隔油池结构简单、适应性强、操作方便，可分离去除直径大于 150μm 的油滴，但泡体长度较大，需要较大的容积才能达到较好的除油效果。斜板隔油池是在平流式隔油池基础上改进的一种池型，隔油效果显著提高，一般可分离直径 60μm 以上的油滴。隔油池能去除水中处于漂浮和粗分散状态的密度小于 1000g/L 的石油类物质，而对处于乳化、溶解及分散状态的油类几乎不起作用。

立式除油罐由于其特殊的构造，具有较高的除油效果。在立式除油罐中增加斜板或加入混凝药剂，还可大幅度地提高除油效率。进入除油罐的采出液含油量不应大于 1000mg/L，悬浮物含量不宜大于 200mg/L；出水含油量不宜大于 50mg/L，悬浮物含量不宜大于 20mg/L。

聚结除油器是通过聚结介质的亲油疏水性质，吸附、捕获水中的油珠，油珠增大后脱落，上浮后去除或通过冲洗而去除。根据实验结果，不同聚结材料的除油效率变化大（除油效率范围为 63%～91%），工程中应根据废水中油类的性质和数量确定聚结材料类型。在含油废水处理工艺中，聚结除油器一般设在隔油池后，用来替代气浮除油。

4. 气浮装置

气浮是在水中形成高度分散的微小气泡，黏附废水中疏水基的固体或液体颗粒，形成水—气—颗粒三相混合体系，颗粒黏附气泡后，形成表观密度小于水的本体而上浮到水面，形成浮渣层被刮除，从而实现固—液或者液—液分离的过程。气浮适用于去除分散油及乳化油,含油量小于100mg/L。气浮工艺的处理对象为疏水性悬浮物（SS）及脱稳胶体颗粒时,原水SS浓度可高达500~10000mg/L。

5.过滤装置

过滤就是以具有空隙的粒状滤料（如核桃壳、纤维球、石英砂、无烟煤等）截留水中杂质,从而得到清水的工艺过程。其主要原理是：机械筛滤作用、沉淀作用和接触絮凝作用,其功效除了降低水的浊度外,水中的有机物、细菌以及部分病毒,也将随着浊度的降低而被大量去除。

常用过滤装置有：核桃壳过滤器、石英砂过滤器、纤维球过滤器、袋式过滤器、双滤料过滤器等。

第四节 采出液回注

采出液回注指标应根据回注井的地下地质条件要求确定,各气田因为地质条件的不同而对回注水质指标相差很大。因此,没有统一的通用标准。各气田应根据自身情况制定出适合于工程的标准。

一、回注水指标

页岩气井采出液回注水控制指标,参照SY/T 6596—2016《气田水注入技术要求》、Q/SY 01004《气田水回注技术规范》和SY/T 5329—2012《碎屑岩油藏注水水质指标及分析方法》执行。

表6-4适用于砂岩和碳酸盐岩采出液排污回注,表6-5适用于碎屑岩油藏不同渗透层对注水水质的要求[2]。

表6-4 采出液回注推荐水质主要控制指标（一）

pH值	6~9
溶解氧①	≤0.5
石油类,mg/L	≤100
悬浮物固体含量,mg/L	≤200
铁细菌（IB）①,个/mL	$n \times 10^4$②
硫酸盐还原菌（SRB）①,个/mL	≤25

① 表示碳钢油管回注井预处理工艺控制执行;
② 1<n<10,水质分析方法参照SY/T 5329的规定执行。

表 6-5　采出液回注推荐水质指标（二）

控制指标	注入层平均空气渗透率，D	≤0.01	>0.01~≤0.05	>0.05~≤0.5	>0.5~≤1.5	>1.5
	悬浮体含量，mg/L	≤1.0	≤2.0	≤5.0	≤10.0	≤30.0
	悬浮物粒径中值，μm	≤1.0	≤1.5	≤3.0	≤4.0	≤5.0
	含油量，mg/L	≤5.0	≤6.0	≤15.0	≤30.0	≤50.0
	平均腐蚀率，mm/年	≤0.076				
	SRB，个/mL	≤10	≤10	≤25	≤25	≤25
	IB，个/mL	$n \times 10^2$	$n \times 10^2$	$n \times 10^3$	$n \times 10^4$	$n \times 10^4$
	TGB，个/mL	$n \times 10^2$	$n \times 10^2$	$n \times 10^3$	$n \times 10^4$	$n \times 10^4$

注：（1）1<n<10。
（2）清水水质指标中去掉含油量。

二、处理工艺

采出液回注工艺应根据回注流程、回注井总体布局、回注水质指标及回注压力，并与地面集输系统总体布局方式相结合，通过技术经济比较后确定。

采出液回注宜采用沉淀、除油、过滤等处理工艺，如图 6-3 所示。

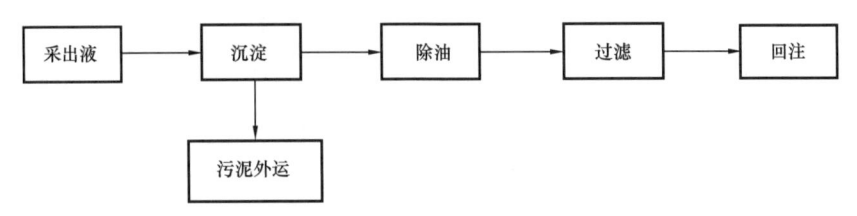

图 6-3　采出液回注处理工艺

采出液回注处理工艺采用：采出液→沉淀→除油→过滤→回注泵→回注井。

采出液处理一般有沉降（自然、平流、斜管、斜板等）、除油、过滤、气浮、曝气、搅拌、加药（絮凝、混凝、杀菌等）等过程。

当采出液中含油量较低（小于 100mg/L）时，可参照采用图 6-4 工艺流程图（一）；含油量较高（大于或等于 100mg/L）时，可参照采用图 6-5 工艺流程图（二）或图 6-6 工艺流程图（三）。

三、主要设备选型

采出液回注处理常用的主要设备有：吸油装置、曝气装置、加药装置、静态管道混合器、污水提升泵、过滤装置等。

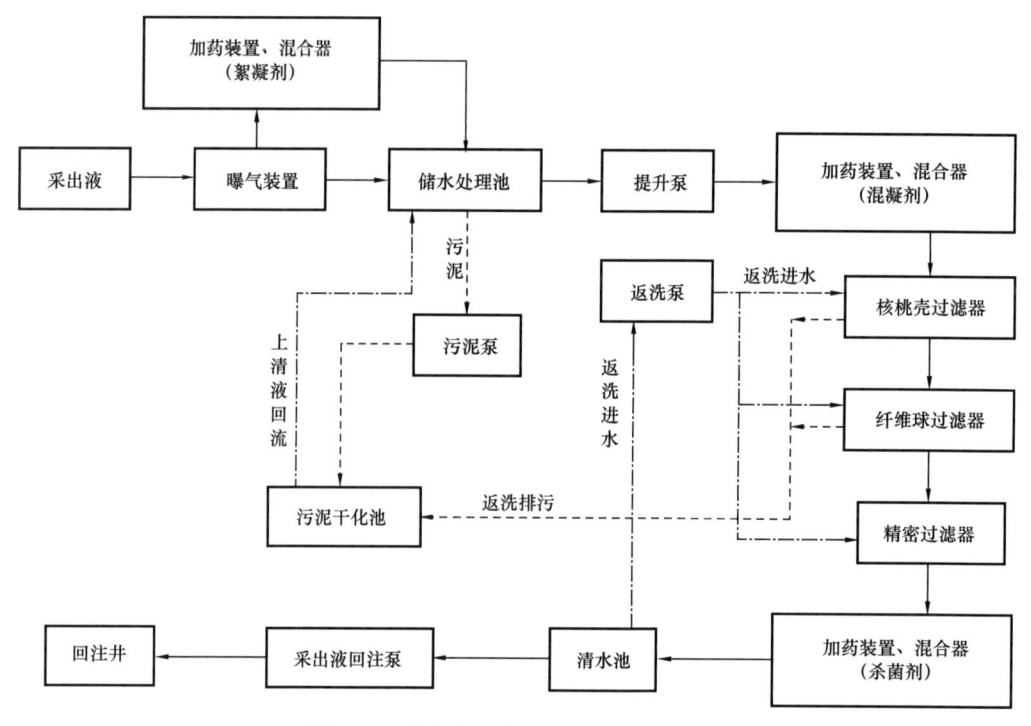

图 6-4 采出液回注处理工艺流程（一）

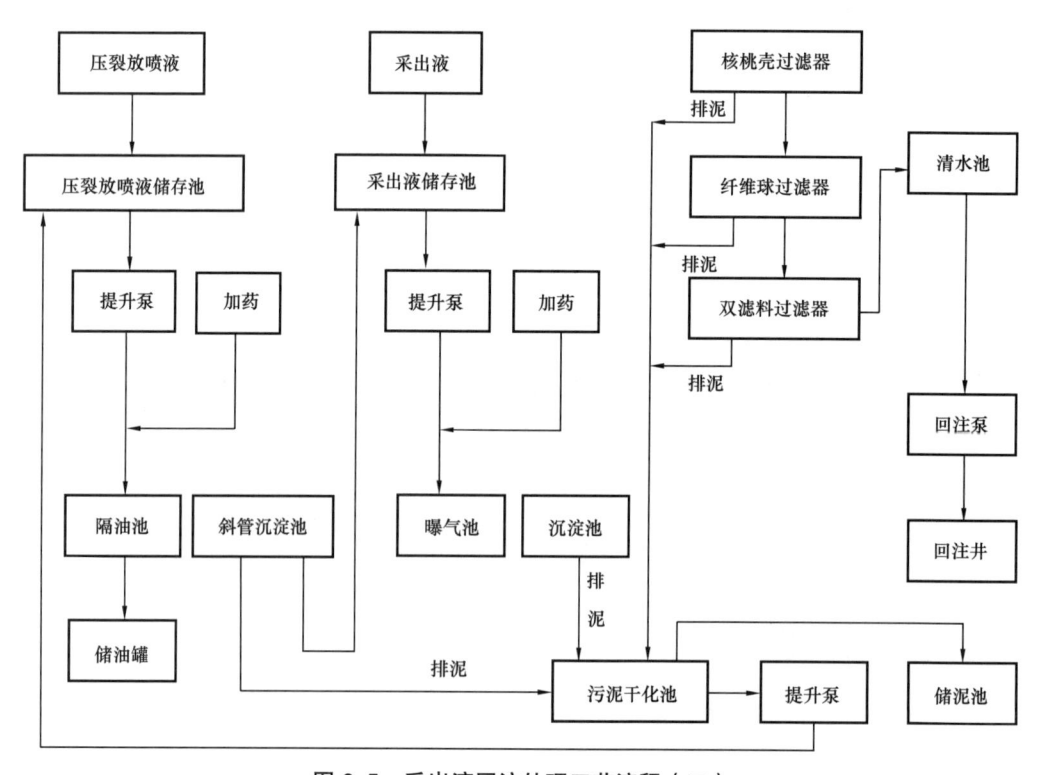

图 6-5 采出液回注处理工艺流程（二）

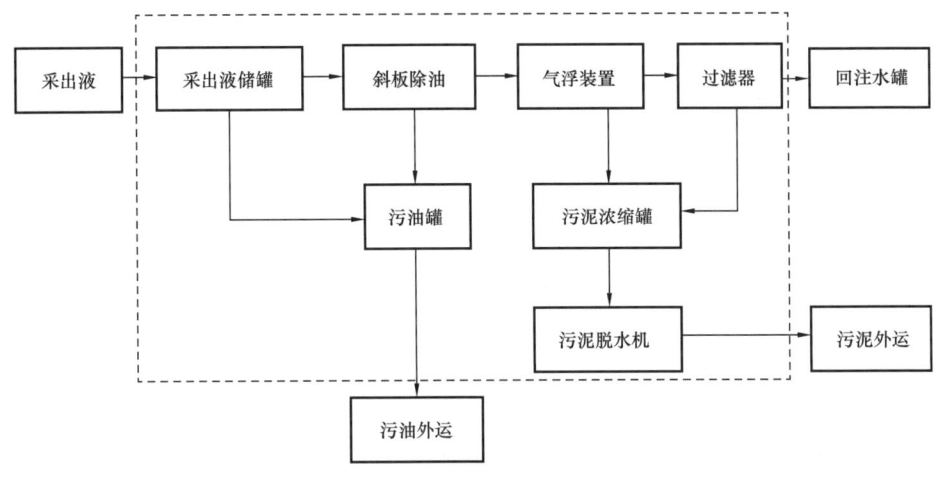

图 6-6 采出液回注处理工艺流程（三）

1. 吸油装置

隔油池设置防爆浮油吸收机（配浮油收集器），浮油收集至储油罐外运。

2. 曝气装置

泵站内来的采出液先进入曝气装置，该装置有利于空气中的氧气向水中进行转移，并利用氧气的氧化性，对废水中的有机物质进行氧化处理，达到降低 COD 的目的。

3. 加药装置

该装置为絮凝剂、助凝剂、杀菌剂和破乳剂加药装置。废水中的胶态粒子和各种有机高分子处理剂能够迅速形成絮体，加快沉淀速度，使较大颗粒的悬浮物得到有效去除；并且对处理后的清水进行杀菌处理。

该设备为成套设施，应含有液体搅拌泵和药剂计量注射泵等。

4. 静态管道混合器

通过该设备帮助曝气后的原水与药剂充分混合，有助于絮体的快速形成。

5. 污水提升泵

用于采出液储池、压裂放喷液储存池、污泥干化池的污水提升。

6. 过滤装置

对水中的含油和颗粒悬浮物固体进行吸附、拦截，运行一段时间后截留在滤料层表面的污物通过对过滤器的反洗，将截留物带走，使滤料恢复原有特性，反洗污物排入污泥干化池，实现进一步过滤油和颗粒悬浮物的目的。

成套橇装过滤设备过滤流程为：核桃壳过滤器—纤维球过滤器—双滤料过滤器。

主要设备：核桃壳过滤器、纤维球过滤器、双滤料过滤器、污水提升泵、反冲洗泵等。

第五节 采出液达标排放

页岩气井采出液处理后应优先采用循环回用，多余的部分回注地层[3]。当无条件回注必须外排时，应达到 GB 8978—1996《污水综合排放标准》的要求。

一、达标外排水指标

GB 8978—1996《污水综合排放标准》对污水排入水体时控制的指标进行详细规定，常用控制指标见表 6-6。标准分级如下：

表 6-6 污水外排常用控制指标

序号	控制指标	适用范围	单位	一级标准	二级标准	三级标准
1	pH 值	一切排污单位	mg/L	6~9	6~9	6~9
2	色度（稀释倍数）	一切排污单位	mg/L	50	80	—
3	悬浮物（SS）	其他排污单位	mg/L	70	150	400
4	五日生化需氧量（BOD_5）	城镇二级污水处理厂	mg/L	20	30	—
4	五日生化需氧量（BOD_5）	其他排污单位	mg/L	20	30	300
5	化学需氧量（COD）	石油化工工业（包括石油炼制）	mg/L	60	120	500
5	化学需氧量（COD）	城镇二级污水处理厂	mg/L	60	120	—
5	化学需氧量（COD）	其他排污单位	mg/L	100	150	500
6	石油类含量	一切排污单位	mg/L	5	10	20
7	动植物油含量	一切排污单位	mg/L	10	15	100
8	硫化物含量	一切排污单位	mg/L	1.0	1.0	1.0
9	氨氮含量	医药原料药、染料、石油化工工业	mg/L	15	50	—
9	氨氮含量	其他排污单位	mg/L	15	25	—

注：一切排污单位指本标准适用范围所包括的一切排污单位；其他排污单位指在某一控制项目中，除所列行业外的一切排污单位。

（1）排入 GB 3838—2002《地表水环境质量标准》中规定的Ⅲ类水域（划定的保护区和游泳区除外）和排入 GB 3097—1997《海水水质标准》中规定的二类海域的污水，执行一级标准。

（2）排入 GB 3838—2020《地表水环境质量标准》中规定的Ⅳ类和Ⅴ类水域和排入 GB 3097—1997《海水水质标准》中规定的三类海域的污水，执行二级标准。

（3）排入设置二级污水处理厂的城镇排水系统的污水，执行三级标准。

（4）排入未设置二级污水处理厂的城镇排水系统的污水，必须根据排水系统出水受纳水域的功能要求，分别执行上面第（1）条和第（2）条的规定。

二、处理工艺

采出液达标外排工艺应根据国家和地方排放标准及相关规定，并结合排放点具体要求等，通过技术经济比较后确定。

当采出液含油量小于 20mg/L、且排放点要求排放指标较低时，采用气浮、生化、沉淀、过滤和消毒等工艺的处理流程。可参照采用图 6-7 流程。

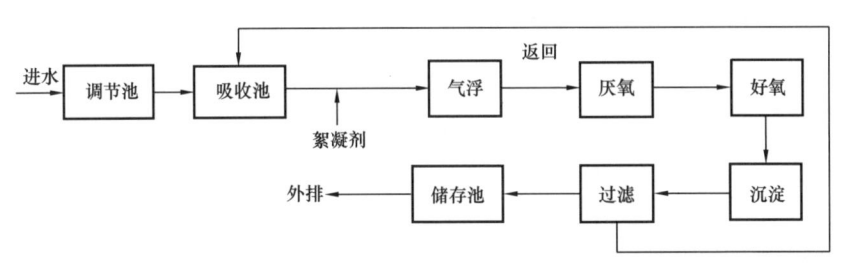

图 6-7 采出液外排处理工艺流程（一）

当采出液含油量大于或等于 20mg/L、且排放点要求排放指标较高时，采用隔油、调节、絮凝、气浮、膜处理和 MVR 蒸发（或多效蒸发）结晶等工艺的处理流程。可参照采用图 6-8 流程图。

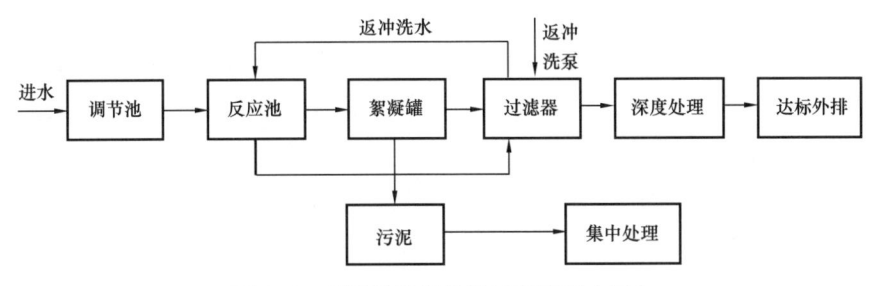

图 6-8 采出液外排处理工艺流程（二）

采出液经隔油池处理后至调节池，调节水质、水量和水温，再经预处理系统（包括高效气浮系统、药剂软化系统、高效催化氧化系统）、膜提浓系统和 MVR 蒸发（或多效蒸发)结晶系统等多级处理单元处理后达标排放,生产的结晶盐可外卖作工业用盐或资源化利用。

蒸发结晶的工艺方法较多,主要应用的有两种：MVR 蒸发结晶和多效蒸发结晶。

MVR 是机械式蒸汽再压缩技术（Mechanical Vapor Recompression）的简称,是利用蒸发系统自身产生的二次蒸汽及其能量,经蒸汽压缩机压缩做功,提升二次蒸汽的热能,如此循环向蒸发系统供热,从而减少对外界能源需求的一项节能技术。

MVR 蒸发结晶工艺原理:(1)预热后的盐水进入蒸发器循环管,和蒸发器内部循环的浓盐水混合,然后被泵送至换热器。(2)含盐废水通过吸收管外蒸汽释放的潜热升温后,进入蒸发室减压蒸发,气体和盐浆分离。(3)蒸汽进入压缩机,压缩蒸汽的潜热传到换热管壁,对温度较低的盐水加热。压缩蒸汽释放潜热后,在换热管外壁上冷凝成蒸馏水。(4)蒸出水沿管壁下降,在换热器底部积聚后,流经换热器对新流入的盐水加热,最后进储存罐待用。(5)浓缩后的盐浆经过泵进入离心机脱水,离心母液返回蒸发系统继续蒸发。

多效蒸发是将前效的二次蒸汽作为下一效加热蒸汽的串联蒸发操作。只要控制蒸发器内的压力和溶液沸点使其适当降低,则可利用第一个蒸发器产生的二次蒸汽进行加热。此时,第一个蒸发器的冷凝处就是第二个蒸发器的加热处。这就是多效蒸发原理。每个蒸发器称为一效,通入第一效的加热蒸汽的蒸发器为第一效,并由二次蒸汽通入方向依次为第二效、第三效等。多效蒸发器的工艺流程可以有顺流、逆流、平流、错流等。

多效蒸发结晶工艺通过对采出液除 COD、软化浓缩后浓水进入多效蒸发结晶器,将固液分离,热源采用低压蒸汽,蒸汽源需要建蒸汽站,一般用于工厂内有废热蒸汽的情况。采出液处理达标外排,一般采用四效蒸发结晶装置。

四效蒸发器是在真空的状态下,利用一定抽气量的真空泵对系统进行抽真空,抽取系统中的不凝体,使系统处于负压状态,实现低温蒸发。同时能够利用一效的二次蒸汽,并对二效进行加热。二效产生的二次蒸汽被三效利用,三效产生的二次蒸汽给四效进行加热,四效产生的二次蒸汽被冷凝处理。物料浓缩被排出系统配合客户要求结晶或者出盐。使用四效蒸发工艺能够大大降低相关蒸汽的消耗,并降低生产产品冷凝时所承受的负担,既可以提供工作的效率,也可以减少冷却水的消耗。

三、主要设备

1. 预处理主要设备

(1)废液收集。主要包括：收集池（含隔油池）、液位控制器、提升泵等。

(2)一体化化学反应设备。主要包括：中和反应池、pH 控制仪、pH 电极、氢氧化钠泵、混凝反应池、PAC泵、絮凝反应池、PAM泵、配药箱等。

（3）气浮分离系统。主要包括：气浮池、进出水系统、溶气系统、自动排泥、循环系统等。

（4）污泥压滤系统。主要包括：污泥浓缩池、液位控制器、污泥泵、污泥压滤机等。

（5）催化氧化系统。主要包括：催化氧化反应器、催化剂、臭氧发生器等。

（6）过渡池。主要包括：pH值调节/过渡池、液位控制器、pH控制仪、pH电极、硫酸泵等。

（7）提升泵、流量计等。

（8）软化系统。主要包括：多介质过滤器、软化过滤器、盐箱、盐泵等。

（9）精密过滤器。主要包括：精密过滤器、滤芯（袋）等。

（10）电控系统。主要包括：控制柜、PLC控制系统等。

2. 膜提浓系统

主要包括：反渗透膜（RO）高压泵、碟管式反渗透膜（DTRO）系统、流量计、清洗水箱、清洗水泵、排放水池、排放水泵等。

3. MVR蒸发结晶系统

主要包括：换热器、压缩机、蒸发器、离心机、母液槽等。

4. 多效蒸发结晶系统

主要包括：加热器、热压泵、蒸发器、气液分离器、真空系统、冷凝器、结晶罐（槽）等。

参 考 文 献

[1] 钱伯章, 李武广. 页岩气井水力压裂技术及环境问题探讨[J]. 天然气与石油, 2013, 31（1）: 48-53.

[2] 汤林, 汤晓勇, 等. 天然气集输工程手册[M]. 北京: 石油工业出版社, 2016.

[3] 熊春平, 向启贵, 罗小兰, 等. 页岩气压裂返排液达标排放执行标准及处理技术[J]. 天然气工业, 2019（8）: 137-145.

[4] 许剑, 李文权, 高文金. 页岩气压裂返排液处理新技术综述[J]. 中国石油和化工标准与质量, 2014（6）: 166-167.

[5] 汪卫东, 袁长忠. 油气田压裂返排液处理技术现状及发展趋势[J]. 油气田地面工程, 2016, 35（10）: 1-4.

第七章

页岩气地面工程辅助系统

本章对页岩气地面工程的自控仪表、通信、供电、腐蚀与防护等公用辅助系统进行了介绍。自控仪表部分主要包括自控水平，系统配置，页岩气计量和仪表供气、供电和接地要求。通信部分主要包括数据传输系统和安防系统。供电部分主要包括供配电系统、动力系统、照明系统和接地系统。腐蚀与防护部分包括内防腐和外防腐。

第一节 自 控

一、自控仪表概述

自动控制是在没有人直接参与的情况下，利用自动控制装置使被控对象的工作状态或参数自动地按照预定的规律运行。通过自动控制可提高生产效率，确保产品质量，并对事故的发生进行有效限制。

自动控制对于页岩气地面建设工程生产工艺装置安全地、可靠地、稳定地运行以及整个气田的调度和管理等起到了举足轻重的作用。

1. 设置原则

（1）结合页岩气开发实际情况，采用技术成熟、可靠、统一并适应页岩气田滚动开发特点的智能检测仪表、调节设备和控制系统。远传的变送器均带 Hart 协议，仪表设备均设置 RFID 电子标签，纳入物联网管理，达到智能化设备管理。

（2）实行全流程过程监控，平台站、集气站、中心站（脱水站）及增压设备生产数据均上传至井区控制中心。

（3）工艺装置橇装化，橇内仪表电缆敷设至橇上接线箱，减少现场施工工作量。无人值守站场的计算机控制系统采用一体化橇装仪控房进行安装，减少现场安装和系统调试工作量，满足滚动开发时的系统搬迁需求。

2. 自控水平

自控水平是指实现自动控制所达到的程度，包括参数检测、数据处理、自动控制、报警和联锁保护及其系统的完善程度，根据仪表及自控系统完成的功能，确定生产过程安全、高效、经济运行的实际效果。

页岩气区块建议按照如下自控控制水平进行建设：

（1）平台站设置远程终端装置（Remote Terminal Unit，RTU），集气站设置安全完整性等级为SIL2的可编程逻辑控制器（Programmable Logic Controller，PLC）构成的站场控制系统（Station Cotnrol System，SCS），对主要工艺参数及设备运行状态等信息进行自动采集、监视、控制、报警与联锁等，实现无人值守、无人操作和定期巡检的自控水平。

（2）中心站（脱水站）设置基本过程控制系统（Basic Process Control System，BPCS）、安全仪表系统（Safety Instrumented Function，SIS）、可燃气体探测报警系统（Gas Detection System，GDS）和火灾自动报警系统对站内各装置重要的温度、压力、流量、液位和阀门状态等工艺参数进行采集与控制，对重要工艺参数进行超限报警和联锁，对装置可燃气体泄漏进行检测报警，接收装置的手动报警和火灾报警信号，并发出声光报警。

（3）中心站（脱水站）设置井区控制中心，站内设置监控和数据采集系统（Supervisory Control and Data Acquisition，SCADA）。控制中心的操作人员通过SCADA系统采集平台站、集气站和中心站（脱水站）的温度、压力、流量、液位和设备运行状态等数据，对所辖平台站和集气站进行监视、控制、调度和运行管理。

（4）井区控制中心的SCADA系统与区域调度管理中心的SCADA系统进行通信，为数字化油气田数据库提供基础生产数据。井区控制中心具备监视和管理功能，同时具备控制权限。

（5）区域调度管理中心的SCADA系统对各区块的页岩气进行生产调度、管理和决策等。

二、计算机控制系统

1. 自控系统网络架构

根据井区内平台站分布，集气管道走向以及生产调度管理的需要，井区自控系统采用三级网络结构：

（1）第一级为区域调度管理级，调度管理中心SCADA系统对页岩气井区内的平台站、集气站和中心站进行监视、报警和调度管理。

（2）第二级为井区控制级，井区控制中心（位于中心站内）SCADA系统对井区内的平台站和集气站进行监视、报警、控制和联锁。

（3）第三级为站场控制级，在平台站设置远程终端装置RTU，在集气站设置

SCS，在中心站（脱水站）设置 BPCS，SIS 和 GDS 系统以及火灾自动报警系统，完成显示、控制、报警和联锁。

网络架构详见图 7-1 井区网络结构图。

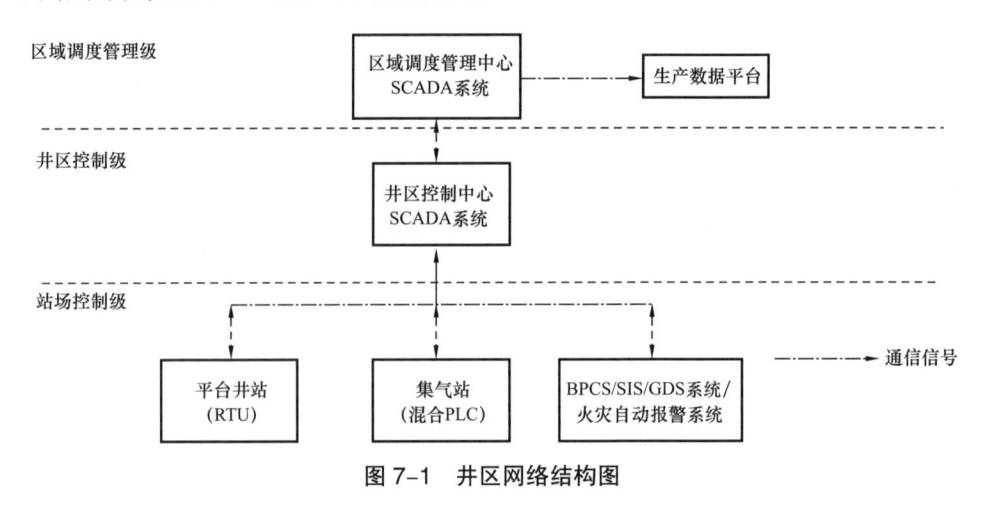

图 7-1 井区网络结构图

2. 平台站计算机控制系统

RTU 是小型数据采集和控制装置，具有可靠性高、编程组态灵活、通信能力强、维护方便、供电方式灵活和可适应恶劣环境条件等特点，具备数据采集、数据处理、数据存储、逻辑控制、数学运算及通信等功能。

平台站设置 RTU 系统，用于站内工艺参数的采集和安全联锁保护。平台站设置 GDS，用于站内可燃气体泄漏的检测和报警。

根据页岩气开发的特点，平台站采用一体化橇装仪控房，仪控房内设置有配电箱、UPS 柜、通信机柜、RTU 机柜和壁挂式 GDS 机箱，完成电缆接线后，上电就可进行调试。

1）RTU 系统配置

RTU 由 CPU 模块、电源模块、通信模块、I/O 卡件、底板、端子、12in 液晶触摸屏和机柜等组成，机柜空间和各类 I/O 模板应有不少于 20% 备用。

RTU 的硬件结构应采用模块化结构，具有较强的扩展性。RTU 的处理器通常为 32 位 CPU，存储器备有余量且可扩展。在外电源失效时存储器中的程序和数据不会丢失。

RTU 编程软件通常是一个功能强、使用灵活方便、界面友好的软件。RTU 带有与计算机连接的接口，操作人员可在现场通过笔记本电脑读写 RTU 中的相关数据。

RTU 支持 Modbus TCP/IP 或 DNP3 等通信协议，通信系统的接口通常采用串口 RS-232/485 或以太网接口 RJ-45。

2）RTU 系统功能

（1）负责完成现场工艺过程数据的采集、处理、控制和计算等功能。

（2）天然气流量计算和处理。

（3）完成报警和 ESD 联锁。

（4）数据存储及处理。

（5）自诊断，可对 CPU、内存、I/O 卡、通信模块和电源模块进行诊断，将有故障单元的信息发送至井区控制中心 SCADA 系统。

（6）向井区控制中心 SCADA 系统传输数据；接受井区控制中心 SCADA 系统的设定值和控制指令等。在紧急情况下，控制中心可通过 RTU 下发紧急关井命令至井口地面安全截断系统，对井口进行紧急关断。

3）可燃气体探测报警系统设置和功能

平台井站设置壁挂式的 GDS 系统，整套系统应具有 CCCF 认证。系统卡件应有不低于 20% 裕量。GDS 对全站的可燃气体泄漏进行监视和报警。当装置发生可燃气体泄漏时，现场探测器触发报警，并将报警信号上传至 RTU，同时上传至有人值守的控制中心进行报警。

平台站 RTU 系统配置图如图 7-2 所示。

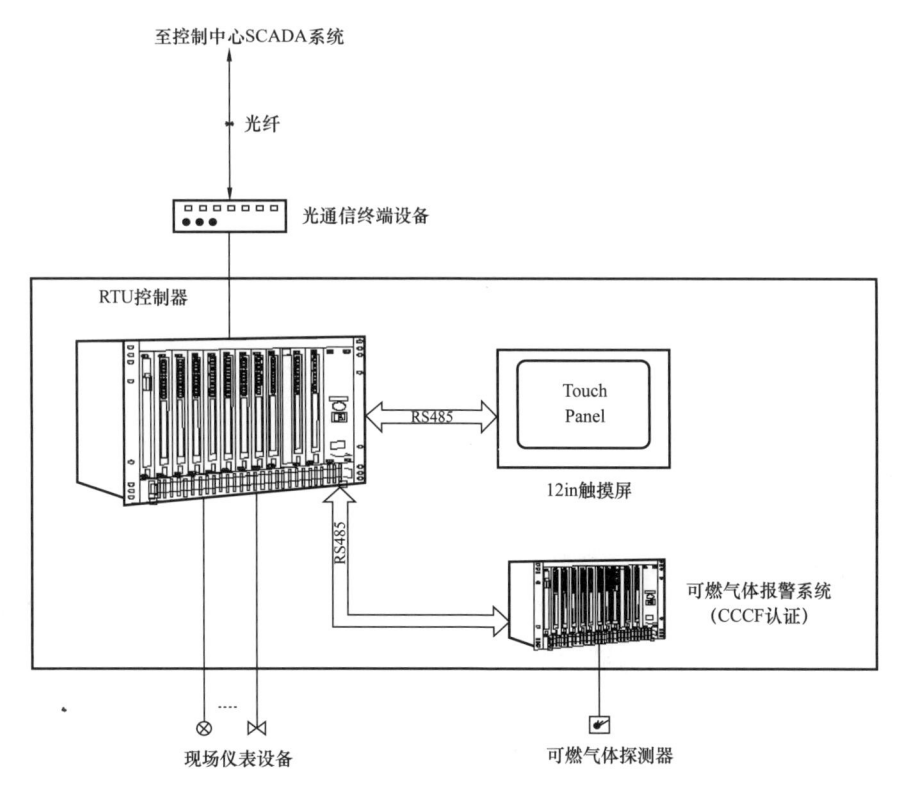

图 7-2 平台站 RTU 系统配置图

3. 集气站计算机控制系统

PLC 系统是以微处理器为核心的数据采集和控制中小型装置。它具有编程组态灵活、功能齐全、通信能力强、维护方便、自诊断能力强、可适应恶劣的环境条件、可靠性高等特点。具有数据采集及处理、数据存储、逻辑控制、数学运算等能力。支持与服务器数据库之间的历史数据回填功能。

在集气站设置安全完整性等级为 SIL2 的 PLC 系统，用于站内工艺参数的采集、报警、控制和安全联锁保护。

集气站设置 GDS，用于站内可燃气体泄漏的检测和报警。

集气站设置一体化橇装仪控房，仪控房内设置有配电箱、UPS 柜、通信机柜、PLC 机柜和壁挂式 GDS 机箱，现场完成电缆的接线后，上电就可进行调试。

1）PLC 系统配置

PLC 由 CPU 模块、电源模块、通信模块、I/O 卡件、底板、端子、12in 液晶触摸屏和机柜等组成，机柜空间和各类 I/O 模板应有不少于 20% 备用。

整个系统应具有完备的冗余功能，系统应基于故障安全型设计，具有高可靠性和高可用性，具有容错功能。

用于过程控制的 I/O 卡件和用于安全联锁的 I/O 卡件应分别独立设置，安全联锁用 I/O 卡件的安全完整性等级为 SIL2。

2）PLC 系统功能

（1）负责完成现场工艺过程数据的采集、处理、控制和计算等功能。

（2）天然气流量计算和处理。

（3）完成报警和 ESD 联锁，发生紧急情况关闭集气站或集气站发生火灾时，对集气站进行关断并放空，同时触发跨站联锁，关闭相应平台站。

（4）数据存储及处理。

（5）自诊断，可对 CPU、内存、I/O 卡、通信模块和电源模块进行诊断，将有故障单元的信息发送至井区控制中心 SCADA 系统。

（6）向井区控制中心 SCADA 系统传输数据；接受井区控制中心 SCADA 系统下发的设定值和控制指令等。

3）可燃气体探测报警系统设置和功能

集气站设置壁挂式的 GDS 系统，整套系统应具有 CCCF 认证。系统卡件应有不低于 20% 裕量。GDS 对全站的可燃气体泄漏进行监视和报警，当装置发生可燃气体泄漏时，现场探测器触发报警，并将报警信号上传至 PLC，同时上传至有人值守的控制中心进行报警。

集气站 PLC 系统配置图如图 7-3 所示。

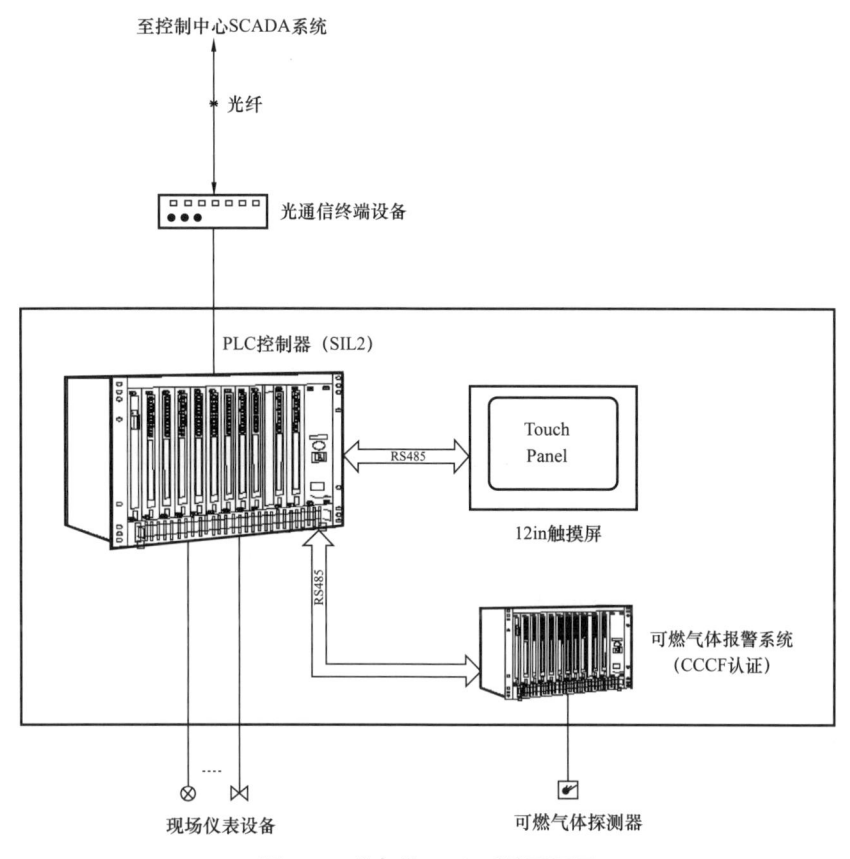

图 7-3　集气站 PLC 系统配置图

4. 中心站（脱水站）计算机控制系统

1）中心站（脱水站）BPCS 系统

（1）BPCS 系统配置。

BPCS 系统控制站包括 1 套冗余控制器、冗余电源模块、冗余通信模块、I/O 卡件、底板、端子和机柜等。机柜空间和各类 I/O 模板应有不少于 20% 裕量。

设置冗余工业以太网 1 套，并配置激光打印机 1 套。

建议在控制室配置 24in LCD 工程师站 1 套和 24in LCD 操作员站 2 套。

系统设置在综合值班用房的控制室和机柜间。

（2）BPCS 系统功能。

① 工艺过程变量 PID 与复杂控制功能及调节、顺序控制功能；

② 天然气流量计算与处理（天然气组分和流量参数输入）；

③ 具有人机对话能力，控制组态工具，动态工艺流程、工艺参数及其设备相关状态显示；

④ 能与第三方控制系统（如 TEG 重沸器控制系统、废气焚烧炉控制系统、空压机组控制系统、火炬控制系统和水处理控制系统等）通过 Modbus RS485 标准通信接口连接，进行数据采集，对第三方控制系统进行监视和控制；

⑤ 显示报警一览表、实时趋势曲线和历史曲线、数据存储及处理；

⑥ 生成生产报表、报警和事件报告；

⑦ BPCS 具备系统自诊断功能和维护功能，定时自动或人工启动诊断系统，并在操作站/工程师站上显示自诊断状态和结果，自诊断系统包括全面的离线和在线诊断软件；

⑧ 在线组态修改和在线组态下装功能。

工程师站负责完成系统组态、参数设定、监控与报警系统管理等功能，工程师站应具备对智能仪表进行远程诊断与校准等功能。

操作员站作为人机界面终端，负责完成对生产过程监视、操作与报警等功能。

2）中心站（脱水站）SIS 系统

（1）SIS 系统设置。

采用至少应基于 32 位的微处理器作为 SIS 系统控制核心，并配置独立的 SIS 工程师站，SIS 系统硬件采用容错结构设计，系统各组件应为故障安全型，整套 SIS 系统暂定具有 SIL2 级安全完整性等级认证。SIS 机柜空间和各类 I/O 模板应不少于 20% 裕量。

在控制室和机柜间配置 1 个 SIS 操作员站兼做工程师站、系统机柜和相应辅助设施。并配置相应的 SIS 辅助操作台，辅助操作台可以执行紧急停车操作和火灾放空操作。

SIS 系统分级设置，设置为三级。

一级关断：全站关断和全站关断带泄压放空。由控制室内 SIS 辅操台的手动关断按钮触发的关断。全站关断将关断所有的生产系统；全站关断带泄压放空将关断所有的生产系统，同时自动打开放空阀，实现紧急泄压放空，并发出厂区报警。同时，远控联锁关闭平台站和集气站。

二级关断：装置关断（不放空）。由 SIS 辅操台的手动关断按钮触发的关断。此级关断将关断对应的生产装置，人工确认方式打开放空阀，实现紧急泄压放空。同时，实现远控关平台站和集气站。

三级关断：设备关断。由于设备本身联锁动作或故障，设备在一定时间内关断暂时不影响装置的运行，控制室接收故障报警信号，操作人员进行现场维护、检修，最终使设备投入装置正常运行。

（2）SIS 系统功能。

全站紧急联锁功能。当生产运行过程中，过程压力超高、天然气重大泄漏、重大火灾事故等影响装置安全生产与检测人员人身安全时，SIS 系统通过预先设定程序进行或通过辅助操作台上按钮实施全站级紧急联锁，避免事故的进一步扩大化。

装置紧急联锁功能。当生产运行过程中，单个装置出现压力超高、天然气泄漏、火灾事故等影响装置安全生产与检测人员人身安全时，SIS 系统通过预先设定程序或通过辅助操作台上按钮实施装置紧急联锁，避免事故的进一步扩大化。

回路紧急联锁功能。当生产运行过程中，回路出现温度高高低低、压力高高低低、液位高高低低、流量高高低低等影响安全生产与检测人员人身安全时，SIS 系统通过预先设定程序对本相关回路实施装置级紧急联锁，避免事故的进一步扩大化。

全站紧急联锁优先级≥装置紧急联锁优先级≥回路紧急联锁优先级。

3）可燃气体探测报警系统

（1）GDS 系统设置。

GDS 应具有 CCCF 认证。系统机柜各类输入和输出卡件应有不低于 20% 裕量，并具备与过程控制系统和火灾自动报警系统联网通信的功能。

（2）GDS 系统功能。

对全站的可燃气体泄漏进行监视和报警功能。当装置发生可燃气体泄漏时，现场探测器报警触发报警，提醒操作人员进行相关复核并实施相关预案。

4）火灾自动报警系统

（1）火灾自动报警系统设置。

火灾自动报警系统（联动型）应具有 CCCF 认证。

自带图形显示界面，直接手动控制开关（联动盘）。带测试及复位按钮（按键），并有确认按钮（按键）。具有自检功能，并能输出相应的故障信息。

火灾报警控制器内置打印机。火灾报警控制器带有较大文件存储器，历史记录不会因控制器断电而丢失，除非对记录做出修改。

火灾报警控制器的报警内容应至少包括探测器报警、手动报警和系统故障报警等内容。

（2）火灾自动报警系统功能。

当脱水站内设置有消防系统时，消防泵出口压力开关的检测信号进入火灾自动报警系统，系统检测到消防管网压力低低时，联锁启动电动消防泵，当 15s 后消防管网压力低低报警，则联锁启动柴油消防泵。

对全站的火焰探测器和手动报警按钮进行监视，当装置发生火灾时，可以显示火灾发生位置并发出声光报警，同时触发声光报警，可以通过自动或手动方式启动相应火灾报警联动设备。提醒操作人员进行相关复核并实施相关预案。

5）井区控制中心 SCADA 系统

为满足井区内投产平台站、集气装置和中心站（脱水站）的监视、报警、控制、联锁以及生产管理的需求,在井区控制中心设置 1 套 SCADA 系统,该系统安置在中心站综合值班用房的控制室和机柜间。

(1) SCADA 系统硬件配置及功能。

系统及硬件配置既能保证监控系统的稳定可靠运行,同时具有系统扩展能力,以便将来接入更多的平台。井区控制中心 SCADA 软硬件设备见表 7-1。

表 7-1 井区控制中心 SCADA 软硬件设备(配置仅供参考)

设备名称	主要技术参数	数量	备注
实时/历史数据冗余服务器	双 CPU(单 CPU6 核)64bit Intel Xeon E5- 处理器;8GB RECC DDR3 内存;2×500GB;100\1000Mbps Ethernet ×2;1G 显存。6 个 PCI-E(x8 Gen 3.x),5 个 USB2.0,DVD-RW 光驱	1 套	带服务器机柜,系统组件均采用冗余设计
工程师站	双 CPU(单 CPU4 核)主频 2GHz 以上;4G RAM;500GB;100\1000Mbps Ethernet;1G 显存;24in 液晶显示	1 台	
操作员站	双 CPU(单 CPU4 核)主频 2GHz 以上;4G RAM;500GB;100\1000Mbps Ethernet;1G 显存;24in 液晶显示	1 台	
网络通信设备	网络交换机和路由器	1 套	
磁盘阵列		1 套	
硬件防火墙		1 套	
操作台	含操作台及座椅	1 套	根据需求配置
SCADA 软件	包括 SCADA 基本软件、冗余 SCADA 软件、用户操作站软件、开放数据库访问软件、SCADA 数据库 10000 点	1 套	

实时/历史数据服务器各 1 套,采用热备冗余配置,负责处理、存储和管理平台与集气站的控制系统采集的实时数据,并为网络中的其他服务器和工作站提供实时数据,历史数据服务器用于存储生产运行中的历史数据,供分析和调用。图 7-4 所示为中心站(脱水站)控制系统结构配置示意图。

(2) 软件要求及系统功能。

① 系统功能。

a. 生产数据采集和处理;

b. 工艺流程的动态显示;

c. 实时/历史数据的动态趋势、历史曲线图显示和归档;

d. 远程紧急停车;

e. 报警、事件、通信故障功能的查询、打印,报表生成和打印;

f. SCADA 系统故障诊断、网络监视及管理、通信设备监视及管理。

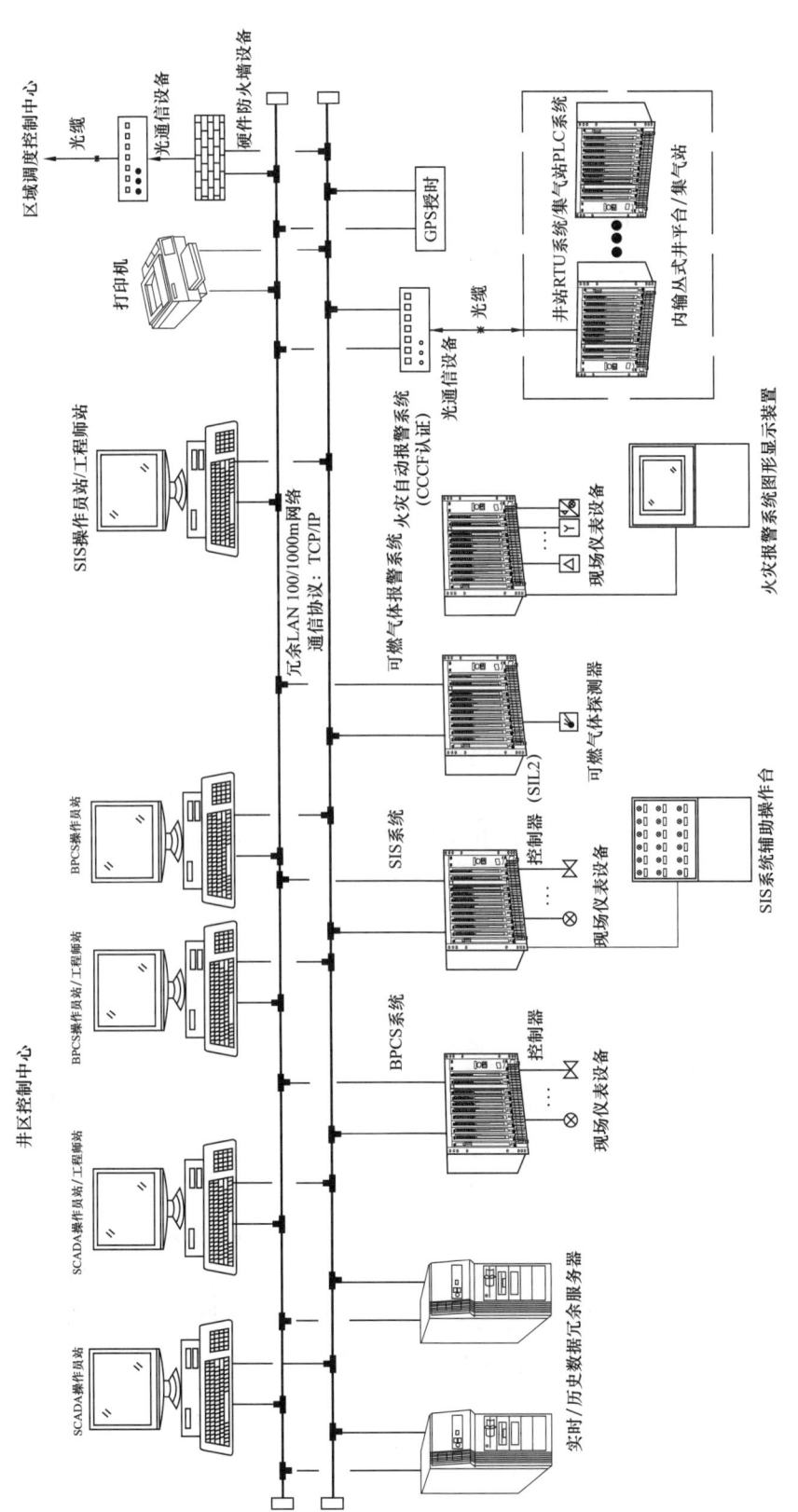

图 7-4 中心站（脱水站）控制系统结构配置示意图

② 系统软件。操作系统软件应满足下列要求：

a. 实时多任务；

b. 符合国际标准和工业标准；

c. 支持多种计算机硬件设备；

d. 支持客户机 / 服务器结构；

e. 服务器的操作系统、其他计算机的操作系统均采用标准的 Windows（64bit）。

SCADA 系统软件应满足以下要求：

a. 全开放式设计；

b. 模块化结构设计；

c. 支持客户机 / 服务器结构；

d. 支持离线组态（即操作必须暂停执行）和在线组态（即在不影响操作的情况下，允许对全部或部分应用程序进行修改）；

e. 数据库管理，历史数据库优先采用标准数据库；

f. 报告生成及管理，可完成随机、定时、按要求的条件触发等生成打印中文报表 / 报告；

g. 通信管理；

h. 支持多种标准编程语言，如 C++，FORTRAN，PASCAL 和 BASIC 等。

（3）数据采集。

支持常规通信协议，最少应支持 Modbus RTU，Modbus TCP/IP 和 OPC 协议。

（4）数据归档。

系统应建有数据库并能够对数据进行分类存储。数据库应具备分类归档和数据查询、导入和导出的能力。

（5）报警和事件管理。

报警信息包括声、光（闪烁）报警以及语音提示（必须采用中文），同时在操作员站的报警信息一览表中显示，在动态流程画面中显示，在报警打印机上可以实时打印。

对于系统发生的事件，如命令、报警确认、修改设定值、通信口切换、启停计算机、报表打印等（不限于此），均应被记录。记录内容至少应包括时间、事件说明等。

（6）报表。

系统应具有报表编辑功能，可根据需要的格式编辑中文报表。报表应可在线或离线编辑和打印。报表打印应同时支持随机和定时打印。

（7）人机界面（HMI）。

人机接口是操作员、工程师与计算机系统的对话窗口，它们为有关人员提供各种信息，接受操作命令。

（8）时钟同步。

服务器通过 GPS 时钟获得标准时间，保持时间同步。服务器的内部时钟与 GPS 标准时间保持 ±1s/30 天的精度和同步性。

（9）SCADA 系统通信及诊断。

SCADA 系统应支持多种设备和协议的接入。SCADA 系统通过路由器连接通信系统，实现各级之间的数据通信，路由器可以实现主备信道的切换与冗余功能。

SCADA 系统应能够准确地判断通信线路的故障。在通信中断和通信信道发生切换的时候，SCADA 系统将产生报警并记录发生的事件。

（10）系统扩容。

SCADA 系统必须具有高可靠性、稳定性和灵活性，具有强大的扩容能力，以满足今后拟建站场数据接入的要求。

（11）信息安全。

SCADA 系统的通信网络采用专网，防止非法信息对于系统的侵入。

对路由器进行配置，可以限制部分网络内容的访问并且指定有关网络线路的使用。路由器物理链路的切换功能，可以有效地隔绝信息的干扰与泄露。采用信息加密措施保护数据的安全。设置身份鉴别和人机界面的权限分级。

三、页岩气计量

页岩气的计量分为天然气内部计量和天然气交接计量两种类型，通常在平台井和集气站的天然气计量属于气田内部计量，在外输装置和外输末站的天然气计量属于天然气交接计量[1]。

平台井分为生产早期、生产中期和生产晚期三个阶段的计量，早期和中期均设置有分离计量橇，气相的天然气计量均采用高级阀式孔板节流装置。末期计量阀组橇取代分离计量橇，天然气计量也采用高级阀式孔板节流装置。

集气站设置有分离计量橇，天然气计量采用高级阀式孔板节流装置。

外输装置或外输末站的交接计量是经济核算的关键，计量的准确度直接关系到企业的经济效益，同时也关系到下游用户的经济利益，要选择合适的计量类型和检定方法。

1. 计量系统设置原则

（1）计量系统设计遵循国内和国际通用标准。

（2）交接计量的流量计口径选择应考虑其检定的条件需求。

（3）计量系统应避免脉动流和振动。

（4）流量计量系统计量管路不应有旁通。流量计上下游直管段内径与测量管段内径应相同。

（5）用于交接计量时，每台流量计均设置流量计算机，进行瞬时流量和累计流量计算，也可进行热量的计算（根据气相色谱分析仪提供的组分）。

（6）计量管路内径应依据最大流速 20m/s 进行初算。

2. 流量计类型的选择

孔板流量计具有价格较低、结构简单、标准系统完善等优点。其缺点是：量程比小、压力损失较大等。内部集输的湿气计量和外输的交接计量均可采用孔板计量。

气体超声流量计的优点是：准确度高（0.5级）、适用的流量范围大、无压力损失、节省能源、无运动部件、维护量小。交接计量可以选用超声流量计。当天然气需要进行双向计量时，推荐选用超声流量计。

页岩气的计量通常选用在国内天然气计量领域使用最为广泛的孔板流量计和超声流量计。

3. 计量系统主要设备

天然气交接计量系统的主要设备包括流量计、流量计算机、温度测量仪表、压力测量仪表、配套的气相色谱分析仪、上下游直管段和流动调整器等。

天然气交接计量系统中的流量计算机，它通过输入卡板读取各类气体计量仪表的各种参数，根据不同的计算方法计算天然气压缩因子，对气体的体积进行状态转换和实时的精确修正。流量计算机还应该能够将修正计算结果、工艺参数等数据储存在流量计算机的非易失性存储器中，通过输出卡板或通信卡以 Modbus 等通信协议将数据传送或让其他系统或设备读取。

流量计算机应该具有故障报警和自诊断功能，以便操作人员及时发现错误，尽可能地保证连续计量和计量精度。

在页岩气工程中，中心站（脱水站）建议将流量计算机安装在机柜中，安装在站内机柜间，方便进行操作和维护。无人值守站场可以选用现场安装的流量计算机。

4. 交接计量系统的准确度要求

为了保证流量检测与计量的准确度，根据目前天然气输气流量计量的现状，交接计量的流量计根据 GB/T 18603—2014《天然气计量系统技术要求》的技术要求，准确度等级宜按 0.5 级选型，整套计量系统的准确度等级根据不同站场的输气能力按 A（1%）级、B（2%）级和 C（3%）级设计。

5. 流量计的检定

流量计量仪表的检定方法有两种：一种是离线检定，将用于交接的流量计，拆卸后送至计量检定中心进行检定；另一种是在计量处预留流量计检定接口，采用移动检定车在线进行实流检定。

采用实流检定可以对物性参数、操作条件、安装条件和环境条件的影响进行修正，应尽可能实现实流检定流量仪表。对天然气计量仪表进行实流检定是保证天然气计量准确可靠的重要条件。超声流量计量系统还可以设置串联比对管线，对计量系统内多个超声流量计之间进行流量比较，若串联比对的流量计流量差异较大时，则需对工作流量计进行检定。

交接计量的流量计属于强制检定的范畴，必须进行周期检定，其检定周期和检定要求应根据国家相关法规要求进行。

四、仪表配套设施

1. 仪表供电

计算机控制系统和成套设备现场控制系统用电采用不间断电源装置（Uninterruptable Power Supply，UPS）供电，供电规格为 220V AC 50Hz，后备时间不小于 0.5h。现场电动阀采用非 UPS 供电，供电规格为 380V AC 50Hz。

2. 仪表供气

仪表供气对象主要是气动调节阀、气动截断阀以及燃烧器的吹扫等。仪表气源是指用气体（通常是空气）来驱动，为仪表运动部件提供动力的能源。

平台站、集气站和中心站（脱水站）设置独立的空气压缩机模块，提供仪表用净化风。仪表气源压力为 400~700kPa（表），气源操作压力下露点比环境温度历史最低点低 10℃；仪表空气含尘粒径不大于 3μm，粉尘含量小于 1mg/m^3；油分含量低于 10mg/m^3（8ppm）；仪表气源不应含有易燃、易爆、有毒及腐蚀性气体和蒸汽。气源装置储气罐的维持时间按照 30min 取值。

仪表总耗气量宜采用汇总方式计算。简便地估算仪表用气汇总方式为下列用气量之和：

（控制阀总数 × 每台控制阀的耗气量）+（现场气动仪表总数 × 每台仪表的耗气量）

说明：每台控制阀的耗气量 1~2m^3/h，每台仪表的耗气量 1m^3/h。

3. 仪表接地

仪表接地系统包括保护接地（也称安全接地）、工作接地（仪表信号回路接地和屏蔽接地）、防静电接地和防雷接地。

仪表接地采用共用接地系统。电力专业负责在现场提供共用接地网,在机柜间内提供工作接地端子板与保护接地端子板。平台站、集气站和中心站(脱水站)的仪表系统接地电阻不大于 4Ω。

仪表控制系统的工作接地、保护接地应分别接入共用接地系统,不同功能的等电位连接不应串联或混接后接地。接地系统示意图如图 7-5 所示。

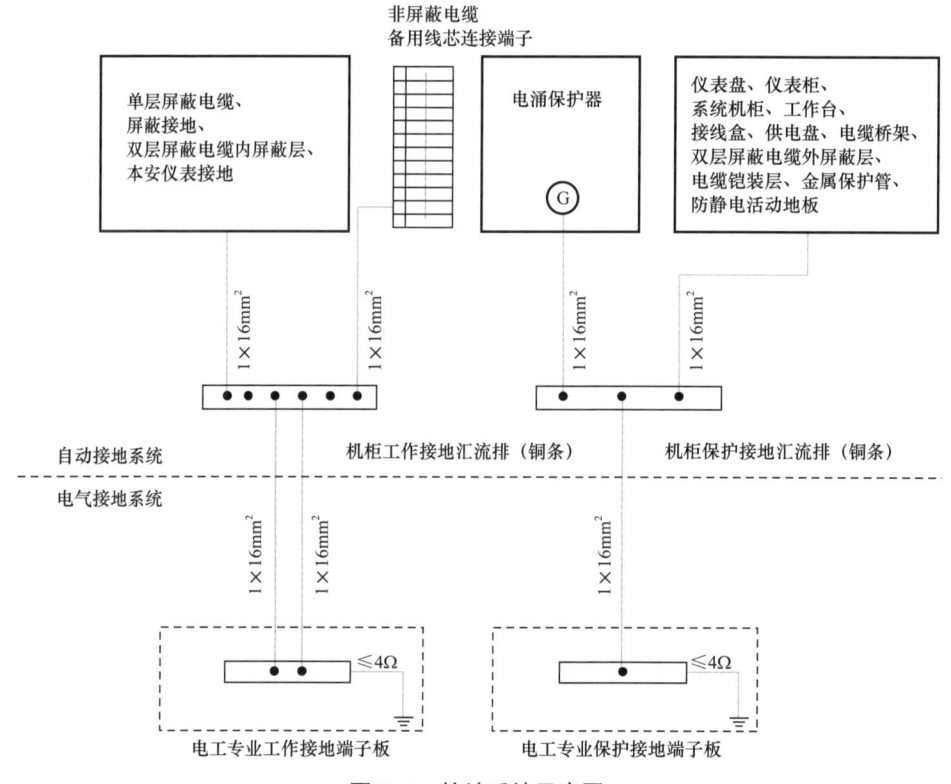

图 7-5 接地系统示意图

4. 仪表防电涌

为防止雷击感应造成的辐射电磁冲击对仪表和控制系统产生损坏,应在信号电缆上加装电涌保护器。电涌保护器的内部结构包括火花电压泄放部件、电压箝位部件和抗阻三大部分。

电涌保护器的设置原则如下:

(1)在进入计算机控制系统的 AI、AO、DI、热电阻和热电偶卡件前设置电涌保护器。继电器输出的干触点,触点容量较大(220V AC,2A),并且感应雷击时间非常短(μs),DO 卡件被感应雷击坏的可能性非常小,可不设电涌保护器。

(2)自控系统对现场自控设备单独提供 24V DC、220V AC 电源(如电磁阀、分析仪器等)时,在室内设置电涌保护器,防止雷电感应对室内电源系统造成损坏。

（3）选择配有内置式电涌保护器的变送器。

（4）在自控设备中有些仪表价格很高，如果遭雷击损坏，就会造成巨额的经济损失，这些设备应在现场加装电涌保护器，如分析仪等。

第二节 通 信

一、数据传输系统

根据页岩气气田的建设特点，选择适合页岩气气田开发的通信传输方案，为页岩气气田的自控数据、监视图像和语音信号等提供传输通道。

1. 光纤通信

目前，因光纤通信有着巨大的传输能力和易于升级扩容的特点，使得光纤通信成为宽带有线通信技术发展的主流。

（1）光纤通信具有优于其他通信方式的传输容量和传输质量，不受气候影响、不受外界电磁波干扰，保密性能好，通信质量高；采用光纤通信能满足管道所有通信业务对传输通道的需求，业务范围广，便于今后通信容量的扩容和功能扩展，并为今后留有很大发展余地。

（2）组网灵活，便于形成通信专网。传输容量大，容量升级能力强。

（3）光缆具有与管道同沟敷设或者与电力杆路同杆架设的优势，可以节省征地费用和部分施工费用，降低工程投资。

2. 光通信设备

根据页岩气气田的平台/集气站数量较多，分散较广，但数据需求量不太大的特点，选择1000M PTN设备作为光通信的传输设备。

在光通信的组网上，应尽量利用光缆纤芯组成环网，以保证数据传输的可靠性。PTN设备需支持环网，支持多环结构，并应具有可扩展性，支持网络拓扑的扩展，如带宽的扩展、客户数量的扩展、业务数量的扩展等。

PTN设备应选用工业级，并具有抗电磁干扰能力。设置在平台的PTN设备安装在电气动力配电柜内，设置在集气站的PTN设备安装在仪控橇通信机柜内。每台PTN设备配置2个1000M光口和4个100M电口，电口用于接入摄像机、RTU和PLC等设备，光口用于接入通信光缆与上级站场和下级站场的PTN光设备连通，从而将RTU数据、视频图像等传至上级有人值守站场。

二、安防系统

页岩气气田安防系统主要包括视频监视和语音对讲两个部分。

1. 视频监视

考虑到页岩气平台/集气站为无人值守，页岩气气田的安防监控应以气田的有人值守站为中心，气田内平台和集气站的视频监视图像应统一传输至中心站控制室进行监视。

在平台内设置摄像前端2套，集气站设置摄像前端3套，主要对平台和集气站的关键区域（井口、装置区）进行视频监视和入侵检测报警，出现异常入侵情况，在中心站进行报警提示，工作人员根据报警情况，进行相应处理。有人值守的中心站能随时通过视频监控平台查看现场情况，并能对现场进行主动撤布防。

摄像机选用红外型一体化网络摄像机，分辨率不低于1080P，带云台，可满足安防联动需求。摄像机具用视频监控智能分析功能，可通过图片对比的方式，按照预定的程序方案向中心站监控中心发出告警，并对入侵者发出警示。

2. 语音对讲

由于页岩气气田的平台和集气站为无人值守，当中心站的工作人员发现现场图像有异常时，需要对现场巡检人员或非法闯入人员进行提醒或警示。平台和集气站的语音对讲通过摄像前端的音频输入端口和音频输出端口来实现，音频输入端口可以接入矢量拾音器；音频输出端口可以接入室外有源音箱，现场巡检人员可通过矢量拾音器与中心站人员进行语音通话，中心站的工作人员也可通过室外音箱对现场人员进行喊话。同时摄像前端还带有信号输出端口，当发生异常情况时，可以通过工业电视监视杆上安装的声光报警器进行报警。

第三节　供　　电

一、供配电系统

根据页岩气井产气量递减的特点及工程建设周期短、生产适应性强、开采效益好的要求设计供配电系统的主要配置方案。

页岩气生产特点为：生产早期产气量高、压力高；生产中期与末期产气量低，压力低，需要设置增压设施。

1. 平台站

平台站生产早期用电负荷主要包括站场照明用电、自控仪表设备、通信设备用电及抑制剂加注泵用电。平台站生产中期与后期增压后用电负荷包括站场照明用电、自控仪表设备、通信设备用电、抑制剂加注泵用电和压缩机及压缩机辅助用电。

根据 GB 50052—2009《供配电系统设计规范》以及 NB/T 14006—2015《页岩气气田集输工程设计规范》，平台一般用电负荷等级为三级，自控仪表设备和通信设备用电为重要负荷。

平台井场供配电系统的主要配置方案：平台生产早期用电负荷较低，设置 10kV 杆上变电站为平台负荷供电；平台生产中期与后期，由于电驱增压设施的投入，用电负荷较大，设置 10kV 预装式变电站为压缩机等负荷供电，变电站内设置 10kV 开关柜、10kV 电容补偿装置、干式电力变压器和低压配电装置等。电源可从周边 10kV 电网上 T 接引入或者利用钻井期间的 10kV 专用电源。设置 UPS 为自控通信等重要负荷供电。

2. 集气站

集气站生产早期用电负荷主要包括站场照明用电、自控仪表设备、通信设备用电及工艺电动球阀、空压机、火炬用电负荷等。集气站生产中期与后期增压后用电负荷包括站场照明用电、自控仪表设备、通信设备用电、工艺电动球阀、空压机、火炬用电负荷和压缩机及压缩机辅助用电。

根据 GB 50052—2009《供配电系统设计规范》，以及 NB/T 14006—2015《页岩气气田集输工程设计规范》，集气站一般用电负荷等级为二级，自控仪表设备、通信设备用电为重要负荷。

考虑到集气站生产末期，压缩机搬迁再利用，供配电系统的运行灵活性等要求，在生产前期增压前设置一座双电源切换 10kV 预装式变电站，为集气站用电设备供电及为压缩机电动机预留 10kV 电源。生产中期与后期在增压期间，增设移动式 10kV 预装式变电站为集气站增压压缩机电动机及其辅助低压用电设备供电。变电站内设置 10kV 开关柜、10kV 电容补偿装置、干式电力变压器、低压配电装置等。电源可从周边 10kV 电网上引接。设置 UPS 不停电电源装置为自控通信等重要负荷供电。

3. 脱水装置

脱水装置用电负荷主要包括自控通信机柜用电、分析仪用电、TEG 补充泵、TEG 循环泵、工艺电动球阀及照明设施用电等。

根据 GB 50052—2009《供配电系统设计规范》，以及 GB 50349—2015《气田集输设计规范》，脱水装置一般用电负荷等级为二级，自控通信设备用电为重要负荷。

站内设置 10kV/0.4kV 预装式变电站 1 座，变电站内设置干式变压器、低压配电装置为脱水装置用电负荷供电，另外设置 380V 发电机作为备用电源。预装式变电站电源可从周边 10kV 电网 T 接。设置 UPS 为自控通信等重要负荷供电。

二、动力、照明、接地系统

1. 平台站

设置动力配电柜为平台站用电设备（增压设备除外）配电，柜内预留通信设备及网络数据线安装空间。动力配电柜防护等级不低于 IP55。平台站内低压配电采用放射式为主。动力配电柜安装在仪控棚内。

为保证自控仪表、通信设备不间断供电，设置一套单机在线式 UPS 为其供电，UPS 容量为 5kV·A。UPS 安装在仪控棚内，采用户外一体式，防护等级不低于 IP55。

道路及场地采用路灯照明，爆炸危险区域选用防爆灯具。照明电缆穿钢管沿围墙埋地敷设，埋设 0.3m。路灯沿围墙均匀布置，灯具装高 3.5m。部分路灯与摄像头同杆安装。

除放空立管、规定的架空线路杆塔单独设置防雷接地装置外，所有设备工作接地、保护接地，防雷、防静电接地等共用同一接地装置，接地电阻不大于 4Ω。低压配电系统的接地形式采用 TN-S 系统。电涌保护器设置 3 级保护，并以最短距离接至共用接地装置。

接地装置优先利用建（构）筑物的基础钢筋作为自然接地体，人工接地网采用热镀锌扁钢，干线采用 -40×4、支线采用 -25×4，角钢接地极采用 $L50 \times 5$，长度 2.5m。钻前工程根据设备平面布置，预埋接地装置。

2. 集气站

集气站内低压配电采用放射式配电方式。电源引自双电源切换 10kV 预装式变电站内低压配电柜。

为保证集气站自控仪表、通信设备不间断供电，设置一套单机在线式 UPS 为其供电，UPS 容量为 3kV·A。UPS 安装在双电源切换 10kV 预装式变电站内。

动力及控制电缆采用沿电缆沟与电缆桥架为主、局部埋地相结合的敷设方式，电力电缆与仪表电缆共用电缆沟或者电缆桥架。

道路及场地采用路灯照明，爆炸危险区域选用防爆灯具。照明电缆穿钢管沿围墙埋地敷设，埋深 0.8m。路灯沿围墙均匀布置，灯具装高 3.5m。

除放空立管单独设置防雷接地装置外，所有设备工作接地、保护接地以及防雷与防静电接地等共用同一接地装置,接地电阻不大于4Ω。低压配电系统的接地形式采用 TN-S 系统。电涌保护器设置 3 级保护,并以最短距离接至共用接地装置。

接地装置优先利用建构筑物的基础钢筋作为自然接地体,人工接地网采用热镀锌扁钢,干线采用 -40×4、支线采用 -25×4,角钢接地极采用 $L50 \times 5$,长度 2.5m。

3. 脱水装置

脱水装置橇上设置防爆动力配电箱为橇内用电设备配电。

橇上电动机由橇外的 MCC 配电时,橇上设置防爆操作柱,对于橇内所有需要橇外电气接线的设备(橇外 MCC 直配的电动机或加热器除外),设置防爆接线箱。

对于有上入平台的橇体,在每层平台设置防爆平台灯,光源采用节能灯。若灯具安装在平台下,则设置防爆荧光灯。

橇上动力及控制电缆采用阻燃型交联聚乙烯绝缘聚氯乙烯护套电缆。橇内电缆采用电缆桥架或穿热镀锌钢管保护敷设。

橇上用电设备、金属管道、扶梯、钢质气罐及其他正常不带金属与橇底座可靠连接,橇底座设置至少设置两个接地螺栓,用以与站场主接地网可靠连接接地。

第四节 腐蚀与防护

一、内防腐

1. 腐蚀环境

页岩气地面集输系统的腐蚀环境因所处阶段不同而有所差异。排采阶段单井产气量高、产水量大、温度高、出砂较多,产气量最高可达 $100 \times 10^4 \text{m}^3/\text{d}$,产水量可达 $200 \text{m}^3/\text{d}$,部分单井井口温度超过 70℃;生产阶段单井产气量、产水量、出砂量较排采阶段大幅下降,单井产气量基本在 $10 \times 10^4 \text{m}^3/\text{d}$ 以内,产水量在 $30 \text{m}^3/\text{d}$ 以内,井口温度降低到 50℃以下。排采阶段和生产阶段平台如图 7-6 所示。

1)气体组分

南方海相页岩气中的烃类组成以丙烷及其以前组分为主,甲烷含量为 95.71%~99.19%,CO_2 含量为 0~3%,不含硫化氢。国内页岩气组成具体见本书第一章第二节中表 1-4。

2)水质分析

页岩气的采出水(返排液)具有很高的矿化度,普遍含有 Ca^{2+},Mg^{2+},Cl^-,HCO_3^- 和 SO_4^{2-} 等离子,均能降低水中腐蚀电流的电阻,增加了采出水的电导率,对电化学腐蚀有一定的促进作用。除此之外，水中普遍含有一定量的微生物，如硫酸盐还原菌（SRB）和铁细菌（FB）。表 7-2 是某井组的水样（无色透明，有少量砂砾）分析结果。

图 7-6 排采阶段平台（a）与生产阶段平台（b）

表 7-2 某井组水样分析结果

项目		结果
离子含量 mg/L	Ca^{2+}	398.67
	Mg^{2+}	60.80
	Cl^-	10635
	HCO_3^-	308.92
pH 值		6.2
密度，g/cm^3		1.013

3）固相组分

页岩气井压裂施工具有液量大、排量大的特点，对地层造成较大的破坏，产生网状缝的同时出现很多细小的固体颗粒。开采时，压裂砂、支撑剂和固体颗粒随返排液进入井筒，通过井口装置进入地面集输系统，一旦流速降低或停产又会引起压裂砂、支撑剂和固体颗粒在地面集输系统中的沉积。

2. 腐蚀类型

页岩气地面集输系统的腐蚀是 CO_2、细菌、Cl^-、砂粒及高流速等腐蚀因素共同作用的结果，主要腐蚀类型包括冲刷腐蚀、CO_2 腐蚀、微生物腐蚀及垢下腐蚀。

1）冲刷腐蚀

冲刷腐蚀是金属表面与腐蚀流体之间由于高速地相对运动而引起的金属损坏现

象，是材料受冲刷和腐蚀协同作用的结果，冲刷介质可分为三类，即单相流、双相流和多相流[2, 3]。页岩气开采时冲刷腐蚀基本发生在排采阶段，主要是气、液、固多相流冲刷腐蚀和液固双相流冲刷腐蚀，图7-7是某页岩气平台排污系统在排采阶段一些部件的腐蚀形貌。

(a) 动力油嘴阀芯　　(b) 动力油嘴阀座　　(c) 针阀杆

(d) 油嘴套　　(e) 平式油管口加厚弯头　　(f) 堵头

图 7-7　某排采平台集输系统腐蚀状况

2）CO_2 腐蚀

页岩气地面集输系统中 CO_2 分压一般为 0.021～0.21MPa，管线和设备将发生 CO_2 腐蚀。

一般来说，干燥的 CO_2 没有腐蚀性或腐蚀性极小。但是，当 CO_2 溶于水而形成 H_2CO_3 后，则会对碳钢油套管和集气管线造成严重的腐蚀[4]。由于形成的 H_2CO_3 可在碳钢表面直接还原，因此在相同的 pH 值下，CO_2 水溶液的腐蚀性强于强酸（如 HCl）溶液。在高温、高压、多相流的条件下，碳钢的 CO_2 腐蚀过程比较复杂，DeWard 与 Millians 认为碳钢在 CO_2 水溶液中的阳极过程按照下面的反应进行：

$$Fe+OH^- \longrightarrow FeOH+e \qquad (7-1)$$

$$FeOH \longrightarrow FeOH^+ +e \qquad (7-2)$$

$$FeOH^+ \longrightarrow Fe^{2+}+OH^- \qquad (7-3)$$

Davis 与 Burstein 则提出了不同的阳极反应过程：

$$Fe+2H_2O \longrightarrow Fe(OH)_2+2H^+ +2e \qquad (7-4)$$

$$Fe + HCO_3^- \longrightarrow FeCO_3 + H^+ + 2e \qquad (7-5)$$

$$Fe(OH)_2 + HCO_3^- \longrightarrow FeCO_3 + H_2O + OH^- \qquad (7-6)$$

$$FeCO_3 + HCO_3^- \longrightarrow Fe(CO_3)_2^{2-} + H^+ \qquad (7-7)$$

阴极反应过程主要有以下两种：
非催化氢离子的阴极还原

$$H_3O^+ + e \longrightarrow H_{ad} + H_2O \qquad (7-8)$$

$$H_2CO_3 + e \longrightarrow H_{ad} + HCO_3^- \qquad (7-9)$$

$$2HCO_3^- + 2e \longrightarrow H_2 + 2CO_3^{2-} \qquad (7-10)$$

表面吸附 CO_2 的氢离子催化还原

$$CO_{2sol} \longrightarrow CO_{2ad} \qquad (7-11)$$

$$CO_{2ad} + H_2O \longrightarrow H_2CO_{3ad} \qquad (7-12)$$

$$H_2CO_3 + e \longrightarrow H_{ad} + HCO_3^-{}_{ad} \qquad (7-13)$$

$$H_3O^+ + e \longrightarrow H_{ad} + H_2O \qquad (7-14)$$

$$HCO_3^-{}_{ad} + H_3O^+ \longrightarrow H_2CO_3 + H_2O \qquad (7-15)$$

Ogundel 和 While 认为阴极过程包括还原 H_2O 和 HCO_3^- 的两个反应：

$$H_2O + e \longrightarrow H_{ad} + OH^- \qquad (7-16)$$

$$H_2O + H_{ad} + e \longrightarrow H_2 + OH^- \qquad (7-17)$$

$$HCO_3^- + e \longrightarrow H_{ad} + CO_3^{2-} \qquad (7-18)$$

$$HCO_3^- + H_{ad} + e \longrightarrow H_2 + CO_3^{2-} \qquad (7-19)$$

Nesic 认为在酸性介质中阴极过程以 H^+ 的还原为主，在中性和碱性介质中以 H_2CO_3 和 HCO_3^- 还原为主，而在高的过电位情况下则以 H_2O 还原为主。碳钢在含 CO_2 水溶液中阴极反应过程如图 7–8 所示。

CO_2 腐蚀多数是以点蚀穿孔及台地腐蚀等局部腐蚀的形式出现。一般认为，局部腐蚀与腐蚀产物膜之间存在着密切的关系。研究表明，当含 CO_2 的腐蚀介质温度超过 60℃时，与之接触的碳钢表面会形成一层对基体具有一定保护作用的腐蚀产物膜，而保护作用的强弱取决于腐蚀产物膜自身的完整性、对基体的覆盖程度以及膜的组织结构与性能。由于腐蚀产物膜的覆盖程度不同或腐蚀产物膜的薄弱部位在各种应力（包

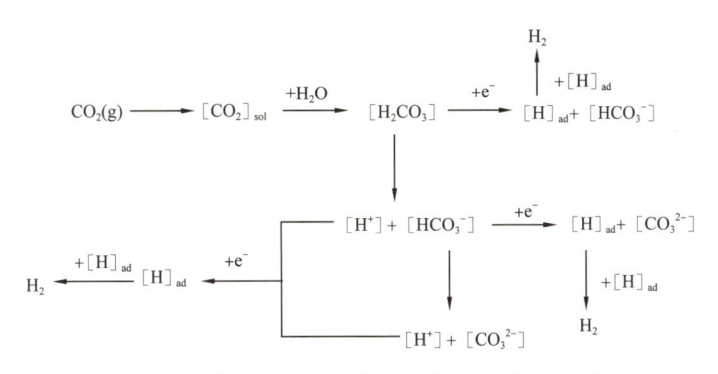

图 7-8　碳钢在含 CO_2 水溶液中阴极反应示意图

括湍流产生的切应力以及多相流中固体颗粒的冲刷力、气泡空化作用力等）以及自身生长产生的内应力作用下发生破裂和脱落，裸露出的基体与腐蚀产物膜之间形成具有很强自催化特性的腐蚀电偶电池，进而在腐蚀产物膜脱落的地方引起局部腐蚀，如图 7-9 所示。

图 7-9　某平台集气支线管线内部腐蚀和穿孔形貌

3）微生物腐蚀

微生物腐蚀本质上是电化学腐蚀，只是腐蚀介质中的微生物通过繁衍和新陈代谢改变了与之相接触的材料界面的某些理化性质而已[5-7]。页岩气开采时普遍存在的微生物主要是硫酸盐还原菌（SRB）和铁细菌（FB）。

SRB 腐蚀机理主要是阴极去极化作用，即将氢原子从金属表面除去，促使铁原子转变成二价铁离子进入腐蚀介质，二价铁离子分别与由硫酸根离子转化而来的二价硫离子和腐蚀介质中的氢氧根离子反应生成二次腐蚀产物 FeS 和 Fe（OH）$_2$，二次腐蚀产物可在金属材料表面形成松软的腐蚀瘤，致使其内外形成浓差电池，从而加速腐蚀（图 7-10）。SRB 腐蚀的特征是：（1）点蚀区充满黑色腐蚀产物，即硫化亚铁；（2）产生较深的坑蚀，形成结疤，在疏松的腐蚀产物下面出现金属光泽；（3）点蚀区表面为许多同心圆所构成，其横断面呈锥形。

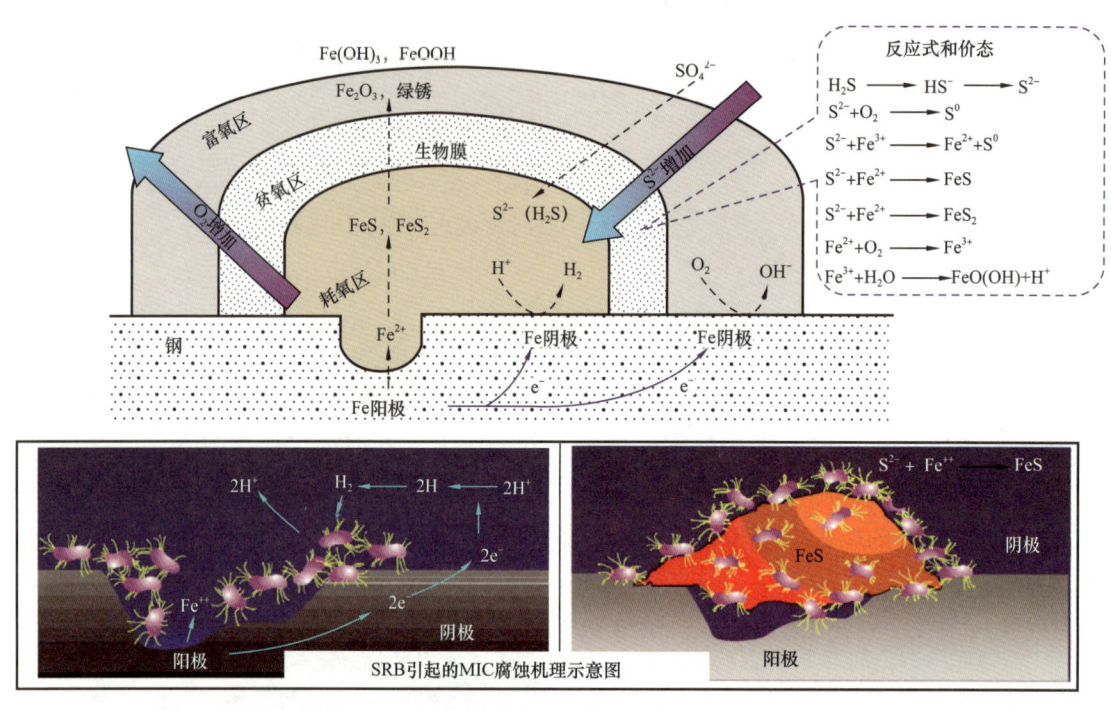

图 7-10 SRB 腐蚀示意图

FB 是好氧菌，其腐蚀行为与腐蚀介质中的氧有密切关系。FB 将二价铁氧化成三价铁的同时造成了三价铁氧化物的沉积。Littrle 和 Wagver 认为，FB 腐蚀是通过缝隙腐蚀机理产生的，按此机理不锈钢和易于钝化的金属在 FB 的影响下更容易发生腐蚀。Borenstein 认为，FB 的活动形成了氧浓差电池，在铁沉积物的下方形成阳极区，而周围是阴极区，从而造成了金属的腐蚀。

表 7-3 是某区块部分单井的采出水细菌检测结果，普遍超过 NB/T 14002.3—2015《页岩气 储层改造 第 3 部分：压裂返排液回收和处理方法》、SY/T 5329—2012《碎屑岩油藏注水水质指标及分析方法》中关于"气田采出水中 SRB 不应超过 25 个 /mL，FB 不应超过 100 个 /mL"的规定。

表 7-3 某区块部分单井的采出水细菌检测结果

井号	SRB，个 /mL	FB，个 /mL
M-1	600	13
M-2	25	2.5
M-3	600	13
M-4	2500	250
M-5	2500	6000

续表

井号	SRB，个/mL	FB，个/mL
M-6	6000	130
M-7	250	0
M-8	6000	60
M-9	2500	600
M-10	25000	0.6
M-11	2500	2.5
M-12	6	2.5
M-13	130	13
M-14	250	6
M-15	600	6
M-16	250	250
M-17	2500	6
M-18	250	6
M-19	6	600

4）垢下腐蚀

沉积物附着在金属表面会促进金属腐蚀，因金属表面沉积物产生的腐蚀统称为垢下腐蚀。垢下腐蚀受设备几何形状、腐蚀产物以及沉积物的影响，使得介质在金属表面的流动和电解质的扩散受到限制，造成被阻塞的空腔内介质化学成分与整体介质有很大差别，介质的pH值发生较大变化，形成阻塞电池腐蚀。

3. 腐蚀影响因素分析

1）温度

温度不但影响CO_2腐蚀，而且影响微生物腐蚀，是腐蚀过程中最重要的影响因素。

温度影响CO_2腐蚀主要表现在三个方面，即腐蚀过程的电化学反应速率、CO_2在水中的溶解度以及腐蚀产物的成膜机制。温度主要是通过影响$FeCO_3$膜晶粒的形成速度和晶核大小来影响碳钢表面基体腐蚀产物膜的性能、结构和附着力，即对腐蚀速率产生影响。有研究表明，在60℃附近，CO_2腐蚀动力学发生改变，$FeCO_3$在水中的溶解度发生变化，腐蚀速率出现一个过渡的区域。在60℃以下，腐蚀以均匀腐蚀为主，在碳钢表面生成无附着力且松软的腐蚀产物,腐蚀速率的快慢由溶解于水中的 CO_2 扩散到金属基体表面的速率决定;高于 60℃时,碳钢表面有碳酸亚铁生成,腐蚀速率由穿过阻挡层的传质过程决定,即腐蚀产物的渗透率、腐蚀产物本身固有的溶解度和介质流速的联合作用而定。碳钢 CO_2 腐蚀速率的最大值一般出现在 70~80℃范围内。但是,受材料性能和环境工况的影响,产生 CO_2 腐蚀速率转变的温度点是变化的。

温度影响 SRB 腐蚀主要表现在影响 SRB 的生长繁殖上。SRB 能够生存的温度范围为 −5~75℃,某些具有芽孢的种属可以耐受 80℃的高温。根据 SRB 最适宜的生长温度可将 SRB 分为中温菌和嗜热菌。目前分离的 SRB 大多数是中温菌,最佳生长温度为 28~38℃,而嗜热菌最佳生长温度为 55~60℃,如图 7-11 所示。

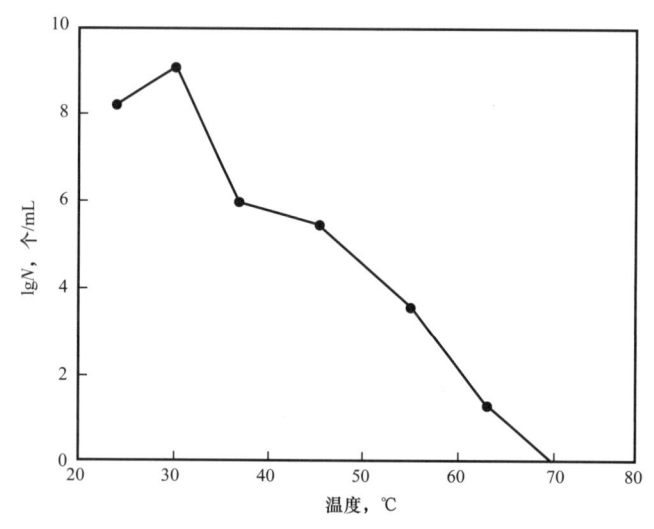

图 7-11 SRB 对温度的适应性

N—细菌数

2)CO_2 分压

CO_2 分压是影响 CO_2 腐蚀的主要因素,腐蚀产物膜厚、平均腐蚀速率与 CO_2 分压之间的关系相当复杂。在 CO_2 分压较小时,随分压增大,腐蚀进程加快,沉积的 $FeCO_3$ 溶解过程加剧,因而腐蚀速率增加。随着 CO_2 分压的增大,腐蚀产物膜的厚度增加,碳钢的平均腐蚀速率降低。CO_2 分压主要通过改变介质的 pH 值来影响腐蚀:CO_2 分压越大,pH 值越低,去极化反应越快,从而促进材料的腐蚀。有关研究表明,CO_2 分压小于 0.021MPa 时,腐蚀可以忽略;当 CO_2 分压在 0.021~0.21MPa 范围内时,将会发生中等腐蚀;CO_2 分压大于 0.21MPa 时,将会发生严重腐蚀。

3)pH 值

pH 值对 CO_2 腐蚀有一定的影响,但影响较复杂,是腐蚀环境的综合参数,与腐蚀的发生、发展和腐蚀产物的形成都有关系。当 CO_2 分压为固定值的时候,随着溶液 pH 值的增加，腐蚀产物 $FeCO_3$ 膜的溶解度随之降低，水相平衡发生改变，腐蚀产物 $FeCO_3$ 膜易生成，且在一定范围内增强了保护作用。pH 值直接影响 CO_2 的溶解率，即水中生成的碳酸，是 CO_2 腐蚀发生的直接原因。pH 值对阴极放电反应的速度及反应进程有直接的影响，进而对金属腐蚀速率有影响。研究表明，随着 pH 值升高，碳钢腐蚀速率逐渐下降。pH 值较低时，溶液呈强酸性，作为去极化剂的 H^+ 在溶液中大量存在，发生强烈的还原反应，腐蚀过程受阴极反应控制；pH 值从 2 到 4，HCO_3^- 与 H^+ 结合成 $H_2CO_3^-$，腐蚀速率急剧下降；pH 值从 4 到 7，CO_3^{2-} 与 H^+ 结合成 HCO_3^-，腐蚀速率降低幅度减小；当 pH 值超过 8 之后，溶液呈碱性，碳酸反应生成 CO_3^{2-}，腐蚀速率低于 0.126mm/a，因此可以通过改变溶液 pH 值来控制碳钢的腐蚀速率。

pH 值同样影响 SRB 的生长繁殖。适宜 SRB 生长的 pH 值范围较广，一般在 5.5~9.0，最适宜的 pH 值为 7.0~7.5，如图 7-12 所示。

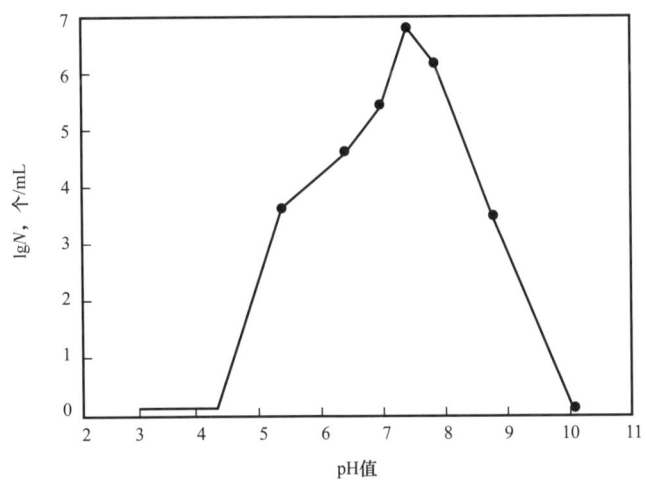

图 7-12 SRB 对 pH 值的适应性

N——细菌数

4）流速

流速一方面增大了腐蚀介质到达金属表面的传质速度，使阴极去极化增强，腐蚀速率增大；另一方面，高流速流体具有的冲刷力阻碍金属表面成膜或出现紊流对已形成的保护膜起破坏作用，高流速产生的空蚀、冲击腐蚀还将加速金属材料的 CO_2 腐蚀。流动影响腐蚀主要表现为：介质流动能加速物质传递；在力学的作用下使管材表面生成的腐蚀膜减薄、破裂甚至使管材发生塑性变形；介质在流动时对管材表面冲刷形成凹凸不平的坑，加大了其接触表面积。腐蚀对流动介质的影响主要表现为：生成的腐蚀产物增大了管材表面的粗糙度，尤其是发生局部腐蚀时，会形成湍流现象，加大介质冲刷的作用；腐蚀改变钢的组织，加大了冲刷的作用。中国科学院金属腐蚀与防护研究所郑玉贵等研究了流速对 4 种典型材料 X60，AISI321 和 316L 以及耐磨蚀合金钢 F5 在 10%H_2SO_4、15% 刚玉砂的介质中冲刷和腐蚀的交互作用，结果表明，随着流速的升高，4 种材料介质交互作用失重率均显著增大，而交互作用占总失重率的比例则随流速增大而先减小后增大（>7.5m/s）。但也有研究发现，不同金属材料本身的特性和生成腐蚀产物性质的不同会存在一个临界流速，介质流速大于此临界流速时，腐蚀速率将不再受到流速的影响。流速增大一方面有利于物质传递和电荷传递，促进腐蚀，另一方面会造成腐蚀产物膜形貌和结构的变化，增大产物膜对物质传递过程的阻碍。两方面综合作用造成随流速增大，腐蚀速率出现峰值的现象。

高流速还影响微生物在管线上吸附，进而抑制微生物腐蚀。

5）阴阳离子

在页岩气的采出水中，带负电荷的氯离子基于电价平衡，总是优先吸附到钢铁的表面。因此，氯离子的存在往往会阻碍 $FeCO_3$ 膜在钢铁表面的形成，并且通过钢铁表面腐蚀产物膜的细孔和缺陷渗入其膜内，使膜发生显微开裂，形成点蚀核，随着氯离子的不断移入，在闭塞电池的作用下，在一定程度上促进金属基体表面产物膜下的点蚀。研究认为，溶液中 Cl^- 浓度的增大，金属的腐蚀速率也会增大，是因为较高 Cl^- 浓度会促进阳离子在金属基体表面聚集，导致产物膜与金属基体发生宏观尺度上的分离，破坏了保护膜的完整性。但在常温下，水中 Cl^- 的加入会降低 CO_2 在水中的溶解度，使钢材的腐蚀速率降低。

Cl^- 浓度反映腐蚀介质中的盐度，而盐度通过改变微生物在水中的渗透压，影响细菌物质运输，从而改变微生物活性。当腐蚀介质中 Cl^- 含量较高时，SRB 的生长繁殖会被抑制，大部分细胞脱水死亡，不会发生明显的微生物腐蚀，但在 Cl^- 含量不高且适宜 SRB 生长的环境中，SRB 会与 Cl^- 共同作用，导致金属发生明显的微生物腐蚀，此时 SRB 腐蚀产物中的 FeS 与其他垢物附着于管壁上，使其与管壁之间形成更适于 SRB 生长的封闭区，在水中的 Cl^- 的酸化自催化作用下进一步加剧管道的腐蚀，在管壁上形成严重的坑蚀或局部腐蚀。

研究表明，Fe^{2+} 能够促进 SRB 的新陈代谢，且高浓度的 Fe^{2+} 不会抑制 SRB 的生长。一般认为，在低浓度的 Fe^{2+} 介质中，SRB 在含铁金属表面可以形成生物膜，但生物膜的破裂或分离将导致局部腐蚀的发生。生物膜破裂或分离速率与介质中 Fe^{2+} 浓度成正比，生物膜破裂后，腐蚀速率与 Fe^{2+} 浓度成正比。King 等认为，生物膜的破裂是由于最初形成的具有保护性的硫化亚铁转变为非保护性的硫化物。Lee 认为，如果介质中不存在 Fe^{2+}，SRB 就不会导致腐蚀的发生。

6）砂

砂的影响主要表现为两个方面：在排采阶段，单井产气量高、产水量大、出砂较多，砂砾高速冲击管线与设备，导致金属材料短时间内快速减薄，对集输系统造成冲刷腐蚀；在生产阶段，随着产气量和产水量降低，沉积的砂将引起垢下腐蚀。

4. 内腐蚀控制措施

根据腐蚀类型及影响因素的分析，当选择碳钢作为页岩气地面集输系统材质的情况下，应采用以下内腐蚀控制措施：

（1）优化设计，减少死角，避免细小的固体颗粒、腐蚀产物和细菌的沉积。

（2）优化除砂工艺，提高除砂效率，减少砂粒对地面集输系统的冲刷作用。

（3）对于关键部位，选用耐冲蚀的材料或内衬耐冲蚀的材料。

（4）加强清管工作，确保管道内无积液和无腐蚀产物淤积。

（5）宜控制流速小于10m/s，使其腐蚀程度减到最低。避免流速过低，造成管道积液和固体物质沉积。但是，也要避免流速过高，防止冲刷腐蚀。如果较高的流速出现，对流向变化点（如弯头）进行检测，以确定流速是否引起冲蚀。

（6）控制操作温度在60℃之内，降低CO_2腐蚀。

（7）定期注入杀菌缓蚀剂，防止硫酸盐还原菌和铁细菌等细菌腐蚀，以保护地面管道和设备；定期分析杀菌缓蚀剂的效果，确保杀菌缓蚀剂的可靠性；考虑杀菌缓蚀剂与其他药剂的配伍性。

5. 腐蚀监测

1）腐蚀监测的目的

对于页岩气地面集输系统钢制管道和设备进行在线腐蚀监测的主要目的是[8]：

（1）对输送介质的腐蚀性和腐蚀特点进行监测，不断地掌握生产过程中腐蚀的程度。

（2）有效地评估各种腐蚀控制措施的有效性，找出这些技术的最佳应用条件，例如除砂设备的除砂效果及维护更换周期、杀菌缓蚀剂效果及加注周期等。

2）腐蚀监测的设置原则

（1）腐蚀监测系统的设置应遵循区域性、代表性和有效性原则，监测结果应能有效地确定腐蚀速率和腐蚀类型。

（2）宜同时采用两种或两种以上的方法来监测腐蚀。

（3）设置了除砂装置、清管等减缓腐蚀措施的管道、设备或其他工艺装置，应在其附近相应位置和下游保护末端设置腐蚀监测点。

（4）对采取加注杀菌缓蚀剂等措施的管道、设备或其他工艺装置，应在其下游位置设置腐蚀监测点，测定管输介质的腐蚀性及杀菌的效果。

（5）在管输介质物性（如组分、含水量）、流速、流动状态等发生较大变化的位置，宜设置腐蚀监测点。

（6）失重挂片、探针测试元件和测试短节的材质应与管道或设备内表面材质一致或相似。

（7）插入式腐蚀挂片和探针不应影响管道清管。

3）腐蚀监测点的选择

（1）腐蚀监测点选择的主要原则：

① 腐蚀监测点的选择应根据生产工艺流程和腐蚀控制措施来确定。

② 监测点应合理地选择在气田地面集输系统中存在腐蚀性介质，并能提供有代表性的内腐蚀测量结果的位置。

③ 对管输介质采取了如除砂工艺等措施的管道、设备或其他工艺装置，应在其下游位置设置腐蚀监测点，测定管输介质的腐蚀性及方法的有效性。

④ 在管输介质发生变化（如介质组分、含水量、流速、流动状态等）的位置，应在其下游设置监测点。

（2）腐蚀监测点选择的一般要求：

① 腐蚀监测点可设置在主管线或旁通管线上，旁通管线的水力条件应与主管线相似。

② 腐蚀监测点不应选择在弯头或连接部位和不符合压力管道开孔要求的地方，或者其他促进腐蚀风险的地方。

③ 腐蚀监测点应避免安装在不具代表性的死角上。

④ 腐蚀监测点的安装应避免对下游设备造成不利的影响，比如造成主流干扰。

⑤ 在有代表性的单井采气管线上设置腐蚀监测点，采用高灵敏度冲蚀探针（磨蚀探针）和失重挂片法，监测单井来气的腐蚀性。

⑥ 平台至集气站的长距离集气支线的始端和末端，代表了每个平台混合后气体的腐蚀情况，在每个平台和站场的收发球筒前，设置腐蚀监测点。

⑦ 分离器排污管线。考察液相的腐蚀状况，代表了长距离集气支线上低洼积液部位的腐蚀。在各平台的分离器排污管线设置监测点，采用高灵敏度冲蚀探针（磨蚀探针）和失重挂片法。

⑧ 腐蚀监测橇应能够模拟现场实际生产中的运行情况，如流速变化、冲蚀、积液或沉积位置等。

⑨ 腐蚀监测短节安装在主管线或旁通上，可以直观地得到有关管线系统的腐蚀性信息。

4）综合的腐蚀监测措施

为了确定气田的腐蚀类型、评价腐蚀控制措施的效果和杀菌剂效果，有必要采用综合的、有效的腐蚀监测程序[9,10]。

在线、实时的腐蚀监测能够提供大量的、快速的腐蚀信息，但这并不能完全代表整个管线、设备的腐蚀状况，因此，通过以上的腐蚀监测获得的数据同时也需要与一些常规的方法如无损检测、目视检测等结合起来，以全面地掌握整个地面集输系统的腐蚀状况。例如：

（1）超声波壁厚测量。超声波检测技术较适合用来测量管道或容器的剩余壁厚。在管道和容器上测量的位置要有明显的记号，这样在下一次测量时可以找到相同的位置，使测量具有连续性。如果存在局部腐蚀坑，可以用超声波扫描技术从外部对蚀坑的长度和深度进行测量。柔性超声波通过安装在管道或容器上的固定式壁厚测量，具有精确度高（精度达 0.0025mm）、数据稳定性好（不存在人员操作误差）、可检测埋地管线及架空管线等特点。

（2）目视检测。在停产期间对容器和设备进行目视检测，以提供补充信息。

（3）水分析。定期地对采出水进行分析，以确定采出水中的离子类型及含量的变化情况。特别是对 pH 值的定期测量，因为溶液的 pH 值是影响管道或容器腐蚀速率的重要因素。

（4）腐蚀产物分析。对失重挂片或探针上附着的、或清管得到的腐蚀产物进行分析，可以得到补充信息。

（5）智能清管。采用智能清管可以对管线进行全线检测，主要检测局部腐蚀。有两种技术可以使用：漏磁检测和超声波检测。

6. 腐蚀控制案例

某页岩气田，针对地面集输管线的腐蚀问题，从 3 个方面进行了工艺技术改进，取得了良好腐蚀控制效果。

1）加大清管频次

通过及时清除集输管线内的污水/污物，可以有效预防 SRB 腐蚀、CO_2 腐蚀和垢下腐蚀。如某集输管线 2018 年 10 月累计清管 38 次，清除积液 215.18m³，清除固体杂质 67.2kg。

2）压裂液预处理

页岩气返排液是页岩气井压裂时注入地层的压裂液，现场多个厂家的压裂液取样分析结果表明，返排液中 SRB 的来源主要是压裂液带入。因此，压裂液注入地层前的预处理变得尤为重要。压裂液杀菌预处理除了可以添加与之相适应的杀菌缓蚀剂以外，还可使用杀菌设备直接进行处理。

现场采用的是物理法杀菌技术。基本原理包括电化学原理、陶瓷氧化原理和光催化原理，主要通过对细菌代谢系统、细胞器以及 DNA 进行破坏，可从根本上消灭细菌避免其再次复活，从而达到杀灭水中微生物的目的。同时，可以有效分解回注返排液中的油类物质及有害气体硫化氢，降低回注返排液的浊度和氧含量，进而达到净化水质的目的。物理法杀菌系统及其工作原理如图 7-13 和图 7-14 所示。

图 7-13　物理法杀菌系统

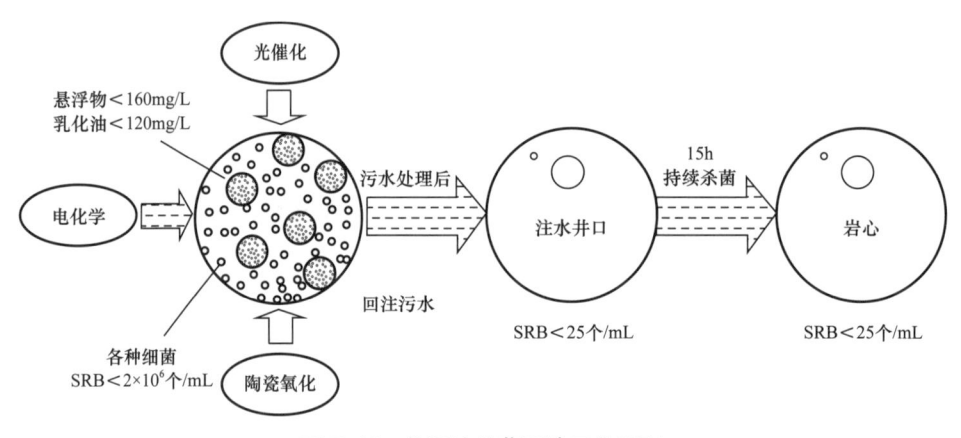

图 7-14　物理法杀菌系统工作原理

经过预处理（油水分离、重力沉降、过滤等）的气田水可直接进入物理法杀菌系统。经处理后的气田水中 SRB≤25 个 /mL，符合 NB/T 14002.3—2015《页岩气 储层改造 第 3 部分：压裂返排液回收和处理方法》的规定，可直接实施回注，如图 7-15 所示。

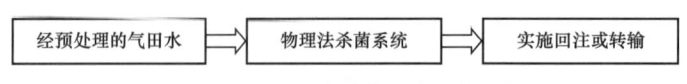

图 7-15　物理法杀菌系统工艺流程

现场应用结果表明，物理法杀菌系统具有很好的杀菌效果，杀菌后 15h 内仍可保持良好的抑菌效果。

3）加注化学药剂

平台的药剂注入装置如图 7-16 所示。杀菌剂从平台发球筒压力表考克处或集气管线汇管压力表考克处注入。对于长距离集气管线，在管线中途增设杀菌剂加注点，确保管线后端的腐蚀控制效果。

图 7-16　页岩气井口及集气管线药剂注入装置

返排液的连续取样分析显示，SRB 含量趋近于 0 个 /mL，见表 7-4。

表 7-4　某平台返排液细菌含量分析结果

日期	SRB，个 /mL	备注
2017.12.23	14000	杀菌缓蚀剂注入前
2017.12.27	0	杀菌缓蚀剂注入后
2018.1.5	0	杀菌缓蚀剂注入后
2018.1.13	0	杀菌缓蚀剂注入后
2018.2.1	0	杀菌缓蚀剂注入后
2018.2.23	0	杀菌缓蚀剂注入后
2018.3.25	0	杀菌缓蚀剂注入后
2018.5.5	2.0	杀菌缓蚀剂注入后
2018.7.21	0.7	杀菌缓蚀剂注入后
2018.8.13	9.5	夏季温度上升，细菌繁殖速率加快，已适时调整杀菌方案

集气管线腐蚀控制措施自 2018 年 5 月实施后，管线壁厚减薄与穿孔情况得以改善，腐蚀穿孔事故由 2017 年的 37 次下降到 2018 年的 1 次。

二、外防腐

1. 外防腐控制原理

外防腐层的功能是通过使管道的外表面与外部环境有效隔离，尽可能从根源上消除电化学腐蚀的发生，从而实现腐蚀控制。但是在防腐层预制、运输和管道施工过程中都会产生防腐层破损点,为防止破损点处的管道受到腐蚀,需采取阴极保护措施。阴极保护系统可以给破损处的管道表面提供电流,使破损处管道得到极化,从而使腐蚀速率减缓到可忽略的程度。管道外防腐层质量越好,金属裸露的表面越小,可以大大减少管道表面所需的阴极保护电流,扩大阴极保护范围,使阴极保护变得更有效并经济可行。对于站外管道,随着管道的延伸,土壤不均匀性增大,不同土壤在防腐层破损处会形成不同的管地电位差,不同电位之间出现腐蚀电流的流动,电流流出处的管道将被腐蚀,阴极保护还可以减缓因各种因素出现腐蚀电流造成的腐蚀。

因此对于站场露空的设备、管道通常采用涂层进行外防腐保护,根据实际情况,必要时可采用附加的阴极保护作为补充手段。对于线路管道,通常采用外防腐层+阴极保护的联合保护方案。

2. 外防腐层类型

1)线路埋地管道

外防腐层是防止管道外壁腐蚀的主要手段。管道外防腐层选择的好坏直接关系到管道的使用寿命,在管道防腐层选用时应着眼于长远的经济效益,根据管线沿线的自然条件和土壤、地质等情况,对常用防腐层的性能分析比较后用防腐性能较好的防腐层。管道外防腐层的选用应从涂层的绝缘性、稳定性、耐阴极剥离强度、机械强度、黏结性、耐植物根刺、耐微生物腐蚀以及易于施工和现场补口等方面综合考虑。

(1)理想的外防腐层应具有如下特性:

① 有效的电绝缘体;
② 有效的水分屏障;
③ 涂敷方法和过程对管子不产生不利影响;
④ 采用产生最少缺陷的方法涂敷到管子上;
⑤ 与管子表面有很好的附着力;
⑥ 抵抗随时间推移产生的漏点的能力;
⑦ 抵抗转运处理、保管储存、安装过程中损伤的能力;
⑧ 在长时间保持稳定的电阻率;
⑨ 抗剥离;
⑩ 抗化学降解;
⑪ 容易修理;
⑫ 保持物理特性;
⑬ 对环境没有毒害性;
⑭ 抵抗地面储存和长途运输过程中的变化和恶化的能力。

(2)外防腐层选择要考虑的因素包括:

① 环境类型；
② 管线系统在地理位置上的易接近性；
③ 管线系统的运行温度；
④ 在运输、保管储存、架设、安装和压力测试过程中的周围环境温度；
⑤ 管线的地理和物理位置；
⑥ 系统中已有管线的外防腐层类型；
⑦ 转运处理和保管储存；
⑧ 管线安装方法；
⑨ 成本；
⑩ 管子表面预处理要求。

埋地钢管现在常用的外防腐涂层主要有三层PE、单层熔结环氧、双层熔结环氧和煤焦油磁漆等。这几种防腐层特点如下：

几种管道常用外防腐层的技术经济特点见表7-5。

表7-5 管道常用外防腐层的技术经济特点

覆盖层材料	三层PE	环氧粉末	煤焦油磁漆	环氧粉末
覆盖层结构	三层结构	单层结构	复合结构	双层结构
覆盖层厚度 mm	1.8~3.7	0.3~0.5	2.4~4.0	0.4~1.0
涂覆工艺	机械涂覆	静电喷涂	人工喷涂	静电喷涂
补口工艺	热收缩带	环氧粉末	煤焦油磁漆	环氧粉末
除锈等级	Sa2.5级	Sa2.5级	Sa2.5级	Sa2.5级
环境污染	很小	很小	较小	很小
价格 元/m²	90~100	60~70	40~60	80~100
使用寿命，a	≥20	≥20	≥20	≥20
适用地区	施工和使用环境恶劣地区	一般地区	埋地和架空管道均适用	一般地区
慎用或禁用环境	架空管段	碎（卵）石土壤、石方段	碎（卵）石土壤、石方段	碎（卵）石土壤、石方段
优点	有较好的防腐蚀性、抗冲击性及抗阴极剥离性	具有较好的耐腐蚀性，与管道黏结力好，抗阴极剥离性能好	适应环境温度范围广泛；对除锈要求较低；价格低	抗冲击性较单层结构有提高
缺点	价格高，补口防腐性能较差	涂层抗冲击力较差，对运输和施工要求较高	涂层抗冲击力较差，现场施工质量难以保证	价格高，对运输和施工仍有较高要求

环氧粉末聚乙烯复合结构（三层 PE）管道外防腐层具有优异的防腐和抗机械损伤等综合性能。三层 PE 外防腐技术在管道工程建设中发挥了重要作用，有效地提高了管道工程质量，减少了管道腐蚀事故的发生，是目前应用效果最好的管道外防腐层之一。

同时，鉴于目前我国页岩气开发区块所处的区域的自然条件及地质状况较为复杂，工程不确定因素较多，施工难度较大，施工环境较差，因此推荐选用环氧粉末聚乙烯复合结构（三层 PE）外防腐层。

2）站场设备管道

（1）埋地管道与设备防腐。

为提高站场内埋地内管道的可靠性，减少现场防腐施工工作量以及人为施工可能引起的质量缺陷，对于站场内 $DN \geqslant 60\text{mm}$ 的埋地管道建议采用三层挤压聚乙烯加强级防腐。对管径小、距离短的其余埋地管道采用聚乙烯胶粘带特加强级防腐。

（2）地面露空管道及设备防腐。

地面管道与设备及储罐外壁宜采用附着力强、能经受气候变化、耐候性优异、不易褪色、装饰性效果好的防腐涂料。

3. 阴极保护

1）阴极保护方式

阴极保护作为防腐层保护的一种必不可少的补充手段，对管道安全运行起着重要的作用。阴极保护有强制电流法和牺牲阳极法。强制电流法能对管道系统提供稳定可靠的阴极保护电流，保护范围广，运行管理方便，控制电位可调，系统数据易传输，不受沿线地形限制，可靠性高。

2）强制电流阴极保护

强制电流阴极保护通过外加直流电源以及辅助阳极，迫使电流从土壤中流向被保护金属，使被保护金属结构电位低于周围环境。强制电流阴极保护常用于长输管线的保护。其优点为：输出电流连续可调、保护范围大、不受环境电阻率的限制、保护装置寿命长、工程规模越大越经济等，但其需要稳定的外部电源、维护管理工作量较大，而且可能会对邻近金属构筑物造成干扰。

（1）阴极保护计算。

依据标准 GB/T 21448—2017《埋地钢质管道阴极保护技术规范》，在设计阶段应对阴极保护设施的保护范围进行计算。计算公式如下：

$$2L = \sqrt{\frac{8\Delta U_\text{L}}{\pi D J_\text{S} R}} \qquad (7\text{--}20)$$

$$R=\frac{\rho_{T}}{10^{6}\pi(D'-\delta)\delta} \quad (7-21)$$

式中　L——阴极保护半径，m；

ΔU_L——最大保护电位与最小保护电位之差，V；

D——管道外径，m；

J_S——保护电流密度，A/m²；

R——单位长度管道纵向电阻，Ω/m；

ρ_T——钢材电阻率，Ω·m；

D'——管道外径，mm；

δ——管道壁厚，mm。

根据阴极保护计算和地面集输系统的管网布置情况，确定阴极保护站及阳极地床的位置。

（2）阴极保护设施。

① 电源。阴极保护站内应配置具有多路输出功能的阴极保护电源设备。其主要功能为：

a. 恒电位范围在：–3.0～0V 内手动连续可调；

b. 具有 5 路保护电流输出功能，各路输出电流、保护电位大小在额定范围内可分别调节；

c. 具有过流保护、防雷保护、抗交流干扰等功能；

d. 具有手动转换到测试状态，并自动保持断 3s 通 12s 的断电测试状态功能；

e. 具有手动切换功能，各路输出电流、保护电位、总输出电压、总输出电流由数字式仪表就地显示功能；

f. 具备数据远传远控功能，与自控 SCADA 系统配合，实现调度控制中心对阴极保护站的数据实时采集和设备工作状态实时控制功能。

g. 具有恒电位、恒电流、手动调节、通断电测试的运行模式。

② 阳极地床。阳极地床一般可分为两种形式，即浅埋式地床和深井地床。浅埋式阳极地床具有施工费用低、技术设备简单和维护管理方便等特点，但占地面积较大，并需要一个适宜阳极地床敷设的用地，且对附近管网干扰影响较大。深井阳极地床有以下优点：提供的电流分布比浅埋式阳极地床均匀，对其他结构形成的阳极干扰比浅埋式阳极地床低、受季节含水变化的影响小，深井阳极地床占地小、位置不受地区限制，但受地质条件限制，投资比浅埋式阳极地床高。

③ 阴极保护电隔离。为防止阴极保护电流流失到非保护设备上，在所有进出平

台、中心站及阀室分支管和放空管上，应分别安装相应规格的绝缘接头。在阀室内纳入保护范围的管道、阀门及与阀门相关联的气液联动阀电子执行机构，温度、压力、变送器等设备，应与接地系统采取相应的电隔离措施，防止保护端管道与接地体电连通，导致阴极保护电流泄漏。

④ 防浪涌保护。为保护管线上的绝缘接头以及阴极保护设备免受雷电高压电涌的破坏，依据 SY/T 0086—2012《阴极保护管道的电绝缘标准》的要求，在平台和中心站的绝缘接头安装处及进出阀室的管道上应分别设置防浪涌保护器。本着就近泄放原则，将保护器泄放端与共用接地网连通，减轻管道上感应的雷电对阴极保护设施的电冲击。绝缘接头保护器采用等电位连接器，等电位连接器应安装在防爆接线箱内。

⑤ 阴极保护测试桩。管道沿线宜每 1km 设置电位测试桩，每 5km 设置电流测试桩，在隧道穿越、中型河流穿越、带套管等级公路穿越以及转角等位置应设置电流测试桩。

⑥ 电位传送器。保护电位是评价阴极保护效果的重要参数，为及时、同步获取重要位置处的这一参数，为系统合理调试提供数据以适应管道全线自控水平的需要，应在相应位置设置阴极保护管/地电位传送器，以实现对该处阴极保护电位的监控，以利于即时准确发现故障并进行排除，同时减少人力资源配置。

⑦ 阴极保护标准。保护电位要求：山区、旱地地段：-1.15~-0.85V；水田地段：-1.15~-0.95V（相对于饱和硫酸铜参比电极，消除 IR 降后）。

（3）阴极保护有效性评价。

当管道和阴极保护站建成投运后，为消除管道外表面上的腐蚀活跃点，评价管道是否获得全面、合适的阴极保护，是否存在欠保护或过保护情况，应对全线进行密间隔（CIPS）测试，并将恒电位仪控制电位调试到最佳，使沿线各点的电位 U_{OFF} 均在规定的保护范围内。

3）牺牲阳极阴极保护

牺牲阳极阴极保护是将电位更负的金属与被保护金属连接，并处于同一电解质中，使该金属上的电子转移到被保护金属上去，使整个被保护金属处于一个较负的相同的电位下。在被保护金属与牺牲阳极所形成的大地电池中，被保护金属体为阴极，牺牲阳极的电位往往负于被保护金属体的电位值，在保护电池中是阳极，被腐蚀消耗，故此称之为"牺牲"阳极，从而实现了对阴极的被保护金属体的防护。

牺牲阳极阴极保护常用于管线较短、管径较小、密集敷设的管网保护。其优点为：不需要外部电源、对邻近金属构筑物无干扰或干扰很小、保护电流分布均匀、工程规模越小越经济等。但其具有保护年限短、不宜在高电阻率环境下使用、保护电流的大小不易调节等缺点。

4. 交流与直流干扰

埋地管道在预期寿命内安全运行，是管道管理的主要目标。但国内外的大量研究和检测实践表明，对高压交流与直流电力设施，如变电站、输电线路及其接地体、各类电气化铁路等对埋地管道的交流与直流干扰问题必须予以重视。

有研究表明，交流与直流干扰引起的杂散电流腐蚀（也称电蚀或干扰腐蚀）具有强度高、作用范围广和随机性强的特点[11-13]。

土壤中的杂散电流表现为直流电流、交流电流和大地自然存在的地电流三种状态，它们对管道造成的杂散电流腐蚀可分为直流干扰和交流干扰。

直流杂散电流的干扰源主要为直流电力输配系统、直流电气化铁路、阴极保护系统或其他直流干扰源等，但以直流电气化铁路最具代表性。它遵从电解腐蚀的机理，对埋地管道造成的干扰影响和危害最大。受直流杂散电流干扰的管道具有处理复杂性大、不易恢复到正常状态、加剧腐蚀和危害性大的特点。因此在设计阶段应对管道沿线进行调查和测定，以确定管道沿线是否存在可能的直流干扰源，对可能影响管道的直流干扰采取排流措施，保证线路管道不受影响。

直流干扰的识别、检测、防护和评价可参照 GB 50991—2014《埋地钢质管道直流干扰防护技术标准》执行。

交流杂散电流主要来源于交流电气化铁路、高压交流输配电线路及其系统，通过阻抗、感抗、容抗耦合而对相邻的埋地管道造成干扰，使管道中产生交流杂散电流，从而导致杂散电流从管道流出部位发生电解腐蚀。

交流干扰的产生会使管道的阴极保护不能正常运行，并会对管道上原有的孔蚀起到加速的作用。尤其是高压输电体系发生故障时，会对附近的管道产生电击，这种电击对地面正在建设的管道和地下管道设施，都会产生明显的破坏作用。

高压输电线中的电流辐射会对附近的埋地钢管感应出交流电压，并引起交流电流干扰腐蚀，从而导致管道穿孔失效，即使是在良好的阴极保护电流密度条件下也会发生交流电流干扰腐蚀，且交流腐蚀速率随阴极保护电流密度的增加而降低。对交流干扰主要考虑的是在交叉或靠近处保证管道与接地体的安全间距及与输电线路的交叉角度，以减轻电力电弧、雷电电弧对防腐层、绝缘装置、阴极保护设施的损坏和管道上的感应电压所造成的安全隐患。因此在设计阶段应对管道沿线进行调查和测定，以确定管道沿线是否存在可能的交流干扰源，并在线路管道施工完成后，现场测试确认高压输电线路是否对线路管道造成干扰，如果存在交流干扰，则应采取降低受干扰段管道的接地电阻的措施，保证线路管道安全运行，不受影响。

交流干扰的识别、检测、防护和评价可参照 GB/T 50698—2011《埋地钢质管道交流干扰防护技术标准》执行。

参 考 文 献

[1] 汤林，汤晓勇，等.天然气集输工程手册[M].北京：石油工业出版社，2016.

[2] 天华化工机械及自动化研究设计院.腐蚀与防护手册：第1卷 腐蚀理论试验及监测[M].2版.北京：化学工业出版社，2009.

[3] 梁颖，袁宗民，陈学敏，等.基于CFD的液固两相流冲刷腐蚀预测研究[J].石油化工应用，2014（2）：103-106.

[4] 鲜宁，姜放，施岱艳，等.含H_2S/CO_2气田中基于腐蚀风险的管道完整性设计[J].天然气与石油，2012（10）：68-70.

[5] 孟新静，葛红花，赵莉.微生物对材料的腐蚀机理及控制方法[J].上海电力学院学报，2010（8）：349-352.

[6] 白万金.材料冲蚀行为及机理的研究[J].浙江化工，2004（11）：17-20.

[7] 天华化工机械及自动化研究设计院.腐蚀与防护手册：第2卷 耐蚀金属材料及防蚀技术[M].2版.北京：化学工业出版社，2006

[8] 郑利锋，杨小雪，张平.管道内腐蚀监测系统的设计与实现[J].西南石油学院学报，2002（4）：68-70.

[9] 张清玉.油气田工程使用防腐蚀技术[M].北京：中国石化出版社，2009.

[10] 秦国治，等.防腐蚀技术及应用实例[M].北京：化学工业出版社，2002

[11] 腾延平，祖宏波，董士杰，等.管道交流杂散电流干扰技术研究现状与发展趋势[J].管道技术与设备，2012（2）：3-5.

[12] 李海坤，刘震军，谢涛，等.油气管道杂散电流干扰的缓解措施与评价准则评析[J].石油化工腐蚀与防护，2012（6）：46-49.

[13] 黄彬，赵凯华.油气管道交流杂散电流的腐蚀与防护措施[J].石油和化工设备，2016（5）：90-92.

第八章

页岩气地面建设标准化设计

为建立较完善的页岩气地面建设标准化设计体系，助推页岩气快速上产和效益开发，在总结、吸收常规天然气标准化设计的成功经验和前期页岩气地面工艺优化简化设计成果及生产运行经验的基础上，借鉴国内外页岩气开发生产的先进技术和成功经验，结合页岩气开发生产的特点，开展页岩气地面建设标准化设计。

第一节 概 述

页岩气地面建设标准化设计是从钻前工程到地面生产各阶段，从平台到脱水站等全方位、多角度、系统性和系列化为特点，采用了钻前地面一体化设计、模块化与橇装化、集成化相结合、橇装重复利用的新思路[1-4]，是实现钻前地面一体化设计与建设的重要前提，也是实现页岩气地面建设规模化采购、工厂化预制、共享储备和重复利用的重要基础。

一、设计思路与设计原则

1. 设计思路

（1）吸收常规气田标准化设计成果和成功经验，借鉴国内同行业标准化成功建设模式和国外页岩气开采的先进做法，在实地调研和总结国内页岩气地面建设和生产的基础上，进一步开展页岩气标准化设计工作。

（2）坚持钻前与地面建设一体化设计，即平台井站地面建设总图布置、橇装及设备基础、池类、供水供电等充分依托和利用钻井工程、钻前工程已有设施，实现页岩气产能建设快建快投。平台站标准化设计总平面布置将充分利用钻前工程的井架基础和混凝土硬化场地，实现地面工艺橇装设备不再新做基础，缩短建设周期，节约工程投资。

（3）坚持"模块化、橇装化、规模化和重复利用"的设计思路，实现地面建设项目一体化建设、规模化采购及工厂化预制。

（4）以"6口井为基础"开展页岩气平台井站标准化设计，工艺模块及橇装组合可适应1~14口井平台需求，适应性强。

2. 设计原则

从页岩气平台井全生命周期出发，坚持技术经济相结合，确保质量安全与环保要求，标准化设计应坚持以下4个原则：

（1）系统性原则。

一是体现钻前、钻井、压裂、测井、排采、地面产能建设和生产运行全过程统筹兼顾的系统性；

二是体现钻前工程与地面工程的深度结合；

三是体现信息化、工业化与标准化设计的融合；

四是体现主体工艺与配套辅助工程的系统性。

（2）适应性原则。

一是根据页岩气井生产特点（返排液量和砂量、压力、井口温度及产气量递减等情况），制订出适应于页岩气的标准化设计工艺及自控方案；

二是总图布置充分考虑后期井下及地面作业影响，尽量减少后期作业拆除和重复建设。

（3）完整性原则。

建设标准应综合技术、质量与投资等主要因素，从项目全生命周期中的前期建设、后期维护及运行成本等方面来综合考虑标准化设计方案，做到后续维修更换少、生产运行成本低。

（4）经济性原则。

标准化设计从多方面综合考虑经济性问题，如实现规模化采购，切实降低设备采购成本，做到同种装置的一致性，确保通用性，以便提高重复利用率。

二、特点

（1）采用标准化工艺自控模块和橇装设计，基于模块化、橇装化、规模化和重复利用的设计思路，以具有独立功能的模块和橇块为最小单元，通过不同功能模块组合，可满足6井式平台标准化设计，也可满足1~14口井平台的标准化设计需求。

（2）根据页岩气井生产特点，制订全生命周期的标准化设计流程，通过对平台正常生产早期、中期及末期橇块的重复利用，提高设备重复利用率，降低平台地面工程投资。

第二节 页岩气平台标准化

一、钻前工程标准化

钻前工程是为保障页岩气钻井、压裂（排采）作业正常进行，前期所进行的土建准备工作。主要包括平台、道路、设备基础、钻井附属生产设施、池类等系列分项工程。

1. 总图布置

1）总图布置原则

（1）在满足地下地质目标和利于自然造斜前提下，应尽量利用现有公路，除规避滑坡和泥石流等不良地质地段外，还应避让水库、堰塘和森林等环境敏感区。

（2）总图根据井口数量和井眼钻井轨迹布置纵轴线及平面形式，纵轴线沿平行等高线布局为原则，平台、集液池和储存池距陡坎、悬岩保证适当的安全距离。

（3）平台尺寸同时满足页岩气开发各阶段功能需求。

2）布置方式

根据钻井、压裂和正常生产等阶段统筹布置，确定平台总图尺寸。

（1）钻井阶段。主要用于在钻井期间布置井架、设备区、循环系统及其他临时房屋，总图布置如图8-1所示。

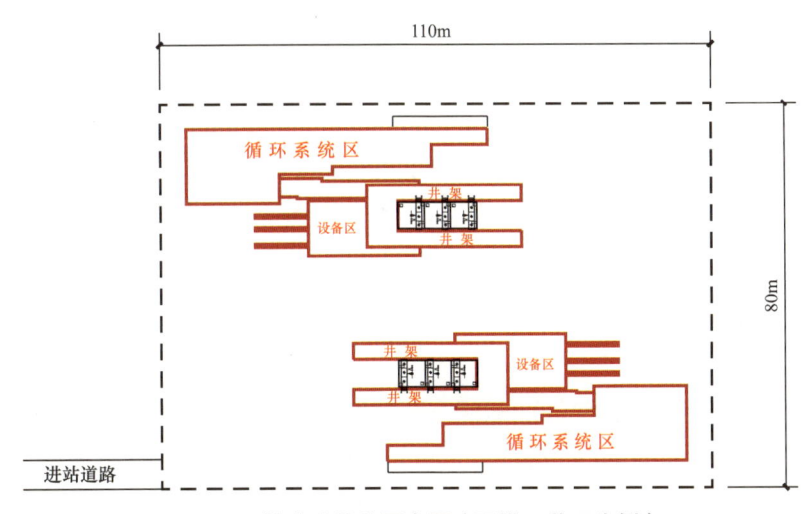

图8-1 钻井阶段总图布置（双排6井口为例）

（2）压裂（排采）阶段。主要用于在压裂（排采）阶段同时满足排采、测井和压裂功能需求，总图布置如图8-2所示。

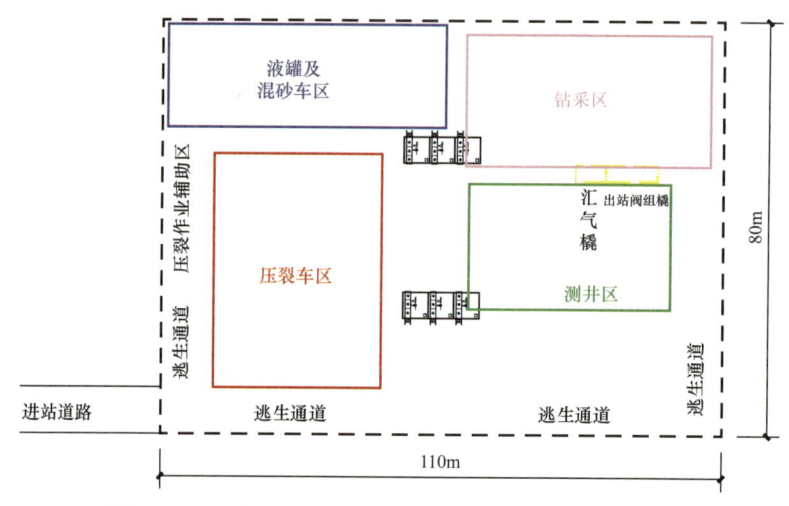

图 8-2　压裂（排采）阶段总图布置（双排 6 井口为例）

（3）正常生产阶段。主要用于在后期地面建设阶段工艺装置区总图、出站阀组橇及车道需求，总图布置如图 8-3 所示。

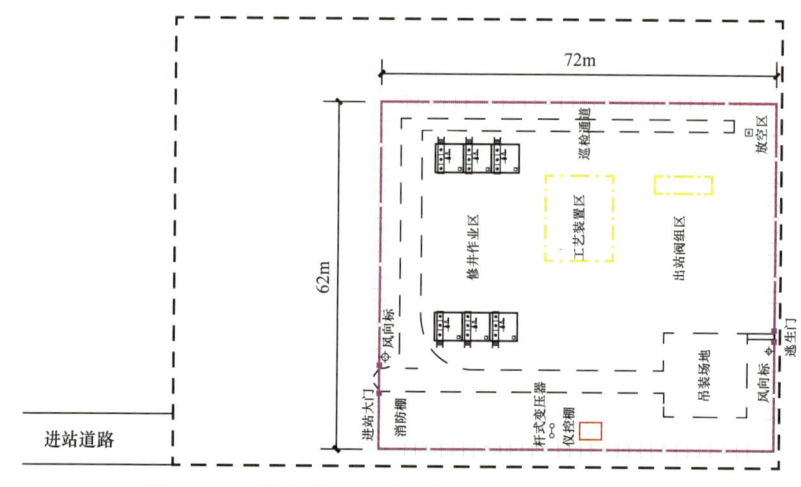

图 8-3　正常生产阶段总图布置（双排 6 井口为例）

2. 平台配套道路要求

1）总体要求

为满足页岩气开发全周期各型车辆安全通行的要求，配套道路按国家四级公路标准修建，其中计算行车时速为 20km/h，停车视距不小于 20m，会车视距不小于 40m。公路进场选择在平台纵轴线位置。

2）平面要求

（1）圆曲线要求。公路选用圆曲线时应结合地形，根据行车速度计算确定圆曲线长度和半径，同时满足圆曲线最小长度大于 20m，最小转弯半径大于 22m，条件限制时，可适当减小转弯半径，但不得小于18m。

（2）圆曲线超高。当圆曲线半径小于150m时，在曲线段设置超高，超高的过渡段应覆盖超高缓和段的全范围。

（3）平曲线加宽。平曲线半径小于或等于250m时，应在圆曲线内侧加宽路面。圆曲线加宽值根据转弯半径按照表8-1确定。

表8-1 平曲线加宽值

半径 R，m	18<R≤20	20<R≤25	25<R≤30	30<R≤50	50<R≤70	70<R≤100	100<R≤150	150<R≤200	200<R≤250
加宽值，m	1.3	1.1	0.9	0.7	0.6	0.5	0.4	0.3	0.2

3）纵断面要求

（1）坡度。新建公路最大纵坡不超过9%；利用原有公路的改建路段，最大纵坡值不超过10%；回头曲线、缓和坡段和桥头引道最大纵坡不超过5%。

越岭路线的相对高差为200~500m时，平均纵坡不超过5.5%；相对高差大于500m时，平均纵坡不超过5%。

（2）坡长。不同纵坡的最大坡长应根据纵坡坡度确定，具体规定参照表8-2。

表8-2 纵坡坡长限值

纵坡坡度（i），%	5<i≤6	6<i≤7	7<i≤8	8<i≤9	9<i≤10
坡长限值，m	800	600	400	300	200

4）路基要求

公路直线段路基宽为4.5m，弯道按平曲线加宽值计算确定。

5）路面要求

直线段路面宽度为3.5m，弯道上路面宽度为（3.5m+弯道加宽值），错车道路面宽度为6.5m；如需行驶拖车，建议路面宽度统一加宽0.5m。

路拱坡度应根据路面类型和当地自然条件确定，钻前工程一般直线段采用路拱横坡为2%，弯道上可结合超高设置。

6）错车道

为保证车辆通行顺畅，根据地形设置错车道，原则上错车道不少于3个/km，错车道设置在视线良好的位置，错车道路基宽度6.5m，有效长度保证20m。

3. 钻机基础及配套设备

1）钻机基础

平台基础根据钻井单位提供的平面图进行修建，同时兼顾钻井、压裂（排采）、正常生产的基础要求,实现钻前工程与地面建设一体化设计。

双钻机平台基础宜双排相向平行布置,道路入场右侧布置正向钻机基础,左侧布置反向钻机基础。丛式井组除井架、钻井泵及整传基础外,其余设备基础宜以最后一个井口按单井布置。

钻机基础地基承载力需求应综合设备自重、动载系数、基础自重等计算确定。若遇井架基础位于土层时,为防止钻井期间水体冲刷基底造成基础沉降和变形,需将圆井向下开挖至岩层,若条件限制不能开挖至岩层时,需与钻井单位进行论证,制订特殊钻井方案。

2)配套设备

根据井控要求,生活区营房应位于井口上风处,距井口不小于100m,材料房和平台经理房(队长房)等生产用房距井口不小于30m,消防房设置在井架底座左边,距井架底座不少于8m。

防喷器远程控制台设置在井场左侧,距井口25m以外,并保持2m以上的人行通道;柴油机排气管出口应避免指向油罐区,循环系统布置在井场的右侧;钻井液储备罐布置在井场右后方或后方,为实现钻井液自流,罐底高于循环系统基础顶面2.6m。

4. 平台环保措施

1)清污分流

根据平台功能区域不同,将井架基础、钻井液泵等设备区域定义为可能污染区,其余场面为清洁区,并进行分区围挡,控制雨水进入污染区。

(1)可能污染区:对钻机井架、钻井液泵、柴油机和循环系统等设备搭设雨篷减少源头污水;对区域内场面采取防渗措施,杜绝污水外流。

(2)清洁区:场面设置0.5%排水横坡,保证雨水自流排除,同时为防止污物进入清洁区等突发事件,在平台四周修建环形应急沟和隔油池,通过应急沟收集和隔油池自滤双重作用,消除环保风险。

2)集液池和储存池

集液池和储存池用于页岩气开发过程中存放钻井岩屑及返排液等污物(污水),为满足环保需求,一般采用钢筋混凝土结构,抗渗等级达到P8要求。

二、平台地面工程标准化

页岩气平台地面工程标准化设计中可不考虑排液生产阶段。

平台站标准化设计基于模块化和橇装化的设计思路,模块化设计以具有独立功能的模块和橇块为最小单元,通过不同功能模块组合,满足不同生产期不同井眼数平台站需求。具体设计思路为:针对气井压力、气量、液量、砂量工况变化,按照气井生产阶段设计；兼顾不同井眼数，实现模块通用化；以生产功能为基础，实现工艺流程模块化；以模块为基本单元，实现组合灵活化；兼顾三个生产阶段（早期、中期、末期）的需求，实现橇装插件化；以便于运输、安装、操作、维修、拆卸为前提，橇装设计简洁化；地面建设的供水供电等充分依托和利用钻井工程已有设施。

1. 正常生产早期

1）标准化流程

平台站内气井来气，经除砂、分离、计量后出站，经采气管线输至下游集输站场，采用无人值守的生产模式。

平台站生产早期标准化流程框图如图 8-4 所示；生产早期平台流程效果图如图 8-5 所示。

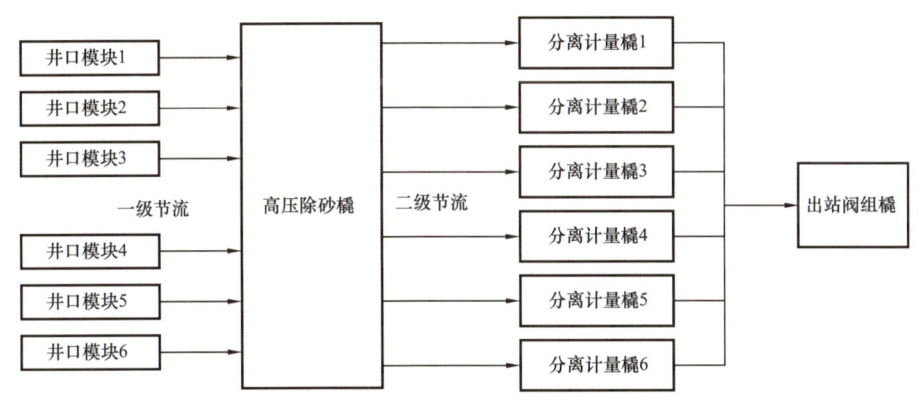

图 8-4　平台站生产早期标准化流程框图

说明：（1）本标准化流程图以 6 井眼为例，上半支 3 口井，下半支 3 口井；（2）生产早期采用气液分输，一对一除砂、分离、计量工艺

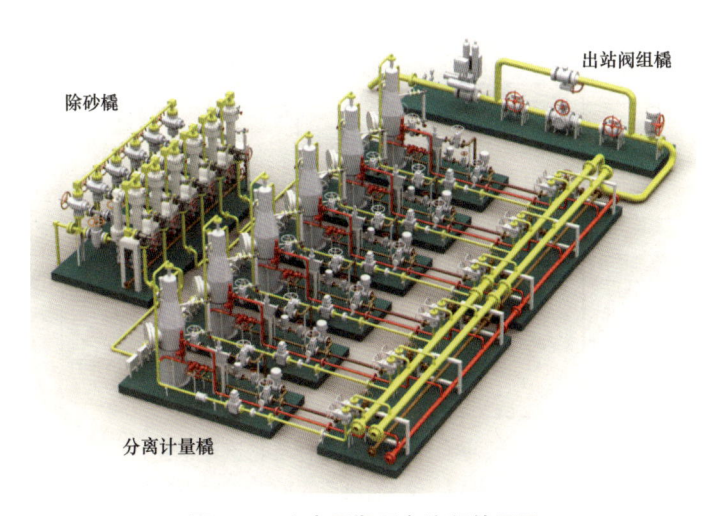

图 8-5　生产早期平台流程效果图

2）模块划分和橇装组合

平台站内正常生产早期模块主要有井口、除砂橇、分离计量橇和出站阀组橇等模块。除砂橇采用1井式、2井式和3井式橇装进行组合，兼顾不同井眼数平台站工艺需求。

3）生产早期橇装设备

平台站正常生产早期的橇装主要有除砂橇、单井分离计量橇和出站阀组橇等。

（1）除砂橇。除砂橇的主要功能是去除天然气中的砂粒。可以根据不同井数的平台设置橇块组合。

（2）单井分离计量橇。正常生产早期可采用的一对一单井连续分离计量（是否采用一对一分离计量，还是采用轮换分离计量取决气藏工程要求），其中，分离器可采用立式分离器或卧式分离器，并具有一定的除砂功能，分离计量橇宜考虑高压与低压分输功能，以适应同平台各气井因不同投产时间在后期平台增压或高低压分输的功能需求。

（3）出站阀组橇。在平台站井数不多、气量不大时，平台外输管道公称外径$DN \leqslant 150mm$时，为减小用地面积，降低工程投资，线路清管宜选用清管阀。出站截断阀可采用气动球阀，当出现失压爆管等紧急情况时，与井口地面安全截断系统联动，开关顺序应保证站内设备不超压；气动阀应与出站压力信号连锁，具备出现失压爆管等紧急情况时，自动切断上游与下游天然气，保护站内管道及平台安全。

2. 正常生产中期

1）标准化流程

平台站中期标准化流程框图如图8-6所示，图8-7所示为生产中期平台流程效果图。

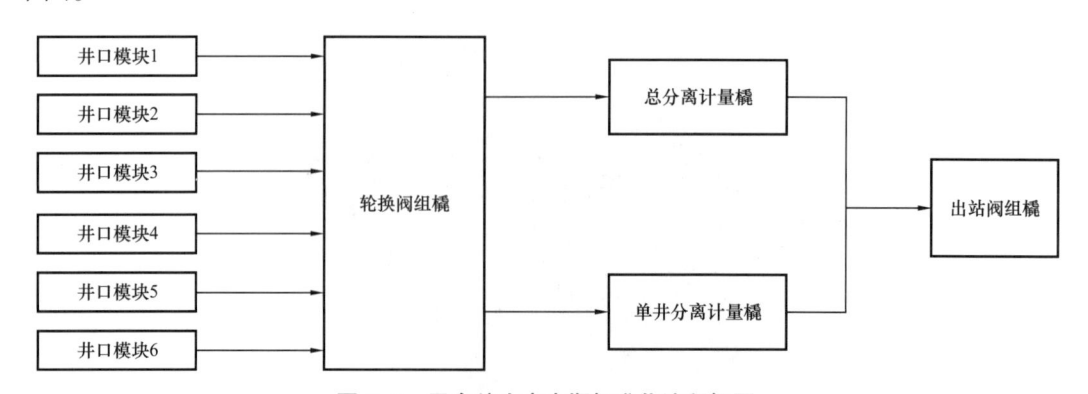

图8-6 平台站生产中期标准化流程框图

说明：（1）生产中期采用气液分输，轮换分离计量方式；（2）除砂橇更换为轮换阀组橇

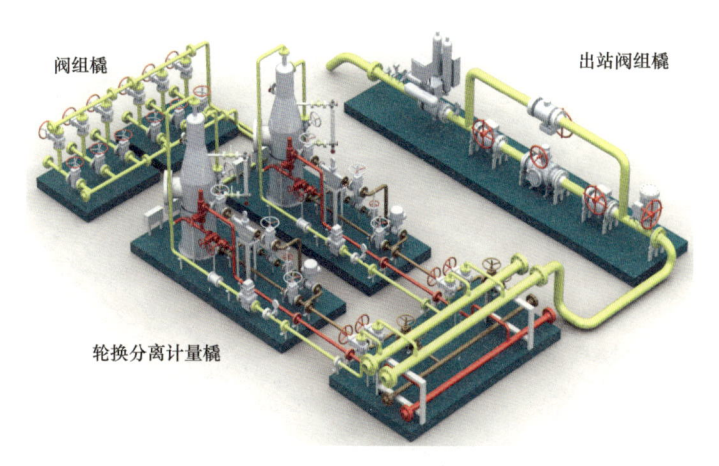

图 8-7　生产中期平台流程效果图

2）模块划分和橇装组合

当进入正常生产中期时,模块数划分相应减少,可拆除除砂橇,增设轮换阀组橇。

轮换阀组橇采用2井式和3井式橇装组合,可兼顾不同井眼数平台站工艺需求。

3）生产中期橇装设备

当气井进入生产中期后,井口压力下降,产水量和产砂量较少,单井计量方式改为轮换计量,可拆除除砂橇和部分分离计量橇,增加轮换阀组橇满足轮换计量需求。拆除的橇装设备可搬迁到其他平台站重复利用。

3. 正常生产末期

1）标准化流程

平台站生产末期标准化流程框图如图 8-8 所示,图 8-9 所示为生产后期平台流程效果图。

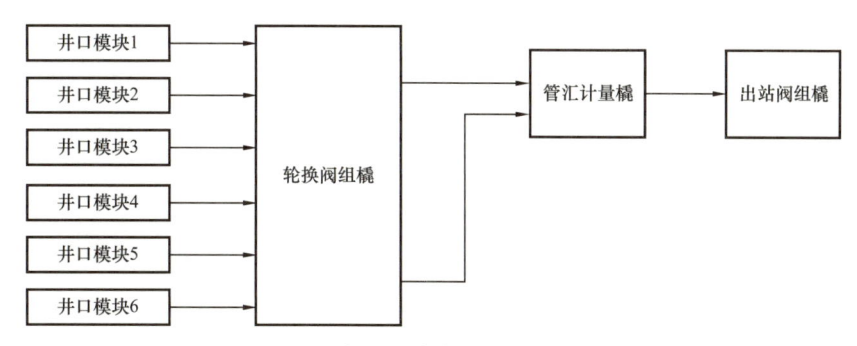

图 8-8　平台站生产末期标准化流程框图

说明:生产末期可继续沿用生产中期轮换阀组橇,拆除分离计量橇,安装计量管汇橇。生产末期采用气液混输,轮换计量方式。生产末期流程不是每个平台站必须采用,可在井口压力低、气量少、产水很少或不产水时选用,提高分离计量橇的重复利用率

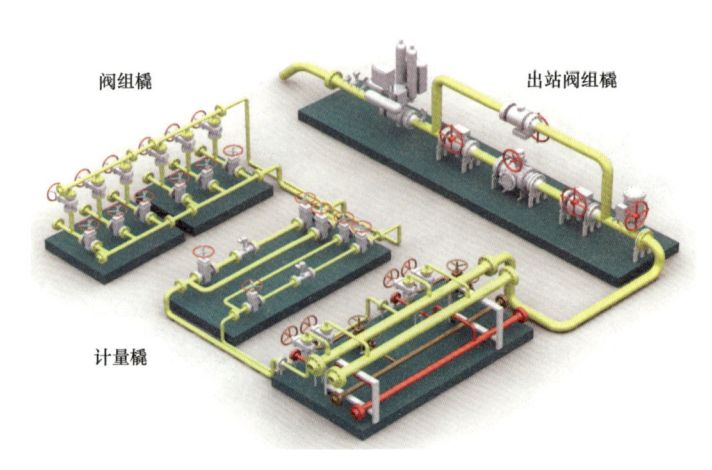

图 8-9　生产后期平台流程效果图

2）模块划分及橇装组合

末期模块划分及组合参照中期组合方式执行。

3）生产末期橇装设备

当气井进入生产末期，井口压力产气量和产水量进一步下降，可拆除总分离计量橇和单井分离计量橇，改为计量管汇橇满足轮换计量需求。拆除的分离计量橇可搬迁到其他平台站重复利用，提高设备重复利用率。

三、公用工程标准化

1. 自控工程标准化

1）自动控制系统

（1）RTU 系统。

平台站设置 1 套 RTU 系统，对各个井口装置、工艺过程参数和设备运行状态进行实时数据采集、监视和控制，完成各种数据采集和控制等功能，并将平台站实时生产数据通过通信电路传至中心站进行集中监控，并可接受中心站的远程控制命令，实现平台站生产安全报警、自动联锁、远程关井、出站截断阀开关和远程控制等功能。

（2）RTU 的配置。

RTU 机柜的防护等级应根据平台站机柜间设置情况进行选择，RTU 机柜安装在机柜间内时选用室内机柜，RTU 机柜安装在户外时选用户外机柜。

RTU 所选用的模块应是带电可插拔型模块，且每块模块应有自诊断功能。RTU 的平均无故障时间不小于 100000h。

RTU 软件可用高级语言 C 和 C++ 等编制，程序应易于修改或维护，软件应能适应站场监控要求，具备容错功能，应有足够的可靠性和兼容性。

RTU系统的电源由UPS不间断电源提供，RTU系统应向现场仪表提供符合要求的24V DC电源。

（3）RTU的功能。

① 对站内工艺参数和相关数据进行集中显示、记录和报警；

② 数据采集和处理功能（可接收模拟和开关量信号）；

③ 模拟和开关量信号输出；

④ PID控制及数学运算功能；

⑤ 对天然气流量进行计量及管理功能；

⑥ 逻辑运算和控制功能；

⑦ 与第三方设备进行数据交换的功能；

⑧ 自诊断和自恢复功能，可实时诊断系统各部分硬件及软件运行状态，故障时可进行报警及操作提示；

⑨ 系统外电源失效时数据保持，待通信恢复后上传数据；

⑩ 执行上中心站控制系统发送的指令，向中心站控制系统发送实时数据等。

2）井口高低压紧急截断阀

在井口应设置井口高低压紧急截断阀，对井口进行保护，井口高低压紧急截断阀主要包括井口控制盘、高低压检测导阀、易熔塞、井口地面安全截断阀和相关管路附件等。

井口高低压紧急截断阀基于多口井进行设计，井口控制盘可采用"一控二、一控三、一控四"等方式。

井口高低压紧急截断阀宜采用气动控制，气源由平台站仪表风系统或氮气瓶提供。

井口高低压紧急截断阀宜选用实际运行良好、性价比高的设备。

3）流量计量

（1）天然气计量。

正常生产早期和中期宜选用高级阀式孔板节流装置进行计量。天然气流量由RTU按照GB/T 21446—2008《用标准孔板流量计测量天然气流量》进行天然气流量计算和上传。

正常生产末期宜选用旋进旋涡流量计进行天然气流量计算和上传。

（2）产出水计量。

分离器分离出的产出水计量推荐选用"电磁流量计+磁浮子液位计计次"的组合式计量方式；早期产水量大，需连续排放时采用电磁流量计；中后期产水量较少，需间断排放时采用磁浮子液位计计次方式，实现对页岩气井产出水的准确计量。

4）天然气泄漏检测

宜采用固定点式可燃气体探测器，检测可能泄漏处的可燃气体浓度并报警，并配有便携式可燃气体检测仪。

当释放源处于露天或敞开式布置的设备区时，主要分两种情况确定距离。

当探测点位于释放源的最小频率风向的上风侧时，可燃气体探测点与释放源的距离不宜大于15m；当探测点位于释放源的最小频率风向的下风侧时，可燃气体探测点与释放源的距离不宜大于5m。

检测相对密度大于空气的可燃气体的探测器，其安装高度应距地坪0.3～0.6m。检测相对密度小于空气的可燃气体的探测器，其安装高度应高出释放源0.5～2m。

可燃气体的一级报警应设定值小于或等于25%爆炸下限，可燃气体的二级报警设定值应小于或等于50%爆炸下限。

5）仪表选型

（1）现场仪表选型的原则是系统安全、性能可靠、技术先进适宜、性能价格比优、维护方便。

（2）生产装置区域的防爆等级按2区考虑，根据防爆标准规定，现场电动仪表按防爆型选用。防爆等级不低于ExdⅡBT4，室外不低于IP65。智能设备应具备自诊断功能，可反馈设备状态数据，数据通信应支持HART协议。

（3）温度测量仪表。就地温度检测仪表应采用双金属温度计。远传温度检测仪表宜采用一体化智能温度变送器（检测元件为Pt100的铂热电阻）。温度变送器的输出信号为4～20mA DC（HART通信协议）。

（4）压力测量仪表。就地压力检测仪表宜采用弹簧管式不锈钢压力表。远传压力/差压信号宜采用智能型压力/差压变送器，变送器输出信号为4～20mA DC（HART通信协议）。

（5）液位检测仪表。就地液位测量宜采用就地指示磁浮子液位计。远传液位检测宜采用磁浮子液位变送器和双法兰差压变送器和雷达液位计，输出信号为4～20mA DC。

2. 通信工程标准化

根据工艺自动控制系统和运行管理维护对通信的要求，平台站通信工程主要包括数据通信系统、工业电视系统及语音对讲系统。

1）数据通信系统

平台站应采用光纤通信系统作为主用传输系统，可选择设置4G无线通信系统作为备用传输系统。平台站设置基于分组传送网（PTN）组网的数字通信传输设备，构建气田内 SCADA 系统数据、工业电视数据及话音通信等数据主用传输通道。

2）工业电视系统

平台站应在井口和装置区等区域安装摄像前端进行监视，图像上传所属总站进行显示和报警。总站能随时通过视频监控平台查看现场情况，并能对现场进行主动撤布防。

摄像机宜选用带云台红外型网络摄像机。摄像机配置智能分析模块，具备移动侦测功能，对生产区域内的活动图像进行智能分析，现场可进行声光报警，同时进行非法入侵语音警告，并在监控中心进行入侵报警提示。在防爆区域内设置的设备应选用符合相应防爆等级的防爆产品。

3）语音对讲系统

平台站内应配置语音喇叭和拾音器，接入摄像机输入与输出接口，通过新建的光纤电路，实现平台站与中心站语音对讲。语音喇叭和拾音器安装于前场摄像机立杆上。

3. 电气工程标准化

1）用电负荷等级

根据 NB/T 14006—2015《页岩气气田集输工程设计规范》的规定，并考虑站场在实际生产过程中的重要程度、规模、用电负荷容量及停电后造成的损失和影响等因素，平台站用电负荷等级宜为三级，其中自控仪表及通信负荷为重要负荷。

2）供电电源

外接电源可就近由站外 10kV 架空供电线路引接，优先依托钻前工程建设的 10kV 架空线路。

平台站供电优先依托钻井工程建设的气田内部自建 10kV 架空线路。若无自建供电电源，宜考虑就近从地方或第三方供电电源 10kV 架空供电线路引接。平台站推荐不专设备用发电机，宜采用移动式备用发电机组流转使用。

3）供配电

（1）变电所设置。平台站内设杆式变电站 1 座，按 GB 50053—2013《20kV 及以下变电所设计规范》的要求执行。设置户外型动力配电柜 1 面。

平台站电能计量采用高供低计方式。如从地方 10kV 架空供电线路引接时，其测量表计应由当地供电部门核准并安装。

（2）配电。站内低压配电系统宜采用放射式。

站内电缆宜采用交联聚乙烯绝缘聚氯乙烯护套电力电缆，进入爆炸危险环境电缆应采用阻燃型。

（3）照明。设计时应根据 GB 50034—2013《建筑照明设计标准》进行照明设计。室外照明宜采用 LED 防爆灯。

4）爆炸危险场所区域划分

站内爆炸危险场所区域应根据 SY/T 6671—2017《石油设施电气设备场所Ⅰ级0区、1区和2区的分类推荐做法》的规定划分。

站场爆炸危险区域内电气设备的选择和线路敷设，应符合现行国家标准 GB 50058—2014《爆炸危险环境电力装置设计规范》的规定。

5）防雷、防静电及接地

（1）根据 GB 50057—2010《建筑物防雷设计规范》，按自然条件、当地雷暴日和建（构）筑物的重要程度划分类别。

（2）金属建（构）筑物应利用金属屋顶作接闪器，非金属建筑物设避雷带作接闪器；充分利用建筑物构造钢柱作引下线。

（3）站内电气、自控通信设备的工作及保护接地、防雷防静电接地共用接地系统，接地电阻不大于 4Ω。在爆炸性环境2区外附近适当位置设置人体静电释放仪。

（4）低压配电系统采用的接地形式采用 TN-S 系统。

（5）施工及验收执行 GB 50257—2014《电气装置安装工程 爆炸和火灾危险环境电气装置施工及验收规范》相关规定。

4. 站场总图标准化

1）设计原则

（1）总平面及竖向布置应符合 GB 50183《石油天然气工程设计防火规范》和 SY/T 0048—2016《石油天然气工程总图设计规范》的规定，并满足 GB 50016—2014《建筑设计防火规范》的有关规定。

（2）坚持钻前与地面工程一体化设计的原则。总图布置应充分利用钻前工程总图布置及场地硬化和钻井设备基础，并应根据平台井站井口数及布置实际情况，对管道走向、工艺装置区和总图布置进行合理设计。

（3）根据生产规模、施工和检修的要求，站内生产设施和辅助生产设施应按近期和远期统一规划，总体布局，分期实施，且为后期扩建留有余地。

（4）站内通道走向及宽度应结合防火、安全与环境卫生间距的要求，并考虑系统管线和后期建设施工需要合理确定。

2）总平面布置

以双排 6 井眼平台站为例，举例说明页岩气平台站总图布置标准化设计功能分区（图 8-10）。

（1）站内主要包括修井作业区、井口区、工艺装置区、出站阀组区、放散区、仪控棚、仪表风棚、杆式变电站等。

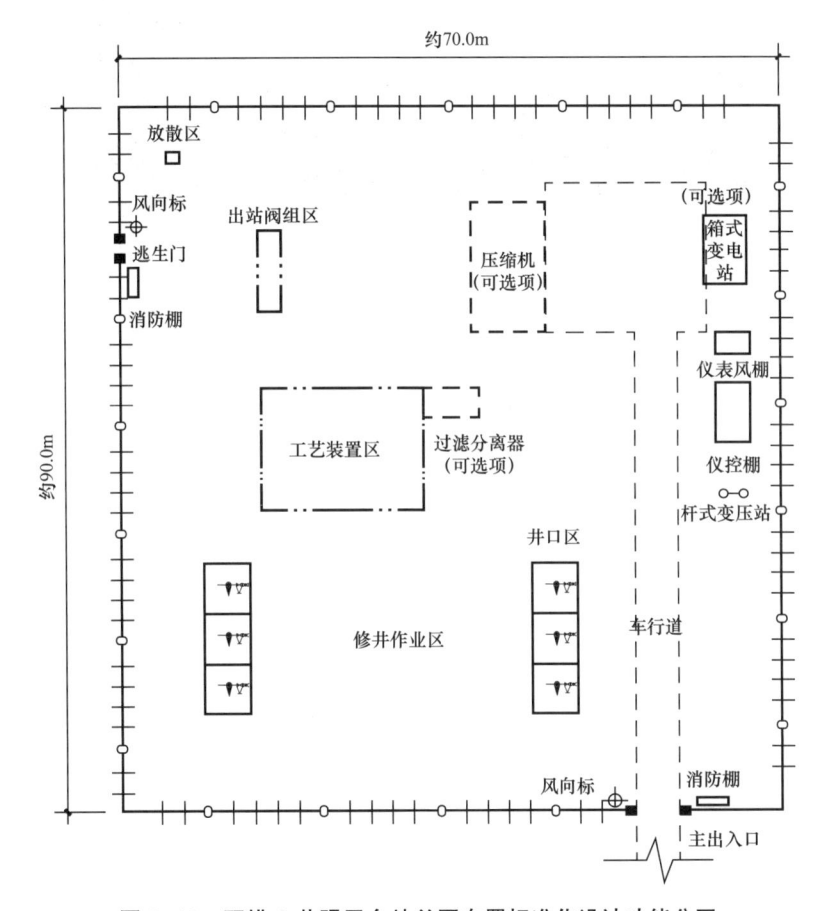

图 8-10 双排 6 井眼平台站总图布置标准化设计功能分区

（2）根据工艺出站管线及钻前硬化场地分布情况，将工艺装置区、出站阀组区、放散区布置在平台站后场，将仪控棚、仪表风棚、杆式变电站布置在前场右侧，在井口的左右两侧及前场预留修井作业区。站内设置主大门及逃生门各 1 樘。

（3）平台站考虑预留平台增压机及其相关配套设施场地。

3）竖向布置

（1）原则上以井架基础顶面标高作为场地 ±0.000 标高。

（2）宜采用平坡式，场地排水利用钻前工程原有场地设施进行排水。

图 8-11 所示为平台正常生产期效果图。

图 8-11 平台正常生产期效果图

第三节 页岩气集气站标准化

一、总体布局

1. 集气站工艺流程特点

针对页岩气开发生产特点,按照"平台增压为辅,集中增压为主"的总体原则,集气站宜采用高压与低压分输流程,避免后期对工艺流程的改造:

(1)当来气压力满足外输压力不需增压时,接收上游各集气支线来的天然气,经高压汇集、分离、计量后,外输去下游集气站或脱水装置;

(2)当来气压力不满足外输压力需增压时,接收上游各集气支线来的天然气,经低压汇集、分离、计量、过滤和增压后,外输去下游集气站或脱水装置。

2. 集气站主要功能描述

(1)接收上游集气支线来气汇集、分离和计量后外输。
(2)站内超压报警及超压安全放空。
(3)事故情况下进站和出站紧急截断及放空。
(4)站场及线路管道检修时天然气的放空。
(5)接收上游集气支线清管收球。
(6)去下游中心站(集气站)集气干线清管发球。
(7)站内具备高低分输功能,低压气过滤、增压后与高压气汇合外输。

二、模块化和橇装化

1. 模块化和橇装化设计思路及特点

模块化设计是将集气站工艺管道及仪表自控流程（PID）按功能划分一个或几个不同类型的模块，再根据同类模块不同处理规模将模块系列化。

橇装化设计是将一个或几个功能模块通过工厂化预制集成在一个橇块内，实现橇装化安装和搬迁使用的目的。

集气站标准化设计是通过不同功能及规模的模块和橇块按工艺流向要求有序组合，可满足不同功能需求和不同集气规模的集气站标准化设计系列需求。

2. 模块与橇块标准化设计

1）集气站模块划分及组合

根据集气站标准化流程和模块的划分，集气装置可分为清管接收模块、清管发送模块、分离计量模块和过滤分离模块。

2）标准化橇装设备

（1）清管接收（发送）橇。清管接收（发送）橇主要包含清管接收（发送）装置及与其相连的工艺管线（含平衡管线、放空、排污、注水、氮气置换等）、管件、阀门和电气仪表等。

（2）分离计量橇。分离计量橇主要包含气液分离器及与其相连的工艺管线、出口计量装置（具有湿气交接计量要求的不宜设置在橇上）、液位计、排污调压及安全截断阀组、安全泄放及手动放空阀组，以及电气仪表设施等。

（3）过滤分离橇。过滤分离橇主要包含过滤分离器及与其相连的工艺管线（含旁通管线）、放空和排污管线及相应阀组，以及电气仪表设施等。

3）集气站标准化橇装设备的设计

（1）集气站橇装设备应具备以下特点：

① 高度集成。

② 可灵活扩展或缩减。

③ 接口统一。

④ 运输便捷。

（2）集气站标准化橇设计的输入条件：

① 执行的标准。

② 集气站标准化工艺流程图。

③ 全厂总平面布置图。

④工艺及其他设备图纸。

⑤阀门、管道特殊件图纸。

⑥运输限制条件，包括运输路径、运输方式和运输尺寸及重量等。

⑦项目建设地吊装能力等。

（3）集气站标准化橇设计流程及要求：

集气站标准化橇设计包括工艺设计、设备设计、设备布置、配管设计、结构设计和电气与仪表设计等。

橇装设计工作流程可按图8-12执行。

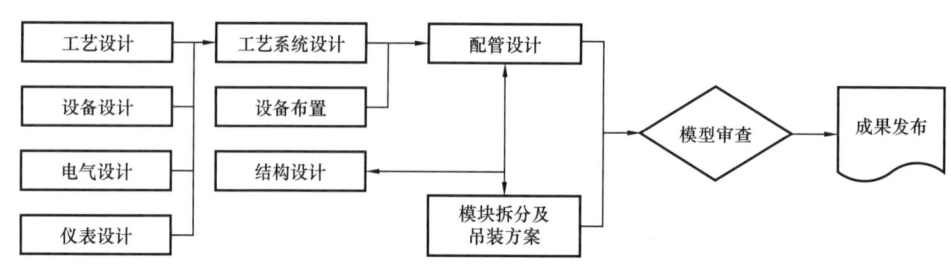

图8-12 橇装设计工作流程

工艺设计应在优化简化基础上，采用易于模块化的工艺技术，对工艺流程和设备进行针对性的组合和拆分研究，便于开展模块化建造。

三、公用工程标准化

1. 自控工程标准化

1）控制系统选型

控制系统具有编程组态灵活、功能齐全、易扩展、维护方便、自诊断能力强、适应环境条件、可靠性高等特点。控制系统至少应满足下列功能要求：

（1）控制系统及其附件应能满足当地的环境要求。

（2）供货商所提供的控制系统应具有高可靠性和高可用性。

（3）控制系统实现对站场生产流程的工艺参数和设备状态参数等模拟量和数字量的实时采集。实时数据采集速率可根据站场和参数数据重要程度进行调节，同时具有完善的优先级处理功能。满足所有数据的记录、运算、存档和必要的查询等管理功能。

（4）控制系统所选用的模块应是带电可插拔型模板，且每块模板都应有自诊断功能。控制系统的处理器、电源及通信模块应冗余配置。控制系统的处理器、电源、通信及I/O模块均应为独立模块。

（5）在系统机柜设置电涌保护器，防止雷击对系统卡件造成危害。电涌保护器具备自诊断功能，支持 HART 数据通信接口，可远传设备状态数据。

2）仪表选型

仪表选型是按照性能安全可靠、技术先进适宜、性价比优、维护方便及实际使用业绩好，并结合页岩气建设项目仪表设备的实际使用情况。

（1）所有现场仪表应能承受当地现场的极端温湿度。所有现场仪表选用防爆标志要求应不低于 ExdⅡBT4Gb（除另有要求），防护等级为 IP65（室外）或 IP55（室内）。

（2）测量温度、压力、流量和液位等的仪表宜采用电子式、智能型仪表（变送器），输出信号形式为 4~20mA 模拟信号，具有 HART 协议通信功能，仪表需带 LCD 数字显示。

（3）远传温度检测宜采用一体化智能温度变送器。

（4）远传压力检测宜采用智能压力变送器。

（5）就地压力检测宜采用全不锈钢弹簧管压力表。

（6）就地液位检测宜采用磁浮子液位计。

（7）远传液位检测宜采用双法兰差压变送器、磁致伸缩液位变送器。

（8）原料气的流量检测宜采用高级阀式孔板节流装置，并设置温压补偿，流量计算由 PLC 系统内的运算模块完成。

（9）截断阀及调节阀宜采用气动阀门，统一由站场设置的仪表风系统供给仪表风。调节阀应具备自诊断功能，支持 HART 协议。

（10）可采用电磁流量计+磁浮子液位计计次方式对气田水进行计量，根据现场实际采出水量进行选择。

（11）仪表电缆为阻燃型屏蔽电缆。采用电缆槽体安装敷设。

（12）取压测量管路采用不锈钢管，卡套式连接。

2. 通信工程标准化

1）通信传输

页岩气集气站对外通信传输可利用 PTN 构建 1000M 以太网传输系统网络。

2）安防监控

页岩气集气站的安防监视前端信号均接入井区中心站的综合监控室。监控系统具有视频监控智能分析功能，可按照预定的程序方案向监控中心发出告警，并对入侵者发出警示。摄像前端带音频输入端口和音频输出端口，可以接入室外有源音箱和矢量拾音器，并带有信号输出端口，当发生异常情况时，通过警灯进行报警。

3）线缆敷设

站场内通信线缆沿围墙四周埋地敷设，穿越道路时采用镀锌钢管保护。

3. 电气工程标准化

考虑到集气站生产特点，在生产早期增压前设置一座双电源切换 10kV 预装式变电站，为集气站用电设备供电及为压缩机电动机预留 10kV 电源。生产中期与末期在增压期间，增设两座移动式 10kV 预装式变电站为集气站增压压缩机、电动机及其辅助低压用电设备供电。

集气站内动力及控制电缆宜采用沿电缆沟、电缆桥架为主、局部埋地相结合的敷设方式，电力电缆与仪表电缆共用电缆沟或者电缆桥架。

道路及场地采用路灯照明，爆炸危险区域选用防爆灯具。

接地装置优先利用建（构）筑物的基础钢筋作为自然接地体，人工接地网采用热镀锌扁钢，干线采用 -40×4、支线采用 -25×4，角钢接地极采用 $L50 \times 5$，长度 2.5m。

4. 总图标准化

1）布置原则

站场总平面设计的主要任务：在选定场地内，为满足站场建设、生产和运营在功能技术、安全环保和经济等方面的要求，结合具体的站址条件，对站场各生产设施（含建筑物、构筑物）的空间位置进行统筹安排。

集气站总平面布置标准化，深入研究其生产功能，划分若干功能模块，对各功能模块进行模块化设计，根据工艺流程进行模块化组装，功能分区布置。经过多方讨论，形成相对固定的总平面布局，既展现企业文化，又节约工程设计、建设周期和成本。

2）与平台合建的标准化总平面布置

当平台后场有适宜的扩建场地时，集气站（含增压）优先考虑与平台合建（图 8-13）。

图 8-13 平台与集气站合建效果图

充分利用平台既有平整场地布置集气工艺装置区，进出站截断阀采用紧急截断阀，位置可根据工艺设备安装确定；仪控橇、仪表风系统、气田水收集设施及消防水池等尽量利用原有设施改建或扩建，消防泵房在钻前已建水池附近选址建设。

增压装置区及预装式变电站可考虑新征地布置。

3）独立建设的标准化总平面

当平台附近无适宜的扩建场地时，集气站（含增压）须选择适宜站址独立建设（图8-14）。

图 8-14　集气站（含增压）效果图

站内主要包括集气装置区、增压装置区和辅助生产区三个功能区。

集气装置区和增压装置区宜布置在后场，进出站截断阀采用紧急截断阀，位置根据工艺设备安装确定；辅助生产区包括仪控橇、仪表风、预装式变电站和气田水罐等辅助生产设施，集中布置在站场前场，便于辅助生产设施巡检人员以及污水罐车的快捷进出。

第四节　页岩气脱水装置标准化

一、总体布局

1. 脱水工艺流程及特点

页岩气脱水装置标准化采用 TEG 脱水和火管直接加热再生工艺。主要工艺流程如下：

上游集输装置来湿天然气经原料气过滤分离器过滤分离后，自 TEG 吸收塔下部进入，与塔内自上而下的 TEG 贫液逆流接触，塔顶气经干气/贫液换热器换热后再进产品气分离器分离、计量后去外输装置。

TEG 富液从 TEG 吸收塔底流出，经调压后进入 TEG 重沸器精馏柱换热再进入 TEG 闪蒸罐闪蒸。闪蒸气进入燃料气系统，闪蒸后的富液经过滤器过滤和贫富液换热器换热后进入 TEG 重沸器再生，从重沸器底部出来的 TEG 贫液先经过缓冲罐中的换热盘管与富液换热，再经贫富液换热器换热后，由 TEG 循环泵升压后经干气/贫液换热器冷却，返回 TEG 吸收塔上部循环使用。

燃料气从产品气分离器后计量前引出，经调压，供重沸器、汽提气及尾气灼烧炉用气。

装置放空气经站场放空系统进入火炬燃烧后排入大气，再生废气经分离、灼烧后排入大气。

生产污水排入污水系统集中处理。

TEG 脱水与火管直接加热再生工艺具有以下特点：

（1）TEG 脱水工艺流程简单、技术成熟、易于再生、热损失小、投资和操作费用较低等。

（2）TEG 再生所采用天然气作燃料直接火管加热方法成熟、可靠、操作方便。

（3）脱水装置采用模块化、橇装化设计，占地少，便于工厂化制造，利于节省工程建设时间，保证工程质量。

2. 工艺设备选型

1）TEG 吸收塔

采用成熟的泡罩塔，塔盘为不锈钢材质；适当增大顶部气相空间，塔顶设捕沫器。

2）原料气过滤分离器

采用卧式高效原料气过滤分离器，主要用于过滤原料气中夹带的粉尘及液滴；粉尘过滤精度不小于 $1\mu m$，过滤效率 99.9%；液滴过滤精度不小于 $0.3\mu m$，过滤效率为 99%。

3）产品气分离器

在 TEG 脱水装置中主要用于分离和收集产品气中夹带的三甘醇，减少三甘醇损失。

4）干气—TEG 贫液换热器

采用固定管板式换热器，TEG 贫液走壳程，干气走管程，可保证换热效果，且运行平稳可靠。

5）TEG 再生器

TEG 精馏柱的填料采用 $\phi 25mm$ 共轭环；重沸器采用天然气火管直接加热，结构简单，操作维护方便，可充分利用装置自产天然气和TEG富液闪蒸气作燃料，燃料供应保障性强，运行可靠、成本低。

6）TEG过滤器

富TEG过滤采用三级过滤，尽可能除去溶液系统中携带的机械杂质和降解产物，保持溶液清洁，防止溶液起泡，可减少溶剂损耗，有利于装置长周期安全平稳运行。

7）TEG贫富液换热器

TEG贫富液换热器采用体积小、换热效率高的钎焊式板式换热器。

8）TEG循环泵

溶液循环量不小于1.5m³/h的TEG脱水装置的循环泵选用隔膜往复泵，采用变频电动机调节流量；溶液循环量小于1.5m³/h的TEG脱水装置采用能量回收泵。

二、模块化和橇装化

1. 模块化和橇装化设计思路及特点

通过对TEG脱水装置多个过程单元进行分解，并按模块、橇块合理的运输尺寸和重量，以及现场最小拆分量进行过组合和拆分，并按处理规模形成多个具有完整功能的标准化系列。

为了后续扩建和生产管理方便，模块、橇块以及站外连接管道采用地上（管架+管支墩）敷设为主、埋地敷设为辅的标准化设计特点。

2. 模块与橇块标准化设计

TEG脱水装置按 $40 \times 10^4 m^3/d$，$100 \times 10^4 m^3/d$，$150 \times 10^4 m^3/d$ 和 $300 \times 10^4 m^3/d$ 等多种规模进行标准化设计，并通过多套标准化装置组织形成不同规模的脱水站场。当采用多套装置构建一个脱水站场时，应优先考虑将TEG溶液回收及补充模块、尾气灼烧模块共用。

常规TEG脱水装置橇及模块划分见表8-3。

表8-3 常规TEG脱水装置橇及模块划分

序号	模块名称	功能描述
1	过滤分离橇模块	原料气进气过滤与分离、TEG富液闪蒸、干净化气分离等
2	吸收塔模块	天然气脱水、干气/贫液换热
3	溶液补充及回收模块	TEG卸车、补充与回收
4	尾气灼烧模块	尾气焚烧与排放

续表

序号	模块名称	功能描述
5	过滤分离及 TEG 再生模块	TEG 过滤、热量回收与再生、燃料气调压
6	TEG 循环泵橇	TEG 贫液增压循环
7	点火器操作平台橇	点火器操作平台，布置相关仪表电气设备

当采用能量回收泵、或泵的振动对模块影响较小时，TEG 循环泵橇可以与过滤分离及 TEG 再生橇模块合并设置。

点火器操作平台橇应设计为拆卸方便的结构形式，以满足盘管加热器检修需求，且过程中不对管道和电缆进行拆装。

过滤分离及 TEG 再生模块和尾气灼烧模块的布置应满足明火设备与其他工艺设备的防火间距要求。

处理量较小的脱水装置，设备计算尺寸较小，并结合标准规范要求，可考虑将各功能区集成为一体化橇装设备。

当装置规模较大，设备尺寸较大时，一般可考虑将"过滤分离及 TEG 再生模块"中的 TEG 再生器独立设置，所有管道及阀组均位于模块上。

三、公用工程标准化

1. 自控工程标准化

1）控制系统选型

控制系统具有编程组态灵活、功能齐全、易扩展、维护方便、自诊断能力强、适应环境条件、可靠性高等特点。控制系统至少应满足下列功能要求：

（1）控制系统及其附件应能满足当地的环境要求。

（2）供货商所提供的控制系统应具有高可靠性和高可用性。

（3）控制系统实现对站场生产流程的工艺参数、设备状态参数等模拟量和数字量的实时采集。实时数据采集速率可根据站场和参数数据重要程度进行调节，同时具有完善的优先级处理功能。满足所有数据的记录、运算、存档和必要的查询等管理功能。

（4）BPCS 系统所选用的模块应是带电可插拔型模板，且每块模板都应有自诊断功能。控制系统的处理器、电源、过程控制网络及通信模块应冗余配置，处理器、电源、通信及 I/O 模块均应为独立模块。

（5）应采用符合 IEC 61508/IEC 61511 规范要求满足安全完整性等级 SIL2 认证的 SIS 控制系统。系统中所有设备（控制器、电源模块、I/O 模块、接口、通信模块、继电器、一入二出信号分配器、通信网络、应用软件等）均应满足 SIL 认证要求。

2）仪表选型

仪表选型应按照性能安全可靠、技术先进适宜、性价比优、维护方便及实际使用业绩好，并结合页岩气建设项目仪表设备的实际使用情况进行选用，主要仪表的选型原则如下：

（1）所有现场仪表能承受当地现场的极端温湿度。所有现场仪表选用防爆标志要求不低于 ExdⅡBT4Gb（除另有要求），防护等级为 IP65（室外）或 IP55（室内）。

（2）测量温度、压力、流量和液位等的仪表为电子式、智能型仪表（变送器），输出信号形式为 4~20mA 模拟信号，具有 HART 协议通信功能，仪表需带 LCD 数字显示。

（3）远传温度检测宜采用一体化智能温度变送器。

（4）远传压力检测宜采用智能压力变送器。

（5）就地压力检测宜采用全不锈钢弹簧管压力表、膜片式压力表和不锈钢耐震压力表。

（6）就地液位检测宜采用磁浮子液位计。

（7）远传液位检测宜采用差压变送器和磁致伸缩液位变送器。

（8）产品气的流量检测宜采用高级阀式孔板节流装置，并设置温压补偿，流量计算由 BPCS 系统内的运算模块完成。

（9）截断阀及调节阀宜采用气动阀门，统一由站场设置的仪表风系统供给仪表风。调节阀应具备自诊断功能，支持 HART 协议。

（10）可采用孔板节流装置对 TEG 进行计量。采用旋进旋涡流量计对燃料气进行计量。

（11）采用在线水分分析仪对产品气的水露点进行检测。

（12）仪表电缆为阻燃型屏蔽电缆和消防相关的电缆应采用耐火控制电缆。采用穿保护管和电缆槽体方式进行安装敷设。

（13）测量管路采用不锈钢管，卡套式或焊接式连接。

2. 电气工程标准化

脱水装置橇体上应设置防爆动力配电箱为橇内用电设备配电。

橇上电动机由橇外的 MCC 配电时，橇上设置防爆操作柱。

橇上所有需要橇外电气接线的设备，在橇上设置防爆接线箱。

橇上应设置防爆平台灯或防爆荧光灯。

橇上电缆宜采用电缆桥架或穿热镀锌钢管保护敷设。

3. 通信工程标准化

脱水装置橇体上未单独设置通信设备，橇内运行状况的视频监视，建议由站内设置在围墙边的摄像机前端兼顾考虑。

4. 总图工程标准化

1）总体要求

（1）符合气田总体规划，使进出站管线通顺、短捷。
（2）地形、地质条件较好，满足建站条件，减少土建工程量。
（3）脱水装置应优先考虑与集气装置合建。

2）总平面布置原则

（1）遵循现行国家设计规范，满足工艺流程要求，功能分区明确，方便生产管理，有利于安全疏散。
（2）布置合理、紧凑，最大限度地节省投资，节约用地，加快建设，有利于生产，方便生活。
（3）妥善处理近远期建设的关系。尽量使初期布置紧凑，也要为后期建设创造正常的生产和施工条件。同时，要避免后期建设对初期建设的影响。

第五节　页岩气增压装置标准化

页岩气增压应采用平台井增压和集中增压相结合的方式，通过总结常规气田多年的使用经验，同时结合页岩气开采经验，具备了页岩气增压装置标准化的条件。

一、增压装置工况

根据页岩气井生产特点，增压装置设计同样基于"模块化、橇装化和重复利用"的思路。

1. 平台井增压

以6井式为例，页岩气平台井中常用的压缩机组有DTY315型和DTY500型，这里以DTY315型压缩机组为例，可采用串并联结构设计机组，初期采用一级压缩，后期采用两级压缩。可以对满足进气压力范围0.8～6MPa、排气压力4～7.5MPa、增压气量6.5×10^4～$55\times10^4\text{m}^3/\text{d}$内的页岩气增压。图8-15所示为DTY315型增压装置整体布局三维效果图。

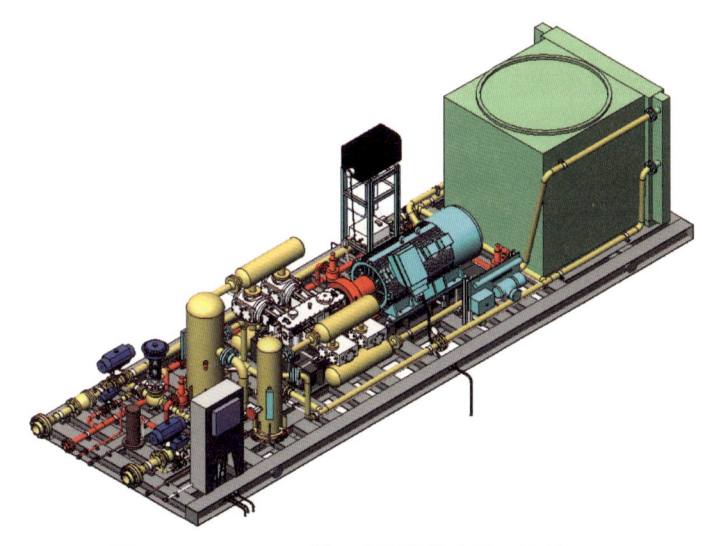

图 8-15　DTY315 增压装置整体布局三维效果图

2. 集中增压

页岩气集中增压站通常与集气站或脱水站合建，处理规模较大，压缩机组选型应以进气压力、排气压力以及增压规模进行计算后确定，这里以 DTY800 型压缩机组为例。采用 DTY800 两级压缩机组，对进气压力范围 0.8~7.0MPa 和 0.5~3.0MPa 的集中增压，并满足大部分集中增压所需排气量和排气压力的需求。

二、增压装置标准化配置

1. 平台站增压装置标准化配置

压缩机组主要由压缩部分、动力部分、配套部分和仪表控制部分组成。

1）压缩部分

压缩机采用国产 4CFA 型压缩机，压缩机为卧式对称平衡型，4 列 4 缸、中体及压缩缸全部水平装于机身两侧；1/2 级压缩（串并联结构）。

2）动力部分

压缩机组采用"定频电动机驱动＋软启"结构形式，电动机采用高压隔爆三相异步电动机。

3）配套部分

压缩机和电动机置于一个橇座上，通过联轴器连接，联轴器采用国产膜片式联轴器。

目前页岩气增压机的冷却方式主要采用空气冷却和循环水冷却两种方式。平台站增压和集中增压后的天然气冷却降温主要采用空气冷却,再通过管输过程自然降温满足下游脱水塔对进气温度要求。脱水站(中心站)内增压采用循环水冷却方式。

压缩机组空气冷却系统为组合式空气冷却器冷却,风扇由单独防爆电动机驱动,空冷器安装位置位于电动机端。循环水冷却系统在压缩机组外独立设置,宜布置在降噪厂房和隔声罩外靠近增压天然气出口端,水冷却工艺装置宜整体成橇设计,便于厂家供货或工厂化预制,缩短现场安装工期,压缩机组循环冷却水质与水量应符合增压机厂家的要求。

压缩机组按美国 API 标准规范设计配套,系统配套完善,工艺系统每级配套有工艺气体分离器、工艺管线系统,消除脉动的进气与排气缓冲罐、安全阀及管路等。每级有可靠的安全放空和排污装置。

4)仪表控制部分

整机按照"无人值守"要求配置。

压缩机组仪表控制采用 PLC 就地仪表控制,可靠性和自动化程度高,控制保护完善,能实现超压、超温、超振动、超液位、无油流报警停机。具备远传功能,标准 RS485 接口。

2. 集中增压装置标准化配置

压缩机组主要由压缩部分、动力部分、配套部分和仪表控制部分组成。图 8-16 所示为 DTY800 一级压缩机组整体布局三维效果图。

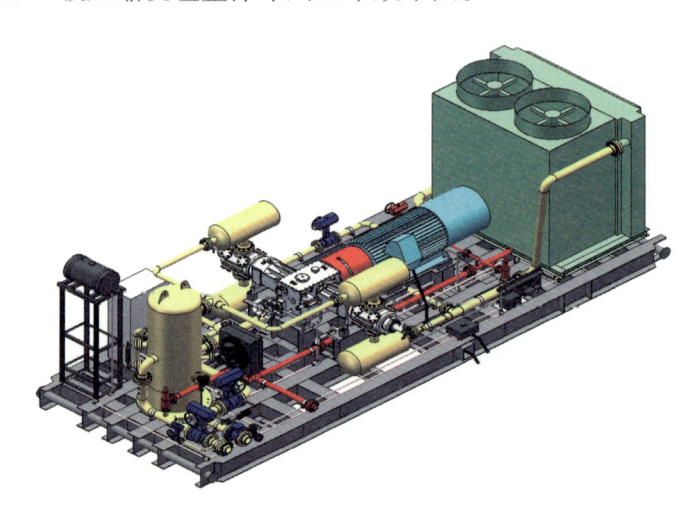

图 8-16 DTY800 一级压缩机组整体布局三维效果图

1)压缩部分

一级压缩机组采用 2CFC 型压缩机,压缩机为卧式对称平衡型,2 列 2 缸、中体及压缩缸全部水平装于机身两侧。两级压缩机组采用 4CFC 型压缩机,压缩机为卧式对称平衡型，4列4缸、中体及压缩缸全部水平装于机身两侧。

2）动力部分

压缩机组采用"变频电动机驱动+压缩机"结构形式。电动机采用高压隔爆三相异步电动机。

3）配套部分

压缩机和电动机置于一个橇座上，通过联轴器连接，联轴器采用国产膜片式联轴器。

压缩机组冷却系统为组合式空气冷却器冷却，风扇由单独防爆电动机驱动。空冷器安装位置位于电动机端。脱水站采用水冷方式，水冷却器橇单独置于隔声罩外。

压缩机组按美国API标准规范设计配套，系统配套完善，工艺系统每级配套有工艺气体分离器、消除脉动的进气与排气缓冲罐和安全阀及管路等。每级有可靠的安全放空和排污装置。

4）仪表控制部分

整机按照"无人值守"要求配置。

压缩机组仪表控制采用PLC就地仪表控制，可靠性和自动化程度高，控制保护完善，能实现超压、超温、超振动、超液位、无油流报警停机。具备远传功能，标准RS485接口。

三、增压装置配套自控仪表

1. 自控水平

自控水平是指实现自动控制所达到的程度，压缩机组设置PLC系统，实现"无人值守、就地和远程监控、自动联锁、在线诊断、故障人工排除"，并实现数字化、智能化。

压缩机组所有数字通信信号通过本地交换机传送到中心站，由中心站远程监视和控制，包括压缩机组在线状态监测和诊断数据。图8-17所示为自控系统网格架构图，图8-18所示为压缩机组控制系统架构图。

2. 仪表选型

现场仪表选型是按照系统安全、性能可靠、技术先进适宜、性能价格比优、维护方便的原则进行的。

（1）生产装置区域的防爆等级应按2区考虑，根据防爆标准规定，现场仪表按防爆型选用。

图 8-17 自控系统网络架构图

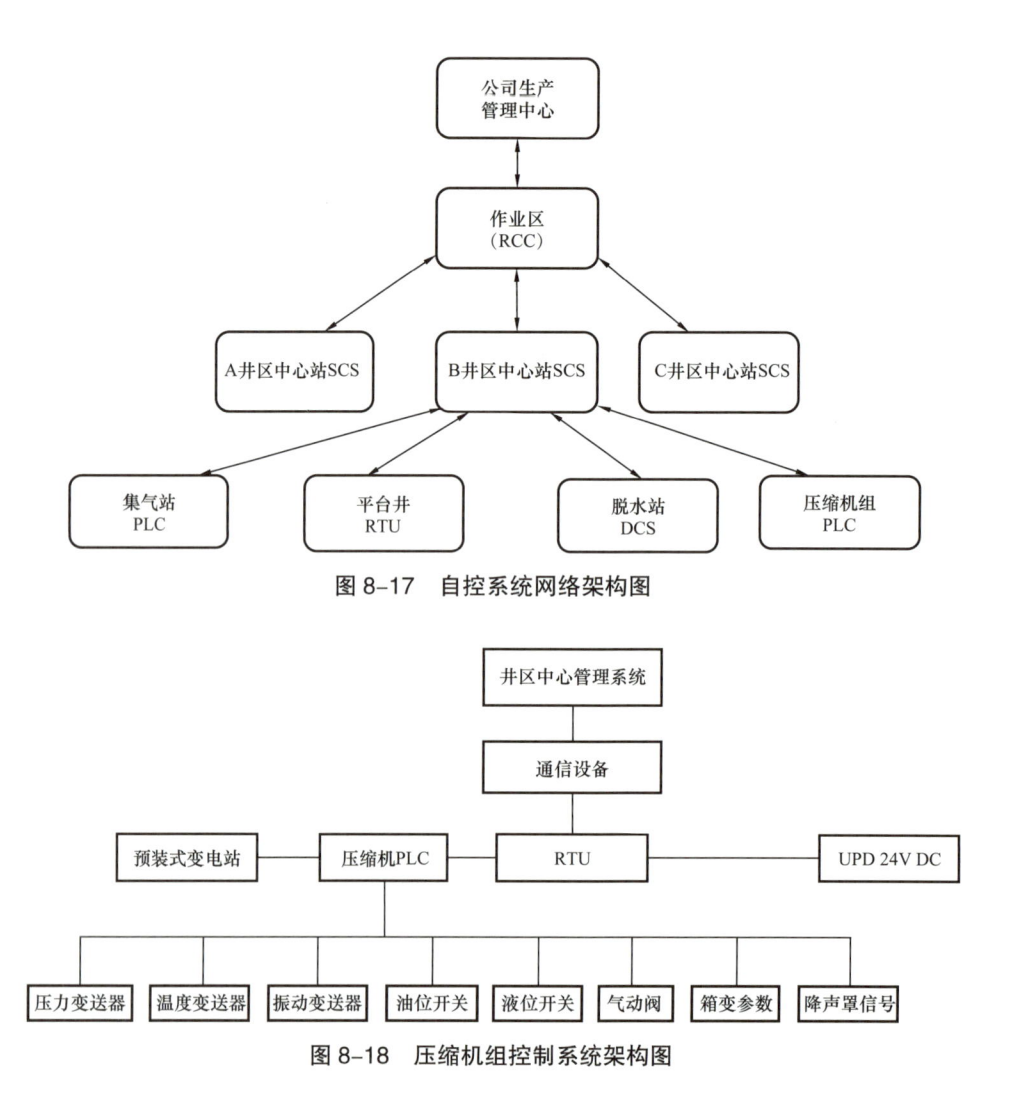

图 8-18 压缩机组控制系统架构图

（2）就地指示温度检测仪表采用双金属温度计，远程温度仪表采用一体化温度变送器。

（3）远传压力信号采用智能压力变送器。

（4）气动阀气源均由仪表风供气，各气动阀所需仪表风压力详见各气动阀执行机构技术规格书。

3. 仪表安装及线缆敷设

（1）仪表引压阀门和管线均采用不锈钢材质，应尽量短。

（2）橇上设置防爆接线箱，橇内仪表至接线箱的电缆采用穿管敷设，其他电缆敷设及仪表安装接线成橇完成。

（3）橇外信号与电力电缆通过电缆沟或穿管敷设。

4. 仪表供风与供电

平台站、集气站和中心站（脱水站）已建仪表风系统时，增压装置的仪表风应尽量依托已建仪表风系统，不单独设仪表风橇；若无可依托的仪表风系统，才设置单独的仪表风橇。仪表风储罐供风时间不小于压缩机组所有自动阀动作两次。

平台压缩机组控制系统供电由箱式变电站内 UPS 供电，UPS 电池满载后备时间大于 60min。

5. 仪表接地

现场仪表工作接地和保护接地接入平台仪表接地系统。

6.PLC 控制柜

PLC 控制柜主要完成功能：

（1）启动前自动故障扫描。

（2）启动保护延时。

（3）模拟量采集：对压缩机组压力、温度和振动等信号的采集，采用模拟量输入模块（AD 模块）。

（4）开关量信号采集：对压缩机组的开关量信号如油位、液位等故障信号进行采集。

（5）将采集到的模拟量与设置好的压缩机组报警值和停车值点进行比较，当达到或超出设定值的上限时，控制系统输出压缩机组报警声光信号或停机信号。

（6）统计压缩机组本次运行时间和累计运行时间，完成对压缩机组开机次数及运行时间的记录。

（7）就地显示压缩机组运行参数。

（8）压缩机组运行参数远传至中控室，实现就地与远程控制信号的联锁，以便集中统一管理。

（9）PLC 控制柜设置 10in 彩色操作显示触摸屏。触摸屏的操作界面为中文显示，功能包括显示所有参数、修改参数和压缩机的控制操作等。

参 考 文 献

[1]《油气田地面建设标准化设计技术与管理》编委会. 油气田地面建设标准化设计技术与管理 [M]. 北京：石油工业出版社，2016.

[2] 王元基，汤林，班兴安等. 油气田地面工程标准化设计技术及管理探索与实践 [J]. 国际石油经济，2018，26（2）：84-88.

[3] 梁光川，余雨航，彭星煜. 页岩气地面工程标准化设计 [J]. 天然气工业，2016，36（1）：115-122.

[4] 王健，辛伟，姬文学. 页岩气地面工程的标准化 [J]. 天然气工业，2017（2）：258.

第九章

智能化页岩气田

数字化转型、智能化发展是油气企业发展的必然趋势，智能化页岩气田的建成将为页岩气田的全面感知、信息共享、趋势预测、业务协同和主动管理提供保障。本章对智能化页岩气田建设的理论、关键技术、数字化移交及应用进行了介绍，并简述了智能化页岩气田建设核心平台的总体架构和基本功能。

第一节 概 述

一、智能化气田基本概念

1. 国外相关智能化气田概念

在全球智能化发展背景下，不同油气田企业面临的生产、经营与管理诉求不同，因此，智能气田建设的目标、重点和方向不同，对其概念的理解也不同。

英荷皇家壳牌集团勘探开发执行官 Malcolm Brinded 认为：智能油气田是1周7天，1天24小时持续优化的资产。因此，智能油气田贯穿整个设备资产全生命周期，应具备"测量—模拟—控制"到"测量—监控—决策—执行过程"转变的能力，其核心思想和技术是闭环、优化和集成。英国石油公司（BP）认为智能油气田是技术和业务流程的融合，从油气藏到销售终端，实时地获取、监视和分析油气田数据，提供实时的、连续的、远程的监控和管理。智能油气田强调对数据的信息挖掘和辅助决策支持，其建设重点包括了生产优化、协同中心、数据传输和知识挖掘。马来西亚国家石油公司通过实现工作流、业务流和数据流的统一规划与建设，并将数据质量作为关注重点，达到了"增产"和"减费"的建设目标。英国剑桥能源研究协会提出智能油气田是油气公司、合作伙伴和服务公司共同寻求的对于优化的数据和知识管理、强大的分析工具、实时系统和更加高效的业务流程的有效利用。

2. 国内相关智能化气田概念

中国国内气田信息化的发展经历了数据集成、信息共享、知识共享和智能感知

4个阶段。目前，国内石油行业的智能气田理念是在数字油气田的基础上，将先进信息技术与自身业务相结合，优化管理决策，降本增效。中国石油在"十一五""十二五"期间，编制了信息技术总体规划，启动了A1，A2和ERP等一大批统建系统的建设和推广应用；在"十三五"信息技术总体规划中，明确提出打造"共享中国石油"的战略目标，在勘探开发领域形成一批数字化、智能化项目；"十三五"期间，中国石油将全面推进信息化从应用集成迈向共享智能新阶段，努力打造"共享中国石油"。通过构建五大类共享中心、建设应用"三朵云"和搭建工业互联网等举措，持续提升信息化发展水平，最终实现油气田的全面感知、自动操控、趋势预测、优化决策。中国石化围绕上游的油气藏、井、管网和设备设施等核心资产，借助信息技术全面辅助资产管理和效益优化，建立实时感知的油气田、全面协同的油气田、主动管理的油气田、整体优化的油气田，推动增储上产、绿色安全、高效运营、精细管理，达到资产价值最大化。中国海油以油气物流关系为主线，在自动化数据采集和控制的基础上，通过管理转变和流程优化，实现油气藏管理、工艺和生产运营的持续优化，建立全面感知、自动控制、智能预测、优化决策的生产体系。

二、智能化气田发展历程

1. 国外发展历程

1）概念发展阶段（1991—2000年）

智能油田的概念最早可追溯到1991年，在《Oil & Gas Journal》杂志上就出现了智能油田词汇和论述。但是，当时还是一个较为模糊的科研概念，尚处于构想阶段[1]。

20世纪90年代以来，随着勘探开发一体化、虚拟现实、智能井等信息技术的日趋成熟，以及ERP和电子商务的应用进入石油工业，为智能油气田的发展奠定了基础。

1998年1月31日，美国副总统戈尔在加利福尼亚科学中心演讲中提出了"数字地球"概念。

2）初步发展阶段（2001—2010年）

（1）2000年2月，一家名为"Digital Oil-Field Inc."的公司被注册，提供数字化油气田知识管理、集成协同、优化业务流程和电子商务等解决方案。同时，剑桥能源研究会（CERA）召开题为"数字油田—新一代油藏管理技术"的大会，并以"未来的数字油田"为题发表报告，倡导利用IT技术，广泛地实现油气田勘探、开发、生产的集成化、效率化、最优化和实时化。

（2）2003年以来，英国石油公司（BP）实施"未来的油田"项目，壳牌公司实施了"Smart Field"项目，BP公司实施了"e-Field"和"Field of the Future"项目,雪佛龙公司实施了"i-Field"项目,斯伦贝谢公司实施了"Digital oil-Field of the Future"项目,美国斯坦福大学计算地球与环境科学研究中心实施了"X-Field"项目,开启智能化油气田的大量前期试点工作。

(3)2005年10月,在美国达拉斯举行的石油工程师协会(Society of Petroleum Engineers,SPE)年会为标志,开启了智能油气田的批量实施和应用,并在全球范围内开始发展。

3)中级发展阶段(2011—2020年)

2010年以来,全球已有大致20多个不同的"Smart Field"项目在世界各地实施,其中荷兰皇家壳牌集团的智能油气田(Smart Fields)自行开发了一套"智能油田"技术,系统与井下复杂油气藏环境中的传感器和控制阀相连(如层段控制阀和天然气生产控制阀),通过实时监控实现油田生产达到最佳状态,成为业界成功的运营集成项目之一,已经在美国、加拿大、欧洲、中东和非洲等地区成功实施,而且制订了长期愿景以及10年实施与投资计划,项目包括"智能井""先进协作环境""整体油藏管理"等子项目,都获得了巨大的成功。

2. 国内发展历程

1)数字油田概念的提出与发展[1]

(1)1999年末,国内大庆油田首次提出了"数字油田"的概念,并将数字油田作为企业发展的一个战略目标,很快得到全国各油田的普遍认同。

(2)2000年,大港油田首次编制了数字油田发展5年规划暨"十五信息化发展规划"并实施数字油田规划。

(3)2002年,塔里木油田提出并实施数字油田规划。

(4)2003年,胜利油田、塔河油田和克拉玛依油田等相继提出并实施数字油田规划。

(5)2009年,新疆油田在国内率先宣布建成了数字油田,成为国内数字化油田建设的一面旗帜。

(6)2013年,西南油气田启动了安岳气田磨溪区块数字化气田建设工作,主要包括数字化管理平台、油气生产物联网系统、ERP应用集成等,收到了较好应用效果。至2018年,西南油气田全面建成物联网系统和数据整合应用平台,建立覆盖勘探、开发、生产运行、经营管理、项目协同研究以及综合移动办公等全业务的信息支撑平台,基本实现自动化生产和数字化办公。

此外,华北油田、长庆油田以及中国海油等油气企业开展了数字化方面的探索工作,取得了一定的成效。

2)智能化油气田

(1)2010年,新疆油田开始国内首个智能化油田项目建设。

（2）2017年，西南油气田组织编制了"页岩气智能气田建设总体方案"，建成页岩气地质工程一体化平台，探索页岩气田智能化生产新模式。

（3）2017年，中国石化计划在"十三五"期间着力打造胜利海洋、中原普光、江汉涪陵和西北三厂4个智能油气田示范区。

当前大部分油气田实际只到集成化阶段，个别油田进入智能化起步阶段，但都属于试点建设，未大范围推广。

三、智能化页岩气田展望

1. 智能化气田的总体展望

（1）智能感知的页岩气田：通过上游资源的传感网络部署实时监测各个资源的状态，如气藏、气井、重点设备和集输管网的实时感知，此外，还可以开采边际储量和原本可能被遗漏的低产区储量。

（2）智能控制的页岩气田：利用先进的自动化技术和智能石油工程技术，对气井与管网设备进行智能控制，对集输管网进行自动平衡与智能调峰，实现对生产设施智能操控，提高剩余可采储量。

（3）智能预警的页岩气田：通过业务和技术建模能够即时预警和趋势预测，进行事前处理控制，如基于页岩气井生产趋势预测的及时主动的生产响应、设备状态检修、QHSE预警预测及事前控制。

（4）全面协同的页岩气田：通过跨专业的业务流程设计与优化实现各业务环节的高效协同工作；通过集成可视技术在各个业务领域内实现跨专业远程协同，如勘探开发一体化业务协同、生产现场与一体化指挥中心协同、钻井现场与钻井中心的协同。

（5）智能分析的页岩气田：通过快捷智能感知的数据获取与传输，基于整合的标准化石油数据模型和数据中心，应用数据仓库与商业智能（BI）技术、大数据技术以及优化算法等，整合资产模型实现全资产整体优化，如通过整合气藏、井、管网、设备模型，对气田整体的生产能力和产能配置进行优化，为决策提供快捷的分析结果和依据。

（6）科学决策的页岩气田：以智能预警和智能分析结论为依据，通过协同的研究环境或生产指挥中心，实现页岩气勘探开发的科学部署以及生产运营的快捷与科学决策，真正做到智能技术与人的智慧相结合，提高页岩气田的科学决策能力。

2. 生产运行智能化的构思

生产运行智能化将以智能应用为主要手段，逐步涵盖页岩气田全业务领域；通过建设数据资产管理平台实现页岩气田开发、生产、运营一体化全生命周期管理，是构建智能化页岩气经济/价值模型的重要手段。油气田可借助"领导驾驶舱""生产仪表盘""指标分析""上下游关联预警"等企业智能化工具与技术，实现了勘探、开发、生产、集输、净化等业务领域的全生命周期信息管理。主题包括勘探生产总况、天然气生产总况、产能建设总况、集输净化总况等。

油气田生产实时总况需要基于 GIS 导航，以井、站地理分布为线索，实现钻井试油、油气井、油气场站和输气管道等生产作业现场的工业视频、语音对话、工艺组态和实时数据等动态信息的"可看、可查、可交互"。包括钻井试油现场实时动态、油气井生产实时动态、油气站场生产实时动态、作业措施井现场实时动态和输气管道生产实时动态等。

勘探生产动态基于油气田年度勘探部署图，通过直观图表，实时查看勘探部署、项目分布、地震与钻井动态信息。包括年度勘探部署、勘探项目动态（地震、钻井试油）、钻井试油现场实时动态（探井）等。

开发建设动态基于油气田年度开发现状图，通过直观图表，实时查看产能建设与井位部署、钻试与投产动态等重要信息。包括年度产能建设部署，年度开发井位部署，开发井钻、试、投动态以及钻井试油现场实时动态（开发井）等。

油气生产动态基于 GIS 导航，以直观图表的方式，实时查看生产计划与产量完成情况、日常生产动态等重要信息，为油气生产调控提供决策依据。包括油气生产总况、产量计划及完成情况、油气生产动态跟踪、生产实时数据等。

采气工艺动态基于 GIS 导航，以直观图表方式，关联统计分析采气工艺动态和井下作业以及井筒屏障、环空压力、完整性等三类评价等级指标，实现生产气井的井筒完整性管理。包括井筒完整性动态和井下作业动态等。

集输净化动态基于 GIS 导航，以集输管网和场站分布为线索，实时查看采、集、输、配、增、脱、注、净化、集输管道等生产单元的集输净化动态、设备运行情况、管网运行情况、检维修动态，以及数据分析类和管理提醒类预警信息，为生产管理和安全受控提供及时的数据支撑。

第二节　平台架构及关键技术

一、整体思路

页岩气的勘探开发应始终以"规模效益，绿色发展"为目标，适应页岩气开发生产特点的智能化气田应在数字化气田的基础之上持续进行建设，实现智能化气田勘探开发一体化协同、地质工程一体化研究、技术经济一体化优化等多种能力，构建涵盖勘探开发、地面工程、生产运行、经营管理和科学研究全过程业务环节的一体化协同工作生态环境。利用先进理念与最新信息技术来构建智能气田一体化协同工作生态环境，是智能化页岩气田建设的关键环节，以此为基础可实现整个气田的生产动态全面感知、生产管理实时优化、生产作业自动操控、变化趋势提前预测、科技研究协同创新、经营管理客观精准以及决策分析智能量化。

智能化页岩气田构建的一体化协同工作环境中实现的实时感知功能包括了钻井试油监控、生产实时监控和问题异常预警分析及规范操作指导等基础功能，这些功能有助于生产一线的工程师和操作人员全面了解气田的实时生产动态、保障正常安全生产。智能化页岩气田的生产优化功能则用于减少非正常生产时间，提高页岩气的采收率，实现公司资本的最优化运营。生产优化功能涵盖了从地下到地面，如气藏智能优化、智能调度、提产优化、管网优化等一系列生产环节。而智能分析功能是以一体化专业模型为基础实现对页岩气田的科学智能分析，达到增储上产目标。它主要包含各类专业模型，如气藏模型、地学模型、井筒模型、水力压裂模型和管网模型等，由井位部署优化、钻完井优化设计、水力压裂优化设计模块组成；业务协同功能涵盖管理决策协同、科学研究协同、生产分析协同、基层站队协同等方面，能够保障不同地域、组织、专业人员协同工作，有效创新管理模式；集成展示功能实现数据知识共享化、系统应用一体化、生产指挥可视化、经营管理精细化。

智能气田从顶层设计的角度看，可以从企业战略和业务的角度出发，形成智能气田业务架构，再借助信息化手段和工具，形成IT架构。从具体工程实践中智能化页岩气田建设的角度看，主要包括IT基础设施建设、物联网系统建设、数据整合与服务、工作流与智能分析、业务融合与协同应用、综合展示与智能辅助决策等内容。

二、平台架构

1. 页岩气智能气田业务总体框架

页岩气智能气田的业务架构应按照页岩气公司决策层、页岩气公司生产管理层和页岩气公司生产作业层三级管理模式进行设计，并覆盖勘探开发、工程建设、生产运行、经营管理、科学研究等业务领域[2]。总体业务框架如图9-1所示。

2. 页岩气智能气田技术架构

智能页岩气田的建设引入了基于模型的工作流模式，借助云、AR/VR、机器学习、大数据分析、认知计算等前沿的信息技术手段，构建出一体化的协同工作生态环境。

通常工作流是根据业务的需求，通过以连续数据流驱动专业模型形成工作链，各个专业的工程师在工作链各部位的前后联动协同参与问题分析，并且向工作链不同业务层级的管理者提供可用于决策的技术建议。

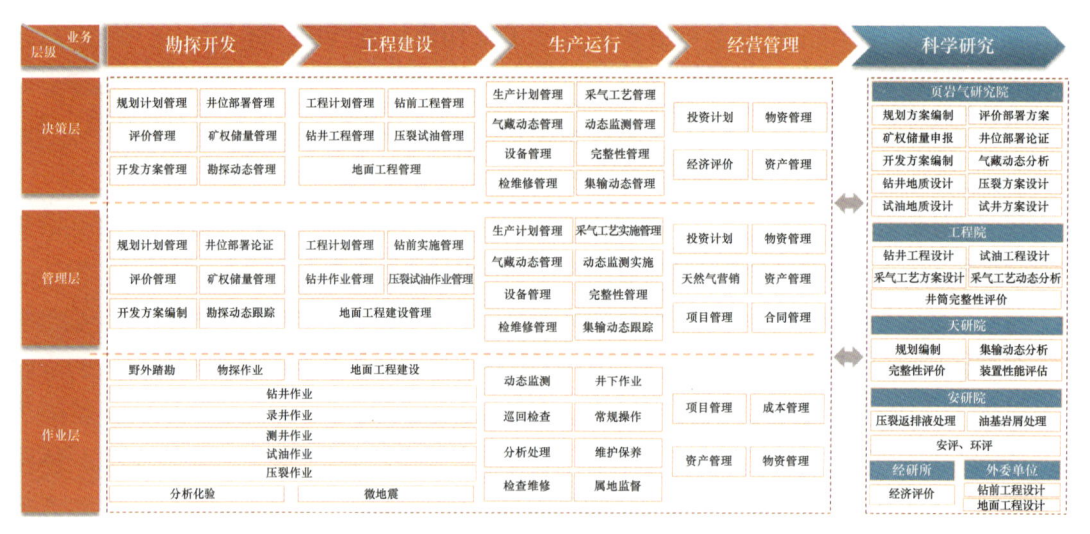

图 9-1 智能页岩气田总体业务框架示意图

总体来说，一体化协同环境要以大量的各专业各类型数据为支撑，以工作流作为工具，是一个开放的、兼容的一体化工作环境。

1）技术框架整体概述

气田数字化是气田智能化的前提条件，而气田数字化就是要将地下气藏的每个点都进行数字化，每个点都可实现对气藏相关的各种参数的可读性、可分析和可利用的价值，无数个数字化的点组成的综合效应才能完成对这个气藏的客观认识。以此为基础搭建起一套可高效推动气藏研究的工作流，并打造基于工作流的知识库、工作流程库以及应用经验库。进而融入智能学习、智能识别等新理念，实现智能判断与决策，最终实现对智能气田运行环境的建设。

2）技术框架整体实施过程

考虑到当前石油上游数据信息及应用技术的发展现状，以及目前页岩气勘探开发生产工艺领域所面临的种种挑战，智能页岩气田打造并非能够完全实现，因此，从纯技术应用的角度考虑，智能页岩气田实施过程大概分为三个阶段：

第一阶段是试点阶段，即以某一典型页岩气田为重点，在一年到两年时间内，实现一体化工作流建立及智能应用试点；

第二阶段主要是一体化工作流云化及智能应用推广阶段，在第一阶段工作的基础上，利用二年到三年时间，以云应用为基础逐步实施推广应用；

第三阶段是一体化工作流智能感知及智能应用成熟阶段，利用三年到五年时间加快智能提升，达到应用成熟，实现在整个页岩气田推广应用。

3）页岩气智能应用环境的功能设计

页岩气智能应用环境主要界面包括以下几个方面功能：具有可视的海量知识信息

库；针对知识库的智能搜索引擎；可运行的技术工作流程；可实现能力提升的大工作流程；支撑工作流运行的计算引擎；开展研究任务的子项目数据以及可视化环境，同时也应该包含各种专业的应用流程菜单。整个界面环境，不同的部分互相关联、互为补充、和谐互动，形成整体智能页岩气工作主界面环境。

（1）海量知识信息库。知识信息库除包含常规基础数据信息外，还应包括结构化和非结构化数据，油气田公司的自有数据和公共网络能够检索到的公开数据。该知识信息库亦可直接给出各种类型数据归类、统计以及对应地理位置等信息，同时可以与项目数据库及智能搜索灵活互动。

（2）智能搜索引擎。包括关键字搜索、基于地理信息位置和范围搜索、数据类型搜索、数据信息成果日期搜索、成果数据深度范围搜索、数据用户过滤及项目类型过滤等。

（3）可运行的技术工作流程。基础的可运行的技术工作流，尽可能涵盖各种气田勘探、开发和生产等在内的日常工程过程，比如储量计算工作流、地质建模工作流、数值模拟工作流、历史拟合工作流、地质边界制订工作流和平面网格计算工作流等。

（4）计算引擎。包括各种支撑工作流运行的各类引擎及函数，比如地质建模计算引擎、数值模拟技术引擎、地震属性计算引擎、裂缝计算引擎、方差函数计算和各种地质函数库等。

（5）能力提升工作流。基于计算引擎和技术工作流形成能力提升工作流，包括地质工程一体化工作流和勘探开发一体化工作流和科研生产一体化工作流等，可以整体提升页岩气田的应用能力和智能决策能力。

（6）子项目数据。从知识信息库中提取的数据可以直接用于工作操作与运算，成果可共享、可回传给知识库。

3. 页岩气智能气田数据架构

搭建页岩气智能气田的全局数据架构主要从 5 个方面进行考虑：数据源、数据管理平台、业务服务平台、智能化分析与存储平台、标准化平台等。

数据源层面，主要是利用现有页岩气田所有业务领域的数据，通过移动应用、工业分析、现场传感器的物联网应用，实现数字化气田向智能气田的转化与融合，支持各级管理、决策人员快速实时决策。

数据管理平台主要涵盖六大业务领域：勘探开发、开发生产、生产运营、经营管理、科学研究及综合办公等，支持企业各层级专业化与智能化的数据整合与共享。

业务服务平台则覆盖了各层级业务应用领域的业务协同，基于现有 SOA 业务流程管控平台，实现业务应用以服务化方式供给，主要包括勘探开发与生产服务、生产管控服务、设备资产服务、生产经营服务、科学研究服务及综合办公服务等，最终实现各业务领域之间的智能化应用目标。

智能化分析与存储平台的目标是构建智能气田工业数据平台体系架构，依托大数据平台，通过分布式存储实现结构化、半结构化和非结构数据的挖掘和分析。同时满足数据存储需求以及数据可视化分析需求，实现生产过程监控、设备在线状态检维修、辅助决策、成本分析、市场分析、预测预警等。通过构建智能气体工业数据平台使得智能气田具备机器学习和认知计算的能力，从而提升对知识发现和智能决策的支持。

标准化平台是建立健全自主可控的信息安全体系与全面适用的信息标准化体系，包括数据采集标准、数据存储标准、数据管理标准及数据应用标准等，保障信息安全与业务连续性，确保信息化建设过程中标准的可控、能控与在控，为智能气田平台的建设和应用提供有力的保障和支撑。

三、关键技术

完整勾勒页岩气产业在新时代的数字化建设总体架构，确定好数字化页岩气的建设重点和亮点，整合油气田开发、建设、运管力量、IT 技术与服务力量，构建起页岩气开发、建设和管理的标志性的、可持续发展的数据生态和应用生态，使之成为数字化页岩气开发"节能增效、自主可控"的有力保障；促进工程建设全数字化交付、全产业协同能力的提升。构建油气企业可持续发展和弹性拓展的智能化转型信息化"生态环境"是页岩气智能化发展的核心要素。

1. 企业价值模型

企业价值模型是支撑页岩气智能化转型的核心。其工作重点是对气田工程规划、开发与管理业务本质需求的展望与梳理，并将不同的业务需求集成到一个高度弹性的需求架构中，这一架构须以企业价值的最大化为目标来设定。

企业价值模型构建关键技术主要包括页岩气业务模型、企业战略规划架构模型、数学模型以及计算机算法等关键技术。

2. 数据资产管理平台

数据资产管理平台是支撑页岩气智能化转型的基石。页岩气数据生态与数据资产建设是支撑页岩气数字化管理、智能化应用和智慧化发展的基本保障。数据资产管理平台应主要关注数据标准、通信标准、总线标准及接口使用标准和规则的制订与完善，进而为数据的可测、可视、可控、可交付、可分析提供必要条件。页岩气的数字化应用不应该仅仅是对数据采集结果的综合与呈现，更应该体现数字化生态与架构的合理性，这一合理性是通过数据获得的方式得以印证的。

数据资产管理平台构建的关键技术主要包括现代数据库技术（包括但不限于数据

获取技术、数据检索技术、数据统计与分析技术、大数据技术、云计算技术)、信息系统项目管理技术、数据采集技术、数据交付技术等关键技术。

3. 数据源

数据源（信息源）是支撑页岩气智能化转型的重要资产。数据源（信息源）不仅为数据资产管理平台提供可用数据，而且为业务系统发挥其真正价值提供底层数据。

数据源主要包括结构化数据（传统二维关系型数据）、非结构化数据（图像、图片、文档等）和半结构化数据（XML等）。从未来发展的角度看，页岩气数据源的处理技术正由传统结构化数据的处理向非结构化、半结构化数据的处理技术发展，尤其是随着图形数据库的不断完善和大数据应用技术的成熟。

4. 业务系统

业务系统是支撑页岩气智能化转型的门户，主要根据已确定的企业价值模型/经济模型，构建企业级业务应用系统，实现页岩气智能化转型过程中业务的重构和流程、制度的再造。

业务系统的关键技术主要包括需求获取技术（企业战略、业务架构、业务流程等要素）、数据库技术、软件工程技术、信息系统项目管理技术。

5. 信息安全和运维管理服务体系

信息安全和运维管理服务体系是支撑页岩气智能化转型的保障。其主要为数据资产管理平台、业务系统及其配套基础设施的可持续、高可用运行，提供科学的工具、制度、流程和方法。

信息安全技术须将生产网和办公网区分对待，同时需满足国家网络安全法及其附属的相关标准与规范；运维管理服务体系关键技术主要包括服务目录构建技术、运维流程与管理制度、平台与工具的构建三项关键技术。

第三节　数字化移交

一、基本概念

智能油气田建设对数据完整性及完整性管理提出了更高的要求，一方面需通过信息化手段完成对油气田海量生产数据的采集；另一方面，需要从工程建设过程（设计、采购、施工过程及项目试运行）中获取大量的基础数据。通过对建设工程项目实施数字化移交，形成智能油气田大数据基础。

数字化移交是指在工程项目实施过程中，在完成相关工作后，将形成的工程信息通过移交平台建立关联关系后，系统地提交给业主或用户的过程。数字化移交通过移交平台将数字化设计成果与文档、项目管理文件、材料数据、计算报告、电子音像等数据集成，形成完整的、系统的、有关联性的数据信息集合，是工厂开展信息化建设以及智能化、智慧化建设的基础，同时为采购、施工的协同管理提供了数据基础。数字化移交改变了传统的文件交付方式和建设管理方式，解决了设计和项目管理工作依靠纸质文件传递存在效率低下、数据流转不流畅等问题。

随着三维协同设计在油气田地面建设的普及和深化，地面工程建设以数字化设计模型为基础，实施项目设计、采购、施工一体化智能建设，同时开展项目数据移交，使工程建设的管理模式和运行模式发生变革，并在建设周期、管理效率、施工质量、建设成本等方面才能实现综合效益的最大化。工程公司要从实现对业务范围内的技术和资源的科学管理，提高资源整合力度，优化资源配置，促进技术进步，提高生产效率出发，进行企业信息化统筹规划，开展的数字化协同设计平台建设，以及相关的硬件环境、IT架构、业态流程建设，完成工程设计成果的数字化，为建设智能化气田提供基础。

工厂的信息化建设，第一步是对工程建设期（设计、采购、施工、试运行）的数据进行完整性采集，这一阶段管理的重点是建设数字资产的生产过程；第二步再搭建工厂设备资产全生命周期可视化管理体系和业务平台，这一阶段的管理重点是运营资产的高效运维过程，决定了数字化移交的目的和范围。

二、数字化移交的基本要求

为保证数字化移交的完整性和准确性，实施页岩气地面建设项目数字化工程信息移交应满足以下基本要求：

（1）实施页岩气地面建设工程数字化信息移交前，应由工程建设组织单位建立工程设施对象完整的项目分解结构（PBS）和工作分解结构（WBS），应对工程信息进行完整性编码，或建立编码规定及规则。

（2）交付的信息应满足信息化管理要求。

（3）交付的信息深度和质量应满足工程项目信息化业务建设需求，并满足相关文件编制规定要求。

（4）交付的信息应与工程实物、建设过程信息保持一致，确保交付信息真实、可信。

（5）交付的信息及交付过程应执行统一的标准，确保信息格式、命名、编号和版次等满足数字化平台接收要求和用户使用要求。

（6）所有交付的数据、文档和模型应根据工程位号及属性建立必要的关联关系。

（7）移交涉密信息时，应制订涉密信息移交策略，履行涉密信息管理程序。

（8）应确保工程信息移交后的数据安全。

三、数字化移交流程

1. 分工与责任

数字化移交过程需要用户方、建设方和承包商（或供应商）共同参与。各方需要承担各自的职责。

1）用户方

用户方为数字化工程信息移交牵头单位，其相关职责为：

（1）制订数字化工程信息移交的范围，并对移交范围内的各类数据提出具体的需求。

（2）负责组织项目各参与方对数字化工程信息移交方案、实施流程、编码规则、文件模板以及移交系统等进行讨论和审查，并批准最终方案。

（3）及时对已移交的数据进行审查，并及时反馈问题。

（4）组织数字化工程信息移交的最终验收。

2）建设方

建设方为数字化工程信息移交拿总和具体实施单位，其相关职责为：

（1）根据用户方制订的数字化工程信息移交范围，制订详细的移交方案，报用户方审查通过后执行。

（2）对数字化工程信息移交工作进行管理，负责向承包商/供应商提出要求，并提供相应的规范和模板。

（3）负责对承包商/供应商移交的工程信息进行审查，以确保符合用户方的使用要求，并及时把问题反馈给承包商/供应商进行处理。

（4）负责维护数字化工程信息移交系统的正常运行，为承包商/供应商的移交工作提供技术支持。

（5）定期组织项目协调会议，会商解决数字化工程信息移交过程问题。

3）承包商/供应商

承包商/供应商为数字化工程信息移交最终执行单位，其相关职责为：

（1）根据数字化工程信息移交的具体要求，对其合同中包含的数据信息进行收集、整理和移交。

（2）在建设方的管理下开展工作，进行数据移交的测试和验证，并按程序进行数据移交。

（3）分阶段对移交信息的质量和完整性进行检查并形成检查记录。

（4）对于已正式移交的工程信息，如需进行变更调整，承包商/供应商应提出申请并经建设方同意，方可对相关工程信息进行变更调整，变更后的工程信息应及时移交。

2. 移交时间

为保证移交数据的准确性，油气田地面建设数字化工程信息移交，可分设计、采购、施工三个阶段渐进移交，实施阶段目标验收。承包商/供应商采用定期移交方式进行移交，并且每次移交应包含所有更新的工程信息。

工程信息具体移交时间可参考工程建设阶段性审批计划，或工程建设里程碑计划，并编制详细移交计划。

3. 移交方法

页岩气地面建设工程数字化信息移交根据工程项目最终过程及成果文件，分为以下几种移交：

1）模型交付

工程项目模型包括工艺模拟模型、三维模型、数字化线路设计模型和安全分析模型等。实施模型交付的同时宜将模型相关结构化数据、工程物资材料数据关联后同步移交。

2）文档交付

按项目分解结构、编码规定和命名规定将工程电子文档进行移交。实施文档交付前宜建立项目统一的文档管理平台，接收工程项目各承包单位及管理单位的所有文档，并对接收的文档按项目数据和信息移交规定进行合规性及完整性检查。

3）数据移交

根据项目用户单位信息化管理业务建设需求，将项目部分电子表格、模型及数据库转化为用户单位信息化平台可接受的数据格式，以提高信息的互用性和可浏览性。

工程信息数字化交付应以系统交付为目标。系统交付前须完成工程信息完整性、规范性、一致性和关联性测试与检查，形成完整的数字化工程信息系统，并实施交付。

4. 工作流程

数字化工程信息移交工作应借助数字化信息管理平台开展。通过数字化信息管理平台进行移交时，一般包含图 9-2 中所示的步骤。

图 9-2 数字化工程信息移交工作步骤

5. 质量管理

各项目参与方应制订数据移交质量管理方案，规范数据移交内容和过程。通过对数据移交过程进行监控和分析，采取必要改进措施，确保数据移交的质量。所有涉及数据移交的人员应接受培训，包括数字化工程信息移交技术规定培训、移交平台操作培训等。

在相关工作开始时，由各项目数据移交方提供完整的文件和数据清单，以便建设方对文件提交情况进行跟踪，文件清单应进行签署。文件清单经用户方或建设方同意后可以更新修正。由专职人员开展数据的完整性、规范性、一致性、关联性检查和移交进度检查。

四、数字化移交内容

页岩气油气田地面建设数字化工程信息移交应根据项目信息化管理业务建设需要，以及《中国石油天然气集团公司建设项目档案管理规定》的要求，制订工程信息移交内容清单。移交的信息包括设计信息、采购信息、施工信息、质量监督信息、试运行信息、项目竣工资料及项目管理信息等，并根据项目要求补充其他信息。

五、数字化移交平台

在确定数字化工程信息移交任务后，应通过移交平台，开展数据和信息采集活动，同时辅助项目建设管理与项目文档审查。典型全生命周期信息化管理平台架构如图 9-3 所示。

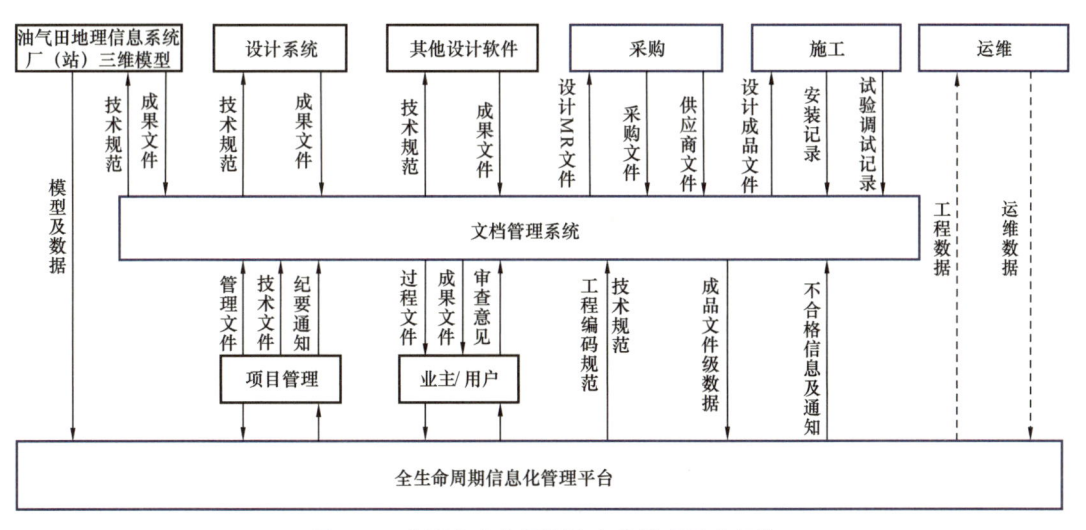

图 9-3 典型全生命周期信息化管理平台架构

第四节 地质工程一体化

一、概述

地质工程一体化是以提高单井产量为最终目的，以地质手段细致剖析气藏储层特征，选用适应性的技术及参数完成工程设计，配合一体化的高效管理和工程实施来完成气田建产开发，并且根据钻完井和压裂排采效果开展综合评价及后评估，完善参数优化地质工程模型，形成动态环路，持续不断提高单井产量，是智能化气田的核心组成部分。

着眼于实现页岩气勘探开发生产的一体化管理和智能决策，科学地提高页岩气田生产效率，实现气田开发效益最大化，实现页岩气藏从开发到废弃全生命周期的全方位跟踪，实现从地下与地面到经济的闭环式实时管理，实现生产动态跟踪与生产运维操作及时进行，实现科研、工程、生产与决策一体化实施，最终实现生产效率、采收程度与经济效益最大化，初步尝试智能化页岩气田。

页岩气综合地质评价技术、页岩气开发优化技术、页岩气水平井优快钻井技术、页岩气水平井体积压裂技术、页岩气水平井组工厂化作业技术和页岩气地面采输技术六大勘探开发主体技术奠定了地质工程一体化的技术基础，集成并演化形成了页岩气高产井培育模式。

地质工程一体化涉及地质勘探、钻井、压裂、试采和地面集输等多专业。其中地质勘探方面主要开展地应力和天然裂缝分布特征研究，丰富和完善平层选区技术，强化地质工程一体化研究，指导区块新部署平台和建产井的钻井地质工程设计、建立导向模型；钻井专业主要通过钻井时效、钻井复杂事故、钻井新技术新工艺跟踪分析，建立区域优快钻井模型，优化钻井参数；压裂专业主要是强化单井和区域储层改造效果分析，形成压后评估技术和评价体系，优化压裂方案设计，指导现场实施；试采开发专业着重开展排采效果分析，完善适合区域特点的排采制度，全面分析页岩气井生产情况，开展页岩气采气工艺适应性研究，优选工艺井组织好采气现场试验；地面集输专业主要结合区块开发气藏、开发生产需求和计划，根据生产现状，分析内外输管道集输适应性，调整优化工艺参数，摸索集输运行规律，制订适合区块的集输运行方式。

在大数据支撑下，利用软件平台建立地质工程一体化工作平台。首先通过有线、无线、卫星的多种数据传输链路，实现钻井、压裂、微地震、生产数据的实时远程监测。其次是利用三维地形、地震、测井、钻井、完井、井场、采集气管道、供水、供电线路等数据建立三维储层、三维井筒和三维地面模型。最后利用现场生产和研究成果数据及时优化校正模型，持续为页岩气田的产能建设工作提供数据和技术支撑。

通过储层—井筒—地面数字化、信息化建设，建立前端"实时监测、风险预警、紧急关断、人工恢复"，中端"网络通道互联、信息实时传递"，以及后端"数据共享、专业分析、综合利用、辅助决策"三个层级的信息采集、处理与应用系统，建设智能页岩气田，实现数字化办公、自动化生产和智能化管理，达到提升管理水平、降低生产成本的目的。

结合不同阶段部署及施工需求所开展的地质工程一体化工作，是不断提产增效的有效方法，是页岩气等复杂油气藏不断取得突破的关键所在。

二、地质工程一体化平台

地质工程一体化平台是按照页岩气的特殊性和核心业务应用需求，符合页岩气田开发实际的生产管理平台，建立储层、井筒和地面的三维可视化应用功能，实现基于 GIS 和静态数据的一体化发布和展示。平台基于统一的 SOA 技术架构，采用 EPDM2.0 的数据标准，形成了"页岩气勘探开发地质工程一体化平台"的系统架构（图 9-4）。

图 9-4 页岩气勘探开发地质工程一体化平台构架

通过应用地质工程一体化平台，勘探开发管理部门可查看区块地质层位，三维地震成果，以及孔隙度、渗透率和饱和度等物化分析数据、三维井筒；工程技术管理部门可查看钻井轨迹、三维井筒可视化、压裂曲线；生产运行管理部门可查看三维地形地貌，井场、集气站和中心站三维组态，以及采集气管道、供水与供电线路等。

地质工程一体化平台具备开发的可集成性能力，通过与中国石油 A1、A2、A5、工程技术与监督管理系统，生产数据平台、生产运行管理平台、设备管理系统等建立接口，将各系统自建系统数据进行实时同步，为地质工程一体化平台提供更好的数据支持。

地质工程一体化平台应用功能分为三个：

（1）数字化储层。建立页岩气井区三维数据体模型，集成了三维地震数据体、petrel 储层参数模型，支持构造及断层呈现，储层物化属性展示、地质剖切、模型迭代等功能。

（2）数字化井筒。构建了时间和空间维度的数字化井筒，建立了三维模型，集成了钻井设计、压裂设计、钻井数据、录井数据、测井数据、压裂施工数据、微地震数据、井下作业数据等参数，支持数据的历史回溯等功能，为动态数据接入搭建基础。

（3）数字化地面。建立含场站、管线和地形地貌的数字化地面，构建高精度三维地形地貌，集成场站地面设施、设备信息、工艺路由、集输管线、供水供电管线等设计、施工数据，支持数据查询、突发事件快速定位及动画演示等功能。

参 考 文 献

[1] 张跃，彭吉友，刘兴华.数字化油田建设现状及面临的挑战[J].中国设备工程，2014（3）：36-28.

[2] 林道远，袁满，等.从企业架构到智慧油田的理论与实践[M].北京：石油工业出版社，2017.

第十章

页岩气地面工程实例

自"十二五"以来，我国在页岩气地面工程建设过程中形成了一些新技术、新理念、成果及经验。本章简述了涪陵、长宁、威远、昭通页岩气地面集输工程总体技术现状，并以长宁—威远页岩气田为例，介绍了集输工艺、平台、供转水系统及数字化气田建设地面工程实例。

第一节 典型页岩气田简介

一、涪陵

1. 地理位置及自然条件

涪陵国家级页岩气示范区横跨重庆市南川、武隆、涪陵、丰都、长寿、垫江、忠县、梁平和万县9个区县，位于四川盆地和盆边山地过渡地带，境内地势以低山丘陵为主，横跨长江南北、纵贯乌江东西两岸，地势大致东南高而西北低。周缘地区交通较为方便，涪陵城区可通过国道及高速公路西至重庆市、成都市，东达万州市、宜昌市、武汉市及上海市，气田内部也有众多可利用的乡村道路，交通便利。同时，示范区内水系较为发育，长江自西向东横贯重庆市境北部，略呈W形；乌江由南向北于涪陵城东汇入长江，略呈S形。

2. 总体地面工程技术现状

针对页岩气井投产初期压力高、产出水返排率差异大、分布范围广等特点，结合涪陵喀斯特地貌、山地—丘陵地形，按照"流程标准化、设备通用化、单体橇装化、装置序列化、管理智能化、用地集约化"思路，定型了"两级布站、湿气集输、集中脱水、定期清管"集输工艺，建立了2井式、4井式、6井式和8井式标准化4种规格的标准化集气站，以及 $5 \times 10^8 \text{m}^3/\text{a}$ 和 $10 \times 10^8 \text{m}^3/\text{a}$ 两个序列的标准化脱水装置；并逐步建成了集输能力为 $1500 \times 10^4 \text{m}^3/\text{a}$ 的"环网＋枝状"气田集输管网，地面工程总成本节约30%，单井集输半径达到4km，可以实现气田分段接入、分区切断功能。同步实施以通信系统、数据采集与监测控制（SCADA）系统为重点的信息化建设，初步建成集监视、监控、调度、管理、决策于一体的数字化气田。

地面工程"四化建设"成效显著[1]。通过标准化设计、标准化建设、标准化采购和信息化提升，强化地面工程细节管理和过程控制，从管理、技术和标准化3个方面进行优化改进，实现了同类气藏地面工艺流程、布局、设备设施等设计标准、建设标准和外观标志的统一化与通用化；按照"单元划分、功能定型、设备橇装、工厂预制、快速组装"原则开展模块化建设，进行工厂化预制、并行作业、插件化现场安装，有效降低了工作强度，缩短了施工周期，提升了工程质量，节约了建设用地。集气站、脱水站现场安装工作量减少53%（图10-1）。

图10-1 涪陵气田标准化设计集气站

二、长宁

1. 地理位置及自然条件

长宁区块位于四川盆地西南部，横跨四川省宜宾市长宁县、珙县、兴文县和筠连县境内。区内地表属于山地地形，地貌以中低山地和丘陵为主，地面海拔一般为400～1300m，最大相对高差约900m。该区属中亚热带湿润型季风气候，四季分明，年平均气温17～18℃，雨量充沛，发育有长江、金沙江和南广河等水系。

区内交通条件相对较好，主要包括连通云、贵、川三省的叙高公路以及宜珙铁路、金筠铁路等。示范区及周边社会与经济条件相对较好，具有较好的市场潜力，为页岩气的规模开发提供了有利条件。区内及周边的天然气目标市场好，用气量大，主要是宜宾市筠连县、高县、长宁县、珙县、兴文县和泸州市叙永县，周边城市居民用气由地方天然气公司投资的中低压燃气管道和配气站供应，企业用气为云南云天化股份有限公司、贵州赤天化股份有限公司和四川天华股份有限公司等大型化工企业。

2. 总体地面工程技术现状

按照"整体部署、分步实施、动态调整"的工作思路，长宁区块分别于2014年、2016年和2017年编制了三轮开发方案，各轮开发方案地面工程主要技术路线如下：

（1）《宁201井区龙马溪组页岩气开发方案》——湿气输送、移动式水套炉初期加热、单井轮换分离计量、多井集中分离、井区集中增压、井区集中脱水、采用枝状加放射状管网布局。

（2）《长宁页岩气田一期工程开发方案》——湿气输送、井口注醇、单井轮换分离计量、平台与集中增压相结合、多井场串接、集中脱水。

（3）《长宁页岩气田年产50亿立方米开发方案》——井口注醇、单井连续分离计量、集中分离，集中增压为主、平台增压为辅，集中脱水，管网布局以放射状为主、枝状为辅。

长宁页岩气田已建宁201井区、宁209井区，区块共有平台站34座、集气站3座、脱水站2座、增压站6座，建成采集气管道共计125.06km（图10-2）。

图10-2　长宁201井区中心站

针对页岩气气井不同生产阶段的特点，长宁页岩气田集成创新了标准化设计和一体化橇装的页岩气地面采输技术及清洁开发技术，满足了页岩气开发生产需求。创新形成了适合页岩气生产特点的前端"自动采集"、中端"集中控制"、后端"决策分析"的数字化气田建设技术。部分场站已完成数字化建设，利用SCADA系统、工业视频监控系统和安防系统等实现了无人值守。正在推广应用物联网技术，部署作业区数字化管理平台，全面推行"电子巡井+定期巡检+周期维护"的运行新模式和"单井无人值守+中心站集中控制+远程支持协作"的管理新模式。

长宁页岩气田已建地面集输系统总体上满足长宁区块产能发挥及平稳生产的要求，符合页岩气开发生产的特点，不仅适应初期投产及中期稳定生产需要，也满足中后期低压开采的需要。平台通过单井连续分离计量和轮换分离计量相结合的工艺满足气井投产后的精细化管理需要，也为气井后期增产措施如增压采气、排水采气需要详尽准确的生产数据作为支撑，除砂分离的效果达到总体要求。通过平台增压及集中增压相结合的增压方式，充分利用高低压分输，满足了页岩气后期增压生产需要。通过集中脱水满足了井区产品气达标外输要求。建设了井区联络线，可以适应井区高峰期生产的要求，同时控制了井区脱水规模。临时使用便于搬迁的小型脱水橇装装置，满足评价井前期投产的脱水需要。

三、威远

1. 地理位置及自然条件

威远页岩气田位于四川省内江市威远县、资中县、自贡市荣县等市、县境内，面积6500km^2。气田范围地势西北高、东南低，为低山、丘陵地貌，低山区海拔500~800m，丘陵区海拔200~300m。交通便利，有G85和S4等多条高速公路。水资源丰富，有威远河、乌龙河和越溪河等河流，有长沙坝和葫芦口等水库，年均降水量985.2~1618mm。

2. 总体地面工程技术现状

威远区块分别于2014年、2016年和2017年编制了三轮开发方案，各轮开发方案地面工程主要技术路线如下：

（1）《威远区块龙马溪组页岩气开发方案》——地面工艺采用"井下节流、单井轮换计量、湿气输送、集中增压、集中脱水"工艺。

（2）《威远区块威202、威204井区页岩气产能扩建开发方案》——地面工艺采用"井口注醇、单井轮换分离计量、湿气输送、多平台串接、集中增压与平台增压相结合"的方式。

（3）《威远页岩气田年产50亿立方米开发方案》——井口注醇、单井连续分离计量、集中分离，集中增压为主、平台增压为辅，集中脱水，管网布局以放射状为主、枝状为辅。

威远页岩气区块已建威202井区和威204井区，威远页岩气区块共有平台站33座、集气站5座、脱水站3座和增压站12座，建成采集气管道共计166km。

威远页岩气田在地面建设过程中持续全面推进"标准化、一体化、模块化、橇装化、自动化、信息化、智能化、数字化"建设，有效地提高质量、效率和效益。除此之外，还探索新工艺和新设备在地面生产过程中的应用，在各页岩气开发区块中推出使用单井分离橇、两相流橇等设备以降低人工工作强度，提高工作效率，节约投资。

威远页岩气地面工程现有系统在建设规模、总体布局、工艺流程、工艺技术等方面满足页岩气生产和发展需要。

四、昭通

1. 地理位置及自然条件

昭通国家级页岩气示范区跨四川省、云南省和贵州省三省，分布于四川省宜宾市筠连县、珙县和兴文县以及泸州市叙永县和古蔺县，云南省昭通市的盐津县、彝良县、威信县和镇雄县，贵州省毕节市、威宁彝族回族苗族自治县、赫章县等市县境内。该示范区地表属山地地形，地貌以云贵高原山地—丘陵地貌为特征，北部云贵高原地区海拔可达1000～3500m，北部地区海拔400～1200m。该区属亚热带湿润季风气候，全年气温多在3～25℃。年降水量900～1200mm，但因地形崎岖造成地表水资源分布不均，发育有金沙江、赤水河、洛泽河及白水江等长江水系。

2. 总体地面工程技术现状

迄今，昭通示范区页岩气产能建设已经达到$10 \times 10^8 m^3/a$生产能力，昭通示范区到2020年产能建设还将进一步达到$20 \times 10^8 m^3/a$，目前建成投产的区块主要为黄金坝区块与紫金坝区块。

黄金坝区块已建成黄金坝集气脱水站1座，处理能力$150 \times 10^4 m^3/d$，页岩气平台11座，内部集输线路40余千米，气田水管道与光纤同沟敷设。本区块产能主要保证黄金坝集气脱水站产能。黄金坝坝集气站建设有外输试采干线1条，试采干线全长5.1km，起点为黄金坝集气站，终点为宁201-H1井站，管线设计压力6.3MPa、管径$DN350mm$、设计输量$300 \times 10^4 m^3/d$。2015年2月投产运行，目前该区块产能达到$150 \times 10^4 m^3/d$。

紫金金坝区块已建成集气增压脱水站1座，处理能力$300 \times 10^4 m^3/d$，页岩气平台6座，内部集输线路10余千米，线路设置$DN200mm$及$DN150mm$高低压分输管线。气田水管道与光纤同沟敷设，该区块与黄金坝区块实现互通，目前该区块产能达到$150 \times 10^4 m^3/d$。

昭通页岩气示范区致力于页岩气平台的优化简化工作，不断推行标准化设计、标准化施工，标准化建设模式研究与实践，达到快建快投的目的。前期充分考虑整个气田增压工艺，部分区块采用高低压分输流程并结合平台增压与集气站增压，可充分满足页岩气平台压力衰减后的生产，最大限度提高气井生产能力。

借鉴长宁、威远等已建页岩气工程经验，昭通区块井场整体布局采用平台串接式管网布局，结合后期生产管理，达到平稳运行。由于平台初期产水量大，后期产水量小，初期采用气液分输方案，后期采用气液混输方案。平台井场产气量、产液量、压力等变化幅度大，以按照中间产能，兼顾高低产能为原则进行设计。生产工艺采用"除砂、节流、临时水合物加注、单井计量、气液分离、湿气输送、集中脱水"的工艺技术路线。整体的工艺流程采用"井口→加热/注醇→节流→除砂→分离、计量→脱水→外输"。

第二节　地面工程实例

一、集输工艺

1. 长宁某页岩气产能建设地面工程

1）设计内容

工程涉及新建丛式井25座（130口井）、集气站1座（含增压站）、井区中心站1座（含增压、脱水、外输）、外输末站1座；新建集气支线89.61km、集输干线6.5km，及配套的自控、通信、总图土建、供配电、给排水等系统工程。

2）设计参数

设计规模：$10 \times 10^8 \text{m}^3/\text{a}$。

3）总体流向

各平台的天然气通过平台除砂、加热节流、分离和计量后经集气支线输至已建或拟建集气站，经集气站分离和计量后输至脱水站，经天然气分离和计量后进入脱水装置处理，合格的产品天然气输至站内外输装置，经外输管道输送至外输末站进入下游骨干管网（图10-3）。

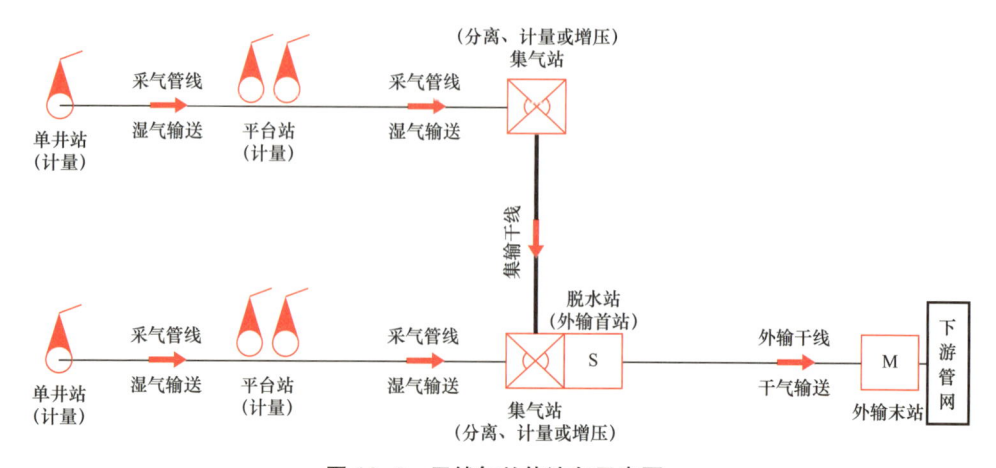

图10-3　天然气总体流向示意图

4）总体布局

根据已建管网和站场情况，结合脱水站布局、平台部署及实施计划，新建管网采用放射状＋枝状串接相结合的方式进行管网布置，新建内输集气站 1 座。

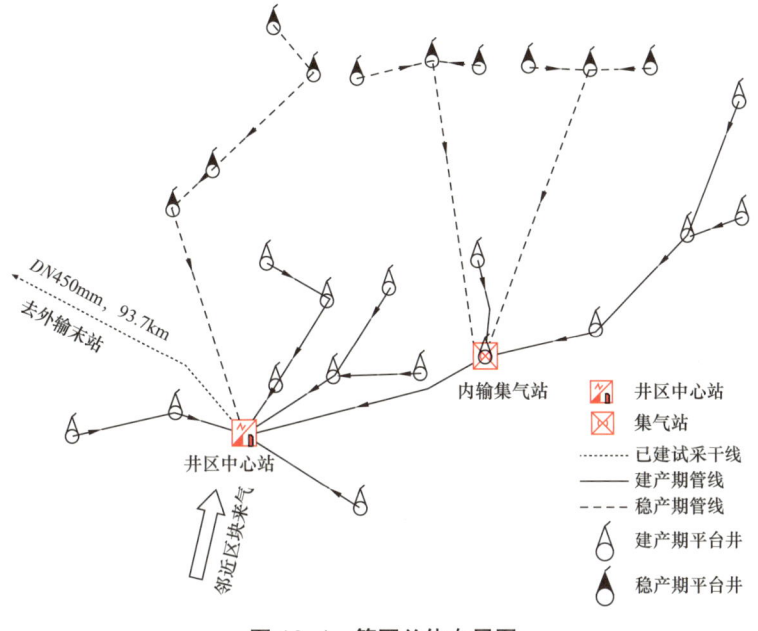

图 10-4 管网总体布局图

5）集输工艺设计

（1）线路设计规模。线路设计规模根据单井预测气量、平台井眼数和投产时间进行计算后得到，集气支线设计规模 $24×10^4 \sim 160×10^4 m^3/d$，外输管道设计规模 $300×10^4 m^3/d$。

（2）管网工艺计算。根据脱水站交接压力、集气管线集输气量、线路长度等基础数据，并按照 NB/T 14006—2015《页岩气气田集输工程设计规范》控制集气管道气体流速 5~12m/s，通过软件计算，确定集输支线与干线管径，并得到平台运行压力值为 4.75~7.0MPa，集气站运行压力值为 4.14~6.2MPa。根据气田集输设计规范，当管道最大操作压力 p≤7.5MPa 时，安全阀定压应小于或等于受压管道、设备和容器的设计压力，定压值 p_0 应为最大操作压力 p 的 1.1 倍，反算并最终确定集输系统压力级制：集气支线设计压力为 8.5MPa，集气干线设计压力为 7.2MPa。

（3）压力级制。根据管网水力计算新建平台、集气支线管道设计压力均为 8.5MPa。集气干线设计压力均为 7.2MPa，外输管道设计压力为 6.3MPa。

（4）输送模式。由于该井区已投产平台生产前期产量高、返排液量大，且气井低压生产期返排液量仍较大，平台生产前期和后期输量变化比较大，管内流速难以保证，同时，井区集气管线高差较大，局部地段高差达 300~400m，如果采用气液混输，形成段塞的风险较大，故该工程集输管网采用气液分输的输送方式。各平台原料气经一体化橇加热节流、分离及计量后，由集气支线输送至内输集气站或井区中心站进行总分离，内输集气站原料气分离后经集气干道输送至井区中心站脱水处理。分离出的采出水暂存在各井站污水池，经处理后再输送至其他新钻平台作为压裂液重复使用。

（5）水合物防止。

由于各平台站均设有水套加热炉，用于排采初期加热节流。根据目前该井区生产的生产情况，井口排采（约2个月）结束后，井口压力约为14MPa，井口温度为30~35℃，产水约15m³。

采用HYSYS进行模拟，计算出相应井口温度及水合物形成温度（表10-1）。

表10-1 井口温度及水合物形成温度

井口压力 MPa	井口温度 ℃	水合物形成温度 ℃	节流至7MPa	
			井口温度，℃	水合物形成温度，℃
14	30	18.61	13.5	12.1

由于页岩气生产初期压降较快，井场生产流程投产后，井口压力已经较低，根据上述计算结果，不存在水合物形成风险。此时拆除搬迁水套加热炉至新井站。井场由排采流程切换至生产流程期间，考虑井口复产前几天，井口压力高（复压到25MPa左右）可能产生水合物，因此要考虑复产期间（2~5天）水合物防止。同时在冬季气温较低时，采集气管线可能生成水合物，因此需要考虑复产期间（2~5天）水合物防止，推荐使用移动式注醇橇。

6）集输站场

（1）平台。

① 设计压力。井口一级节流阀（含一级节流阀）前：70MPa；水套炉二级节流前：32MPa；二级节流阀后（含放空阀、安全阀、排污阀）工艺管道：8.5MPa，当平台站有增压需求时，为满足压缩机组的ESD紧急泄放要求和减少管线规格便于采购，平台站的放空管线设计压力宜按8.5MPa设计；放空阀、安全阀、排污阀后工艺管道：1.6MPa。

② 设计规模。平台设计规模根据井眼数、单井预测产量和各单井投产时间确定，平台设计规模：$10 \times 10^4 \sim 80 \times 10^4 m^3/d$。

③ 设计功能。平台设置井口装置区、橇装工艺区和放空区等三个主要区块。橇装工艺区主要设置工艺橇有轮换、除砂、加热节流、分离计量、进出站阀组、放散等功能橇块。主要设计功能包括井口超压、失压报警及安全截断；节流降压、除砂、轮换

分离计量、气液分离计量；站内超压报警及超压安全放空；事故情况下进站与出站紧急截断；预留水合物抑制剂加注口；站内及管道检修时天然气的放散；管线清管；预留增压接口。

④ 工艺流程。主要工艺设备采用标准化橇装设计。井口天然气经井口针阀节流后，进入高压排采一体化集成装置（以下简称高压排采橇），经除砂、加热节流、轮换分离计量后，再进入页岩气出站阀组一体化集成装置（清管发球橇）后至下游管线。

气相采用高级孔板流量计计量，液相采用电磁流量计计量。

单井口计量采用 $20 \times 10^4 \mathrm{m}^3/\mathrm{d}$ 高压排采橇，平台站总计量采用 $50 \times 10^4 \mathrm{m}^3/\mathrm{d}$ 高压排采橇，平台站发球采用清管发球橇，平台站 $DN100\mathrm{mm}$ 和 $DN150\mathrm{mm}$ 收球采用清管收球橇，平台站 $DN200\mathrm{mm}$ 和 $DN250\mathrm{mm}$ 收球采用清管收球筒，集气站收球采用清管收球筒。

平台站由于开采初期压力高，考虑高压排采橇带水套炉，后期压力降至接近生产压力后，拆除高压排采橇中的水套炉模块，并将水套炉橇搬迁至其他平台站重复利用。

（2）集气站。

① 设计参数。设计压力：7.5MPa；根据单井预测产量和集气站所辖平台实施计划，按时间节点进行累积计算，得到内输集气站设计规模为：$160 \times 10^4 \mathrm{m}^3/\mathrm{d}$。

② 设计功能。集气站设置进出站截断模块、进出站收发球筒橇模块、进站汇集模块、分离计量橇模块、自耗气模块、气田水模块和放空模块，并预留增压模块满足后期增压需求。除气田水模块和放空模块外，其余各模块全部采用橇装化设备，便于工厂化预制、批量化采购和快建快投。

2. 威远某页岩气产能建设地面工程

1）设计内容

工程涉及新建平台24座（147口井）、集气站4座（含增压）、节点增压站1座、集气管道30条。

2）设计参数

设计规模：$20 \times 10^8 \mathrm{m}^3/\mathrm{a}$。

3）总体流向

各平台的天然气在平台除砂、分离和计量后经集气支线输至已建或拟建集气站，经集气站分离、计量后输至脱水站，经天然气分离和计量后进入脱水装置处理，合格的产品天然气输至站内外输装置，通过外输管道输送至下游骨干管网（图10-5）。

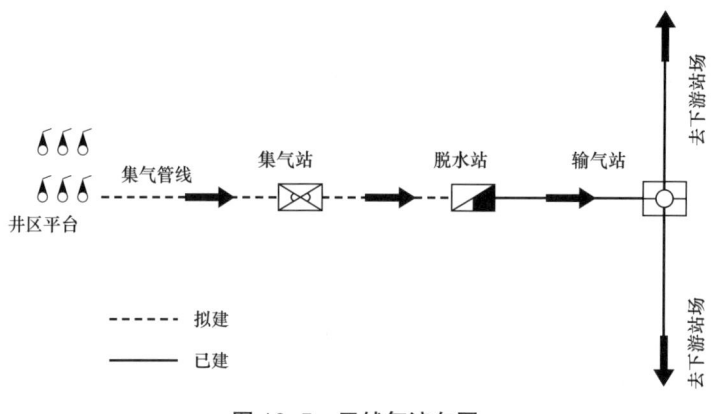

图 10-5　天然气流向图

4）总体布局

根据已建管网和站场情况，结合脱水站布局、平台部署及实施计划，新建管网采用放射状+枝状相结合的方式进行管网布置，新增集气站4座（图10-6）。

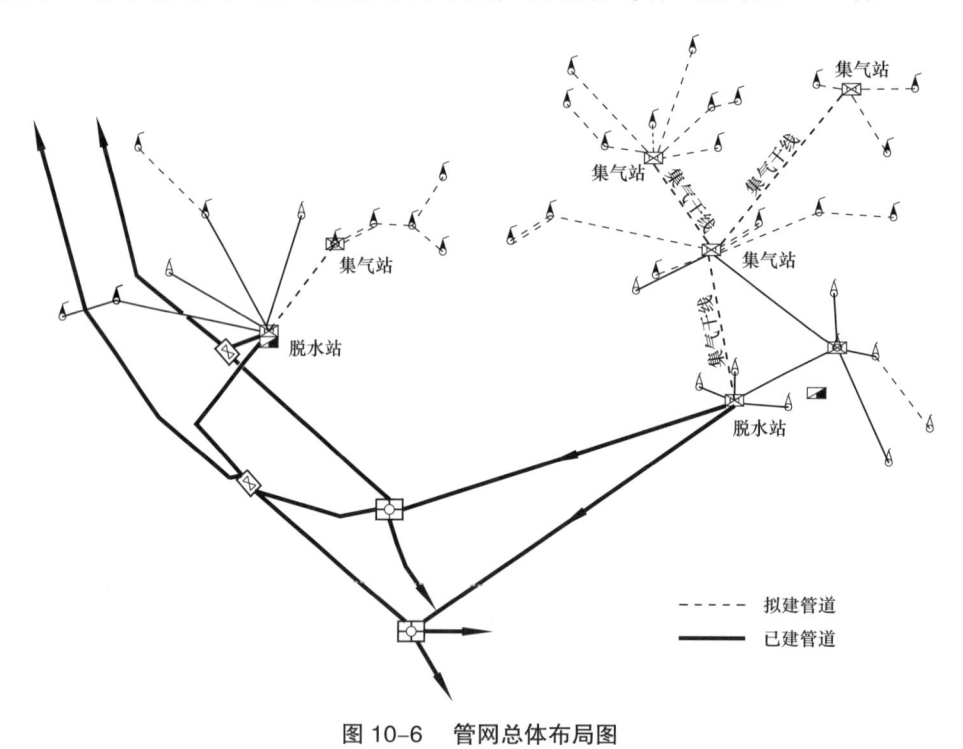

图 10-6　管网总体布局图

5）集输工艺设计

（1）线路设计规模。线路设计规模根据单井预测气量、平台井眼数和投产时间进行计算后得到。单井定产为 $10 \times 10^4 \text{m}^3/\text{d}$，集气管道设计规模按其上游全部单井最大预测产气量确定。经计算，集气支线设计规模 $33 \times 10^4 \sim 336 \times 10^4 \text{m}^3/\text{d}$，集气干线设计规模 $300 \times 10^4 \sim 710 \times 10^4 \text{m}^3/\text{d}$。

（2）管网工艺计算。根据脱水站交接压力、集气管线集输气量、线路长度等基础数据，并按照 NB/T 14006—2015《页岩气气田集输工程设计规范》控制集气管道气体流速 5~12m/s，通过软件计算，确定集输支线与干线管径，并得到平台运行压力值为 4.75~7.47MPa，集气站运行压力值为 4.14~6.53MPa。

根据气田集输设计规范，当管道最大操作压力 $p \leqslant 7.5$MPa 时，安全阀定压应小于或等于受压管道、设备和容器的设计压力，定压值 p_0 应为最大操作压力 p 的 1.1 倍，反算并最终确定集输系统压力级制：集气支线设计压力 8.5MPa，集气干线设计压力 7.5MPa。

（3）压力级制。根据管网水力计算新建平台和集气支线管道设计压力均为 8.5MPa。新建集气站和集气干线设计压力均为 7.5MPa。

（4）输送模式。根据已投产的平台井的生产情况，单井压力、产气量和产液量阶段性变化大，管内流速难以保证。工程区集气支线高差较大，局部地段高差 200~300m，如果采用气液混输，形成段塞的风险较大，因此推荐集气支线采用气液分输的输送方式。如后期生产液量下降，具备气液混输条件时，可调整平台工艺流程进行气液混输。

对于集气干线，由于气藏开发分不同的阶段，且即使在相同阶段地面工程也是分期建设，井区内的气井相继投产，集气干线输量变化范围较大，管内流速难以保证。如果采用气液混输，形成段塞流的风险较大，因此集气干线亦推荐采用气液分输的输送方式。

（5）水合物防止。经计算，在正常连续生产状态下，集输支线与干线均不会形成水合物，无须增设水合物防止设施。

由于页岩气生产初期压降较快，井场生产流程投产后，井口压力已经较低，根据计算结果，不存在水合物形成风险。此时拆除搬迁水套加热炉至新井站。井场由排采流程切换至生产流程期间，考虑井口复产前几天，井口压力高（复压到 25MPa 左右）可能产生水合物，因此要考虑复产期间（2~5 天）水合物防止。同时在冬季气温较低时，采集气管线可能生成水合物，因此要考虑复产期间（2~5 天）水合物防止，推荐使用移动式注醇橇。

（6）增压工艺。

① 增压范围界定及局部调整。根据平台性质和已建增压站情况，对增压范围进行确定和局部调整，如探井平台不纳入增压，部分新建平台可依托已建增压站进行增压，最终确定增压范围为：18 座平台（132 口井）。

② 各平台不增压最低输压和增压确定。各平台不增压最低输压根据管网水力计算结果确定。对比各单井井口压力和不增压最低输压，可确定各平台增压时间。

③ 增压方案。依托新建的 4 座集气站，将确定的增压范围内的平台划分为 4 个

增压分析区。根据页岩气的生产特点，结合平台增压时间，综合分析推荐采用集气站增压＋节点增压相结合的增压方式。集气站增压＋节点增压的方式可通过两个方案实现，两个方案分别是：

方案一，新建低压复线。在集气站增压和节点增压的基础上增设少量低压复线，实现高低压分输，满足增压需求。

方案二，增加平台站增压。在集气站增压和节点增压的基础上增设少数平台站增压满足增压需求。

通过对方案一和方案二进行经济技术比选，最终确定方案一作为实施方案。该方案需新建低压复线3条、新建节点增压站1座、新建集气站增压4座。在增压方案比选过程中确定各增压站场的压缩机组配置。

（7）压缩机组选型。通过经济技术比选，最终确定压缩机组采用电动机驱动的往复分体式天然气压缩机。本工程压缩机组配置315kW，500kW和1400kW三种机型，其中1400kW压缩机组采用变频机组，315kW和500kW压缩机组采用定频机组，冷却采用空冷方式。

6）集输站场

（1）平台。

① 设计压力。井口一级节流阀（含一级节流阀）前：70MPa；一级节流阀—除砂阀组橇的二级节流阀（含二级节流阀）工艺管道：26MPa；二级节流阀后（含放空阀、安全阀、排污阀）工艺管道：8.5MPa；放空阀、安全阀、排污阀后工艺管道：1.6MPa。

② 设计规模。平台设计规模根据井眼数、单井预测产量和各单井投产时间确定，根据原始资料，平台布置井数为1~8口，单井定产：$10 \times 10^4 m^3/d$，平台设计规模：$10 \times 10^4 \sim 80 \times 10^4 m^3/d$。

③ 设计功能。平台设置井口装置区、橇装工艺区和放空区等三个主要区块。橇装工艺区设置的主要工艺橇有除砂、单井分离计量、进出站阀组、放散等功能橇块。主要设计功能包括井口超压、失压报警及安全截断；节流降压、除砂、单井连续分离计量、气液分开计量；站内超压报警及超压安全放空；事故情况下进站与出站紧急截断；预留水合物抑制剂加注口；站内及管道检修时天然气的放散；管线清管；预留增压接口。

④ 工艺流程。

a. 正常生产早期。井口天然气经井口针形阀一级节流降压至26MPa以下，进入高压除砂橇除砂并节流降压至8.5MPa以下进入单井分离计量橇进行分离计量。气相采用孔板流量计进行计量、汇集后出站至下游站场；液相采用电磁流量计计量、汇集后接入污水池。

b. 正常生产中期。将高压除砂阀组橇更换为中压轮换阀组橇，同时保留2套分离计量橇作为单井轮换计量流程，拆除的除砂橇及分离计量橇搬迁至其他平台重复利用。

c. 正常生产末期。将平台中期生产流程的两套分离计量橇替换为计量管汇橇，拆除的分离计量橇搬迁至其他平台重复利用。

（2）集气站。

① 设计参数。设计压力：7.5MPa；根据单井预测产量和集气站所辖平台实施计划，按时间节点进行累积计算，得到集气站设计规模为：$300 \times 10^4 \sim 710 \times 10^4 \text{m}^3/\text{d}$。

② 设计功能。集气站设置进出站截断模块、收发球筒橇模块、进站汇集模块、分离计量橇模块、污水罐模块和放空模块，并预留增压模块满足后期增压需求。除污水罐模块和放空模块外，其余各模块全部采用橇装化设备，便于工厂化预制、批量化采购和快建快投。

二、平台站

1. 长宁某页岩气平台

1）平台简介

该平台共有6口单井，上下半支各3口井，上下半支投产时间间隔6个月，井口装置KQ65-70MPa，1号总阀以下及套管头为105MPa。单井配产规模 $6 \times 10^4 \sim 8 \times 10^4 \text{m}^3/\text{d}$，采用气液分输的输送方式。

2）设计参数

（1）设计规模：平台设计规模 $48 \times 10^4 \text{m}^3/\text{d}$。

（2）设计压力。井口一级节流前：70MPa，水套炉二级节流前：32MPa，二级节流后：8.5MPa，放空阀及排污阀后：1.6MPa。

（3）强度设计系数：0.5。

（4）设计温度：常温。

3）设计功能

（1）除砂、加热节流、分离、气液独立计量；

（2）管线清管；

（3）事故情况下出站紧急截断；

（4）站内及管线检修时天然气放空；

（5）井口超压、报警及安全截断。

4）集气工艺

长宁某平台站及其工艺流程如图10-7和图10-8所示。

图 10-7　长宁某平台站

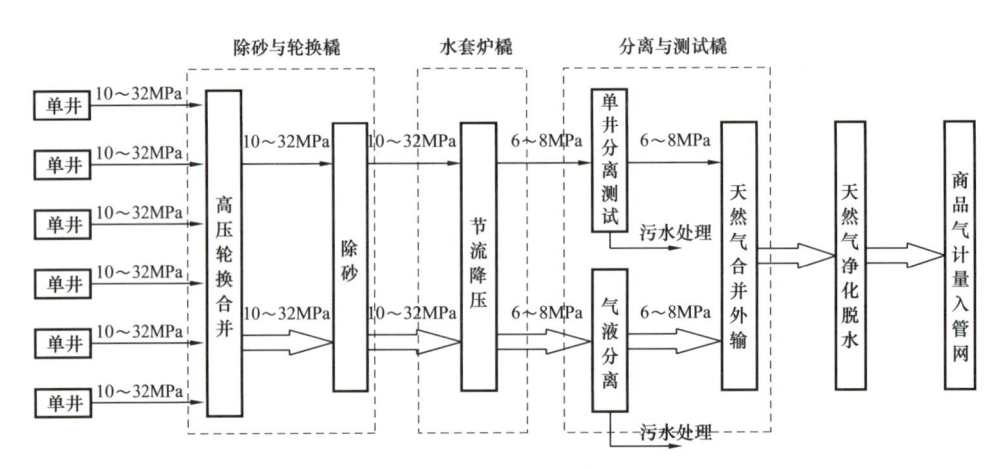

图 10-8　长宁某平台站工艺流程示意图

主要工艺设备采用早期标准化橇装设计。井口天然气经井口针阀节流后，进入高压排采一体化集成装置（以下简称高压排采橇），经轮换计量、除砂、加热节流和分离计量后，再进入页岩气出站阀组一体化集成装置（清管发球橇）后至集气管线。

气相采用高孔计量，液相采用电磁流量计计量。

单井口计量采用 $20 \times 10^4 m^3/d$ 高压排采橇，平台站总计量采用 $50 \times 10^4 m^3/d$ 高压排采橇，平台站发球采用清管发球阀橇，集气站收球采用清管收球筒。

平台站由于开采初期压力高，考虑高压排采橇带水套炉，后期压力接近生产压力后，拆除高压排采橇中的水套炉模块，并将水套炉橇搬迁至后期稳产期的其他平台站重复利用。

5）增压工艺

采用平台增压，平台建设 315kW 增压橇 1 座（图 10-9）。

图 10-9　平台增压机组

6）分离计量工艺特点

采用单井轮换分离计量，站场设备集成度高，站场加热橇装重复利用率高，能充分发挥气井产能，能够在排采期结束就立即拆除测试流程，再快速建设正式生产流程，节约投资。

2. 威远某页岩气平台

1）平台简介

该平台共有 6 口单井，上下半支各 3 口井，上下半支投产时间间隔 6 个月，平台设计规模按 $60 \times 10^4 m^3/d$ 考虑。采用气液分输的输送方式。

2）集气工艺

威远某平台站如图 10-10 所示。

（1）正常生产早期。平台正常生产早期采用单井连续分离计量工艺（图 10-11）。平台集气工艺流程包括：除砂模块、单井分离计量模块、管汇橇模块、出站模块和增压模块。各模块全部采用橇装化设备。未设置加热装置。

平台设 2 套除砂器橇（每套橇 4 个预留口），单井采用"一对一"连续分离计量，分离计量后，通过管汇橇分别汇集气相和液相，气相通过出站阀组橇输往下游集气站，液相汇集后进入钻前应急池。

水合物防止采用注醇车，在单井复产期加注乙二醇防止水合物形成。

图 10-10 威远某平台站

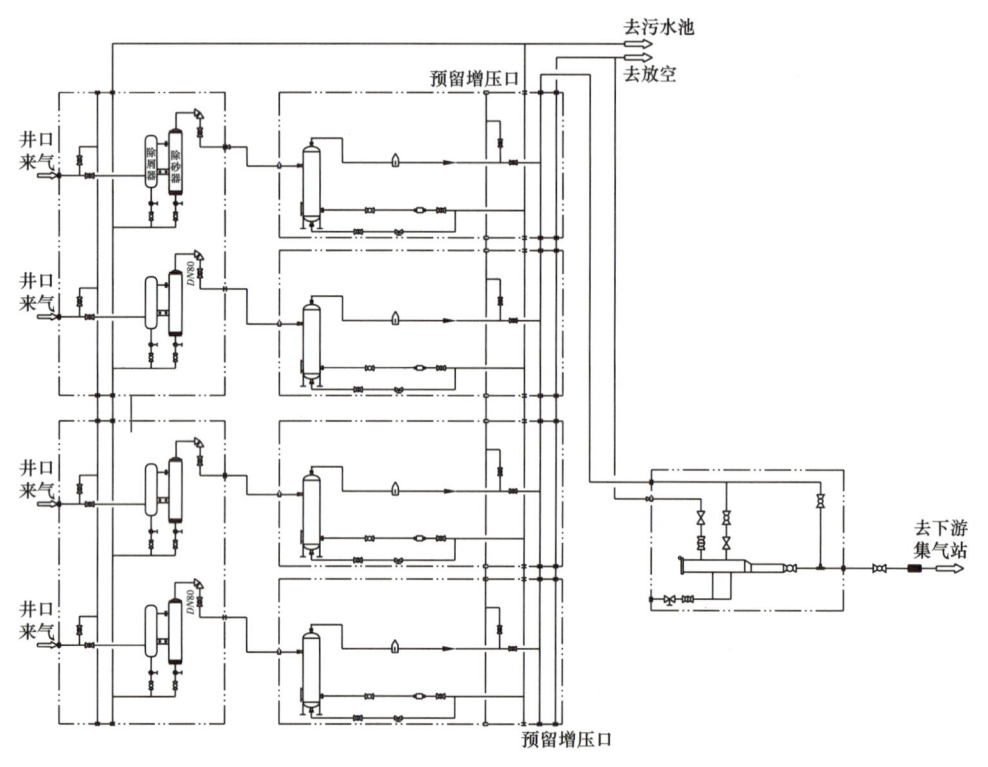

图 10-11 威远某平台站（上半支）生产早期集气工艺流程示意图

（2）正常生产中期。

正常生产中期，平台产气量和产液量趋于稳定，基本不产砂。采用轮换阀组橇替换除砂器橇（除砂器橇搬迁至其他平台重复利用），单井连续分离计量橇保留两套（一套用于单井分离计量，另一套用于总分离计量），其余单井连续分离计量橇搬迁至其他平台重复利用，平台采用轮换分离计量（图 10-12）。

（3）正常生产末期。正常生产末期，平台产气量稳定，基本不产液和砂，保留轮换阀组橇，采用计量管汇橇替换站内剩余的两套单井连续分离计量橇，平台采用轮换计量。拆除后的连续分离计量橇搬迁至其他平台重复利用（图 10-13）。

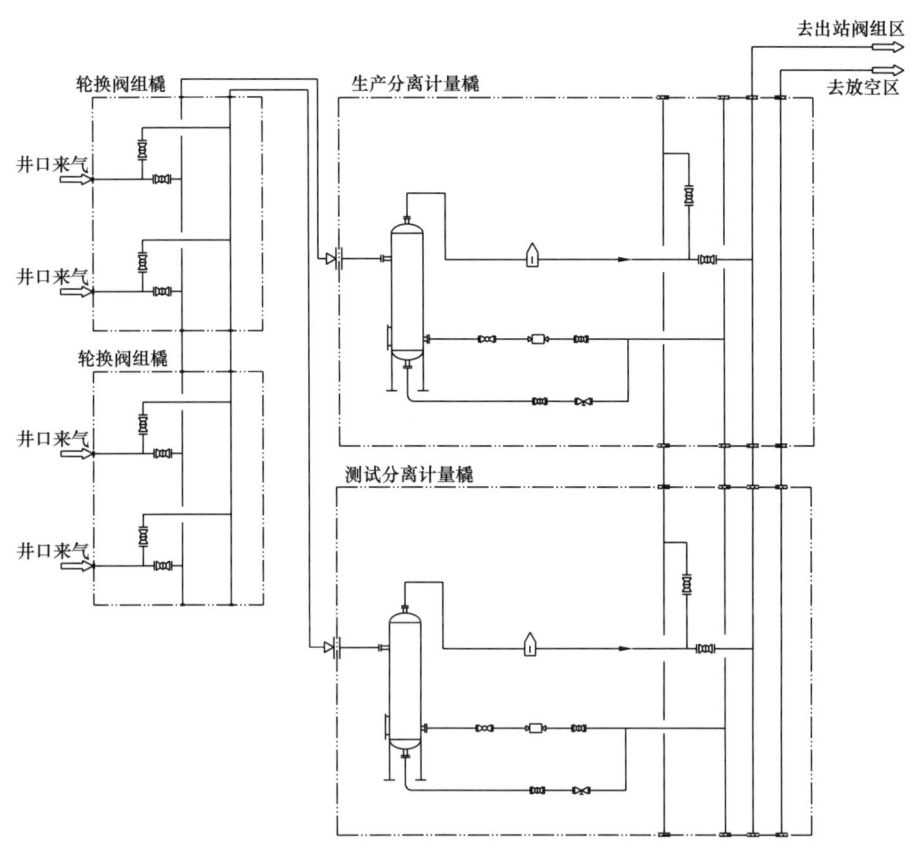

图 10-12　威远某平台站（上半支）生产中期集气工艺流程示意图

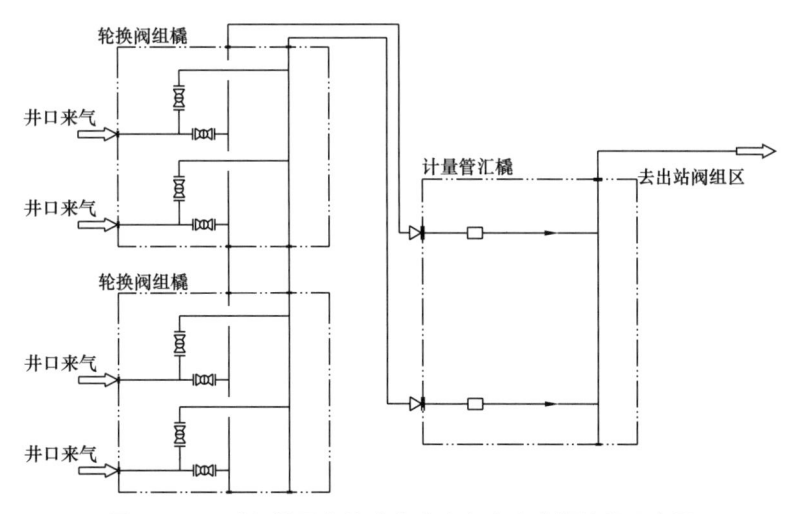

图 10-13　威远某平台站（上半支）生产末期流程示意图

3）增压工艺

采用平台增压，平台建设 315kW 增压橇 1 座。

4）工艺特点

采用单井连续分离计量，可准确反映单井生产状态，为气藏分析提供有力的数据支撑。站场橇装重复利用率高，除砂橇和单井分离计量橇全部重复利用。

三、长宁某供转水系统地面工程

1. 设计内容

工程满足 11 个平台（54 口井）压裂用水及采出液的转供水需求，新建岸边式取水泵站 1 座，供转水泵站 11 座。新建转供水管线为 41km：主供水管线 14.86km，尺寸（外径×壁厚）为 ϕ377mm×10mm，材质为 20 号热轧无缝钢管；采出液管线 26.14km，管径为 178mm（内径 150mm），材质为柔性复合高压输送管；其中主供水管线与采出液管线同沟敷设 2.51km。

2. 设计流量

长宁区块每口井水平段按照 1500m，需要压裂 18~20 段，每段用水量 $0.2\times10^4m^3$，压裂均为拉链式压裂。根据长宁区块压裂进度的实际情况，每口井按每天压裂 2~3 段考虑，水量需求设计按 $0.5\times10^4m^3/d$。

主供水管线同时满足两个平台井的压裂用水需求即水量需求 $1.0\times10^4m^3/d$；支供水管线满足单个平台井压裂用水需求，即水量需求设计按 $0.5\times10^4m^3/d$。

长宁区块采出液转输量高峰期为 $0.1\times10^4m^3/d$，利用转供水管网能满足输送需求。

3. 总体布局

1）水源及取水点选择

根据南广河、毓秀河及周边河流概况及实际考察，上述河流除南广河外其余河流属于季节性河流，水位变化较大，常年无水。并且该区块的井位布置距南广河最近，综合考虑该工程从南广河取水。

在南广河设置取水泵站 1 座。取水方式采用岸边式泵站取水，通过潜水泵提升至多级离心泵输至其他平台储水池，供各平台钻井压裂用水。

2）转供水方案

从河流取水并新建岸边式取水泵站，通过主供水管线及支供水管线输送至平台供压裂用水，压裂完毕后采出液通过支供水管线输送至下个平台井压裂回用（图 10-14）。

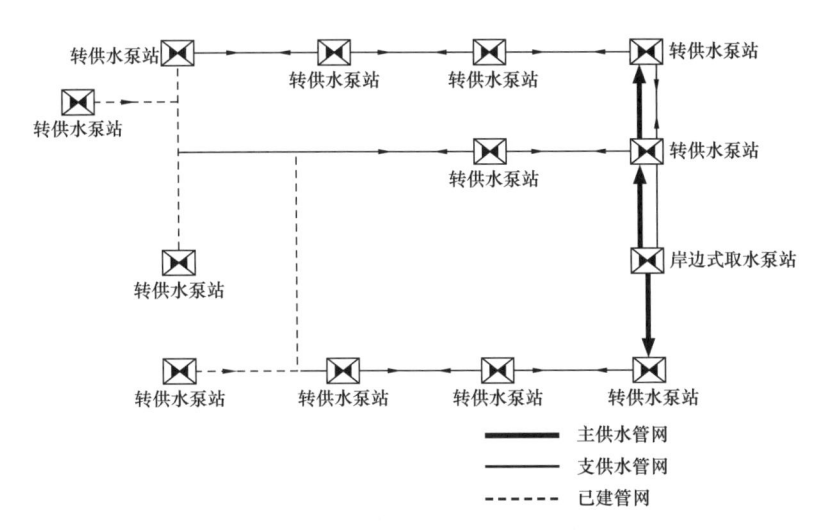

图 10-14 长宁某供转水系统地面工程管网布局图

4. 供转水管线选择

根据供转水管网布置情况、水量需求及沿线高程等，对供转水管道进行水力计算，选择合适的管道规格、压力等级。

1）设计流量

主供水管线设计流量按 $1.0 \times 10^4 m^3/d$，支供水管线设计流量为 $0.5 \times 10^4 m^3/d$。

2）管线规格

主供水管线长期使用，设计压力 6.4MPa，管线采用 DN350mm，材质 20 号热轧无缝钢管。

支供水管线同时输送采出液，满足长期使用设计压力 6.4MPa，管线采用 178mm（内径 150mm），材质为柔性复合高压输送管。

5. 供转水泵站

根据水力计算的结果，选择与管道流量及扬程相匹配的供转水泵，并对其功率进行计算。

1）岸边式取水泵站

（1）设计参数。多级离心泵进口前设计压力：0.6MPa，出口后设计压力：6.4MPa；设计规模：$450m^3/h$。

（2）主要设计功能。从南广河取水通过转输泵输送至平台储水设施供压裂用水。

（3）泵站工艺流程。从南广河取水经潜水泵 1—潜水泵 2 进入水罐，经计量后，通过供转水泵 1—供转水泵 2 后输送至平台储水设施，机泵采用 1 用 1 备（图 10-15）。

考虑到机泵的安全性，机泵的出口设置止回阀、泄压阀及回流管线。

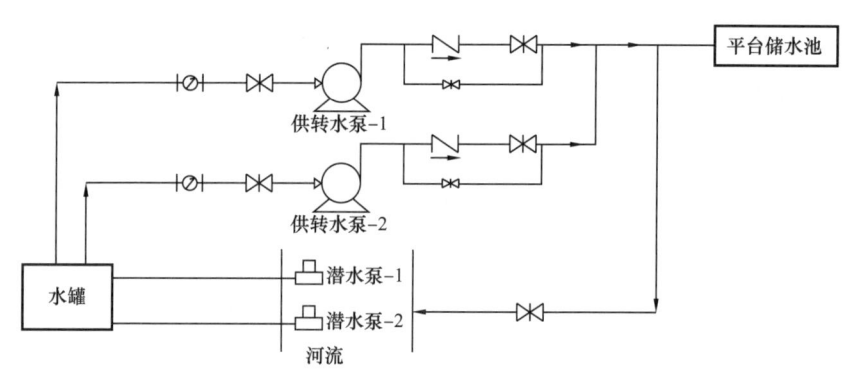

图 10-15 岸边式取水泵站工艺流程图

2）供转水泵站

（1）设计参数。多级离心泵进口前设计压力：0.6MPa，出口后设计压力：6.4MPa；设计规模：50m³/h。

（2）主要设计功能。采出液通过转输泵输送至其他平台井储水设施供压裂回用。

（3）泵站工艺流程。采出液通过 1~2 泵橇后输送至其他平台，机泵采用 1 用 1 备（图 10-16）。

考虑到机泵的安全性，机泵的出口设置止回阀及回流管线。

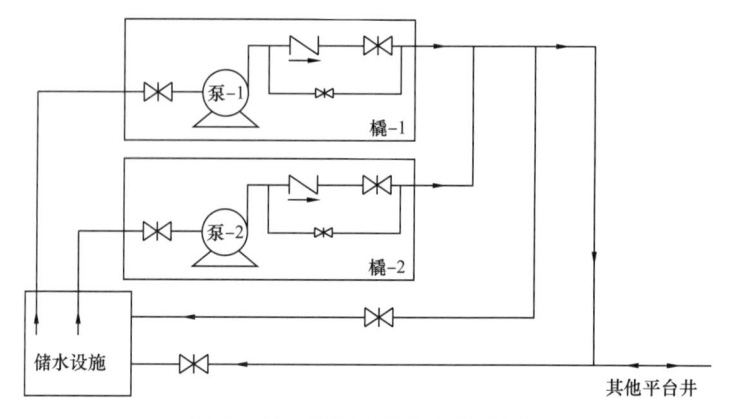

图 10-16 供转水泵站工艺流程图

6. 现场图片

1）水源

图 10-17 所示为水源地南广河照片。

2）取水点及取水泵站

南广河取水点及取水泵站如图 10-18 所示。

3）转水泵站

图 10-19 所示为长宁某转水泵站照片。

图 10-17 南广河照片

图 10-18 南广河取水点及取水泵站

图 10-19 长宁某转水泵站照片

4）非金属管材

图 10-20 所示为长宁某供转水系统地面工程用柔性复合高压输送管。

图 10-20　柔性复合高压输送管

四、数字化气田建设

为建设国内一流、行业领先的页岩气数字化气田，促进页岩气开发生产管理方式的转变和组织管理效率的提高，实现资产优化、降低成本之目标，长宁页岩气示范区有序地开展了数字化气田建设。

页岩气示范区数字化气田建设涉及的组织和用户主要是中国石油西南油气田分公司和长宁页岩气公司相关部室等。目前，采取"整体规划、分步实施、试点先行"的模式，已选择宁 201 井区开展数字化气田试点建设。

宁 201 井区利用现有系统进行扩容，纳入井区新增数据。同时，在宁 209 井区和宁 216 井区开展数字化气田建设，建立以数字化气藏、数字化井筒、数字化地面和辅助决策平台为核心的数字化气田。

利用稳定、开放、灵活、可扩展的事件驱动架构技术，创建基础平台，为建设"标准化""模块化""工业化""协同化"的数字化气田提供技术支撑，通过数据集成、系统集成和应用集成，实现对数据资源、软硬件资源以及异构系统的充分共享与深度利用，建立页岩气一体化生产管理平台和辅助决策平台，支撑页岩气开发和管理，为研究协同化、生产运行实时化、经营管理精细化和决策分析智能化奠定基础。

数字化气田总体功能需求是建立一体化生产管理及辅助决策平台，包含：

（1）数字化井筒管理。面向页岩气井井筒全生命周期管理，实现钻井、录井、测井、试油等（三）四维数字化管理和展示。

（2）数字化气藏管理。面向气藏全生命周期管理，实现地质研究成果、动态监测、动态开发分析等（三）四维数字化管理和展示。

（3）数字化地面管理。面向气藏地面建设工程全生命周期管理，实现站场和管道完整性、生产运行、安全应急等（三）四维数字化管理和展示。

（4）辅助决策平台。对水平井钻井，压裂进行实时监控管理。

长宁页岩气数字化气田技术架构的思路是：按照"先进、适用、安全、可持续、低成本"的原则，采用先进成熟的技术和管理理念，利用稳定、开放、灵活、可扩展的 SOA 技术，搭建数字化气田一体化生产管理平台（数字化井筒、数字化气藏、数字化地面）和辅助决策平台。

长宁页岩气数字化气田业务架构由数据采集层、数据传输层、数据存储与集成层和数据应用层组成（图 10-21）。

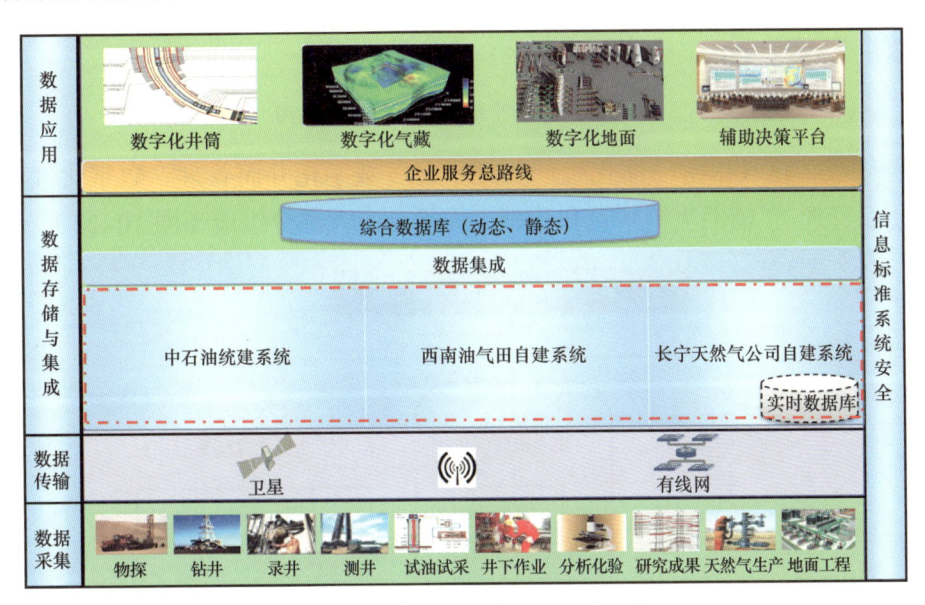

图 10-21　长宁数字化气田业务架构

技术架构由资源层、数据层、服务层和应用层组成（图 10-22）。

资源层：包括统建系统、自建系统、实时数据、视频数据和索引数据（文档、大块数据）等。

数据层：包括数据的标准化、规范化、时效性处理和数据集成。

服务层：通过企业服务总线将业务组件暴露成标准服务，为应用提供支撑。按服务分类，可分为逻辑数据服务、索引数据服务、成果归档服务、实时数据服务、专业应用服务等。

应用层：以应用模型为基础，通过企业服务总线集成应用，利用数据服务引擎推送所需数据，实现应用与底层的数据解耦，构建具体应用功能。通过门户系统统一访问一体化生产管理平台和辅助决策平台。

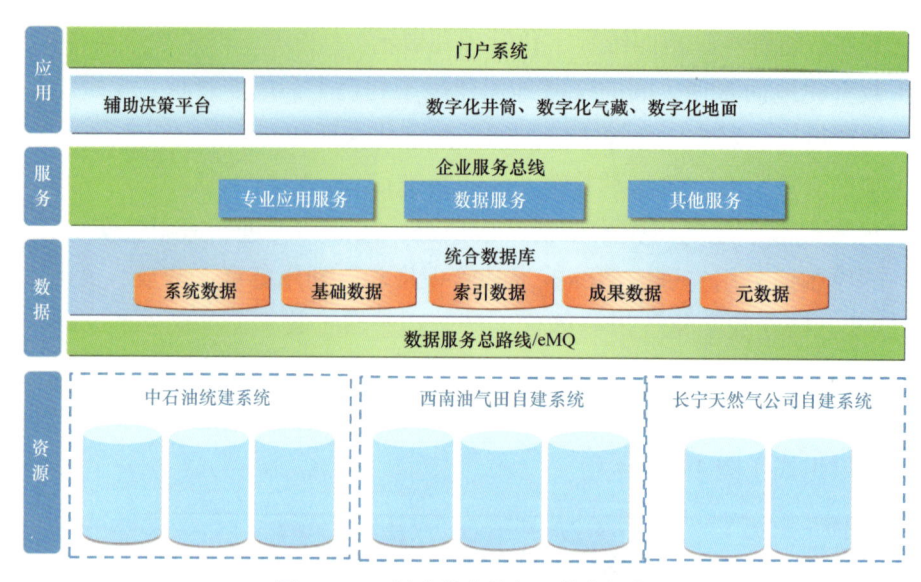

图 10-22　长宁数字化气田技术架构

页岩气数字化气田由一体化生产管理平台（数字化井筒管理、数字化气藏管理、数字化地面管理）、辅助决策平台和基础工作平台三大部分组成（图 10-23）。

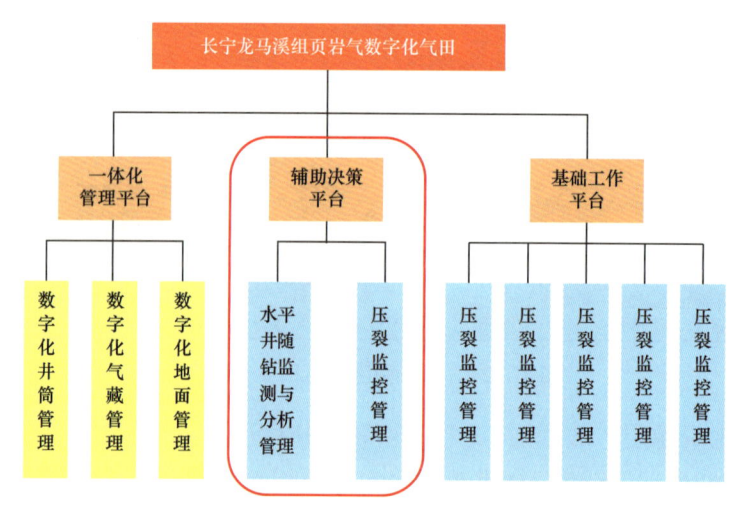

图 10-23　长宁数字化气藏功能架构图

1. 一体化生产管理平台功能设计

1）数字化井筒

数字化井筒是长宁页岩气数字化气田的重要组成部分。它的主体是井，井是直接描述地质空间实体信息的最基本单元，是连接地面与地下油气藏的渠道，是获取地下油气资源的直接手段和油气生产的渠道。包括钻完井作业管理、完井试油作业管理、采气工艺及配套作业管理、井筒全生命周期辅助工具井筒完整性管理。

2）数字化气藏管理

数字化气藏管理设计总体思路是以长宁页岩气的开发生产为主线，以业务管理为驱动，依托可靠、高效的远程自动化工具、先进的数据模型、统一的数据标准以及可视化系统建立数字化气藏管理系统。通过一体化生产管理平台，实现勘探开发技术人员、管理人员能够实时地、不受地点限制地进行气藏管理活动，从而提高气藏的勘探、开发管理效率。包括气藏动态监测及分析、井位论证、产能管理、气藏研究成果应用等。

3）数字化地面管理

数字化地面管理系统综合考虑建设期及运营期一体化应用，采用统一的软件平台组织和管理长宁页岩气地面建设情况，构建地面系统、周边环境的真实三维场景，整合集团公司统建和分公司自建系统，关联自身基础属性和业务数据，在三维场景下实现地面站线工艺互联，集输和净化业务互联的一站式数据维护和使用。同时对场（厂）站设施设备基础属性、管理维护和评估评价信息等进行动态管理。

数字化地面管理功能包括：地面工程建设管理、生态环境及安全监控、完整性管理、生产指挥管理四大模块。

"长宁页岩气集输气干线工程数字化管道系统"在线路工程施工同时，使用APP开展地理信息、周边环境、坐标测量等数据伴随式采集。

长宁生产调度指挥大厅生产数据及视频的集中管理，视频会议，地面工程数据建模，三维数字地面、场站、设施、管道，设计、施工信息的详细查询。

2. 辅助决策系统功能设计

辅助决策系统主要为生产过程提供决策支持。辅助决策系统主要包括水平井随钻监测与分析管理、压裂监控管理。

3. 基础工作平台功能设计

基础工作平台为系统管理提供机构管理、用户管理、权限管理、角色管理、访问控制配置、用户迁移、日志管理、基础数据配置、数据编码映射、后台监控等功能。

门户是整个数字气田各个应用子系统的统一入口，包括登录与授权、单点登录、个性化设置等。

系统管理模块为应用集成平台提供统一管理、配置和监控功能，包括机构管理、用户管理、角色管理、访问控制配置、用户迁移、日志管理、基础数据配置、数据编码映射、后台监控等。

资源管理模块提供对整合油田公司数据资源、功能资源和服务资源统一的规划、注册、发布和管理，包括元数据管理、索引数据管理、功能资源管理和服务资源管理等。

企业服务总线提供了服务管理、业务路由、消息转换、服务组合和服务监控等功能。为各应用提供数据模型到应用模型的转换，统一模型适配和服务管理。

数据服务总线基于数据整合技术和数据虚拟化技术，实现了数据集成和数据即时访问两大应用。

长宁页岩气田按照"统筹规划、顶层设计、先进、适用、安全、可持续"的原则，采用先进成熟的技术和管理理念，兼顾后续数字化气田建设，合理确定建设标准和功能设置，建设国内一流、行业领先的页岩气数字化气田，成为页岩气数字化气田建设的示范工程，引领国内页岩气数字化气田建设。其主要示范作用如下：

（1）形成页岩气田数据生态与数据资产建设，达到国内领先水平。页岩气数据生态与数据资产建设，是支撑页岩气数字化管理、智能化应用和智慧化发展的输入条件。

（2）实现依托数据链和数据资产支撑的数字化应用。页岩气的数字化应用不应该仅仅是对数据采集结果的综合与呈现，更应该体现数字化生态与架构的合理性。这一合理性是通过数据获得的方式得以印证的。通过同步构建面向当前和未来的数据链结构，建设数据管理平台，创新定义数据管理平台与数字化应用之间的数据交付关系，实现数字化应用与数据管理平台的跨平台对接，大幅度节约数据采集成本，提升数据交付效率和质量，具有里程碑的意义。

（3）达到工程数字化协同建设的新高度。页岩气开发业务链中的"工程建设"是投资占比最高的产品制造的过程；也是数据链中的重要基础数据源之一。优质的工程建设过程数据和成果数据，既是产品最终质量的可靠保障，又是页岩气田运行阶段数字化管理的可靠保障。通过将三维数字化协同设计的核心成果与采购施工实现平台整合，贯通以材料控制为主线的基本建设业务链，达到油气田工程建设历史上的跨企业、跨平台数字化协同建设的新高度。

（4）系统规划和构建数据标准，支撑页岩气田信息化规划落地。数字化应用依靠数据生态环境支撑和可持续发展，数据标准是构建数据生态的重要基础。数据标准从类别上分为数据制造标准和数据交付标准，从形式上包括数据的内容、结构、规则和来源等。数字化页岩气的数据标准的制定，既要满足业务链现有生产力水平的要求，又要具有在业务软件和数据库技术两方面的可扩展性；既要满足以跨平台采集为核心的多种采集形式的要求，又要满足向上级数据库交付的要求。基于以上认识，通过系统规划和重点建设一批数据标准，使之成为页岩气田信息化规划落地的有力保障。

（5）引入基于模型的工作流模式。AR/VR、机器学习、大数据分析、认知计算等信息技术手段，建设一体化协同工作生态环境的思路；形成具备全面感知、实时优化、数字分析、业务协同、集成展示等 5 大功能的综合应用环境，以实现勘探开发一体化协同、地质工程一体化研究、技术经济一体化优化总体目标。图10-24所示为AR巡检效果图。

图10-24 AR巡检效果图

参 考 文 献

[1] 胡文瑞, 曹耀峰, 马新华, 等. 中国页岩气示范区建设实践与启示 [M]. 北京: 石油工业出版社, 2020.